智能对话

入门与实践

吴科 ◎著

北京大学出版社
PEKING UNIVERSITY PRESS

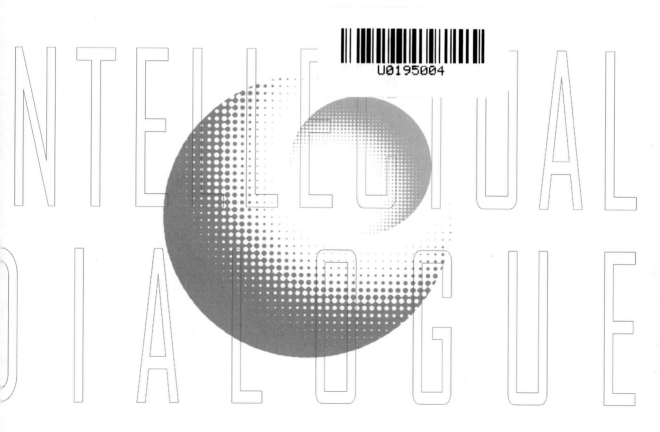

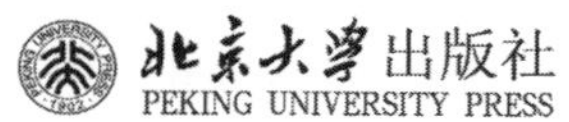

内 容 简 介

近年来，随着人工智能技术的不断发展，智能对话系统开始在私人助理、智能客服、现代搜索引擎等领域逐渐应用，为大众提供不同程度的智能高效服务。本书旨在指导初学者轻松进入智能对话领域，并逐步深入实战中，同时通过项目案例将理论与实战相结合，使读者不仅能系统地学习智能对话的基本理论，还能快速地将其应用于实践。

本书共分为 12 章，分为三部分。第一部分是理论基础篇，主要介绍了概率统计、统计学习、深度学习和强化学习等方面的基本理论。第二部分是技术篇，着重讲解了智能对话系统中常见的功能系统及几个著名企业的智能问答架构实现，帮助读者理解智能对话的工程架构和实践理论。这里的常见功能系统包括 FAQ 问答、知识图谱问答、任务型问答和表格问答等内容。第三部分是实践篇，涵盖了智能对话开源框架和问答系统实例介绍，从多个角度让读者完整地了解对话系统的架构实现，并具备自己搭建智能对话系统的能力。

本书内容通俗易懂，案例丰富，实用性强，特别适合对智能对话系统感兴趣的入门读者和进阶读者阅读，也适合初中级自然语言处理（NLP）工程师或人工智能（AI）算法工程师等其他编程爱好者阅读。此外，本书也适合作为大专院校及相关培训机构的教材使用。

图书在版编目(CIP)数据

智能对话入门与实践 / 吴科著. -- 北京 : 北京大学出版社, 2025. 3
ISBN 978-7-301-34905-2
Ⅰ. ①智… Ⅱ. ① 吴… Ⅲ. ① 人工智能-应用-自然语言处理 Ⅳ. ① TP391

中国国家版本馆 CIP 数据核字(2024)第 054279 号

书　　名 智能对话入门与实践
ZHINENG DUIHUA RUMEN YU SHIJIAN
著作责任者 吴科 著
责任编辑 刘云 王继伟
标准书号 ISBN 978-7-301-34905-2
出版发行 北京大学出版社
地　　址 北京市海淀区成府路 205 号 100871
网　　址 http://www.pup.cn 新浪微博:@北京大学出版社
电子邮箱 编辑部 pup7@pup.cn 总编室 zpup@pup.cn
电　　话 邮购部 010-62752015 发行部 010-62750672 编辑部 010-62570390
印 刷 者 北京市科星印刷有限责任公司
经 销 者 新华书店
787 毫米×1092 毫米 16 开本 24 印张 545 千字
2025 年 3 月第 1 版 2025 年 3 月第 1 次印刷
印　　数 1—3000 册
定　　价 99.00 元

前言

INTRODUCTION

这项技术有什么前途

随着移动互联网的日趋完善和语音技术的不断成熟,用户获取信息的方式呈现出碎片化、本地化、个性化、情境化等特点。这类需求催生了大量的交互式人工智能应用产品。例如,让人们从重复枯燥的高度标准化的客户交流中脱离出来的智能客服系统,执行疫情流调的智能语音机器人,像苹果的 Siri 这样的智能助理,以及像微软的小冰这样的情感陪伴AI 等。智能对话是这些产品的底层技术,因而基于理解的“对话交互式”信息获取逐渐成为新兴的自然语言处理关键技术。

近年来,智能对话技术受到学术界和工业界的广泛关注。随着人工智能的发展,智能对话技术也逐渐从基于规则的专家系统,朝着结合机器学习、深度学习、强化学习和知识图谱等多项技术的认知型系统演进。对于一个初学者,它可以作为自然语言处理学习的系统方向。对于人工智能方向的从业者,学习和掌握智能对话技术能够帮助其拓宽业务算法的解决思路,也是他们应聘自然语言处理工程师或 Python 工程师的一个加分项。

笔者的使用体会

随着智能对话在智能客服和智能音箱等领域的逐渐落地应用,人们看到了其在产业界的巨大潜力。它继搜索引擎、推荐、翻译等自然语言处理应用之后,成为又一极具前景的自然语言处理应用方向。

笔者深感这一领域的日新月异,论文成果层出不穷。然而,这些成果往往理论性较强,实操性相对较差,需要初学者具备较多的基础知识,阅读难度较大。目前,市场上全面介绍智能对话的中文书寥寥无几,大多仅介绍深度学习模型,导致初学者对智能问答缺乏系统深入的认识。

智能对话是一个需要较多数学基础,机器学习、深度学习和强化学习理论,以及自然语言实践基础的方向。它也是一个实操性很强的方向,存在一些像 AIML 和 Rasa 这样的优秀开源框架,可供初学者迅速建立智能对话系统的感性认知。由于其实用性,也有一些优秀的企业级智能对话架构可供参考。阅读智能对话相关的优秀源码也是初学者提升智能对话系统认知和构建水平的捷径。

这本书的特色

- **从零开始:** 基础理论介绍和智能对话开源框架使用讲解,入门门槛低,易于初学者实战上手。
- **内容全面:** 涵盖 FAQ 问答、知识图谱问答、任务型问答和表格问答等主要智能对话类型,同时也包括这些智能对话类型的企业级综合应用实例讲解。
- **内容新颖:** 既有深度学习前沿算法的介绍,也有强化学习在智能对话中的相关算法及代码讲解。
- **经验总结:** 全面归纳和整理了作者多年的智能对话实践经验。
- **内容实用:** 结合大量源码和开源框架实例进行讲解,能帮助读者迅速搭建自己的智能对话系统。
- **通俗易懂:** 理论讲解深入浅出,每章均可单独阅读,可作为床头书随时查阅。

本书读者对象

- 自然语言处理零基础入门人员及进阶人员。
- 初中级 NLP 工程师。
- 初中级 AI 算法工程师。
- 开设相关课程的各类院校的师生。
- 智能对话系统相关培训学员。

资源下载

本书所涉及的源码已上传到百度网盘,供读者下载。请读者关注封底“博雅读书社”微信公众号,输入图书 77 页的资源下载码,根据提示获取。

温馨提示:读者在阅读本书过程中遇到问题,可以通过邮件与笔者联系。笔者常用的电子邮箱是 wuke_sjtu@hotmail. com。

第1章 概率统计基础

第2章 统计学习

第3章 深度学习

第4章 强化学习

第5章 FAQ 问答

第6章 知识图谱问答

第7章 任务型问答

第8章 表格问答

第9章 企业级智能问答的架构实现

第10章 人工智能标记语言（AIML）

第 11 章 Rasa 多轮对话开源框架

第 12 章 问答系统几个实例

第 1 章

概率统计基础

概率统计通常被认为是机器学习的基本支柱之一，它是利用数据发现规律，推测未知的思想方法。概率统计有两个侧面：概率论和数理统计。概率论作为研究随机现象的数学分支，为不确定性的量化和利用提供了框架，并成为机器学习的核心基础之一。数理统计是以数据为基础，利用数学方程式来探究随机变量变化规律的一套规范化流程。机器学习和数理统计的核心都是探讨如何从数据中提取人们需要的信息或规律。具体来说，我们期望从观测样本泛化到总体，估计数据的生成函数并更准确地预测随机变量的行为。本章将介绍概率统计中的基本概念。

本章主要涉及的知识点如下。

- **概率思想：熟悉条件概率、贝叶斯定理，以及相关的条件、独立、相关等基本概念，掌握联合、边缘的计算方法。**
- **随机变量：熟悉随机变量分布、多元随机变量分布，特别是多元正态分布。**
- **统计推断：掌握常见的两种估计方法，即最大似然和最大后验。**
- **随机过程：了解随机过程的基本概念，理解马尔可夫链及其极限和稳态特性，熟悉马尔可夫链蒙特卡洛方法。**

注意：本章内容较为基础，读者可自行跳过部分或全部内容。

1.1 概率基础

概率论作为研究不确定性的科学,为推理随机事件提供了一种方法。掷骰子、抛硬币、摸球和抽纸牌等随机事件都是用来解释概率论的经典例子。将选择单词和掷骰子进行类比似乎是很奇怪的一件事情,与成语字斟句酌更是挂不上钩。但无论如何,语言都是一种很难对其进行确定性建模的东西。概率论为语言数据的建模和处理提供了一种强大的工具。

1.1.1 从概率到条件概率

概率是对事件发生可能性的度量。更准确地说,概率是可能结果数与总结果数的比值:可能结果数/总结果数。所有结果的概率总和为1。

下面考虑著名的投掷一个骰子的示例。

(1)掷骰子,你会得到6种可能的结果。

(2)每种可能性只有一种结果,因此每种可能性都是1/6。

(3)例如,骰子得到数字"3"的概率是1/6。

我们可以把随机投掷一个骰子看作一种随机试验,它简单满足以下3个条件。

(1)可以重复进行。

(2)具有多种可能结果,并且能事先明确所有可能结果。

(3)进行投掷之前,不能确定出现哪种可能结果。

我们可以将一次随机试验可能出现的结果称为随机事件(简称事件)。上例中骰子点数为1是一个事件,骰子为奇数点数也是一个事件。一般习惯将事件用大写的英文字母$A,B,C,\cdots$表示。例如,事件"出现奇数点"可使用大写字母记为$A=\{$出现奇数点$\}$。

我们会发现,使用上面的自然语言表达事件的方式,书写和运算都不是很方便。于是,定义随机试验中的每一个可能出现的试验结果为这个试验的一个样本点,记作ω_i。全体样本点的集合称为这个试验的样本空间,记作Ω。这里,$\Omega=\{\omega_1,\omega_2,\cdots,\omega_n\}$。仅含一个样本点的随机事件称为基本事件。投掷一个骰子试验对应的样本空间记作$\Omega=\{1,2,3,4,5,6\}$。这样,事件"出现奇数点"就可以用样本点的集合形式表示:$A=\{1,3,5\}$。

于是,事件A的概率即事件A所包含的可能结果数(m)占所有可能结果数(n)的比例,计算公式为$P(A)=\frac{m}{n}=\frac{3}{6}=\frac{1}{2}$。

样本空间及相关概念的引入让事件与集合建立了联系。因此,我们可以借助集合论这个数学工具对概率进行研究了。具体来说,我们可以利用集合之间的关系来定义各种事件之间的关系(如包含、相等、相容、互斥、对立等),进而可以利用集合中的运算(和、差、交)来进行事件之间的运算。

很多情况下,判断一个事件发生的可能性是一件比较难的事情。比如今天下雨的概率是多少,这个问题很难回答。但如果知道地点、时间或云层厚度这样的信息,那么这个问题会相对容易回答一些。在缺乏推断的前提条件下,我们往往无法给出一个有意义、有价值的推断结果。一般而言,事件是不会独立发生的,都会伴随其他事件的发生。在实际应用中,这也是我们更关注的一类概率。

用数学语言描述上面的情况,就是给定一个事件 B 在发生时另一个事件 A 出现的概率。这种基于已有的相关信息得出的概率称为条件概率,表示为 $P(A \mid B)$,读作:在 B 的条件下 A 的概率。

回到掷骰子的问题:在知道掷出骰子的点数是奇数的前提下,掷出点数 3 的概率是多少?奇数点数一共有 $\{1,3,5\}$ 三种,其中出现 3 的概率是 1/3。很明显,这和单独问掷出点数 3 的概率的计算结果是不同的。

1.1.2 随机事件的关系

随机事件是概率论中的基本概念之一。为了方便进一步阐述相关概念,我们先大致回顾一下 1.1.1 小节的内容。随机事件是由单个或多个基本事件组成的集合,因此一个随机事件对应样本空间 Ω 的一个子集。由于样本空间 Ω 包含了所有的样本点,所以在每次试验中,它总是发生,因此称 Ω 为必然事件。空集 $\varnothing$ 不包含任何样本点,且在每次试验中总不发生,所以称 $\varnothing$ 为不可能事件。因为事件是结果的集合,所以可以使用集合论的一些操作(例如,补集、交集和并集)来推理事件及其组合的概率。

下面将定义一系列事件的关系。

(1) 如果事件 A 发生,则事件 B 一定发生,称事件 B 包含事件 A,或者事件 A 包含于事件 B,记作 $B \supseteq A(A \subseteq B)$。

如图 1.1 所示,$A=\{2\text{ 点}\}$,$B=\{\text{偶数点}\}$,可推导出 $A \subseteq B$。

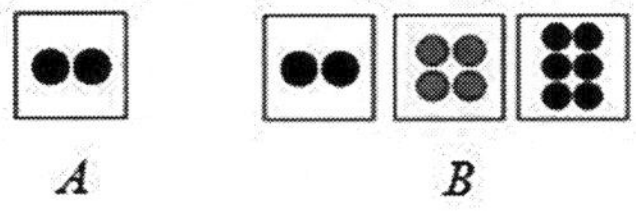

图 1.1 事件的包含关系示例

(2) 如果 $A \supseteq B$,且 $A \subseteq B$,也就是说,两个事件 A 与 B 中任何一事件的发生必然导致另一事件的发生,那么称事件 A 与事件 B 相等,记作 $A=B$。

如图 1.2 所示,$A=\{2\text{ 点}\}$,$B=\{\text{点数大于 1 小于 3}\}$,可推导出 $A=B$。

图 1.2 事件的相等关系示例

(3)如果两个事件 A 与 B 中至少有一事件发生，那么这一事件叫作事件 A 与事件 B 的并，记作 $A \cup B$。

n 个事件 $A_1, A_2, \cdots, A_n$ 的并，记作 $A_1 \cup A_2 \cup \cdots \cup A_n$（简记为 $\bigcup_{i=1}^{n} A_i$）。

如图 1.3 所示，$A = \{1$ 点$\}$，$B = \{4$ 点$\}$，可推导出 $A \cup B = \{1$ 点或 4 点$\}$。

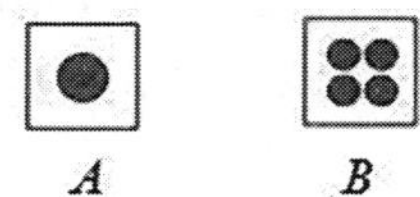

图 1.3　事件的并关系示例

(4)如果两个事件 A 与 B 都发生，那么这一事件叫作事件 A 与事件 B 的交，记作 $A \cap B$(或 AB)。

n 个事件 $A_1, A_2, \cdots, A_n$ 的交，记作 $A_1 \cap A_2 \cap \cdots \cap A_n$（简记为 $\bigcap_{i=1}^{n} A_i$）。

如图 1.4 所示，$A = \{$点数大于 4$\}$，$B = \{$点数小于 6$\}$，可推导出 $A \cap B = \{5$ 点$\}$。

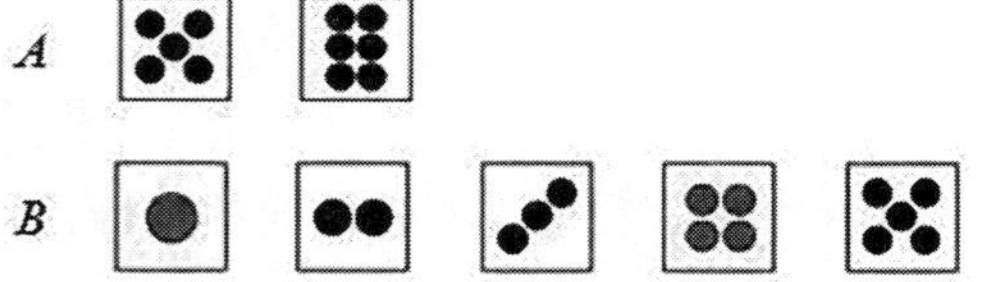

图 1.4　事件的交关系示例

(5)如果两个事件 A 与 B 不可能同时发生，即 $A \cap B = \varnothing$，那么称这两个事件互不相容(互斥)。

n 个事件 $A_1, A_2, \cdots, A_n$ 的互斥，记作 $A_iA_j = \varnothing(1 \leqslant i \leqslant j \leqslant n)$。

如图 1.5 所示，$A = \{1$ 点，3 点$\}$，$B = \{2$ 点，6 点$\}$，可推导出 $A \cap B = \varnothing$。

图 1.5　事件的互斥关系示例

(6)如果两个事件 A 与 B 互不相容，并且它们中必有一事件发生，也即事件 A 与事件 B 在任何一次试验中有且仅有一个发生：$AB = \varnothing$ 且 $A + B = \Omega$，那么称事件 A 与事件 B 是对立的(互逆的)，此时事件 A 是事件 B 的对立事件，同时事件 B 也是事件 A 的对立事件，记作 $A = \overline{B}$ 或 $B = \overline{A}$。

如图 1.6 所示，$A = \{$奇数点$\}$，$B = \{$偶数点$\}$，可推导出 $A \cap B = \varnothing$ 且 $A + B = \Omega$。

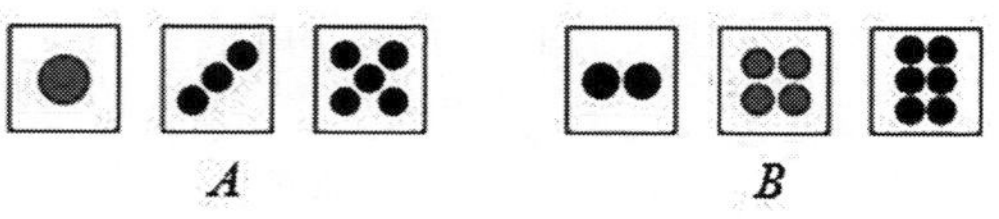

图 1.6　事件的互逆关系示例

(7)如果 n 个事件 $A_1,A_2,\cdots,A_n$ 中至少有一个事件一定发生,即 $\bigcup_{i=1}^{n} A_i=\Omega$, 则称这 n 个事件构成互不相容的完备事件组。形式化表达如下:若 n 个事件 $A_1,A_2,\cdots,A_n$ 满足 $A_iA_j=\varnothing(1\leqslant i\leqslant j\leqslant n)$ 且 $\bigcup_{i=1}^{n} A_i=\Omega$, 则称这 n 个事件构成互不相容的完备事件组。

我们可以利用以上事件关系推导出全概率公式。这个公式是概率论中的重要公式,用来描述一个结果的总概率。通过这个公式,复杂事件的概率求解问题能分解为在不同情况下发生的简单事件的概率的求和问题。

假设 $A_1,A_2,\cdots,A_n$ 是一组互不相容的事件,它形成样本空间的一个分割 (A_i 为一完备事件组)。又假定对每个 i,$P(A_i)>0$。则对任意事件 B 有全概率公式:

$$P(B)=P(A_1\cap B)+\cdots+P(A_n\cap B)=P(A_1)P(B\mid A_1)+\cdots+P(A_n)P(B\mid A_n)$$

图 1.7 展示了全概率公式的逻辑。直观上,首先将样本空间 Ω 分割成若干事件的并($A_1,A_2,\cdots,A_n$ 形成样本空间的一个分割),然后任意事件 B 的概率等于事件 B 在 A_i 发生的情况下的条件概率的加权平均,而权重刚好等于这些事件 A_i 的边缘概率。这个公式的一个主要应用是计算事件 B 的概率。当直接计算事件 B 的概率有点难度而条件概率 $P(B\mid A_i)$ 是已知的或很容易推导计算时,全概率公式就成为计算 $P(B)$ 的有力工具。应用这个公式的关键点是找到合适的分割 $A_1,A_2,\cdots,A_n$,而合适的分割又与问题的实际背景有关。

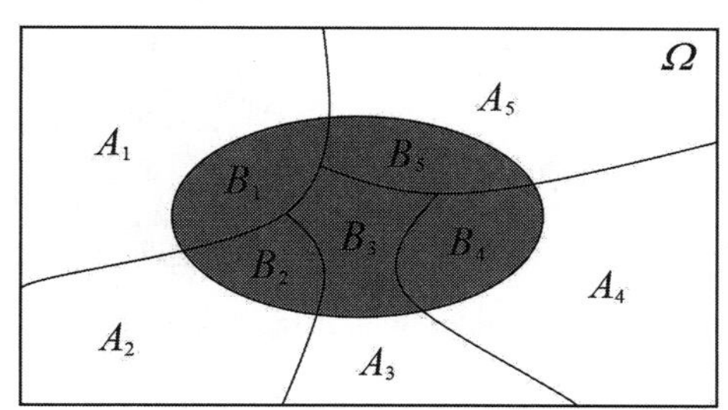

图 1.7　事件 B 全概率公式的可视化

下面用一个例子来理解这个概念。想象一下,有两个不同的汽车零件制造商同时为一家商店供应小部件。A 公司为这家汽车商店供应 80% 的小部件,而他们的小部件中只有 1% 有缺陷。B 公司为这家汽车商店供应剩余的 20% 的小部件,结果证明他们 3% 的小部件有缺陷。如果客户从汽车商店随机购买一个小部件,它出现缺陷的概率是多少?

如果让 $P(D)$ = 小部件有缺陷的概率, $P(B_i)$ 是小部件来自其中一家公司的概率,那么可以计算购买有缺陷小部件的概率:

$$\begin{aligned}P(D)&=P(D\mid B_1)\cdot P(B_1)+P(D\mid B_2)\cdot P(B_2)\\&=0.01\times 0.8+0.03\times 0.2\\&=0.014\end{aligned}$$

因此,从这家汽车商店随机购买的一个小部件有缺陷的概率是 0.014。

1.1.3 贝叶斯定理

贝叶斯定理是英国数学家托马斯·贝叶斯(Thomas Bayes)在解决逆向概率问题时提出的,它提供了一种计算条件概率的原则方法。比如早上多云天气容易下雨,如果已知雨天早上多云的概率、早上多云的概率及雨天的概率,则使用贝叶斯定理可以准确地计算出早上多云下雨的概率。

为了对该类问题有更深的理解,图 1.8 给出了抓球正向概率问题和逆向概率问题的对比。图 1.8 左边给出了一个正向概率的例子。有人举办了一个抽奖活动,抽奖桶里有 10 个球,其中 2 个白球,10 个黑球,抽到白球就算中奖。这里伸手进去随便摸出 1 个球,摸出是中奖球的概率是多大?根据概率的计算公式,你可以轻松地知道中奖的概率=中奖球数(2 个白球)/球总数(2 个白球+10 个黑球)= 1/6。

而将这个问题反过来就是逆向概率问题,如图 1.8 右边所示。我们事先并不知道抽奖桶里有什么,而是摸出一个(或多个)球,通过观察取出来球的颜色,来推测这个桶中白球和黑球的比例。这个预测其实就可以用贝叶斯定理来做。

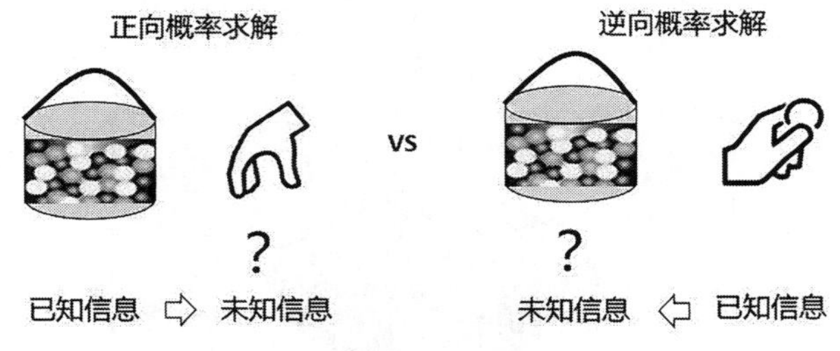

图 1.8 两种不同概率求解问题对比

通常情况下,事件 A 在事件 B(发生)的条件下的概率,与事件 B 在事件 A 的条件下的概率是不一样的。而且,这二者有确定的关系,贝叶斯定理正是对这种关系的定量描述。贝叶斯定理是关于随机事件 A 和 B 的条件概率及边缘概率的一则定理,具体如下。

$$P(A \mid B) = \frac{P(A)P(B \mid A)}{P(B)}$$

其中, A 和 B 为随机事件,且 $P(B)$ 不为零。$P(A \mid B)$ 是指在事件 B 发生的情况下事件 A 发生的概率。由于贝叶斯定理在推断上的广泛应用,公式中的概率项都有更容易理解的推断上的称谓,具体如下。

(1) $P(A \mid B)$ 是已知 B 发生后, A 的条件概率,也称为 A 的后验概率。

(2) $P(A)$ 是 A 的边缘概率,也称为先验概率。其不考虑任何事件 B 方面的因素。

(3) $P(B \mid A)$ 是已知 A 发生后, B 的条件概率,也称为 B 的后验概率。

(4) $P(B)$ 是 B 的边缘概率,也称为先验概率。

最后看贝叶斯定理的一个巧妙应用：垃圾邮件过滤。这里有：

事件 A：邮件是垃圾邮件。

测试 X：消息包含某些单词(X)。

为了阅读方便，使用一个更易读的贝叶斯定理：

$$P(\text{spam} \mid \text{words}) = \frac{P(\text{words} \mid \text{spam})P(\text{spam})}{P(\text{words})}$$

贝叶斯过滤允许我们，在给定“测试结果”(某些单词的存在)的情况下，预测邮件真正是垃圾邮件的可能性。显然，像“免费”这样的词出现在垃圾邮件中的机会比普通邮件中的要高。

基于黑名单的垃圾邮件过滤是一个之前常见的方法，但有限制性太强的缺陷，导致误报率太高。但贝叶斯过滤给了我们一个中间立场——使用概率。当分析消息中的单词时，可以计算它是垃圾邮件的可能性(而不是做出是/否的决定)。如果一条消息有99.9%的可能性是垃圾邮件，那么它就很可能是垃圾邮件。随着过滤器接受越来越多的消息训练，它会更新某些单词导致垃圾邮件的概率。

1.2 随机变量

在古典概率模型中，“事件和事件的概率”是核心概念；在现代概率论中，“随机变量及其取值规律”是核心概念。事件的概率是事件的映射，而随机变量把事件数字化，让我们能用函数的方式来表达概率。随机变量一般用大写的 X,Y,Z 等字母表示。随机变量的出现使事件的表达更加方便和系统。事件可以是这样，也可以是那样，没有大的体系。但随机变量的分布函数能准确描述它的规律，且一类随机变量对应一个分布函数，这就大大加速了概率论的发展。本节将详细介绍随机变量的相关知识。

当样本空间中的元素不是一个数时，研究起来很不方便。例如，如果将交通灯的颜色值看作是一个样本空间，则样本空间表示为 $\Omega=\{\text{red},\text{green},\text{yellow}\}$。我们可以使用变量 TrafficLight 将这个样本空间中的样本点一一映射成数字(实数)：red → 0，green → 1，yellow → 2。可以看到，利用这种方式，现实世界中各色各样具象的随机事件，就都可以被映射成数学世界中抽象的数字，而这种映射规则就叫作随机变量，它的惯常表示方式是用大写的字母来表示映射规则，即 $X(\omega)$。在交通灯的例子中，也可以将它看作是 TrafficLight(red) = 0。可以看到，随机变量的本质实际上就是随机事件的映射，对任意一个样本点 ω，存在唯一的实数 $X(\omega)$ 与之对应。

1.2.1 随机变量的引入

随机变量是一个其值取决于随机事件结果的变量,也可以将其描述为从样本空间映射到可测量空间(如实数)的函数。随机变量是反映试验结果的一个数量指标,它通常随着试验结果的变化而变化。

假设有一个包含4个学生的样本空间$\{A,B,C,D\}$。如果现在随机选取学生A,并测量以厘米为单位的身高,则可以将随机变量(H)视为函数,其输入为学生,输出为实数型的身高:$H(\text{student})=\text{height}$。

图1.9可视化了随机变量将样本空间中的样本点映射成数字(实数)的过程。根据结果——随机选择哪个学生——随机变量(H)可以采用不同的状态或不同的值(以厘米为单位的高度)。

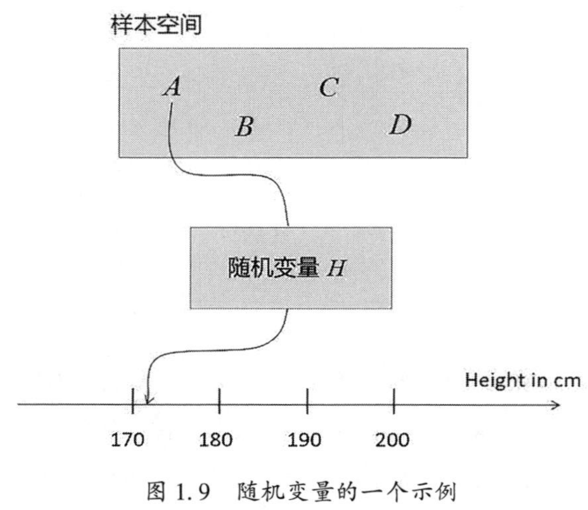

图1.9 随机变量的一个示例

随机变量可以是离散的,也可以是连续的。如果随机变量只能取有限个或可数无限个不同的值,那么它是离散的。离散型随机变量的示例包括班级中的学生人数、正确回答的试题、家庭中的孩子人数等。

但是,如果变量的任意两个值之间有无数个其他有效值,那么随机变量是连续的。可以将压力、高度、质量和距离等量视为连续型随机变量的示例。

当使用概率分布来描述随机变量的规律时,可以回答以下问题:随机变量取特定状态的可能性有多大?这与询问概率基本上是相同的。

随机变量的数字特征是由其分布确定的,能够描述随机变量的某一方面的特征。一元随机变量的数字特征主要是数学期望与方差,多元随机变量的数字特征主要是协方差与相关系数。

数学期望表示随机变量取值的集中程度,是类似平均值的一个量。它是唯一的,因为对一个随机试验,当样本空间确定后,随机事件的概率也就确定了,由概率的唯一性可得到数学期望的唯一性。

离散型随机变量 $X=\{X_1,X_2,\cdots,X_n\}$,它的概率值为 $P(X_1),P(X_2),\cdots,P(X_n)$,则它的数学期望为 $E(X)=\sum_{i=1}^{n}X_iP(X_i)$。

连续型随机变量 X 的概率密度函数为 $f(x)$,则它的数学期望为 $E(X)=\int_{-\infty}^{+\infty}xf(x)\,\mathrm{d}x$。

数学期望具有以下一些性质。

(1)设 C 是常数,则有 $E(C)=C$。

(2)设 X 是一个随机变量,C 是常数,则有 $E(CX)=CE(X)$。

(3)设 X,Y 是两个随机变量,则有 $E(X+Y)=E(X)+E(Y)$。

(4)设 X,Y 是相互独立的随机变量,则有 $E(XY)=E(X)E(Y)$。

随机变量的方差描述了随机变量的取值与其数学期望的偏离程度。设 X 是一个随机变量,若 $E[X-E(X)]^2$ 存在,则称 $E[X-E(X)]^2$ 为 X 的方差,记为 $D(X)$。若 $D(X)$ 较小,则表示 X 的取值比较集中在 $E(X)$ 的附近;若 $D(X)$ 较大,则表示 X 的取值比较分散。方差是刻画随机变量 X 分散程度的一个量。

方差的重要性质如下。

(1)设 C 是常数,则 $D(C)=0$。

(2)设 X 是随机变量,C 是常数,则有 $D(CX)=C^2D(X),D(X+C)=D(X)$。

(3)设 X,Y 是两个随机变量,则有 $D(X+Y)=D(X)+D(Y)+2E[(X-E(X))(Y-E(Y))]$。特别地,若 X,Y 相互独立,则有 $D(X+Y)=D(X)+D(Y)$。

1.2.2 常见概率分布

概率分布给出了随机变量取值规律的描述。它是一个计算试验不同结果的概率的数学函数。更一般地说,它可以描述为函数 $P:A\to\mathbb{R}$。它将与样本空间相关的输入空间 A 映射到实数[0,1],即概率。

对于上面描述概率分布的函数,它必须遵循所有的 Kolmogorov 公理。

(1)非负性。对于任意一个集合 $A\in S$,即对于任意的事件 $P(A)\geqslant 0$。也就是说,任一事件的概率都可以用 0 到 1 区间上的一个实数来表示。

(2)归一化。$P(S)=1$,即事件空间的概率值为 1。

(3)可加性。任何可数不相交(互斥)事件的概率为那些事件的概率的和。

描述概率分布的方式取决于随机变量是离散的还是连续的,这将分别称为概率质量函数(Probability Mass Function,PMF)或概率密度函数(Probability Density Function,PDF)。

1. 概率质量函数:离散概率分布

将随机变量记为大写的 X,而将变量的值记为小写的 x,随机变量概率则记为 $P(X = x)$。因此,如果随机变量是掷骰子的点数,可以将掷出 3 点的概率记为 $P(X = 3) = 1/6$。图 1.10 给出了掷骰子概率分布示例。在图 1.10 中,x 轴描述状态,y 轴显示某个状态的概率。这里将概率或 PMF 想象为位于状态上部的条形图。概率质量函数(记为 f)返回结果的概率为 $f(x) = P(X = x)$。

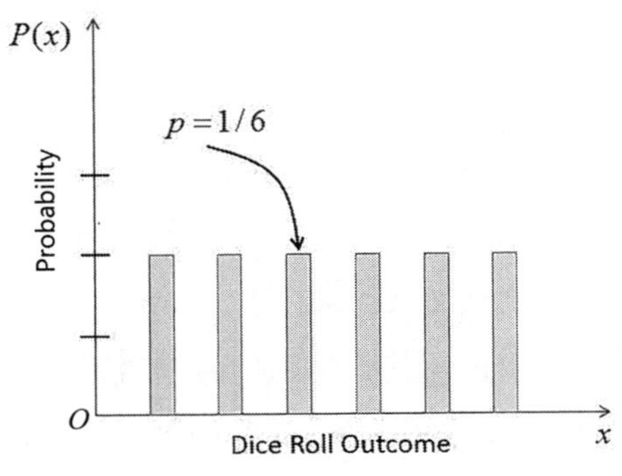

图 1.10 掷骰子概率分布示例

下面将介绍 3 种常见的离散概率分布:伯努利分布、二项分布和几何分布。

(1)伯努利分布。

伯努利分布是单个二进制随机变量的离散概率分布,取值为 1 或 0。粗略地说,可以将伯努利分布视为一个模型,它为单个试验提供了一组可能的结果,可以用一个简单的是非问题来回答。

更正式地,该函数可以表示为以下等式:$f(k;p) = p^k(1 - p)^{1-k}$ for $k \in \{0,1\}$。伯努利分布仅由 p 参数化。下面看一个抛硬币的例子。抛一次硬币,获得正面的概率是 $P(\text{Heads}) = 0.5$。图 1.11 可视化了其 PMF。伯努利分布的取值为 1 或 0,这使得它作为指示器或哑变量特别有用。由于伯努利分布仅对单个试验进行建模,因此也可以将其视为二项分布的特例。

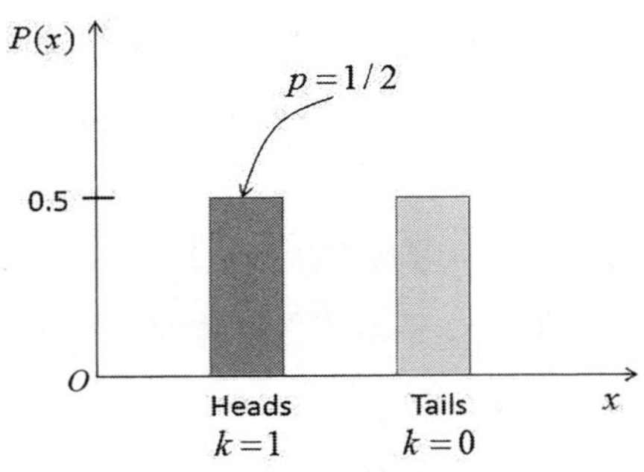

图 1.11 一个伯努利分布试验的例子

(2)二项分布。

二项分布描述了 n 个独立试验序列中成功次数的离散概率分布,每个试验都有一个二元结果。成

功出现的概率为 p,失败出现的概率为 $1-p$。因此,二项分布由两个参数来参数化:$n \in \mathbb{N}$,$p \in [0,1]$。更正式地,二项分布可以用以下等式表示。

$$f(k;n,p)=\binom{n}{k}p^k(1-p)^{n-k}$$

可以这样理解该公式:在 n 次独立试验中,期望有 k 次成功 (p) 和 $n-k$ 次失败 ($1-p$);并且,k 次成功可以在 n 次试验的任何地方出现,而把 k 次成功分布在 n 次试验中共有 $\binom{n}{k}$ 种不同的方法。

下面仍以之前的抛硬币作为示例加以分析。将抛硬币三次,定义这样一个随机变量:硬币正面出现的次数。图 1.12 演示了抛三次硬币正面出现的次数各自对应的所有情况。如果想计算硬币正面出现两次的概率,可以简单地使用之前的等式来获取该值:$P(2)=\binom{3}{2}0.5^2(1-0.5)^{3-2}=0.375$。

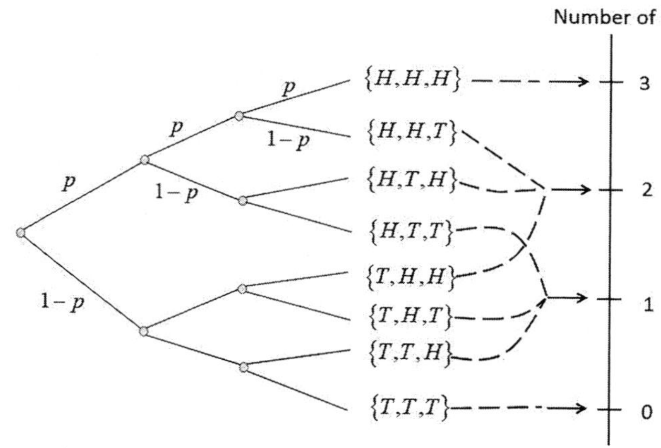

图 1.12 抛三次硬币正面出现的次数

以相同的方式处理其余正面出现的次数情况的概率,会得到图 1.13 所示的分布。

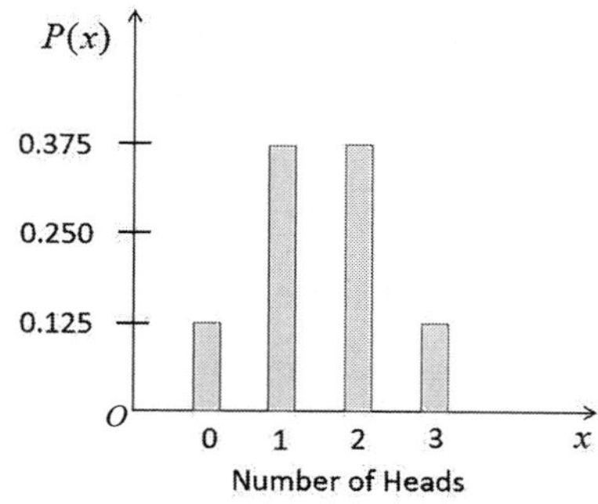

图 1.13 硬币翻转三次的二项式分布

(3)几何分布。

有一个很特别的分布,叫作几何分布,这个分布告诉我们,什么时候才能实现第一次成功。下面仍以抛硬币为例,已知出现正反两面的概率各为1/2,在反复抛掷的过程中,设定随机变量 X 表示第一次出现正面时抛硬币的次数,可以列出 X 的概率分布,如表 1.1 所示。

表 1.1 第一次出现正面时抛硬币的次数的分布

X	$P(X)$
1	1/2
2	1/2 × 1/2 = 1/4
3	1/2 × 1/2 × 1/2 = 1/8
…	…

几何分布给出了第一次成功发生的概率(当 n 次独立试验,成功概率为 p 时)。它的数学公式为 $P(n)=(1-p)^{n-1}p$。

这个公式可以计算直到成功事件(包括成功事件)所需的试验次数的概率。几何分布必须满足以下 3 个假设:每次试验都是独立的;对于每个试验,只有两种可能的结果;每次试验的成功概率都是相同的。

图 1.14 可视化了硬币第一次出现正面的几何分布。图中横坐标表示试验的次数,纵坐标表示硬币试验第 n 次才第一次出现正面的概率。

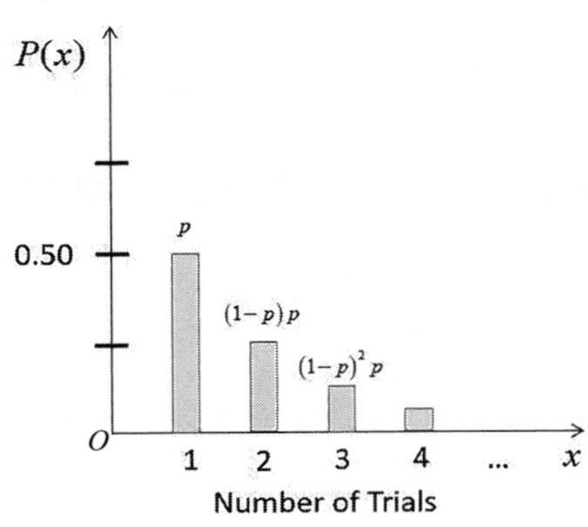

图 1.14 硬币第一次出现正面的几何分布

2. 概率密度函数:连续概率分布

连续变量需要用概率密度函数(PDF)来描述其概率分布。与 PMF 相反,PDF 并不直接给出随机变量取某个具体值的概率。相反,它描述了降落在一个无穷小区域内的概率。换句话说,PDF 描述了随机变量位于特定值范围之间的概率。如果一个点 x 附近的概率密度较大,意味着随机变量 X 的取值更可能是接近 x。

为了找到实际的概率,我们需要计算概率密度函数下方与 x 轴上方之间的面积。这可以通过积分来实现。图 1.15 给出了概率 $P(a \leqslant X \leqslant b)$ 的计算图示。从图 1.15 中可以看出,$P(a \leqslant X \leqslant b) = \int_a^b f(x)\,\mathrm{d}x$。

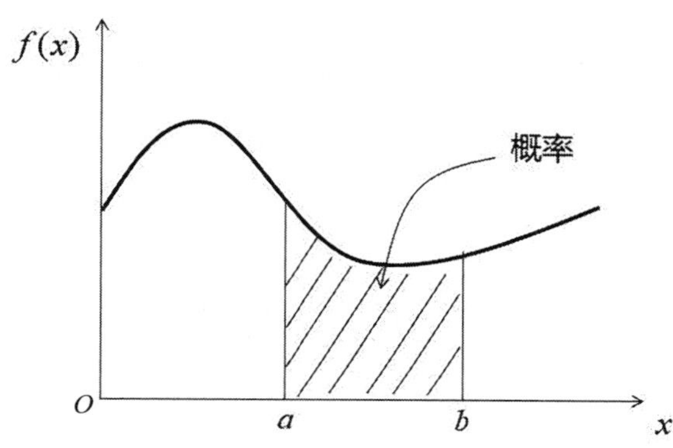

图 1.15　概率计算示例

一个函数 $f(x)$ 可以称为概率密度函数,其必须满足如下条件:非负性 $(f(x) \geqslant 0)$ 和积分必须是 1(即 $\int_{-\infty}^{+\infty} f(x)\,\mathrm{d}x = 1$)。

最常见的连续概率分布之一是正态分布(又称为高斯分布)。正态分布通常被认为是表示分布未知的实值随机变量的明智选择。这主要是因为中心极限定理,该定理指出,许多具有有限均值和方差的独立随机变量的平均值本身就是一个随机变量——随着观察次数的增加,这个平均值将呈正态分布。这一点特别有用,因为它允许我们将复杂系统建模为正态分布,即使各个部分遵循更复杂的结构或分布。正态分布作为对连续变量的分布进行建模的常见选择的另一个原因是,它插入了最少数量的先验知识。更正式地说,正态分布可以表示为 $\mathcal{N}(x;\mu,\sigma^2) = \sqrt{\frac{1}{2\pi\sigma^2}}\exp\left(-\frac{1}{2\sigma^2}(x-\mu)^2\right)$,其中参数 μ 为均值,σ^2 为方差。

图 1.16 给出了正态分布的可视化。可以看出,均值负责定义钟形分布的中心峰值,而方差或标准差则定义其宽度。

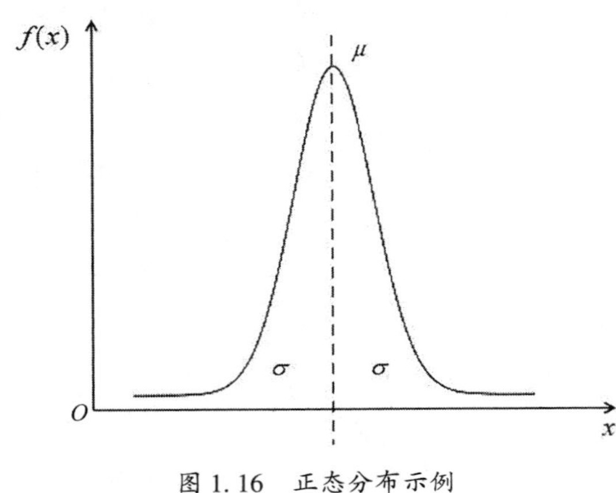

图 1.16 正态分布示例

1.2.3 多元随机变量(联合、边缘与条件|独立与相关)

在实际应用中,经常需要对所考虑的问题用多个变量来描述。我们把多个随机变量放在一起组成向量,称为多元随机变量或多元随机向量。下面以抛硬币为例,抛硬币两次,用 X_1 和 X_2 分别表示第一次和第二次抛硬币的结果。那么,相应的随机变量 $X=[X_1,X_2]$ 将采用[head,head]、[head,tail]、[tail,tail]或[tail,head]的值。再以测量成年男性的身高和体重来展示一个连续变量的例子,用 X_1 和 X_2 分别表示身高和体重值。那么,相应的随机变量 $X=[X_1,X_2]$ 的值可以是身高和体重值的各种组合。

实用的机器学习模型很少依赖单一特征来进行预测。相反,通常会考虑多个特征,并挖掘它们的关系和交互以产生有意义的结论。因此,需要随机变量的概念及相关的概率理论来描述其统计特性。

1. 联合概率密度函数

如果每个 X_i 都是一个随机变量,$i=1,\cdots,n$,则称 $X=(X_1,\cdots,X_n)$ 为 n 元随机变量或 n 元随机向量。在下文中,我们将主要讨论二元随机变量,然后扩展到多元随机变量的情况。

联合概率密度函数,简称联合 PDF,用于表征多个随机变量的联合概率分布。对于两个随机变量 X_1 和 X_2,我们通常对观察到它们的值落在参数空间的特定区域内的概率感兴趣。如图 1.17 所示,这可以看作是一个联合事件($A\cap B$),因为事件 A 是 X_1 落在 R_1 内,事件 B 是 X_2 落在 R_2 内。回想一下,单个随机变量的 PDF 足以衡量单个事件(事件 A 或 B)的概率。然而,为了表征联合事件(事件 A 和 B 同时发生)的概率,需要定义一个联合 PDF,即 $f(x_1,x_2)$。

现在,如果将事件 A 定义为“在 $[x_1,x_1+\mathrm{d}x_1]$ 中观察到的 X_1”,将事件 B 定义为“在 $[x_2,x_2+\mathrm{d}x_2]$ 中观察到的 X_2”,那么事件 A 和 B 的联合概率,即随机变量 X_1 和 X_2 同时位于某个特定区域(图 1.18 中的深灰色正方形)内的概率,可以通过联合 PDF $f(x_1,x_2)$ 与这个区域的乘积来计算:

$$P(x_1\leqslant X_1\leqslant x_1+\mathrm{d}x_1,x_2\leqslant X_2\leqslant x_2+\mathrm{d}x_2)=f(x_1,x_2)\mathrm{d}x_1\mathrm{d}x_2$$

这里通过拆分英文名称 Joint Probability Density Function 来总结一下上面讨论过的联合 PDF。联合(Joint):表示的是联合事件的概率;概率密度(Probability Density):衡量的是单位面积的概率;函数(Function):因为不同 (x_1,x_2) 位置的概率密度值通常是不同的,因此 $f(x_1,x_2)$ 是 (x_1,x_2) 的函数。

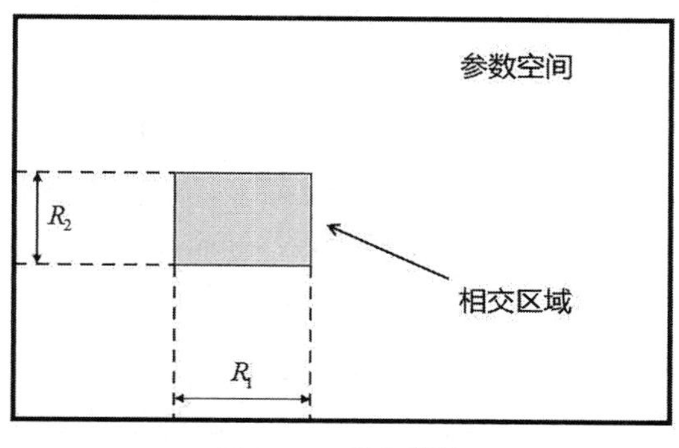

图 1.17　联合事件

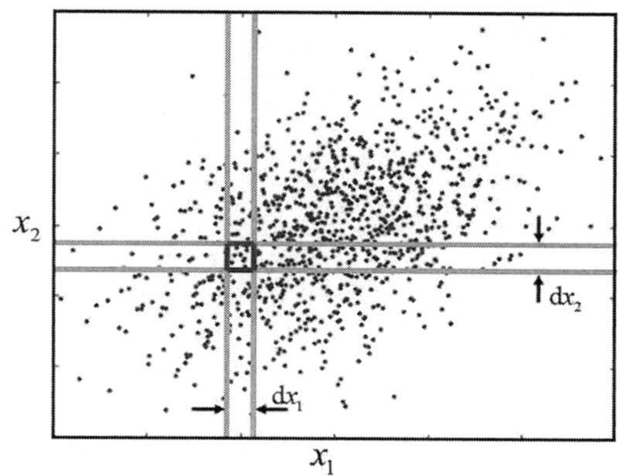

图 1.18　联合 PDF 描述了联合事件的概率

使用联合 PDF 的概念,我们现在可以将 X_1 落入 $[a_1,b_1]$ 和 X_2 落入 $[a_2,b_2]$ 的联合概率表示为二重积分:$P(a_1 \leqslant X_1 \leqslant b_1, a_2 \leqslant X_2 \leqslant b_2) = \int_{a_2}^{b_2}\int_{a_1}^{b_1} f(x_1,x_2)\,\mathrm{d}x_1\mathrm{d}x_2$。

如果在 x_1 和 x_2 的整个参数空间 S 上对 $f(x_1,x_2)$ 进行积分,结果将为 1。在 X_1 和 X_2 各自可能范围内取值的概率为 1,即它一定会发生。在数学上,它可以表示为 $\iint_S f(x_1,x_2)\,\mathrm{d}x_1\mathrm{d}x_2 = 1$。

上面讨论的联合 PDF 概念也可以扩展到多元变量的情况,这里考虑了 n 个随机变量 $X_1,\cdots,X_n$。定义一个多元变量的联合 PDF,即 $f(x_1,\cdots,x_n)$ 来表征联合事件的概率,其中 n 个随机变量中的每一个都落在特定范围内。因此,我们可以将概率 $P(a_1 \leqslant X_1 \leqslant b_1,\cdots,a_n \leqslant X_n \leqslant b_n)$ 表示为 $P(a_1 \leqslant X_1 \leqslant b_1,\cdots,a_n \leqslant X_n \leqslant b_n) = \int_{a_n}^{b_n}\cdots\int_{a_1}^{b_1} f(x_1,\cdots,x_n)\,\mathrm{d}x_1\cdots\mathrm{d}x_n$。二元变量的联合 PDF 是多元变量的联合 PDF 的一个特例,与二元变量的联合 PDF 相同,在多元变量的整个参数空间 S 上对 $f(x_1,\cdots x_n)$ 进行积分,结果将为 1。在数学上,它可以表示为 $\int\cdots\int_S f(x_1,\cdots,x_n)\,\mathrm{d}x_1\cdots\mathrm{d}x_n = 1$。

2. 边缘分布

当我们直接使用联合 PDF 时，在实际应用中经常会遇到一个问题：任务可能只对其中几个重要变量的概率分布感兴趣。多元随机变量中部分变量的概率分布称为边缘分布。这种概率分布的推导叫作边缘化。

假设有一个 X_1 和 X_2 的散点图。如果我们只对估计 X_2 的边缘分布 $f(x_2)$ 感兴趣，最简单的方法是将每个点投影到 x_2 轴上并绘制相应的直方图，在对获得的直方图进行归一化后，包括缩放直方图以使 bin 的面积总和为 1，就可以得到 $f(x_2)$。因为不管 X_1 如何取值，我们只对 X_2 的分布感兴趣，所以这种做法是可行的。因此，可以简单地忽略 X_1 列，并根据 X_2 列直接绘制直方图，从而得出 X_2 的边缘分布。如图 1.19 所示，X_2 的 PDF 可以通过将散点图投影到 x_2 轴上来获得。

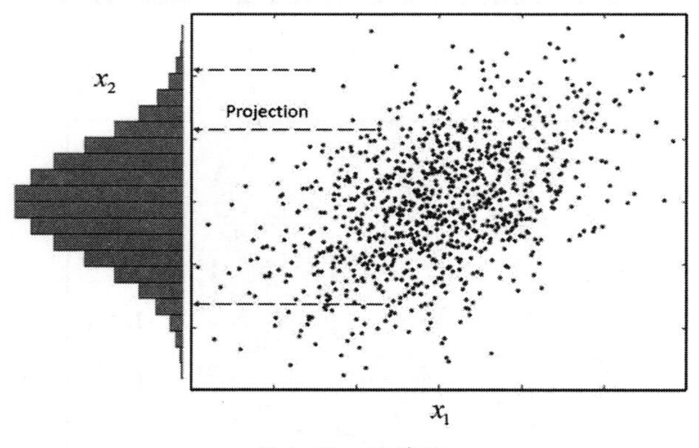

图 1.19　边缘化

再来看看刚才讨论的内容。如图 1.20 所示，左边是 X_2 的边缘分布定义示意图；右边说明如何计算 X_2 的边缘分布。X_2 的边缘分布测量 X_2 落入无穷小区间 $[x_2, x_2 + dx_2]$ 的概率，与图 1.20 右边所示散点图中 (x_1, x_2) 点的概率落在该带状区域的概率是一样的。

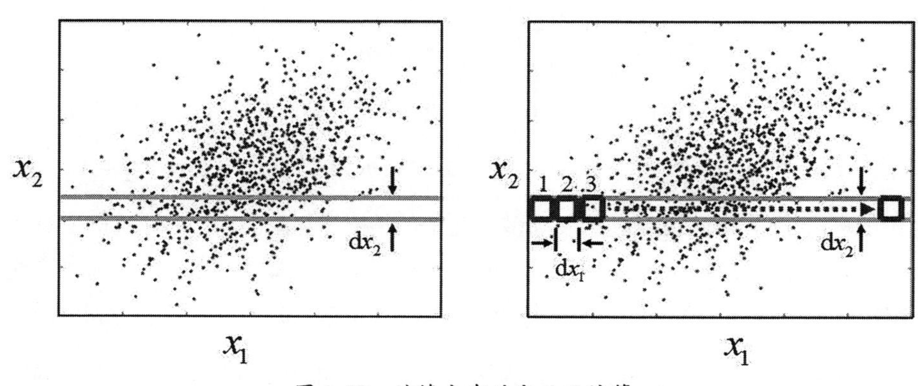

图 1.20　边缘分布的定义及计算

如果将带状区域视为由多个面积为 dx_1dx_2 的正方形组成，每个正方形都由一个索引(1,2,…)标记，那么可以通过对各个正方形对应的概率求和来计算目标概率。

$$P(x_2 \leqslant X_2 \leqslant x_2 + \mathrm{d}x_2) = \sum_i f(x_1^{(i)}, x_2)\mathrm{d}x_2\mathrm{d}x_1$$

同时,PDF 的定义为 $P(x_2 \leqslant X_2 \leqslant x_2 + \mathrm{d}x_2) = f(x_2)\mathrm{d}x_2$。因此,我们有:

$$f(x_2) = \sum_i f(x_1^{(i)}, x_2)\mathrm{d}x_1$$

在无穷小 $\mathrm{d}x_1$ 的极限下,总和变为积分:$f(x_2) = \int_{-\infty}^{+\infty} f(x_1, x_2)\mathrm{d}x_1$。

同理,可以推导出 X_1 的边缘分布:$f(x_1) = \int_{-\infty}^{+\infty} f(x_1, x_2)\mathrm{d}x_2$。

上面讨论的边缘分布概念也可以扩展到多元变量的情况,这里考虑了 n 个随机变量 $X_1, \cdots, X_n$。例如,X_1 的边缘分布表示为 $f(x_1) = \int_{-\infty}^{\infty} \cdots \int_{-\infty}^{\infty} f(x_1, \cdots, x_n)\mathrm{d}x_2 \cdots \mathrm{d}x_n$。

此外,还可以定义多元变量的联合边缘分布,例如,$f(x_1, x_2) = \int_{-\infty}^{\infty} \cdots \int_{-\infty}^{\infty} f(x_1, \cdots, x_n)\mathrm{d}x_3 \cdots \mathrm{d}x_n$。

3. 条件概率

对于两个随机变量 X_1 和 X_2,X_1 的边缘分布表明了 X_1 的行为,而不管 X_2 如何分布。但是,在某些情况下,我们可能已经观察到 X_2 的值,那么对 X_2 的了解是否会影响 X_1 的分布方式呢?

使用概率的语言,实际上是在寻找 X_2 取特定值的条件下 X_1 的分布。这种类型的分布称为条件分布。条件分布是统计推断中的一个关键概念,用来推断以观察数据为条件的参数分布。

给定 X_1 和 X_2 的散点图,可以很容易地估计在 X_1 等于 a 的情况下 X_2 的条件分布。在数学上,将此条件分布函数表示为 $f(x_2 \mid x_1 = a)$。图 1.21 给出了条件分布计算方法的示意图。

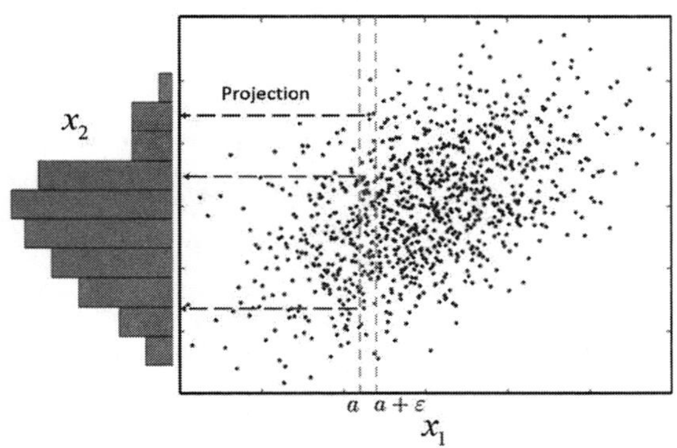

图 1.21 条件分布计算方法

我们按下面的方法估计 $f(x_2 \mid x_1 = a)$。

第一步,只关注那些符合应用条件的数据点,即 $x_1 = a$。这些符合条件的数据点现在构成了新的样本空间。在实践中,通常为 X_1 安排一个细带状区域 $[a, a + \varepsilon]$,因为并不是总能找到一个 X_1 值恰好为 a 的点。第二步,将那些以细带为界的数据点投影到 x_2 轴。通过绘制直方图并对直方图执行归一化操作,得到 $f(x_2 \mid x_1 = a)$。

根据 PDF 的定义,当其乘 dx_2 时,会产生以下概率。

$$f(x_2 \mid x_1 = a)dx_2 = P(x_2 \leqslant X_2 \leqslant x_2 + dx_2 \mid a \leqslant X_1 \leqslant a + \varepsilon)$$

$$= \frac{P(x_2 \leqslant X_2 \leqslant x_2 + dx_2, a \leqslant X_1 \leqslant a + \varepsilon)}{P(a \leqslant X_1 \leqslant a + \varepsilon)}$$

$$f(x_2 \mid x_1 = a)dx_2 = \frac{f(x_1 = a, x_2)dx_2}{f(x_1; x_1 = a)}$$

消除两边的 dx_2,得到计算条件 PDF 的公式为 $f(x_2 \mid x_1 = a) = \dfrac{f(x_1 = a, x_2)}{f(x_1; x_1 = a)}$。

通过将 a 推广到 X_1 可以取的任何值,得到给定 X_1 的 X_2 的条件 PDF 表达式为 $f(x_2 \mid x_1) = \dfrac{f(x_1, x_2)}{f(x_1)}$。

这里可以将对二元变量条件 PDF 的讨论扩展到多元变量的情况。例如,给定 $X_2 = x_2, X_3 = x_3, \cdots, X_n = x_n$ 的 X_1 的条件分布写成:$f(x_1 \mid x_2, x_3, \cdots, x_n) = \dfrac{f(x_1, x_2, \cdots, x_n)}{f(x_2, x_3, \cdots, x_n)}$。

假设 $X_3 = x_3, \cdots, X_n = x_n$,可以写出 X_1 和 X_2 的联合条件分布:

$$f(x_1, x_2 \mid x_3, \cdots, x_n) = \frac{f(x_1, x_2, \cdots, x_n)}{f(x_3, \cdots, x_n)}$$

条件分布的一个常见应用是分解联合 PDF:$f(x_1, x_2, x_3) = f(x_1 \mid x_2, x_3) f(x_2 \mid x_3) f(x_3)$。

4. 独立性

当两个随机变量 X_1 和 X_2 没有任何关系时,表明 X_1 和 X_2 在统计上是独立的。如果 X_1 和 X_2 是独立的随机变量,则有 $f(x_1 \mid x_2) = f(x_1)$,$f(x_2 \mid x_1) = f(x_2)$。

因为 X_2 的结果对 X_1 的结果没有影响,反之亦然。因此,条件分布 $f(x_2 \mid x_1)$ 对于所有 x_1 将是相同的,并且 $f(x_1 \mid x_2)$ 对于所有 x_2 将是相同的。这意味着了解其中一个变量并不能帮助我们更好地理解另一个变量。

假设 (X_1, X_2) 为二元连续型随机变量,则 X_1, X_2 相互独立的充要条件是 $f(x_1, x_2) = f(x_1) f(x_2)$。

条件独立是指在给定 X_3 的情况下,X_1 和 X_2 是独立的。换句话说,X_3 的知识将使两个可能依赖的随机变量 X_1 和 X_2 独立。在数学上,条件独立性写成:

$$f(x_1, x_2 \mid x_3) = f(x_1 \mid x_3) f(x_2 \mid x_3)$$

独立性的概念可以很容易地推广到多元随机变量:给定 n 元随机变量 $X_1, \cdots, X_n$,当且仅当 $f(x_1, x_2, \cdots, x_n) = f(x_1) f(x_2) \cdots f(x_n)$ 时,$X_1, \cdots, X_n$ 是相互独立的。

条件独立也可以应用于多个随机变量。例如,在给定 X_3 和 X_4 的情况下,我们可能有 X_1 和 X_2 是独立的,可以表示为

$$f(x_1, x_2 \mid x_3, x_4) = f(x_1 \mid x_3, x_4) f(x_2 \mid x_3, x_4)$$

当涉及多个随机变量时,条件依赖关系很快就会变得复杂。在这种情况下,通常使用诸如贝叶斯网络之类的图模型来表示这些依赖关系。

5. 协方差

对于多元变量的情况,我们需要引入一个额外的协方差概念来衡量随机变量对之间的依赖关系。与衡量单个变量变化的方差概念类似,协方差衡量两个变量如何一起变化。对于随机变量 X_1 和 X_2,它们的协方差定义为 $\mathrm{Cov}(X_1,X_2)=E[(X_1-E[X_1])(X_2-E[X_2])]$。

如果 X_2 取较大值,同时 X_1 也取较大值(图 1.22 左),则乘积 $(X_1-E[X_1])(X_2-E[X_2])$ 将趋于为正;如果 X_1 取较大值,同时 X_2 取较小值(图 1.22 右),则乘积 $(X_1-E[X_1])(X_2-E[X_2])$ 将趋于为负。因此,协方差的符号表示两个随机变量是正相关还是负相关。从数值来看,协方差的数值越大,两个变量同向程度也就越大;反之亦然。

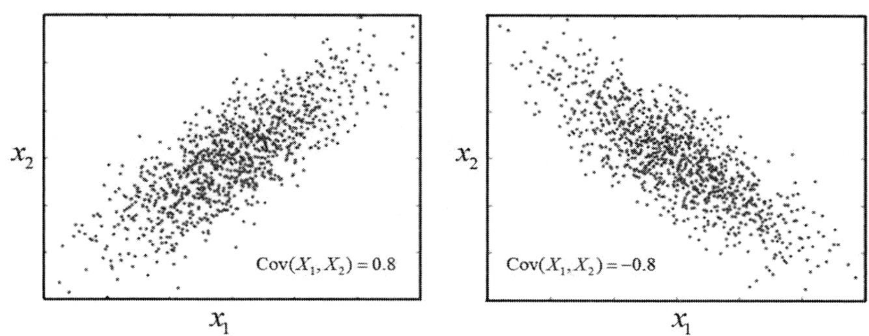

图 1.22　协方差与两个随机变量相关性

协方差具有以下性质。所有这些性质都可以直接从协方差的定义中得到证明。

(1) $\mathrm{Cov}(X,X)=\mathrm{Var}(X)$。

(2) $\mathrm{Cov}(X,Y)=\mathrm{Cov}(Y,X)$。

(3) $\mathrm{Cov}(aX,Y)=a\mathrm{Cov}(X,Y)$。

(4) $\mathrm{Cov}(X+c,Y)=\mathrm{Cov}(X,Y)$。

6. 相关系数

使用协方差的一个缺点是它的大小并不能说明 X_1 和 X_2 之间关系的强度,因为协方差 $\mathrm{Cov}(X_1,X_2)$ 不是无标度的。

为了解决这个问题,需要引入相关系数:

$$\rho(X_1,X_2)=\frac{\mathrm{Cov}(X_1,X_2)}{\sqrt{\mathrm{Var}(X_1)\mathrm{Var}(X_2)}}$$

相关系数可以与其他名称一起使用,例如,Pearson 相关系数、二元变量相关系数等。它可以看作是协方差的标准化形式,用于衡量 X_1 和 X_2 线性相关的强度。

相关系数的值以+1 和−1 为界。正 ρ 值表示两个随机变量正相关,负 ρ 值表示两个随机变量负相关。当 ρ 达到+/−1 时,这意味着两个变量之间存在严格的线性关系。

注意,在各种关系中,相关系数/协方差仅衡量线性关联。这意味着零相关并不一定意味着两个变量是独立的。这两个变量仍然可以以某些非线性方式关联。但是,如果这两个变量真正独立,则它们的相关系数/协方差将为零。

在处理多元随机变量时,需要一个协方差矩阵来简洁地总结所有变量对的协方差。对于 n 个随机变量 $X_1,\cdots,X_n$,它们的协方差矩阵是一个 $n\times n$ 的方阵,如图 1.23 所示。这个矩阵的第 (i,j) 个元素是 X_i 和 X_j 之间的协方差,即 $K_{ij}=\mathrm{Cov}(X_i,X_j)$。

$$\boldsymbol{K}=\begin{pmatrix} K_{11} & K_{12} & \cdots & K_{1n} \\ K_{21} & \ddots & & \vdots \\ & & \boxed{K_{ij}} & \\ \vdots & & \ddots & \\ K_{n1} & & \cdots & K_{nn} \end{pmatrix}$$

图 1.23 协方差矩阵

协方差矩阵是一个对称矩阵,因为 $\mathrm{Cov}(X_i,X_j)=\mathrm{Cov}(X_j,X_i)$,所以 $K_{ij}=K_{ji}$。此外,协方差矩阵的对角项是单个随机变量的方差,即 $K_{ii}=\mathrm{Cov}(X_i,X_i)=\mathrm{Var}(X_i)$。

1.2.4 多元正态分布

正态分布被誉为"上帝的分布",其普适性的建模能力和优美的数学性质使正态分布在现实中得到广泛的应用。前面章节已经介绍了一元正态分布,本小节我们将其推广到多元正态分布。如果 X 具有以下联合 PDF,则随机变量 X 具有均值向量 $\boldsymbol{\mu}\in\mathbb{R}^n$ 和协方差矩阵 $\boldsymbol{\Sigma}\in\mathbb{R}^{n\times n}$ 的多元正态分布,记为 $X\sim\mathcal{N}(\boldsymbol{\mu},\boldsymbol{\Sigma})$:

$$f(X)=\frac{1}{(2\pi)^{n/2}\,|\boldsymbol{\Sigma}|^{1/2}}\exp\left(-\frac{1}{2}(X-\boldsymbol{\mu})^{\mathrm{T}}\boldsymbol{\Sigma}^{-1}(X-\boldsymbol{\mu})\right)$$

这里 $|\boldsymbol{\Sigma}|$ 是总体协方差矩阵 $\boldsymbol{\Sigma}$ 的行列式。exp 的指数由 $X-\boldsymbol{\mu}$ 的转置、$\boldsymbol{\Sigma}$ 的逆和 $X-\boldsymbol{\mu}$ 的乘积组成,其维度为 $(1\times n)\times(n\times n)\times(n\times 1)=1\times 1$,即一个标量。因此,$f(X)$ 产生单个值。系数 $(2\pi)^n|\boldsymbol{\Sigma}|$ 也可以表示为 $|2\pi\boldsymbol{\Sigma}|$。

当 $n=2$ 时,它就是二元正态分布。其中,$\boldsymbol{\mu}=\begin{pmatrix}\mu_1\\ \mu_2\end{pmatrix}$,$\boldsymbol{\Sigma}=\begin{pmatrix}\sigma_{11} & \sigma_{12}\\ \sigma_{21} & \sigma_{22}\end{pmatrix}$,$\boldsymbol{\Sigma}^{-1}=\frac{1}{\sigma_{11}\sigma_{22}-\sigma_{12}^2}\begin{pmatrix}\sigma_{22} & -\sigma_{12}\\ -\sigma_{21} & \sigma_{11}\end{pmatrix}$,显然 $\sigma_{12}=\sigma_{21}$(同一对随机变量的协方差相等),这里设相关系数 $\rho_{12}=\frac{\sigma_{12}}{\sqrt{\sigma_{11}}\sqrt{\sigma_{22}}}$。二元正态分布的 PDF 为

$$f(x_1,x_2)=\frac{1}{2\pi\sqrt{\sigma_{11}\sigma_{22}(1-\rho_{12}^2)}}\exp\left\{\left[\left(\frac{x_1-\mu_1}{\sqrt{\sigma_{11}}}\right)^2+\left(\frac{x_2-\mu_2}{\sqrt{\sigma_{22}}}\right)^2-2\rho_{12}\left(\frac{x_1-\mu_1}{\sqrt{\sigma_{11}}}\right)\left(\frac{x_2-\mu_2}{\sqrt{\sigma_{22}}}\right)\right]\Big/(1-\rho_{12}^2)\right\}$$

图1.24展示了不同相关系数的二元正态分布对比。左图的$\rho_{12}=0$,即X_1,X_2为独立变量。这时二元正态分布的PDF可以因子分解为变量X_1和X_2的PDF的乘积,数学表达式为$f(X)=f_1(X_1)f_2(X_2)$。右图也为二元正态分布图,其$\rho_{12}=0.75$。这两个都是钟形曲面,但是具体形态不一样。

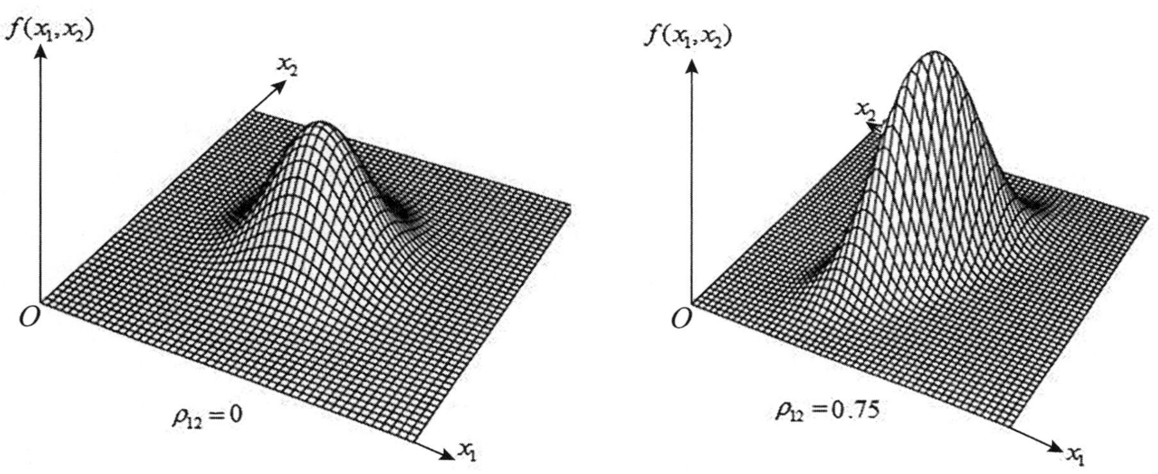

图1.24　不同相关系数的二元正态分布对比

为了探讨二元正态分布的等高线图的性质,可以把它投影到平面$z=c$上,用数学语言表示为$\{\boldsymbol{x}:(\boldsymbol{x}-\boldsymbol{\mu})^{\mathrm{T}}\boldsymbol{\Sigma}^{-1}(\boldsymbol{x}-\boldsymbol{\mu})=c^2$(常数)$\}$。如图1.25所示,投影图像为椭圆,椭圆中心在点$(\mu_1,\mu_2)$,长短轴为$c\sqrt{\lambda_i}\xi_i$。这里的$\xi_i$为矩阵$\boldsymbol{\Sigma}$的特征向量,即满足等式$\boldsymbol{\Sigma}\xi_i=\lambda_i\xi_i$的向量解。

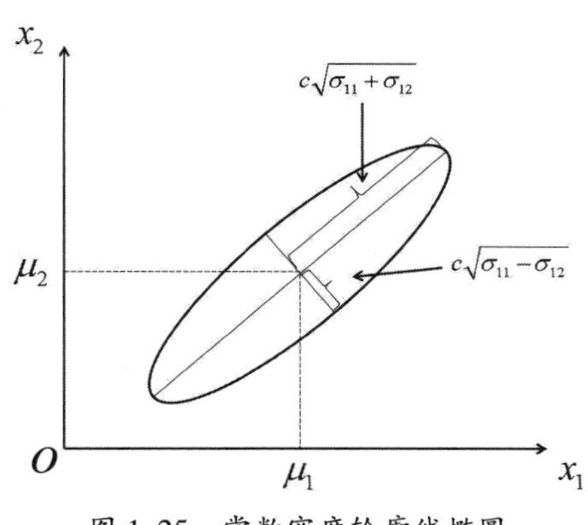

图1.25　常数密度轮廓线椭圆

如果$X\sim\mathcal{N}(\boldsymbol{\mu},\boldsymbol{\Sigma})$中$X$的所有分量$X_j$都是独立的,则总体协方差矩阵$\boldsymbol{\Sigma}$是一个对角矩阵,其中所有$a_{jj}=\sigma_j^2$和$a_{ij}=0$, for all $i\neq j$,因此联合PDF简化为$\prod_{j=1}^{n}f_{\mu_j,\sigma_j}(x_j)$,其中$X_j$的单变量正态分布的

PDF,其均值为μ_j,标准差为σ_j。如果$\boldsymbol{A}=(a_{ij})$是$m\times n$阶的常数矩阵,则有m元随机变量$Z=\boldsymbol{A}X\sim\mathcal{N}(\boldsymbol{A\mu},\boldsymbol{A\Sigma A}^{\mathrm{T}})$。这说明正态分布变量的线性变换仍然服从正态分布。

1.3 统计推断

统计推断是一种对数据的推测。通常,我们无法获取所有数据,只能得到部分数据。统计推断是根据得到的数据对总体数据的情况做推断。参数估计是统计推断的重要内容之一,也是机器学习的核心内容之一。本节介绍统计推断中两种常见的参数估计方法:最大似然估计和最大后验估计。

1.3.1 最大似然估计

最大似然估计是利用已知的样本结果信息,反推最有可能(最大概率)导致这些样本结果出现的模型参数值。换句话说,它提供了一种在给定观察数据的情况下评估模型参数的方法,即“模型已定,参数未知”。

通常,在机器学习中使用模型来描述产生观察数据的过程。例如,可以使用随机森林模型来分析客户是否会取消服务订阅(称为流失建模),或者可以使用线性模型来预测广告投放开支对公司营收的影响(这将是线性回归的一个例子)。每个模型都包含自己的一组参数,这些参数最终定义了模型的外观。

对于线性模型,我们可以将其表示为$y = mx + c$。在这个例子中,x可以代表广告支出,y可以代表产生的收入,m和c是该模型的参数。参数的不同值将给出模型不同的线条。因此,参数定义了模型的基本结构。只有当为参数选择特定值时,我们才能得到描述给定现象的具体模型实例。

最大似然估计是一种确定模型参数值的方法,通过最大化模型产生真实观察数据的可能性,找到拟合数据的那一组参数值。上述定义可能听起来有点抽象,下面通过一个例子来帮助理解。假设我们从某个过程中观察了10个数据点。例如,每个数据点可以代表一个学生回答特定考试问题的时间长度(以秒为单位)。这10个数据点如图1.26所示。

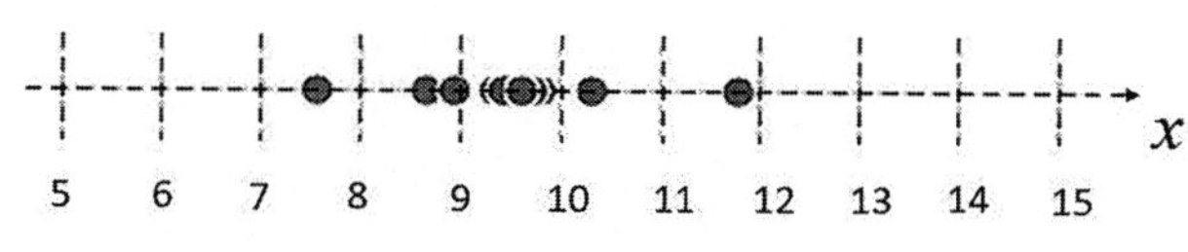

图1.26　10个观测数据点示例

对于这些数据,假设数据生成过程可以用正态分布来描述。通过对图 1.26 所示的数据目测可知,正态分布是合理的,因为 10 个数据点中的大部分都聚集在中间,少数分散在左右两侧。一元正态分布有两个参数,即均值 μ 和标准差 σ。这些参数的不同值会给出不同的曲线。图 1.27 给出了数据点多种可能的正态分布示意图。

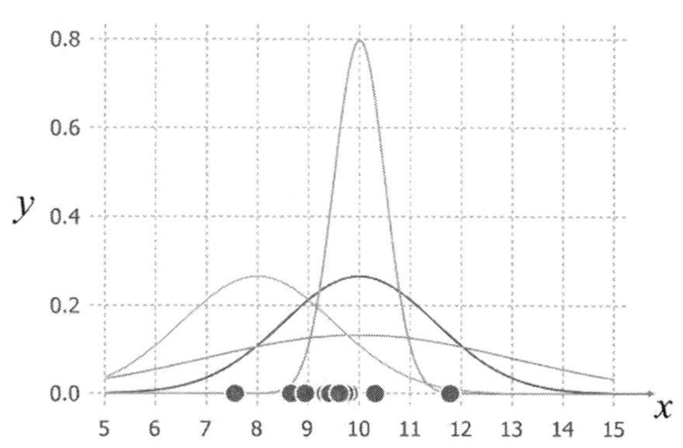

图 1.27　数据点多种可能的正态分布

现在我们的任务是找到哪条曲线最有可能产生我们观察到的数据点。图 1.27 中颜色最深的曲线是均值为 10、方差为 2.25(方差等于标准差的平方)的正态分布,也可以表示为 $f_1 \sim N(10, 2.25)$。其他三条曲线分别表示为 $f_2 \sim N(10, 9)$,$f_3 \sim N(10, 0.25)$,$f_4 \sim N(8, 2.25)$。用最大似然估计方法,可以找到 μ 和 σ 的值,从而产生最适合数据的曲线。通过这种方法,可以知道生成这 10 个数据的真实分布是 $f_1 \sim N(10, 2.25)$,也即图中深色曲线。

现在我们对什么是最大似然估计有了直观的了解,可以继续学习如何计算参数值了。这里找到的参数值称为最大似然估计。下面用一个例子来展示最大似然估计的计算过程。假设有 3 个数据点,分别为 9、9.5 和 11,并且它们是从一个由正态分布充分描述的过程生成的。我们如何计算正态分布的参数 μ 和 σ 的最大似然估计呢?观察到这 3 个数据点的总(联合)概率为

$$P(9, 9.5, 11; \mu, \sigma) = \frac{1}{\sigma\sqrt{2\pi}}\exp\left(-\frac{(9-\mu)^2}{2\sigma^2}\right) \cdot \frac{1}{\sigma\sqrt{2\pi}}\exp\left(-\frac{(9.5-\mu)^2}{2\sigma^2}\right) \cdot \frac{1}{\sigma\sqrt{2\pi}}\exp\left(-\frac{(11-\mu)^2}{2\sigma^2}\right)$$

上述的总概率表达式实际上很难微分,所以它几乎总是通过对表达式取自然对数进行简化。取上面表达式的对数并简化,可以得到:

$$\ln(P(x; \mu, \sigma)) = -3\ln(\sigma) - \frac{3}{2}\ln(2\pi) - \frac{1}{2\sigma^2}[(9-\mu)^2 + (9.5-\mu)^2 + (11-\mu)^2]$$

对于这个表达式,可以通过求导得到 μ 的最大似然估计:$\mu = 9.833$。用同样的方法,可以得到 σ 的最大似然估计。

大多数人倾向于混用“概率”和“似然度”这两个名词,但统计学家和概率理论家都会区分这两个概念。我们观察等式:$L(\mu, \sigma; \text{data}) = P(\text{data}; \mu, \sigma)$。$P(\text{data}; \mu, \sigma)$ 的意思是在模型参数 μ、σ 条件

下，观察到数据 data 的概率。值得注意的是，我们可以将其推广到任意数量的参数和任何分布。$L(\mu,\sigma;\text{data})$ 的意思是我们在观察到一组数据 data 之后，参数 μ、σ 取特定的值的似然度。

上面的等式表示，给定数据后参数的似然度等于给定参数后数据的概率。尽管这两个值是相等的，但是似然度和概率从根本上是提出了两个不同的问题——一个是关于数据的，另一个是关于参数值的。这就是该方法被称为最大似然而不是最大概率的原因。

1.3.2 最大后验估计

在机器学习中，最大后验估计提供了一个贝叶斯概率框架，用于将模型参数拟合到训练数据，并为更常见的最大似然估计框架提供了一个替代方案。它最大化在给定数据样本的情况下模型参数的后验概率。这意味着它依然是根据已知样本，通过调整模型参数使模型能够产生该数据样本的概率最大，只不过它对于模型参数有了一个先验假设，即模型参数可能满足某种分布，不再一味地依赖数据样本（以防数据量少或数据不靠谱）。

最大似然估计认为，使似然函数 $P(X\mid\theta)$ 最大的参数 θ 即为最好的 θ，此时最大似然估计是将 θ 看作固定的值，只是其值未知；最大后验估计认为，参数 θ 是一个随机变量，即 θ 具有某种概率分布，称为先验分布 $P(\theta)$，求解时除要考虑似然函数 $P(X\mid\theta)$ 外，还要考虑 θ 的先验分布 $P(\theta)$。由于 X 的先验分布 $P(X)$ 是固定的（可通过分析数据获得，其实我们也不关心 X 的分布，我们关心的是 θ），因此根据贝叶斯定理，最大化的函数变为 $P(X\mid\theta)P(\theta)$。

最大后验估计的公式表示：$\theta=\underset{\theta}{\operatorname{argmax}}\,P(\theta\mid X)=\underset{\theta}{\operatorname{argmax}}\,P(X\mid\theta)P(\theta)$。

下面举一个抛硬币的例子。假设有一枚硬币，现在要估计其正面朝上的概率 θ。为了对 θ 进行估计，我们进行了 10 次试验（独立同分布），其中正面朝上的次数为 6 次，反面朝上的次数为 4 次。通常，认为 $\theta=0.5$ 的可能性最大，因此可以用均值为 0.5、方差为 0.01 的正态分布来描述 θ 的先验分布，当然也可以使用其他分布来描述 θ 的先验分布。

$$P(X\mid\theta)P(\theta)=\theta^6(1-\theta)^4\frac{1}{0.1\sqrt{2\pi}}\exp\left(-\frac{1}{2\times0.01}(\theta-0.5)^2\right)$$

转换为对数函数，通过求导并令式子为 0 来求极值，可以得到 $\theta\approx0.529$。

如果用均值为 0.6、方差为 0.01 的正态分布来描述 θ 的先验分布，则 $\theta=0.6$。由此可见，在最大后验估计中，θ 的估计值与 θ 的先验分布有很大的关系。这也说明一个合理的先验分布假设是非常重要的。如果先验分布假设错误，则会导致估计的参数值偏离实际的参数值。

最大后验估计的求解步骤如下：确定参数的先验分布及似然函数；确定参数的后验分布函数；将后验分布函数转换为对数函数；求对数函数的最大值（求导，解方程）。

1.4 随机过程

随机过程就是一串随机变量的序列，在这个序列中，每一条数据都可以被看作是一个随机变量，因此在随机过程的概率模型处理过程中，重点关注的就是时间和数据这两个维度的内容。

1.4.1 马尔可夫链

我们可以试想一个最简单的随机过程，这个过程由 N 步组成，每一步都有两个选择{0,1}。那么，可能的路径就有 2^N 条，这个随机过程就需要用 2^N 这个指数级别个数的概率来描述，其维度太大，处理起来很不方便。于是，马尔可夫过程对问题做了简化：随机过程中每一步的结果仅与上一步有关，而与其他步骤无关。马尔可夫过程的原始模型就是马尔可夫链。在马尔可夫链中，随机过程的变化只取决于当前状态，与过去的状态无关，这种性质大大简化了模型，便于计算。我们可以将马尔可夫链理解为从一个"状态"（一种情况或一组值）转换到另一个"状态"的数学系统。

下面用一个具体的例子来描述马尔可夫链的过程。假设村里的王二狗每天有3个可能的状态：玩耍、学习、睡觉（这就是状态分布）。已知他今天在玩耍，那他明天学习、玩耍、睡觉的概率各是多少？后天乃至 N 天后学习、玩耍、睡觉的概率各是多少？

如果想要知道 N 天后学习、玩耍、睡觉的概率各是多少，我们需要有以下两个条件。

(1)已知条件：知道王二狗第一天的状态（状态分布矩阵 $\boldsymbol{S}$）。

(2)假设：状态转移是有规律的。

所谓状态转移有规律，也就是今天学习，明天就玩耍或睡觉或继续学习的概率是确定的。在数学上，就是状态转移概率矩阵 $\boldsymbol{P}$ 保持不变，如图1.28所示。对于第 n 天的状态分布，我们有 $\boldsymbol{\pi}_n=\boldsymbol{\pi}_{n-1}\boldsymbol{P}=\boldsymbol{\pi}_0\boldsymbol{P}^n$。从表达式中可以看出，$\boldsymbol{\pi}$ 是一维向量，$\boldsymbol{P}$ 是二维矩阵，$\boldsymbol{P}$ 进行足够多次自乘后，其值趋于稳定。

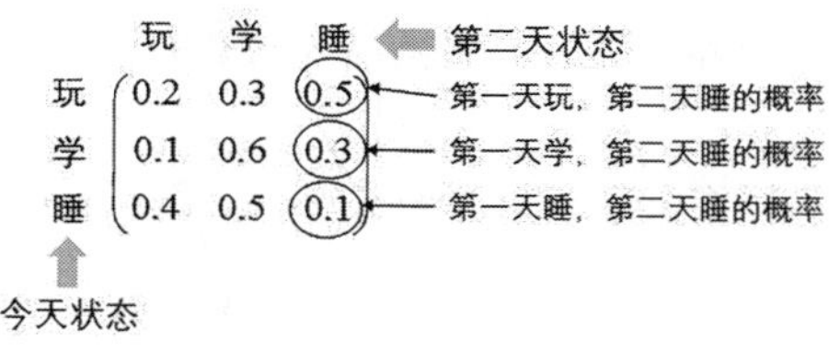

图1.28　状态转移概率矩阵

形式上，马尔可夫链由以下三项组成。

(1)状态集：$Q=\{q_1,q_2,\cdots,q_n\}$，其中 n 为状态数。

(2)先验概率向量（每个状态发生的概率）：$\Pi=\{\pi_1,\pi_2,\cdots,\pi_n\}$，其中 $\pi_i=P(S_0=q_i)$，S_0 为初

始状态。

(3)状态转移概率矩阵：$\boldsymbol{A}=\{a_{ij}\}, i,j=[1,\cdots,n]$，其中 $a_{ij}=P(S_t=q_j \mid S_{t-1}=q_i)$。

以紧凑的方式，马尔可夫链可以表示为 $\lambda=\{Q,\boldsymbol{A},\boldsymbol{\Pi}\}$。

马尔可夫链满足以下性质。

(1)概率公理，即所有概率之和应为1：$\sum_i \pi_i=1$ 并且 $\sum_j a_{ij}=1$。

(2)马尔可夫性质：$P(S_t=q_j \mid S_{t-1}=q_i, S_{t-2}=q_k,\cdots)=P(S_t=q_j \mid S_{t-1}=q_i)$。

马尔可夫链的演变可以按图结构表示为转移图，图1.29中的每条边都被赋予一个转移概率。在转移图中，我们引入“可达”和“连通”的概念。若对马尔可夫链中的状态 s_i, s_j 有 $p_{i,k1}p_{k1,k2}\cdots p_{kn,j}>0$，即采样路径上的所有转移概率不为0，则状态 s_j 是状态 s_i 的可达状态。连通是一组等价关系，因此可以构建等价类。在马尔可夫链中，包含尽可能多状态的等价类被称为连通类。

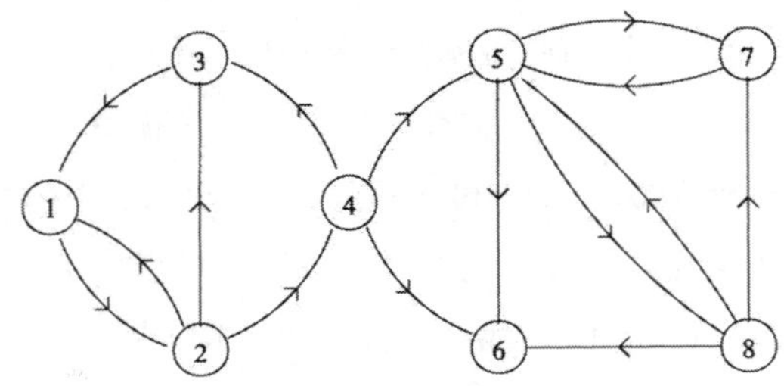

图1.29　转移图示例

给定状态空间的一个子集，若马尔可夫链进入该子集后无法离开，则该子集是闭合的，称为闭合集。一个闭合集外部的所有状态都不是其可达状态。若闭合集中只有一个状态，则该状态是吸收态，在转移图中是一个概率为1的自环。一个闭合集可以包括一个或多个连通类。由定义可知，该转移图包含了三个连通类：{1,2,3,4}，{5,7,8}，{6}；三个闭合集：{6}，{5,6,7,8}，{1,2,3,4,5,6,7,8}；一个吸收态，即状态6。在上述转移图中，马尔可夫链从任意状态出发最终都会进入吸收态，这类马尔可夫链被称为吸收马尔可夫链。

如果一个马尔可夫链的状态空间仅有一个连通类，即状态空间的所有成员，则该马尔可夫链是不可约的；否则，马尔可夫链具有可约性。马尔可夫链的不可约性意味着在其演变过程中，随机变量可以在任意状态间转移。

若马尔可夫链在到达一个状态后，经过若干状态转移之后能反复回到该状态，则该状态是常返状态，或者该马尔可夫链具有(局部)常返性；反之，则具有瞬变性。

一个正常返的马尔可夫链可能具有周期性，即在其状态演变中，马尔可夫链能够按大于1的周期常返其状态。正式定义为，给定具有正常返的状态 $s_i \in S$，其返回周期按如下方式计算：$d=\gcd\{n>0: p(X_n=s_i \mid X_0=s_i)>0\}$。这里 $d=\gcd\{\cdot\}$ 表示取集合元素的最大公约数。若按上式计算得到 $d>1$，则该状态具有周期性；若 $d=1$，则该状态具有非周期性。

若马尔可夫链的一个状态是正常返的和非周期的，则该状态具有遍历性。若一个马尔可夫链是不可约的，且有某个状态是遍历的，则该马尔可夫链的所有状态都是遍历的，被称为遍历链。

1.4.2 马尔可夫链的极限与稳态

马尔可夫链的极限与稳态是两个重要的性质，它们能够帮助我们在现实生活中进行实际决策。本小节将简单介绍马尔可夫链的平稳分布和极限分布。

1. 平稳分布

马尔可夫链的平稳分布是随着时间的推移在马尔可夫链中保持不变的概率分布。通常，它表示为行向量 $\boldsymbol{\pi}$，其条目的概率总和为 1，给定转移矩阵 $\boldsymbol{P}$，满足 $\boldsymbol{\pi}=\boldsymbol{\pi P}$。

遍历链是非周期的平稳马尔可夫链，具有长时间尺度下的稳态行为，因此被广泛研究和应用。

下面看一个例子：一家体育广播公司希望预测有多少密歇根居民喜欢密歇根大学的球队（简称为“密歇根”），以及有多少人喜欢密歇根州球队。他们注意到，年复一年，大多数人都坚持自己喜欢的球队。然而，大约 3% 密歇根球迷转投密歇根州球队，大约 5% 密歇根州球队的球迷转投密歇根。但是，该州 1000 万人口的整体球队偏好并没有明显变化。换句话说，密歇根州的球迷似乎已经达到了一个固定的分布。那两球队的球迷数可能是多少？

解决这个问题的合理方法是：假设这些球迷数字每年都不会改变。设球迷分布 $\boldsymbol{\pi}=(\pi_1,\pi_2)$，它遵循 $(\pi_1,\pi_2)=(\pi_1,\pi_2)\begin{pmatrix}0.97 & 0.03\\0.05 & 0.95\end{pmatrix}$。

求得 $\boldsymbol{\pi}=(0.625,0.375)$。这意味着密歇根球迷占 62.5 百万，密歇根州球迷占 37.5 百万。

值得注意的是，并不是所有马尔可夫链都有唯一的平稳分布。理论上，只有不可约且遍历的马尔可夫链，才能保证有唯一的平稳分布。

2. 极限分布

若一个马尔可夫链的状态空间存在概率分布 $\lim\limits_{n\to\infty}P(X_n=s_i)=\pi(s_i)$，则该分布是马尔可夫链的极限分布。注意到极限分布的定义与初始分布无关，即对任意的初始分布，当时间步趋于无穷时，随机变量的概率分布趋于极限分布。

按定义，极限分布一定是平稳分布，但反之不成立。例如，周期性的马尔可夫链可能具有平稳分布，但周期性马尔可夫链不收敛于任何分布，其平稳分布不是极限分布。

考虑具有转移矩阵 $\boldsymbol{P}=\begin{pmatrix}0 & 1\\1 & 0\end{pmatrix}$ 的两态马尔可夫链。随着 n 的增加，$\boldsymbol{P}^n$ 并没有极限分布性质。实际上，表达式就是在 $\boldsymbol{P}$ 和单位矩阵 $\boldsymbol{I}$ 之间切换。然而，该系统具有平稳分布 (1/2,1/2)。因此，并非所有的平稳分布都是极限分布。有时不存在极限分布。

1.4.3 马尔可夫链蒙特卡洛方法

蒙特卡洛方法是一种通过从概率模型的随机抽样进行近似数值计算的方法。它可以用于概率分布的抽样、概率分布数学期望的估计、定积分的近似计算等。

这个方法颠覆了通常的统计问题:不是以确定性方式估计随机量,而是使用随机量来提供确定性量的估计。例如,一个简单的蒙特卡洛实验,考虑随机均匀下落的雨滴(即任何雨滴的位置都可以解释为均匀分布的随机变量的实现)。在空间的某个正方形区域上,并且在该正方形内有一个圆。可以直观地看出,均匀雨滴落在正方形内任何区域的概率是与该区域的面积成正比的,并且与其位置无关。

因此,雨滴位于内切圆内的概率 p ,可以用圆与正方形的面积比来表示。如果正方形的边长为 $2r$, 则圆的半径为 r ,并且 $p = \pi r^2/(2r)^2 = \pi/4$。就其本身而言,这似乎并不是特别有趣。然而,将 π 表示为这个概率的函数,它的估计可以用来近似 π。获得概率需要知道 π, 因此按照这个思路进行分析是不可能的。直观地说,可以通过计算圆内雨滴的比例来估计这个概率:如果观察到 n 颗雨滴,其中 m 颗雨滴位于圆内,那么可以估计 p, 使用 $\hat{p} = m/n$。图 1.30 显示了一个计算机模拟,假设有 500 颗雨滴均匀分布在一个正方形上,其中 383 颗分布在圆内。在这种情况下, $\hat{p}$ = 383/500, 并且通过 p 和 π 之间的关系, π 的估计值 $\hat{\pi}$ = 383/125 = 3.064。考虑到所使用的计算量,对 π 的估计很差,但它仍然是一个估计。

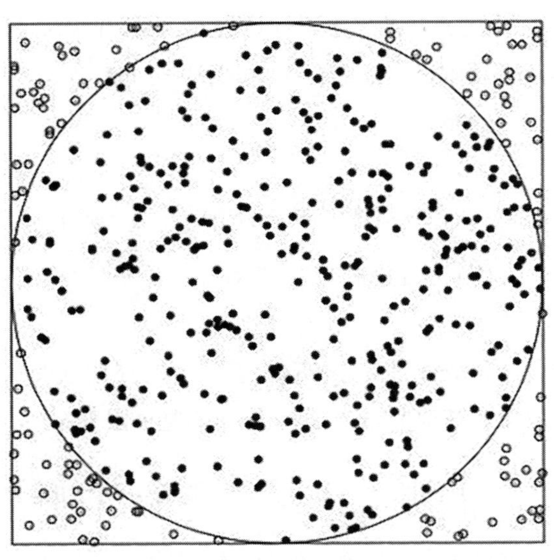

图 1.30 蒙特卡洛估计圆周率

当遇到多元变量的随机分布及复杂的概率密度时,仅仅使用蒙特卡洛方法可能会显得力不从心。结合马尔可夫链和蒙特卡洛方法能为这种问题的解决提供一种选择。

在正式介绍马尔可夫链蒙特卡洛(Markov Chain Monte Carlo,MCMC)方法之前,引入三个知识点:遍历定理、可逆马尔可夫链和细致平衡方程。

下面是遍历定理的正式描述。不可约、非周期且正常返的马尔可夫链,有唯一平稳分布存在,并且转移概率的极限分布是马尔可夫链的平稳分布。公式化表达如下。

$$\lim_{t\to\infty} P(X_t = i \mid X_0 = j) = \pi_i, i = 1,2,\cdots; j = 1,2,\cdots$$

可以看出,一个满足遍历定理的马尔可夫链只有一个平稳分布,而且它就是转移概率的极限分布。且随机游走的起始点并不影响得到的结果,即从不同的起始点出发,都会收敛到同一平稳分布。

这样,就可以用马尔可夫链进行采样了。首先随机选择一个样本 x_0,基于条件概率(转移概率) $p(x \mid x_0)$ 采样 x_1。因为我们需要转移一定次数后才会收敛到平稳分布,所以设定了 m 次迭代后为平稳分布,那么 $(x_m, x_{m+1}, \cdots)$ 即为平稳分布对应的样本集。

但是,要怎么确定平稳分布 $\boldsymbol{\pi}$(我们希望采样的复杂分布)的马尔可夫链状态转移概率矩阵 $\boldsymbol{P}$ 呢?在开始 MCMC 采样之前,我们先介绍两个概念:可逆马尔可夫链和细致平衡方程。

一个平稳马尔可夫链也是可逆马尔可夫链,有马尔可夫链 $X_0, X_1, \cdots, X_t, \cdots$,其状态空间为 S,状态转移概率矩阵为 $\boldsymbol{P}$,如果有状态分布 $\boldsymbol{\pi} = (\pi_0, \pi_1, \cdots, \pi_t, \cdots)$,对于任意状态 $s_i, s_j \in S$,在任意一个时刻 t 满足 $\pi(s_i)P(X_t = s_j \mid X_{t-1} = s_i) = \pi(s_j)P(X_t = s_i \mid X_{t-1} = s_j)$,简记为 $\pi_i P_{ij} = \pi_j P_{ji}$。该式也被称为细致平衡方程。

仅仅从细致平衡方程还是很难找到合适的矩阵 $\boldsymbol{P}$。比如目标平稳分布是 $\boldsymbol{\pi}$,随机找一个马尔可夫链的状态转移概率矩阵 $\boldsymbol{Q}$,它是很难满足细致平衡方程的。那么,如何使这个等式满足呢?可以构造一个 α_{ij} 和 α_{ji},使上式强制取等号,即 $\pi_i Q_{ji} \alpha_{ji} = \pi_j Q_{ij} \alpha_{ij}$。要使上式恒成立,只需要取 $\alpha_{ji} = \pi_j Q_{ij}, \alpha_{ij} = \pi_i Q_{ji}$。所以,马尔可夫链的状态转移概率矩阵 $P_{ji} = Q_{ji}\alpha_{ji}, P_{ij} = Q_{ij}\alpha_{ij}$。$\alpha$ 专业术语叫作接受率,其值是可以根据 $\boldsymbol{Q}$ 和目标分布 $p(x)$ 计算出来的,取值范围为 $[0,1]$。$\boldsymbol{Q}$ 的平稳分布专业术语叫作建议分布。

现在回到 MCMC 方法。MCMC 方法的基本思想是:在随机变量 X 的状态空间 S 上定义一个满足遍历定理的马尔可夫链 $X_0, X_1, \cdots, X_t, \cdots$,使其平稳分布就是抽样的目标分布 $p(x)$,然后在这个马尔可夫链上进行随机游走,每个时刻得到一个样本。这里存在两个问题:(1)如何定义能满足条件的马尔可夫链;(2)如何实现随机游走(转移核)采样。

Metropolis-Hastings 算法是马尔可夫链蒙特卡洛方法的代表算法。假设要抽样的终极概率分布是 $p(\boldsymbol{x})$,它采用的转移核为 $p(\boldsymbol{x}, \boldsymbol{x}') = q(\boldsymbol{x}, \boldsymbol{x}')\alpha(\boldsymbol{x}, \boldsymbol{x}')$。这里,$q(\boldsymbol{x}, \boldsymbol{x}')$ 是另一个马尔可夫链的转移核,同时也是一个容易抽样的分布,作为建议分布。它是不可约的,即其概率值恒不为 0。$\alpha(\boldsymbol{x}, \boldsymbol{x}')$ 称为接受分布。

$$\alpha(\boldsymbol{x}, \boldsymbol{x}') = \min\left\{1, \frac{p(\boldsymbol{x}')q(\boldsymbol{x}', \boldsymbol{x})}{p(\boldsymbol{x})q(\boldsymbol{x}, \boldsymbol{x}')}\right\}$$

可以证明,由上述转移核 $p(\boldsymbol{x},\boldsymbol{x}')$ 构成的马尔可夫链满足遍历定理,但由于篇幅所限,这里不作证明。假设我们任意选定的马尔可夫链状态转移核为 Q,平稳分布为 π,设定状态转移次数阈值为 m,需要的样本个数为 n。图 1.31 给出了 Metropolis-Hastings 算法的伪代码。转移核为 $Q(\boldsymbol{x},\boldsymbol{x}') = p(\boldsymbol{x}' \mid \boldsymbol{x})$ 的马尔可夫链上的随机游走按以下方式进行:如果在时刻 $t-1$ 处于状态 $\boldsymbol{x}$,即 $\boldsymbol{x}_{t-1} = \boldsymbol{x}$,则先按建议分布抽样产生一个候选状态 $\boldsymbol{x}'$,然后按照接受分布抽样决定是否接受状态 $\boldsymbol{x}'$。以概率 $\alpha(\boldsymbol{x},\boldsymbol{x}')$ 接受 $\boldsymbol{x}'$,决定时刻 t 转移到状态 $\boldsymbol{x}'$,而以概率 $1-\alpha(\boldsymbol{x},\boldsymbol{x}')$ 拒绝 $\boldsymbol{x}'$,决定时刻 t 仍停留在原状态 $\boldsymbol{x}$。具体地,从区间 (0,1) 上的均匀分布中抽取一个随机数 u,决定时刻 t 的状态:$\boldsymbol{x}_t = \begin{cases} \boldsymbol{x}', u \leqslant \alpha(\boldsymbol{x},\boldsymbol{x}') \\ \boldsymbol{x}, u > \alpha(\boldsymbol{x},\boldsymbol{x}') \end{cases}$。根据遍历定理,当时间足够长时(时刻大于某个正整数 m),样本的分布趋于平稳分布,样本的函数均值趋近于函数的数学期望。在之后的时间里随机游走得到的样本集合 $\{\boldsymbol{x}_{m+1}, \boldsymbol{x}_{m+2}, \cdots, \boldsymbol{x}_{m+n}\}$ 就是目标概率分布的抽样结果。

```
随机选择一个初始值 x=x_0,样本集合 samples=[];
for t = 0 to m+n do
    按照建议分布 Q(x,x')随机抽取一个状态 x'
    计算接受概率: α(x,x') = min{1, π(x')Q(x',x) / π(x)Q(x,x')}
    从区间 (0,1) 中按均匀分布随机抽取一个数 u
    若 u≤α(x,x'), 则状态 x=x'; 否则, x 保持不变
    if (t >= m) 将 x 加入 samples 中
end
```

图 1.31　Metropolis-Hastings 算法的伪代码

1.5 本章小结

本章首先介绍了概率的基本概念及相关定理;然后引入了现代概率论的核心概念——随机变量及其分布规律;之后介绍了统计推断中两种常见的参数估计方法:最大似然估计和最大后验估计;最后解释了随机过程的相关概念及方法应用。这些知识是机器学习和自然语言处理的数学基础,也是智能对话应用的模型基础理论。掌握它们,对后面章节中即将介绍的智能对话相关算法会有更好的理解。

第 2 章
统计学习

统计学习理论是从统计学和泛函分析领域发展而来的机器学习框架，它主要解决基于数据的预测函数的统计推断问题。其核心思想在于构建一个能够从数据中提取信息并进行预测的模型。在过去的二十年中，随着海量数据的出现和计算能力的提升，统计学习在理论和应用方面都取得了巨大进展。尤其是在智能对话、信息检索、推荐系统、语音识别等领域中，统计学习已经得到了广泛的应用。本章对统计学习的介绍主要集中在有监督学习的领域，这是工业应用中最常见的场景。

本章主要涉及的知识点如下。

- **朴素贝叶斯：熟悉多项式朴素贝叶斯算法的理论和应用。**
- **支持向量机：理解支持向量机的基本理论，了解SMO算法的原理。**
- **最大熵：掌握信息熵和条件熵的概念，学会最大熵推导，理解最大熵模型。**
- **条件随机场：掌握马尔可夫随机场的相关概念和性质，熟悉条件随机场的原理，了解条件随机场的推断算法。**

注意：本章内容较为基础，读者可自行跳过部分或全部内容。阅读本章内容需要以第1章为基础。

2.1 朴素贝叶斯

朴素贝叶斯已被成功应用于很多领域,尤其是在自然语言处理领域。它是一种基于概率论的算法,利用概率论和贝叶斯定理来预测文本的标签。作为概率分类器,朴素贝叶斯会计算给定文本条件下每个标签的概率,并输出概率最高的标签。这些概率是通过应用贝叶斯定理并假设特征条件独立性来获得的。由于这一假设,模型所需的条件概率的数量大幅减少,从而简化了朴素贝叶斯的学习和预测过程。

下面将介绍一种名为多项式朴素贝叶斯的算法,并通过一个示例来说明。在这个示例中,给定一个句子"a very close game"及一个包含 5 个句子的训练集(图 2.1)及其对应的类别(Sports 或 Not Sports)。我们的目标是构建一个朴素贝叶斯分类器,用于判断句子"a very close game"所属的类别。用数学语言来描述,我们需要计算 $P(\text{Sports} \mid \text{a very close game})$,也就是句子"a very close game"属于 Sports 类别的概率。

Text	Tag
"A great game"	Sports
"The election was over"	Not sports
"Very clean match"	Sports
"A clean but forgettable game"	Sports
"It was a close election"	Not sports

图 2.1 文本训练集

在创建机器学习模型时,首先需要确定使用哪些特征。在文本分类场景中,特征是从文本中提取出来并提供给算法的信息片段。例如,在对健康状况进行分类时,特征可能包括一个人的身高、体重、性别等。当然,我们会排除那些虽然已知但对模型无用的特征,例如,人名或喜欢的颜色。

在文本的例子中,我们只有文字而没有数字特征。因此,我们需要将这些文本以某种方式转换为可以进行计算的数字形式。一种简单的方法是使用词频,也就是说,忽略词序和句子结构,将每个文档视为它所包含的一组单词。这样,特征将是每个单词的次数。尽管这种方法看起来相当简单,但它的效果往往出奇的好。

使用贝叶斯定理,我们可以反转条件概率:

$$P(\text{Sports} \mid \text{a very close game}) = \frac{P(\text{a very close game} \mid \text{Sports}) \cdot P(\text{Sports})}{P(\text{a very close game})}$$

当我们的目标是确定哪个类别(Sports 或 Not Sports)有更高的概率时,可以直接忽略分母 P(a very close game),只需要比较 P(a very close game | Sports) · P(Sports)和 P(a very close game | Not Sports) · P(Not Sports)。但这里有一个问题:为了计算 P(a very close game | Sports),我们需要统计"a very close game"在 Sports 类别中出现的次数。然而,这个句子可能根本没有在训练集中出现过,因此这个概率为 0,导致 P(a very close game | Sports)也为 0。除非我们想要分类的每个句子都出现在训练数据中,否则目前的模型将无法使用。那么,我们应该如何解决这个问题呢?

这里我们采用一个词袋模型假设,假定句子中的每个单词都独立于其他单词。这意味着我们不再将句子视为一个整体,而是将其分解为多个单词因素。基于此,我们可以重写所要计算的概率:

$$P(\text{a very close game}) = P(\text{a})P(\text{very})P(\text{close})P(\text{game})$$

$$P(\text{a very close game} \mid \text{Sports}) = P(\text{a} \mid \text{Sports})P(\text{very} \mid \text{Sports})P(\text{close} \mid \text{Sports})P(\text{game} \mid \text{Sports})$$

最后一步是计算每个单词的概率,以确定哪个更大。计算概率只需在训练数据中进行相应的计数统计。

首先,计算每个标签的先验概率:对于训练数据中的给定句子,P(Sports)的概率是 3/5。那么,P(Not Sports)就是 2/5。然后,计算 P(game | Sports)意味着计算"game"一词在 Sports 文本中出现的次数(2 次)除以 Sports 中的总词数(11)。所以,P(game | Sports)是 2/11。

但是,这里遇到了一个问题:"close"没有出现在任何 Sports 文本中。这意味着 P(close | Sports)= 0。这很不方便,因为我们需要将它与其他概率相乘,最终会得到 P(a | Sports) · P(very | Sports) · 0 · P(game | Sports) = 0。在乘法中,如果其中一项为零,则整个乘积都为零。概率为 0 时会带来很大问题,因为这会清除其他概率中的所有信息。在这种情况下,我们需要找到一个替代解决方案。

Laplace 平滑是一种可选的替代解决方案,用于处理数据稀疏问题。它通过在每个概率估计中加入一个小样本校正(也称伪计数)来避免出现概率为 0 的情况。这是一种正则化朴素贝叶斯的方法,当伪计数为 1 时,这被称为 Laplace 平滑。

给定来自一个多项式分布的观测 $X = (X_1, X_2, \cdots, X_d)$,其具有 N 个试验和参数向量 $\boldsymbol{\theta} = (\theta_1, \theta_2, \cdots, \theta_d)$,则该数据平滑后的版本会给出估计量:

$$\hat{\theta}_i = \frac{x_i + \alpha}{N + \alpha d} \quad (i = 1, \cdots, d)$$

其中,伪计数 $\alpha > 0$,这是平滑参数(当 $\alpha = 0$ 时表示没有平滑)。加法平滑是一种收缩估计方法,因为所得到的估计将介于经验估计 x_i/N 和均匀概率 $1/d$ 之间。

图 2.2 给出了一个词的条件概率计算示例。这个计算是基于图 2.1 的语料,大写字母会还原为小写字母,如"A"转变为"a"、"Very"转变为"very"等。在这里,平滑参数 $\alpha = 1$,词汇数 $d = 14$,类别 Sports 中的总词数为 11,类别 Not Sports 中的总词数为 9。

Word	P(word | Sports)	P(word | Not Sports)
a	(2 + 1) ÷ (11 + 14)	(1 + 1) ÷ (9 + 14)
very	(1 + 1) ÷ (11 + 14)	(0 + 1) ÷ (9 + 14)
close	(0 + 1) ÷ (11 + 14)	(1 + 1) ÷ (9 + 14)
game	(2 + 1) ÷ (11 + 14)	(0 + 1) ÷ (9 + 14)

图 2.2 词的条件概率计算示例

于是,就有:

$$P(\text{a} \mid \text{Sports}) \cdot P(\text{very} \mid \text{Sports}) \cdot P(\text{close} \mid \text{Sports}) \cdot P(\text{game} \mid \text{Sports}) \cdot P(\text{Sports}) \approx 2.76 \times 10^{-5}$$

$$P(\text{a} \mid \text{Not Sports}) \cdot P(\text{very} \mid \text{Not Sports}) \cdot P(\text{close} \mid \text{Not Sports}) \cdot P(\text{game} \mid \text{Not Sports}) \cdot P(\text{Not Sports}) \approx 0.572 \times 10^{-5}$$

因此,$P(\text{a very close game} \mid \text{Sports})$的概率更高,这说明这个句子更可能属于 Sports 类别。

2.2 支持向量机

支持向量机(Support Vector Machines,SVM)是优秀的监督学习模型之一,它具有分析数据和模式识别的能力。SVM 用于解决回归和分类问题。SVM 训练算法构建一个模型,将新样例分配给一个类别或另一个类别,使其成为非概率二元线性分类器。SVM 的核心思想很简单:该算法创建一条最佳分隔线或一个最佳超平面,将数据分为两类。

2.2.1 支持向量机的理论基础

想象一下,我们有一个带标签的训练集,包含两类数据点(二维)。为了将这两个类别分开,存在很多可能的超平面选项,它们都能正确地进行分离。如图 2.3 左侧所示,可以使用不同的超平面(L_1、L_2、L_3)来获得相同的分离结果。然而,当添加新的数据点时,使用不同的超平面在将新数据点正确分类到相应类别方面可能会产生显著差异。那么,如何确定最佳的超平面呢?直观上,最佳超平面应该是能够最好地分开两类数据的直线。而判定“最好”的标准就是这条直线与两边数据点之间的间隔最大。因此,我们需要寻找具有最大间隔的超平面。

如图 2.3 右侧所示,对于一个数据点的分类,当超平面与数据点的“间隔”越大时,分类的确信度也越高。因此,为了使分类的确信度尽可能高,我们需要选择一个能够最大化这个“间隔”值的超平面。这个间隔就是实线与两侧虚线之间的距离。

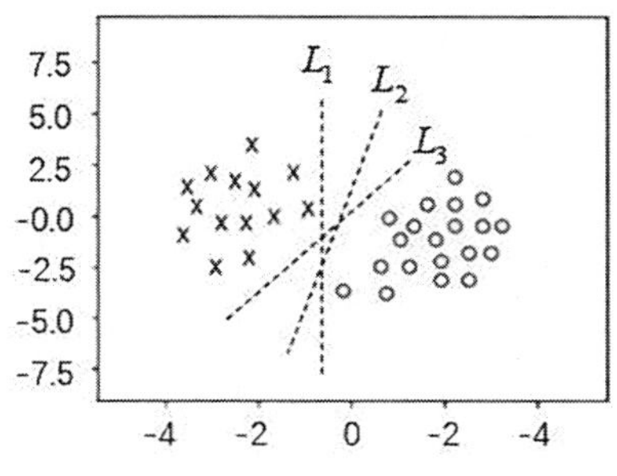

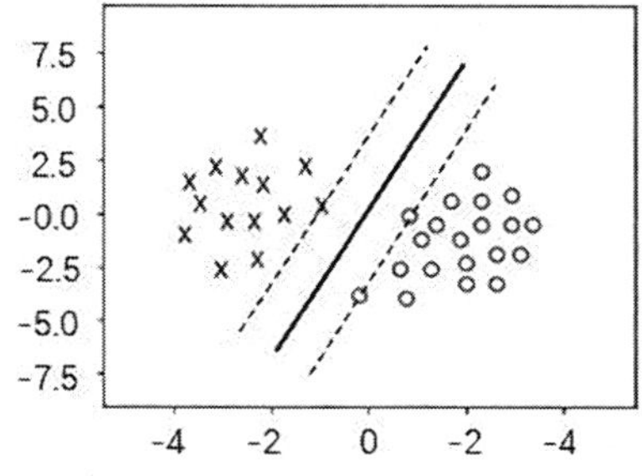

图 2.3　分离超平面示例

假定真实超平面为 $\boldsymbol{w}^{\mathrm{T}}\boldsymbol{x}+b=0$。那么,两条虚线分别为 $\boldsymbol{w}^{\mathrm{T}}\boldsymbol{x}+b=1$ 和 $\boldsymbol{w}^{\mathrm{T}}\boldsymbol{x}+b=-1$。可以看到,虚线相对于真实超平面只是上下移动了一个单位距离。有人可能会问:怎么知道正好是一个单位距离?实际上,我们不能准确判断。假设上下移动了 k 个单位距离,则上虚线现在为 $\boldsymbol{w}^{\mathrm{T}}\boldsymbol{x}+b=k$,两边同时除以 k。这样,上虚线还是可以变成 $\boldsymbol{w}^{\mathrm{T}}\boldsymbol{x}+b=1$,同理下虚线也可以这样调整,然后它们的中线就是 $\boldsymbol{w}^{\mathrm{T}}\boldsymbol{x}+b=0$。这里从 k 到 1,权值从 $\boldsymbol{w}$ 变化到 $\boldsymbol{w}_1$,从 b 变化到 b_1,我们再让 $\boldsymbol{w}=\boldsymbol{w}_1$,$b=b_1$,就回到了最初的形式,也就是说,这个中间无非是一个倍数关系。

因此,我们只需要先确定使上下虚线之间的距离等于 1 的距离,然后找到一组相应的权值。这组权值会自动调整到一定倍数,使距离为 1。

如图 2.4 所示,决策边界(两条虚线)之间的距离,定义为间隔。它的大小为 $2/\|\boldsymbol{w}\|$。SVM 算法的目标就是最大化这个间隔,用数学语言表示为

$$\max \frac{2}{\|\boldsymbol{w}\|} \quad \text{s.t.} \quad y_i(\boldsymbol{w}^{\mathrm{T}}\boldsymbol{x}_i+b) \geqslant 1,\ i=1,2,\cdots,n$$

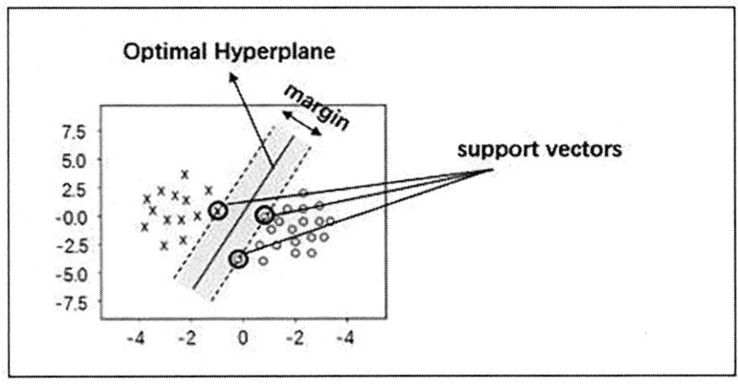

图 2.4　最优超平面

需要注意的是，约束条件中的 $i=1,\cdots,n$，其中，n 为样本的个数。

上式等价于：$\min \frac{1}{2}\|\boldsymbol{w}\|^2 \quad \text{s.t.} \quad 1-y_i(\boldsymbol{w}^{\mathrm{T}}\boldsymbol{x}_i+b)\leqslant 0,\ i=1,2,\cdots,n$。

引入拉格朗日乘子法，优化的目标变为 $L(\boldsymbol{w},b,\alpha)=\frac{1}{2}\|\boldsymbol{w}\|^2+\sum_i \alpha_i(1-y_i(\boldsymbol{w}^{\mathrm{T}}\boldsymbol{x}_i+b))$。

这个问题的对偶问题为

$$\max_{\alpha} \sum_{i=1}^{n}\alpha_i-\frac{1}{2}\sum_{i,j=1}^{n}\alpha_i\alpha_j y_i y_j \boldsymbol{x}_i^{\mathrm{T}}\boldsymbol{x}_j \quad \text{s.t.} \quad \alpha_i \geqslant 0,\text{且} \sum_{i=1}^{n}\alpha_i y_i=0,i=1,2,\cdots,n$$

细心的读者可能注意到，上面问题的建模考虑的是一种理想的情况：样本点线性可分且没有离群值（异常值）存在。

为了适应现实场景，引入了松弛变量来进一步强化模型的鲁棒性。这意味着允许某些数据点在边缘内，甚至穿过分离超平面，但这种情况会受到惩罚。

于是，松弛 SVM 的主问题数学表达式如下。

$$\min_{w,b} \frac{1}{2}\|\boldsymbol{w}\|^2+C\sum_{i=1}^{n}\xi_i \quad \text{s.t.} \quad y_i(\boldsymbol{w}^{\mathrm{T}}\boldsymbol{x}_i+b)\geqslant 1-\xi_i,\text{且}\ \xi_i\geqslant 0,i=1,\cdots,n$$

式中，ξ_i 是松弛变量，C 是正的惩罚项权重。

这个问题的对偶问题为

$$\max_{\alpha} \sum_{i=1}^{n}\alpha_i-\frac{1}{2}\sum_{i,j=1}^{n}\alpha_i\alpha_j y_i y_j \boldsymbol{x}_i^{\mathrm{T}}\boldsymbol{x}_j \quad \text{s.t.} \quad 0\leqslant\alpha_i\leqslant C,\text{且} \sum_{i=1}^{n}\alpha_i y_i=0,i=1,2,\cdots,n$$

2.2.2 SMO 算法的原理

针对前面推导出的松弛 SVM 对偶问题，有一种高效的优化方法——序列最小优化（Sequential Minimal Optimization，SMO）算法，可以解决这个问题。本小节对 SMO 算法的原理进行阐述。

在解释 SMO 算法之前，先介绍一下坐标上升算法，因为 SMO 算法的思想与坐标上升算法的思想类似。坐标上升算法通过每次更新多元函数中的一维，经过多次迭代直到收敛，从而达到优化函数的目的。简单地说，就是不断地选择一个变量进行一维最优化，直到函数达到局部最优点。

假设需要求解的问题形式为 $\underset{\alpha}{\operatorname{argmax}} W(\alpha_1,\alpha_2,\cdots,\alpha_n)$，其坐标上升算法的伪代码如图 2.5 所示。

与坐标上升算法不同的是，SMO 算法每次需要选择一对变量 (α_i,α_j) 来进行优化。这个过程首先计算这些参数值的约束，然后解决这个受约束的最大化问题。因为在 SVM 中，α 并不是完全独立的，而是具有约束 $\sum_{i=1}^{n}\alpha_i y_i=0$。目标是找到 α_j 的上下界，即 $L\leqslant\alpha_j\leqslant H$，同时满足 $0\leqslant\alpha_j\leqslant C$。

为了便于说明和理解，我们以 (α_1,α_2) 为例，任意 (α_i,α_j) 同样适用。如图 2.6 所示，y_1 和 y_2 均

只能取值 1 或-1,因此 α_1 和 α_2 在 $[0,C]$ 和 $[0,C]$ 形成的盒子中,并且二者的关系直线的斜率只能为 1 或-1。也就是说,α_1 和 α_2 的关系直线平行于[0,C]和[0,C]形成的盒子的对角线。因此,可以得到(例如,$i=1,j=2$):

(1) 如果 $y_i \neq y_j$,则 $L=\max(0,\alpha_j-\alpha_i)$,$H=\min(C,C+\alpha_j-\alpha_i)$。

(2) 如果 $y_i = y_j$,则 $L=\max(0,\alpha_i+\alpha_j-C)$,$H=\min(C,\alpha_i+\alpha_j)$。

```
Loop
  for i = 1 to n do
    α_i = argmax_{α̂_i} W(α_1, ..., α_{i-1}, α̂_i, α_{i+1}, ..., α_n)
  end
until convergence
```

图 2.5 坐标上升算法的伪代码

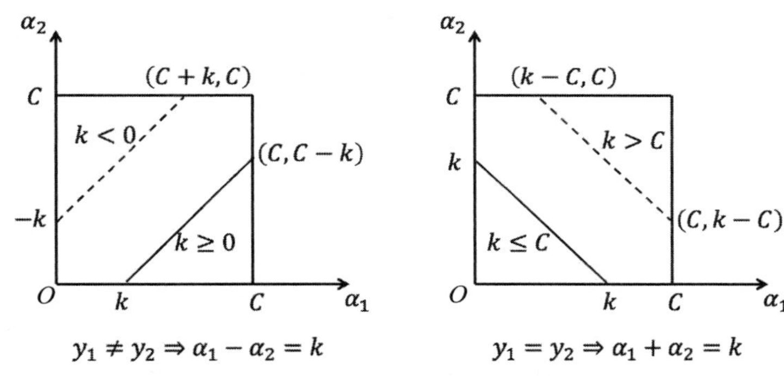

图 2.6 线段约束

由于 α_i 和 α_j 的关系被限制在盒子中的一条线段上,所以两个变量的优化问题实际上只是一个变量的优化问题。不妨假设最终是 α_j 的优化问题。现在,通过最大化目标函数来找到 α_j。如果 α_j 不在上下界内,就简单地修剪到边界。使用一元函数求极值的方法,可以得到 $\alpha_j=\alpha_j-\dfrac{y_j(E_i-E_j)}{\eta}$,其中 $E_k=f(\boldsymbol{x}_k)-y_k$,$\eta=2\boldsymbol{x}_i^{\mathrm{T}}\boldsymbol{x}_j-\boldsymbol{x}_i^{\mathrm{T}}\boldsymbol{x}_i-\boldsymbol{x}_j^{\mathrm{T}}\boldsymbol{x}_j$。SVM 对数据点的预测值为 $f(\boldsymbol{x})=\sum_{i=1}^{n}\alpha_i y_i \boldsymbol{x}_i^{\mathrm{T}}\boldsymbol{x}+b$。$E_k$ 为 SVM 预测值与真实值的误差。当计算参数 η 时,可以用核函数来替代内积。

于是,得到修剪后的 α_j,$\alpha_j=\begin{cases}H, \text{if } \alpha_j > H\\ \alpha_j, \text{if } L \leqslant \alpha_j \leqslant H\\ L, \text{if } \alpha_j < L\end{cases}$。

根据 $\alpha_i^{(\text{old})}y_i+\alpha_j^{(\text{old})}y_j=\alpha_i^{(\text{new})}y_i+\alpha_j^{(\text{new})}y_j$,可以得到 $\alpha_i^{(\text{new})}=\alpha_i^{(\text{old})}+y_iy_j(\alpha_j^{(\text{old})}-\alpha_j^{(\text{new})})$。这样,就知道如何将选取的一对 (α_i,α_j) 进行优化更新了。

当更新了一对 (α_i,α_j) 之后，都需要重新计算阈值 b，因为 b 关系到 $f(\boldsymbol{x})$ 的计算，进而影响到下次优化时误差的计算。为了使被优化的样本都满足 KKT 条件，当 $\alpha_i^{(\text{new})}$ 不在边界，即 $0 < \alpha_i^{(\text{new})} < C$ 时，根据 KKT 条件可知相应的数据点为支持向量，满足 $y_i f(\boldsymbol{x}_i) = 1$。

$$b_1 = b - E_i - y_i(\alpha_i - \alpha_i^{(\text{old})})\boldsymbol{x}_i^{\mathrm{T}}\boldsymbol{x}_i - y_j(\alpha_j - \alpha_j^{(\text{old})})\boldsymbol{x}_i^{\mathrm{T}}\boldsymbol{x}_j$$

相似地，当 $0 < \alpha_j^{(\text{new})} < C$ 时，下面的 b_2 是有效的：

$$b_2 = b - E_j - y_i(\alpha_i - \alpha_i^{(\text{old})})\boldsymbol{x}_i^{\mathrm{T}}\boldsymbol{x}_j - y_j(\alpha_j - \alpha_j^{(\text{old})})\boldsymbol{x}_j^{\mathrm{T}}\boldsymbol{x}_j$$

当 b_1 和 b_2 都有效时，它们是相等的，即 $b^{(\text{new})} = b_1^{(\text{new})} = b_2^{(\text{new})}$。

当一对乘子 (α_i,α_j) 都在边界上，且 $L \neq H$ 时，b_1 和 b_2 之间的值就是与 KKT 条件一致的阈值。SMO 选择它们的中点作为新的阈值。

$$b := \begin{cases} b_1, \text{if } 0 < \alpha_i < C \\ b_2, \text{if } 0 < \alpha_j < C \\ (b_1 + b_2)/2, \text{其他} \end{cases}$$

2.3 最大熵

1957 年，E. T. Jaynes 提出了最大熵原理。这是一个从许多不同的概率分布中选择一个“最佳”分布的规则。它告诉我们在只掌握关于未知分布的部分知识时，最好的选择是满足这些知识约束且熵值最大的那个分布。

2.3.1 信息熵

信息论的创始人香农（Shannon）认为，信息是指人们对事物理解的不确定性的降低或消除，他将这种不确定的程度称为信息熵。信息熵是信息量的期望值（均值），它不是针对每条信息，而是针对整个不确定性结果集而言。信息熵越大，事件的不确定性就越大。熵被定义为“缺乏秩序和可预测性”。香农认为，信息越可预测，所需存储空间越小。信息的交流和存储使人类变得伟大，而香农的工作彻底改变了我们在数字时代进行信息处理的方式。

依据玻尔兹曼的 H 定理，香农将随机变量 X 的熵值 H（希腊字母 Eta）定义如下：$H(X) = E(I(X))$。其中，E 为期望函数，$I(X)$ 是 X 的信息量（又称为自信息），其本身是一个随机变量。自信息的计算公式定义为 $I(X) = -\log_b P(X)$，其中 b 是对数所使用的底，通常取值为 2、自然常数 e，或者是 10。当 $b=2$ 时，熵的单位是 bit；当 $b=\mathrm{e}$ 时，熵的单位是 nat；而当 $b=10$ 时，熵的单位是 hart。当文中没有特殊说明时，b 统一取 2。另外，P 为 X 的概率质量函数。

当 X 是离散型随机变量，分布 $P(X=x_i)=p_i$ 时，熵的公式可以表示为

$$H(X)=-\sum_i p(x_i)\log p(x_i)$$

当 X 是连续型随机变量，概率密度为 $p(x)$ 时，X 的微分熵定义为

$$H(X)=-\int_{-\infty}^{+\infty} p(x)\log p(x)\,\mathrm{d}x$$

下面来看一个猜字母游戏的例子。英语有 26 个字母，假设每个字母有 1/26 的概率是下一个（字母），那么该语言的熵为 4.7bit。然而，利用有些字母比其他字母更常见及一些字母经常一起出现这样的信息，通过巧妙地“猜测”（即不总是分配相等的概率给每个字母），这个效率会更高。

随机猜测平均需要 13.5 次才能得到正确的字母。假设得到了这句话中每个单词的第一个字母：H_ _ /A_ _ /Y_ _ /D_ _ _ _ / M_ /F_ _ _ _ _?

如果需要 $13.5\times16=216$ 次猜测来填补这 16 个空白，那将是非常糟糕的。实际上，每个空白可能平均不到两次猜测就能弄清楚这句话是“How are you doing my friend?”。这比随机猜测有很大的改进。

香农的实验表明，英语的熵在 0.6bit 到 1.3bit 之间。从掷骰子这个角度来看，也许更好对比理解。一个三面骰子的熵为 1.58bit，平均需要两次猜测来预测。另外，我们知道计算机中的字母编码系统使用一个字节（8bit）存储。因此，理论上它可以将使用英语的所有文件至少缩小 6 倍。

直觉上，知道的信息越多，随机事件的不确定性就越小。比如语言模型，其中的一元模型就是通过某个词本身的概率分布来清除不确定因素，二元或更高阶的语言模型就能较为准确地预测一个句子中的当前词。为了刻画相关信息也能消除不确定性，我们有必要引入条件熵的概念。

条件熵 $H(Y\mid X)$ 表示在已知随机变量 X 的条件下随机变量 Y 的不确定性。用数学公式表示，条件熵定义为已知 X 的条件下，Y 的条件概率分布的熵对 X 的数学期望。

2.3.2 最大熵推导

最大熵原理是在给定某些约束和最大化熵的假设下推导概率分布的一种方法。解决这个最大化问题的一种技术是拉格朗日乘子法。

假设一个随机变量 X，除了概率分布积分为 1 的事实，没有关于它的概率分布信息。考虑这样一个问题：当随机变量在有限区域取值时，比如 $a\leqslant X\leqslant b$，什么样的分布会是最大熵的？这个问题的优化目标可以写为 $\mathcal{L}=-\int_a^b p(x)\log(p(x))\,\mathrm{d}x+\lambda\left(\int_a^b p(x)\,\mathrm{d}x-1\right)$。

对 $\mathcal{L}$ 求 $p(x)$ 的偏导等于 0，于是有 $p(x)=\exp(\lambda-1)$。将 $p(x)$ 值代入 $\int_a^b p(x)\,\mathrm{d}x=1$，求得

$\lambda = 1 - \log\left(\frac{1}{b-a}\right)$。将上面的结果结合起来,可以推导出:$p(x) = 1/(b-a)$。

再来看一个带分布信息的例子,假设一个随机变量 X 具有预先指定的标准差 σ 和均值 μ。问题是:什么样的分布 $p(x)$ 给出熵的最大值?

优化目标为 $\mathcal{L} = -\int_{-\infty}^{\infty} p(x)\log p(x)\mathrm{d}x + \lambda_0\left(\int_{-\infty}^{\infty} p(x)\mathrm{d}x - 1\right) + \lambda_1\left(\int_{-\infty}^{\infty}(x-\mu)^2 p(x)\mathrm{d}x - \sigma^2\right)$

让优化目标求 $p(x)$ 的偏导等于 0,推导出:$p(x) = \exp(\lambda_0 + \lambda_1(x-\mu)^2 - 1)$。将这个式子代入两个约束中,于是有 $\int_{-\infty}^{\infty} \mathrm{e}^{\lambda_0+\lambda_1(x-\mu)^2-1}\mathrm{d}x = 1$,$\int_{-\infty}^{\infty}(x-\mu)^2\mathrm{e}^{\lambda_0+\lambda_1(x-\mu)^2-1}\mathrm{d}x = \sigma^2$。简化之后,我们有下面的式子:$\mathrm{e}^{\lambda_0-1}\sqrt{-\frac{\pi}{\lambda_1}} = 1$ 和 $\mathrm{e}^{\lambda_0-1} = \sqrt{\frac{1}{2\pi}}\frac{1}{\sigma}$。综合上面的式子,最终得到高斯概率密度函数:$p(x) = \frac{1}{\sigma\sqrt{2\pi}}\exp\left(-\frac{1}{2}\left(\frac{(x-\mu)^2}{\sigma^2}\right)\right)$。

2.3.3 最大熵模型

最大熵原理是统计学习中的一般性原理。如果将其应用到分类问题中,就是我们熟知的最大熵模型。本小节将从最大熵原理出发推导出最大熵分类模型。

假设分类模型是一个条件概率分布 $P(Y|X)$,其中 X 表示输入, Y 表示输出。这个模型表示的是:对于给定的输入 X, 以条件概率 $P(Y|X)$ 输出 Y。给定一个训练数据集 $\mathcal{T} = \{(x_1,y_1),(x_2,y_2),\cdots,(x_n,y_n)\}$,现在的目标就是运用最大熵原理选择最好的分类模型。

最大熵原理指出,当预测一个随机事件的概率分布时,不要对未知做出任何假设,并且预测应满足所有已知约束。因此,这个分类模型的生成可以分为两个步骤:首先从样本中提取一组决策过程的事实(约束);然后根据这些事实对分类过程进行建模。

更具体地,就是从训练数据 $\mathcal{T}$ 中提取若干特征,然后要求这些特征在 $\mathcal{T}$ 上关于经验分布的期望与它们在模型中关于 $p(x,y)$ 的数学期望相等,这样一个特征就对应一个约束。

通过观察数据集往往能发现一些事实。例如,在一份关于天气的数据集中,我们发现湿度高且多云的天气下,几乎都会下雨;在一个词性判断数据集中,“打”前面是数字时,它往往是量词。对于这些观察到的事实,通常采用特征函数来表示,最大熵模型的主要应用场合中的特征是 0/1 取值的。

$$f(x,y) = \begin{cases} 1, \text{if } (x,y) \text{ 满足某种事实} \\ 0, \text{其他} \end{cases}$$

经验分布是指通过训练数据 $\mathcal{T}$ 进行统计得到的分布。模型需要考察两个经验分布,分别是 x,y 的联合经验分布及 x 的分布。其定义如下。

$$\tilde{p}(x,y)=\frac{\mathrm{count}(x,y)}{n},\ \tilde{p}(x)=\frac{\mathrm{count}(x)}{n}$$

其中，count(x,y) 表示 (x,y) 在数据 T 中出现的次数，count(x) 表示 x 在数据 T 中出现的次数。

接着可以通过这些观察到的事实去约束模型，先定义特征函数关于经验分布 $\tilde{P}(X,Y)$ 的期望值 $E_{\tilde{P}}(f)$ 和关于联合分布 $P(X,Y)$ 的期望值 $E_P(f)$：

$$E_{\tilde{P}}(f)=\sum_{x,y}\tilde{P}(x,y)f(x,y)\ ,\ E_P(f)=\sum_{x,y}P(x,y)f(x,y)$$

其中，期望 $E_{\tilde{P}}(f)$ 表示在数据集中满足 $f(x,y)$ 的样本占总体的比例，也就是经验分布中一个样本满足 $f(x,y)$ 的概率；期望 $E_P(f)$ 表示在联合分布中一个样本满足 $f(x,y)$ 的概率。

模型期望观察到的特征函数是正确的，即特征函数的期望应该和从训练数据中得到的特征的期望是一样的：$E_P(f)=E_{\tilde{P}}(f)$。进一步推导有：

$$\sum_{x,y}P(y\mid x)P(x)f(x,y)=\sum_{x,y}\tilde{P}(x,y)f(x,y)$$

由于 $P(x)$ 无法直接知道，故用经验分布去近似，所以有 $\sum_{x,y}P(y\mid x)\tilde{P}(x)f(x,y)=\sum_{x,y}\tilde{P}(x,y)f(x,y)$。

就这样得到了最大熵模型中的约束条件，这些约束条件限定了可选的概率模型集合的范围。假设满足所有约束条件的模型集合为 $C\equiv\{P\in\mathcal{P}\mid E_{\tilde{P}}(f_i)=E_P(f_i),\ i=1,\cdots,m\}$。

因为概率之和等于1，再添加一个约束条件：$\sum_y P(y\mid x)=1$。

于是，最大熵模型的最优化问题如下，其中 $P(Y\mid X)$ 简写成 P：

$$\min_{P\in C}\ -H(P)=\sum_{x,y}P(x)P(y\mid x)\log P(y\mid x)$$

$$\text{s.t.}\quad E_{\tilde{P}}(f_i)=E_P(f_i),i=1,\cdots,m$$

$$\sum_y P(y\mid x)=1$$

引入拉格朗日乘子，可以得到拉格朗日函数 $L(P,\lambda)$：

$$L(P,\lambda)=-H(P)+\lambda_0\Big(1-\sum_y P(y\mid x)\Big)+\sum_{i=1}^{m}\lambda_i(E_{\tilde{P}}(f_i)-E_P(f_i))$$

最大熵模型等价于求解 $\min\limits_{P\in C}\max\limits_{\lambda}L(P,\lambda)$。通过交换极大和极小的位置，可以得到上式的对偶问题：$\max\limits_{\lambda}\min\limits_{P\in C}L(P,\lambda)$。

计算拉格朗日函数 L 对 $P(y\mid x)$ 的偏导数，并取值为0，可以得到：

$$p_\lambda=\frac{1}{Z_\lambda(x)}\exp\Big(\sum_{i=1}^{m}\lambda_i f_i(x,y)\Big)$$

其中，规范化因子 $Z_\lambda(x)=\sum_y\exp\Big(\sum_{i=1}^{m}\lambda_i f_i(x,y)\Big)$。

设 $\Psi(\lambda)=\min\limits_{P\in C} L(P,\lambda)=\sum\limits_{x,y}\tilde{P}(x,y)\sum\limits_{i=1}^{m}\lambda_i f_i(x,y)-\sum\limits_{x}\tilde{P}(x)\log Z_\lambda(x)$，最大熵模型参数向量 λ 通过求解对偶问题外部的极大化问题 $\max\limits_{\lambda}\Psi(\lambda)$ 获得。其解记为 $\lambda^*=\arg\max\limits_{\lambda}\Psi$。

通过观察可以看出，上面对偶函数的极大化等价于最大熵模型的极大似然估计，最大熵模型的学习可以归结为以似然函数为目标函数的最优化问题。常用的方法有迭代尺度法、梯度下降法、牛顿法或拟牛顿法等。

2.4 条件随机场

在预测样本标签时，许多算法通常不会考虑样本的时序关系。然而，在一些上下文相关的场景中，忽略这种时序关系会导致丢失大量信息，从而难以产生最优的结果。例如，在词性标注任务中，连续出现两个冠词的概率很低。为了提高标注器的准确性，应该融入附近样本的标签信息，而这正是条件随机场所做的事情。

2.4.1 马尔可夫随机场

概率图模型为研究多元随机变量概率分布特征提供了一个强大的框架工具。一方面，它使用图结构来表达随机变量之间的依赖关系；另一方面，它通过引入变量的条件独立性，将联合分布因子分解为若干个子联合概率分布，简化了多元随机变量联合概率分布的计算。在图结构中，一个节点表示一个或一组随机变量，节点之间的边表示变量之间的关系。使用无向图表示随机变量间相关关系的模型称为马尔可夫网络或马尔可夫随机场(Markov Random Field，MRF)。

图 2.7 所示是一个简单的马尔可夫随机场示例。图中的边表示随机变量之间具有相互关系，这种关系是双向的、对称的。例如，x_2 和 x_3 之间有边相连，则表示 x_2 和 x_3 具有相关关系。

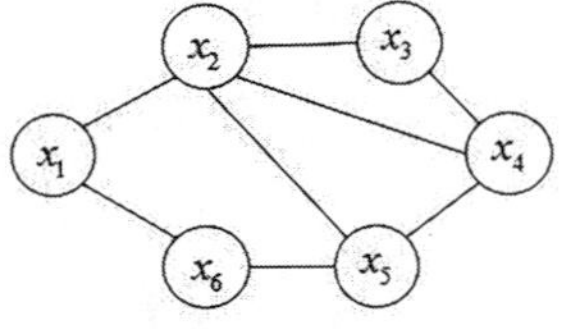

图 2.7　一个简单的马尔可夫随机场示例

变量关系可以用势函数进行建模度量。例如，可以定义如下势函数。

$$\psi(x_2,x_3)=\begin{cases}2,\text{if } x_2=x_3\\0.1,\text{其他}\end{cases}$$

势函数在所偏好的变量关系上有较大的函数值。示例势函数说明该模型偏好变量 x_2 和 x_3 拥有相同的取值。换言之,在该模型中, x_2 和 x_3 的取值正相关。势函数应该是非负函数。为了满足非负性,指数函数常被用于定义势函数: $\psi(x)=\exp(-H(x))$。其中, $H(x)$ 是一个定义在变量上的实值函数,常见形式为 $H(x)=\sum_{x_u,x_v\in x,u\neq x}\alpha_{uv}x_u x_v+\sum_{x_v\in x}\beta_v x_v$。其中, α_{uv},β_v 是需要估计的参数。

马尔可夫随机场是对多元随机变量的联合概率分布进行建模的一种方法。假设我们有一个 n 元随机变量 $(X_1,X_2,\cdots,X_n)$,每个变量都是二值变量,其取值分布将包含 2^n 种可能。因此,确定联合概率分布 $p(x_1,x_2,\cdots,x_n)$ 需要 2^n-1 个参数。当 n 较大时,参数个数通常是我们不能接受的;而另一种极端情况是,当所有变量都相互独立时,即 $p(x_1,x_2,\cdots,x_n)=p(x_1)p(x_2)\cdots p(x_n)$,这时只需要 n 个参数。那么,我们可能会想:能不能有什么性质可以最大化保存依赖关系,又不会因为模型过于简单带来信息损失?马尔可夫随机场的 3 种马尔可夫性给我们提供了帮助。马尔可夫随机场的条件独立性就体现在这 3 个特性上。下文将分别介绍这 3 种马尔可夫性:成对马尔可夫性、局部马尔可夫性和全局马尔可夫性。

(1)成对马尔可夫性:设 v 和 w 是无向图 G 中任意两个没有边连接的节点,节点 v 和 w 分别对应随机变量 X_v 和 X_w。其他所有节点为 o,对应的随机变量组为 X_o。成对马尔可夫性是,在给定的随机变量组 X_o 的条件下,随机变量 X_v 和 X_w 是条件独立的。这个性质用公式表示为 $p(x_v,x_w\mid x_o)=p(x_v\mid x_o)p(x_w\mid x_o)$。

在图 2.8 中, x_1 和 x_4 是两个没有连接的节点,并且都与 x_2 和 x_3 有关系。于是有:

$$p(x_1,x_4\mid x_2,x_3)=p(x_1\mid x_2,x_3)p(x_4\mid x_2,x_3)$$

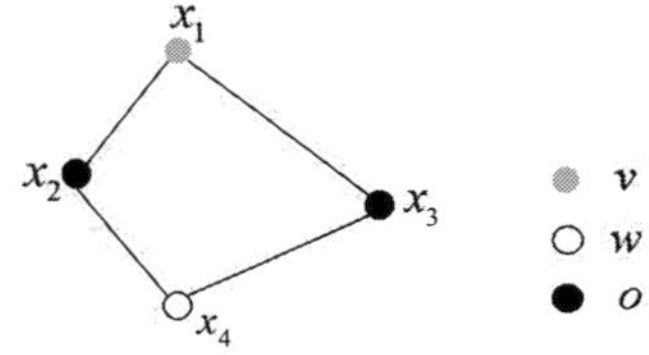

图 2.8　成对马尔可夫性示例

(2)局部马尔可夫性:给定变量 v 的所有邻接变量 w,则该变量 v 条件独立于其他变量 o。即在给定某个变量的邻接变量的取值条件下,该变量的取值将与其他变量无关。图 2.9 给出了局部马尔可夫性示例,其变量之间存在如下公式表示的性质: $p(x_v,x_o\mid x_w)=p(x_v\mid x_w)p(x_o\mid x_w)$。

(3)全局马尔可夫性:设节点集合 A,B 是在无向图 G 中被节点集 C 分开的任意节点集合,如图 2.10 所示。全局马尔可夫性是指在给定 x_C 的条件下 x_A 和 x_B 条件独立,记为 $x_A\perp x_B\mid x_C$。其性质满足 $p(x_A,x_B\mid x_C)=p(x_A\mid x_C)p(x_B\mid x_C)$。

以上是马尔可夫随机场基于分离集概念的 3 个性质。在马尔可夫随机场中,对于关系图中的一个子集,如果任意两节点间都有边连接,则称该子集为一个团;如果再加一个节点便不能形成团,则称该子集为极大团。马尔可夫随机场使用势函数来定义多个变量的概率分布函数,其中每个(极大)团对应一个势函数。一般情况下,团中的变量关系也体现在它所对应的极大团中,因此常常基于极大团来定义变量的联合概率分布函数。具体而言,如果所有变量构成的极大团的集合为 C, 则马尔可夫随机场的联合概率分布函数可以定义为 $p(x)=\frac{1}{Z}\prod_{Q\in C}\psi_Q(x_Q)$, $Z=\sum_x\prod_{Q\in C}\psi_Q(x_Q)$。

于是,图 2.7 中的变量联合概率分布 $p(x)$ 可以定义为

$$p(x)=\frac{1}{Z}\psi_{12}(x_1,x_2)\psi_{16}(x_1,x_6)\psi_{23}(x_2,x_3)\psi_{56}(x_5,x_6)\psi_{245}(x_2,x_4,x_5)$$

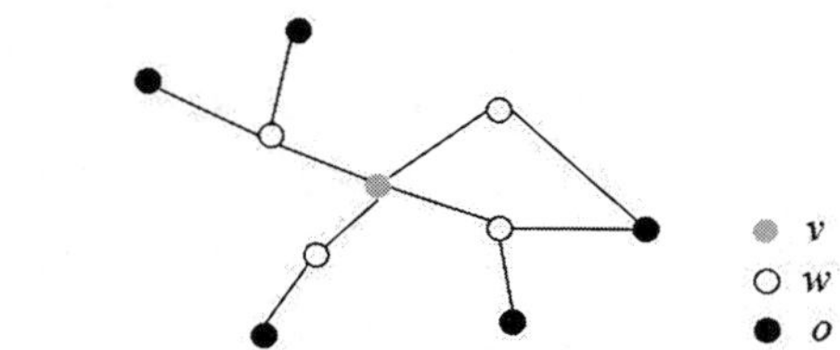

图 2.9 局部马尔可夫性示例

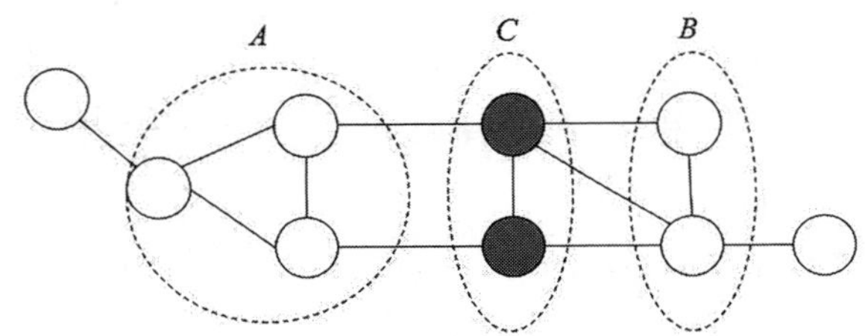

图 2.10 全局马尔可夫性示例

2.4.2 条件随机场的原理

马尔可夫随机场属于生成式模型,即对联合概率进行建模,而条件随机场(Conditional Random Field,CRF)则是对条件分布进行建模。条件随机场试图在给定观测值序列后,对状态序列的概率分布进行建模,即 $p(y|x)$。条件随机场可以有多种结构,只需保证状态序列满足马尔可夫性即可,通常我们使用的是链式条件随机场。

如图 2.11 所示,与马尔可夫随机场定义联合概率类似,条件随机场也通过团及势函数的概念来定义条件概率 $p(y|x)$。在给定观测值序列的条件下,链式条件随机场主要包含两种团结构:单个状态团和相邻状态团,通过引入两类特征函数便可以定义出目标条件概率。

如图 2.12 所示,以词性标注任务为例,两个动词相连我们可以给负分:转移特征函数 $t(y_2=$ 动词$,y_3=$ 动词$,x,i)=-1$;将“名”标注成不定冠词可以给正分:状态特征函数 $s(y_3=$ 冠词$,x,i)=1$。

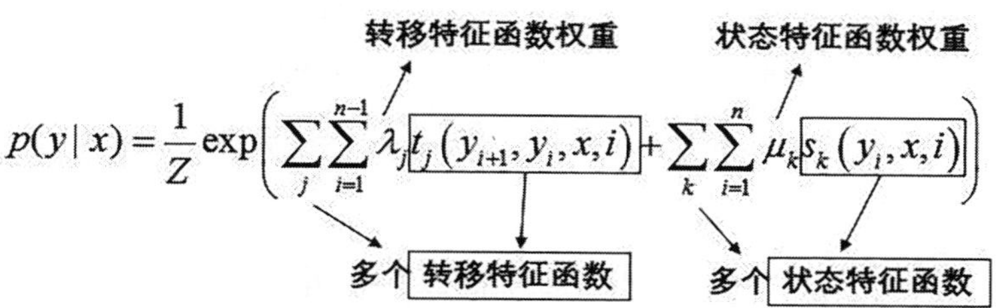

图 2.11 目标条件概率的构件说明

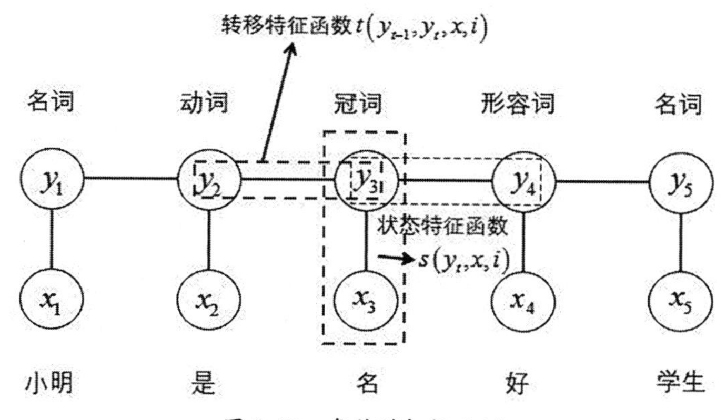

图 2.12 条件随机场示例

2.4.3 推断算法

推断问题是指给定模型参数和观测序列 $\boldsymbol{x}$，计算条件随机场的各种概率值。一般会有两个推断问题。第一个推断问题是给定条件随机场的参数，以及观测序列 $\boldsymbol{x}$，找到条件概率最大的状态序列 $\boldsymbol{y}$，即求解如下极值问题：$\boldsymbol{y}^*=\arg\max_{y} p_\lambda(\boldsymbol{y}\mid\boldsymbol{x})$。第二个推断问题是计算标签序列子集的边缘分布，如节点的边缘概率 $p(y_t\mid\boldsymbol{x})$ 及边的边缘概率 $p(y_t,y_{t-1}\mid\boldsymbol{x})$，这些值将被训练算法使用。

首先考虑第二个推断问题。如果直接计算 $p(y_t,y_{t-1}\mid\boldsymbol{x})$，需要考虑状态序列除 t 和 $t-1$ 时刻外其他所有时刻所有可能的取值情况，计算量是指数级的。在实现时采用递推计算的思路，定义函数：

$$M_i(y_{i-1},y_i\mid\boldsymbol{x})=\exp(\sum_{k=1}^{K}\lambda_k f_k(y_{i-1},y_i,\boldsymbol{x},i))$$

这个式子定义了在给定 $\boldsymbol{x}$ 时，从 y_{i-1} 转移到 y_i 的非规范化概率。为了便于表达和计算，在起点和终点处分别引入特殊的状态标记 $y_0=\text{start}$ 和 $y_{n+1}=\text{stop}$。这样，可以得到当序列位置 $i+1$ 的标记是 y_{i+1} 时，在位置 $i+1$ 之前的部分标记序列的非规范化概率 $\alpha_{i+1}(y_{i+1}\mid\boldsymbol{x})$ 的递推公式：$\alpha_{i+1}(y_{i+1}\mid\boldsymbol{x})=\alpha_i(y_i\mid\boldsymbol{x})M_{i+1}(y_{i+1},y_i\mid\boldsymbol{x})$。在起点处，我们定义：$\alpha_0(y_0\mid\boldsymbol{x})=\begin{cases}1, y_0=\text{start}\\0,\text{其他}\end{cases}$。

假设可能的标记总数是 m，则 y_i 的取值就有 m 个，用 $\alpha_i(\boldsymbol{x})$ 表示这 m 个值组成的前向向量如下：$\alpha_i(\boldsymbol{x})=(\alpha_i(y_i=1\mid\boldsymbol{x}),\alpha_i(y_i=2\mid\boldsymbol{x}),\cdots,\alpha_i(y_i=m\mid\boldsymbol{x}))^{\mathrm{T}}$。同时，用矩阵 $M_i(\boldsymbol{x})$ 表示由 $M_i(y_{i-1},y_i\mid\boldsymbol{x})$ 形成的 $m\times m$ 阶矩阵：$M_i(\boldsymbol{x})=[M_i(y_{i-1},y_i\mid\boldsymbol{x})]$。于是，有如下递推公式：$\alpha_{i+1}^{\mathrm{T}}(\boldsymbol{x})=\alpha_i^{\mathrm{T}}(\boldsymbol{x})M_i(\boldsymbol{x})$。

同样地，定义 $\beta_i(y_i\mid\boldsymbol{x})$ 表示当序列位置 i 的标记是 y_i 时，在位置 i 之后的从 $i+1$ 到 n 的部分标记序列的非规范化概率 $\beta_i(y_i\mid\boldsymbol{x})$ 的递推公式：$\beta_i(y_i\mid\boldsymbol{x})=M_i(y_i,y_{i+1}\mid\boldsymbol{x})\beta_{i+1}(y_{i+1}\mid\boldsymbol{x})$。在终点处，我们定义：$\beta_{n+1}(y_{n+1}\mid\boldsymbol{x})=\begin{cases}1, y_{n+1}=\text{stop}\\ 0,\text{其他}\end{cases}$。

如果用向量表示，则有 $\beta_i(\boldsymbol{x})=M_i(\boldsymbol{x})\beta_{i+1}(\boldsymbol{x})$。

规范化因子的表达式为 $Z(\boldsymbol{x})=\sum_{c=1}^{m}\alpha_n(y_c\mid\boldsymbol{x})=\sum_{c=1}^{m}\beta_1(y_c\mid\boldsymbol{x})$，也可以用向量来表示 $Z(\boldsymbol{x})$：$Z(\boldsymbol{x})=\alpha_n^{\mathrm{T}}(\boldsymbol{x})\cdot\mathbf{1}=\mathbf{1}^{\mathrm{T}}\cdot\beta_1(\boldsymbol{x})$。其中，$\mathbf{1}$ 是 m 维全 1 的向量。

有了前向后向概率的定义和计算方法，我们就很容易计算当序列位置 i 的标记是 y_i 时的条件概率：

$$p(y_i\mid\boldsymbol{x})=\frac{\alpha_i^{\mathrm{T}}(y_i\mid\boldsymbol{x})\beta_i(y_i\mid\boldsymbol{x})}{Z(\boldsymbol{x})}=\frac{\alpha_i^{\mathrm{T}}(y_i\mid\boldsymbol{x})\beta_i(y_i\mid\boldsymbol{x})}{\alpha_n^{\mathrm{T}}(\boldsymbol{x})\cdot\mathbf{1}}$$

也容易计算当序列位置 i 的标记是 y_i，位置 $i-1$ 的标记是 y_{i-1} 时的条件概率：

$$p(y_{i-1},y_i\mid\boldsymbol{x})=\frac{\alpha_{i-1}^{\mathrm{T}}(y_{i-1}\mid\boldsymbol{x})M_i(y_{i-1},y_i\mid\boldsymbol{x})\beta_i(y_i\mid\boldsymbol{x})}{Z(\boldsymbol{x})}=\frac{\alpha_{i-1}^{\mathrm{T}}(y_{i-1}\mid\boldsymbol{x})M_i(y_{i-1},y_i\mid\boldsymbol{x})\beta_i(y_i\mid\boldsymbol{x})}{\alpha_n^{\mathrm{T}}(x)\cdot\mathbf{1}}$$

回到第一个推理问题。不同标签序列的顺序组成了不同的路径。条件随机场的目标是找出最正确的那条标签序列路径。也就是说，这条标签路径的概率将是所有路径中最大的。理论上，我们可以穷举出所有可能的标签路径，计算出每条路径的概率，然后比较出最大的那条。然而，这样做的代价太大，因此条件随机场选择了一种称为维特比的算法来求解此类问题。维特比算法是一种动态规划算法，用于寻找最有可能产生观测事件序列的路径，即维特比路径。

维特比算法对于具体不同的问题，仅仅是这两个局部状态的定义和对应的递推公式不同而已。对于线性条件随机场，我们的第一个局部状态定义为 $\delta_i(l)$，表示在位置 i 标记 l 各个可能取值对应的非规范化概率的最大值。之所以用非规范化概率是因为规范化因子不影响最大值比较。于是，有递推公式：

$$\delta_{i+1}(l)=\max_{1\leqslant j\leqslant m}\{\delta_i(j)+\sum_{k=1}^{K}\lambda_k f_k(y_i=j,y_{i+1}=l,\boldsymbol{x},i)\},l=1,2,\cdots,m$$

此外，需要用另外一个局部状态 $\Psi_{i+1}(l)$ 来记录使 $\delta_{i+1}(l)$ 达到最大位置 i 的标记取值，这个值用于回溯最优解。$\Psi_{i+1}(l)$ 的表达式为

$$\Psi_{i+1}(l)=\underset{1\leqslant j\leqslant m}{\operatorname{argmax}}\{\delta_i(j)+\sum_{k=1}^{K}\lambda_k f_k(y_i=j,y_{i+1}=l,\boldsymbol{x},i)\},l=1,2,\cdots,m$$

图 2.13 总结了线性条件随机场模型维特比算法的伪代码。从初始位置直到最后位置,迭代地计算当前的局部最大值及标签。最后,我们使用记录的标签回溯整个最优标签序列。

初始化：$\delta_1(l)=\sum_{k=1}^{K}\lambda_k f_k(y_0=\text{start},y_1=l,\boldsymbol{x},i),l=1,2,\cdots,m$

$\Psi_1(l)=\text{start},l=1,2,\cdots,m$

for $t=1$ to $n-1$ do

递推计算：δ_{i+1},Ψ_{i+1}

end

最后一个标签：$y_n^*=\underset{1\leq j\leq m}{\arg\max}\,\delta_n(j)$

回溯：$y_i^*=\Psi_{i+1}(y_{i+1}^*),i=n-1,n-2,\cdots,1$

图 2.13 线性条件随机场模型维特比算法的伪代码

2.5 本章小结

本章介绍了一些常见的统计学习算法,包括朴素贝叶斯、支持向量机、最大熵及条件随机场。这些算法广泛应用于文本分类、分词、词性标注及命名实体识别等方面。从基本思想到模型算法推演过程的展示,将为智能对话入门提供一些理论和方法上的准备。

第 3 章 深度学习

深度学习是机器学习的一个重要分支，它试图模仿人类大脑的工作方式。受人们处理问题的方式的启发，深度学习使用多层神经网络对数据表示进行逐层抽象。近年来，监督式深度学习方法（如通过反向传播算法训练的CNN、LSTM等）在自然语言处理、计算机视觉和语音识别等领域得到了广泛应用。虽然基于半监督或非监督式的方法（如DBM、DBN、Stacked Autoencoder）在深度学习兴起阶段起到了重要的启蒙作用，但它们仍处在研究阶段。因此，本章将重点介绍监督式深度学习方法。

本章主要涉及的知识点如下。

- **3种常见的神经网络：熟悉前向神经网络、卷积神经网络和循环神经网络的基本结构、原理和应用。**
- **反向传播算法：熟悉神经网络训练的基本原理。**
- **注意力机制：熟悉Encoder-Decoder框架及注意力模型的结构和原理。**
- **预训练模型：熟悉相关预训练模型的原理，特别是 Word2Vec 和 BERT模型。**

3.1 神经网络

神经网络源于20世纪50年代Roseblatt提出的感知器。它是人类大脑的模仿物,由大量的人工神经元连接而成,其中每个神经元负责解决一小部分问题。每个神经元将它知道和学到的东西传递给网络中的其他神经元,直到互连的神经元能够解决问题并给出输出。其中,反向传播算法是神经网络的重要组成部分之一,是帮助神经元学习的关键。

3.1.1 神经元

神经网络是由大量神经元模拟大脑的认知方式连接而成。神经元作为其基本单元,也是对人类大脑最基本的构件——神经元的模拟。在数学上,神经网络中的神经元就是一个数学函数的占位符,它的工作就是对输入进行函数变换,并产生一个输出。

图3.1给出了生物神经元与人工神经元的对比。其中,图3.1(a)表示生物神经元,图3.1(b)表示人工神经元。在生物神经元中,树突从其他神经元的轴突接收电信号。而在人工神经元中,这些电信号被表示为数值。在树突和轴突之间的突触处,电信号受到不同程度的调制。这一过程通过将每个输入值乘相应的权重值在人工神经元中建模。只有当输入信号的总强度超过某个阈值时,生物神经元才会触发输出信号。我们通过计算输入的加权和来表示输入信号的总强度,并在总和上应用激活函数来确定其输出,从而在人工神经元中对这种现象进行建模。与生物神经网络一样,此输出被馈送到其他人工神经元。

激活函数是神经元用来帮助网络学习数据中复杂模式的非线性函数。它决定了最终要向下一个神经元输出什么。通过引入非线性函数,我们可以更好地捕捉数据中的模式。为了增强网络的表示和学习能力,激活函数应具备以下性质。

(1)连续可导且单调的非线性函数。神经网络是使用梯度下降过程训练的,因此模型中的层需要可微分或至少部分可微分。这是一个函数作为激活函数的必要条件。

(2)激活函数及其导函数尽可能简单。它在每个神经元之后都需要计算一次,在深度网络中计算数百万次是很常见的情况。因此,它需要足够简单来满足低成本的计算需求。

(3)避免梯度消失问题。激活函数的导数需要在合适的区间内。想象一下,在反向传播过程中,链式法则经过多个层后,如果激活函数的值介于0和1之间,那么几个这样的值相乘来计算初始层的梯度时,会显著降低初始层的梯度值。这将导致这些层无法正确学习。换句话说,它们的梯度趋于消失,因为网络深度增加,激活值接近零。我们不希望激活函数使梯度值过于接近零。

激活函数主要有4种:Sigmoid函数、tanh函数、ReLU函数和Maxout函数。下面将对这些函数进行详细的描述。

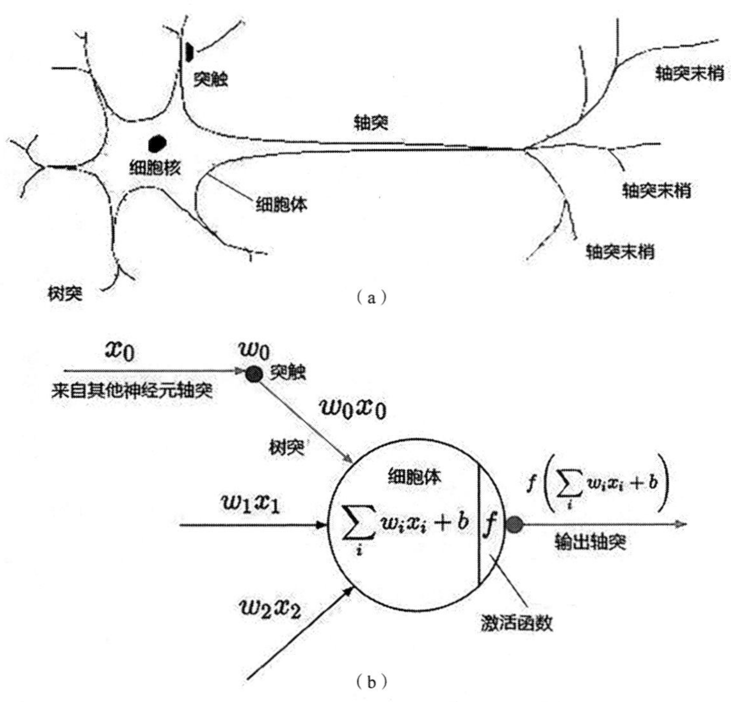

图 3.1　生物神经元与人工神经元的对比

1. Sigmoid 函数

Sigmoid 函数在 20 世纪 90 年代被引入神经网络,以取代阶跃函数。它是常用的非线性激活函数,其数学形式如下:$\sigma(z)=\frac{1}{1+\mathrm{e}^{-z}}$。图 3.2 给出了 Sigmoid 函数及其导函数的图示。在 Sigmoid 函数中,我们可以看到它的输出始终介于 0 到 1 之间。它是一个呈 S 形、单调且可微分的函数。如果输入是非常大的负数,那么输出就是 0;如果输入是非常大的正数,那么输出就是 1。该函数将输入的连续实数值变换为 0 和 1 之间的输出。这使得输出可以被看作是一个概率分布,也可以用作控制其他神经元输出信息的数量的软性门。

Sigmoid 函数在使用时需要注意几个问题。首先,当我们在反向传播中计算 Sigmoid 函数的导数时,其值的范围通常在 0 到 0.25 之间。如果网络中的隐藏层较多,梯度在经过多层传递后会变得非常小(接近于 0),这会导致梯度消失现象。其次,Sigmoid 函数的输出不是零中心化的,这意味着梯度更新在不同方向上的步长可能会过大。例如,如果一个神经元的输入全部为正,即 $x_i>0$,$f=\boldsymbol{w}^{\mathrm{T}}\boldsymbol{x}+b$,那么对权重 $\boldsymbol{w}$ 求局部梯度时会发现梯度都是正的。这样,在反向传播的过程中,权重 $\boldsymbol{w}$ 要么全部向正方向更新,要么全部向负方向更新,导致出现一种捆绑效应,使得网络收敛变得缓慢。由于 Sigmoid 函数的输出范围在 0 到 1 之间,这也使得优化过程变得更加困难。如果采用批量训练,可以在一定程度上缓解这个问题。最后,Sigmoid 函数需要执行指数运算,这导致需要更多的计算时间,因此计算成本相对较高。

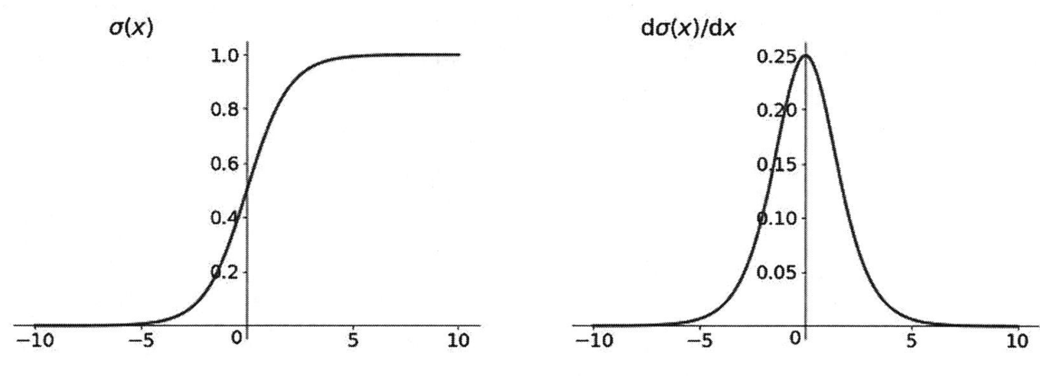

图 3.2　Sigmoid 函数及其导函数

2. tanh 函数

从图 3.3 中可以看出，tanh 与 Sigmoid 很像。实际上，tanh 是 Sigmoid 的变形：$\tanh(x)=2\sigma(2x)-1$。tanh 函数可以看作是放大并平移的 Sigmoid 函数，其值域是$(-1,1)$。它克服了 Sigmoid 函数中存在的一些问题。

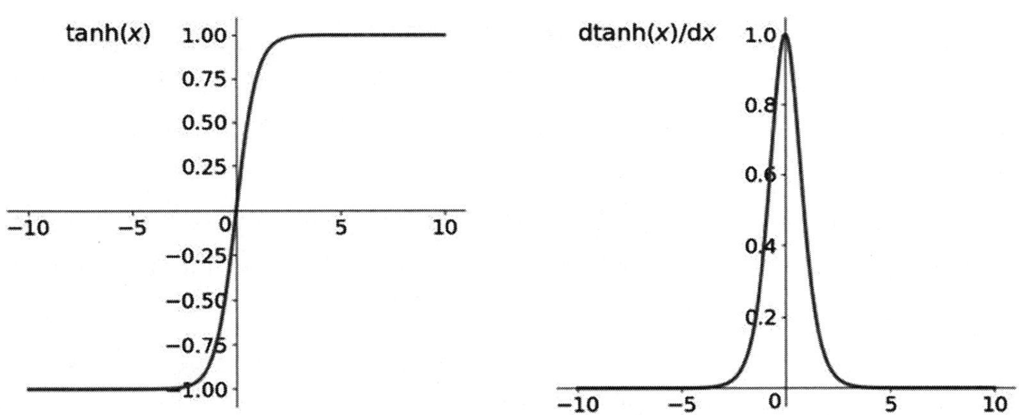

图 3.3　tanh 函数及其导函数

tanh 函数也是常见的 S 形曲线，不同之处在于 tanh 函数的输出以零为中心，范围从−1 到 1。这通常有助于加速收敛。它同样会存在梯度消失和计算成本高的问题。tanh 函数通常用于二分类问题中的隐藏层，而 Sigmoid 函数用于输出层。

3. ReLU 函数

ReLU 是修正线性单元（Rectified Linear Unit）的简称，也叫作 Rectifier 函数。这是深度学习中最流行的激活函数（用于隐藏层），尤其是在卷积神经网络中。它的数学表达式为 $f(x)=\max(0,x)$。

图 3.4 给出了 ReLU 函数及其导函数的图示，可以看到 ReLU 函数为左饱和函数，且在 $x>0$ 时导数为 1。在生物学上，这对应于单侧抑制和宽兴奋边界。ReLU 函数在 0 附近是非线性的，但斜率始终为 0（对于负输入）或 1（对于正输入）。

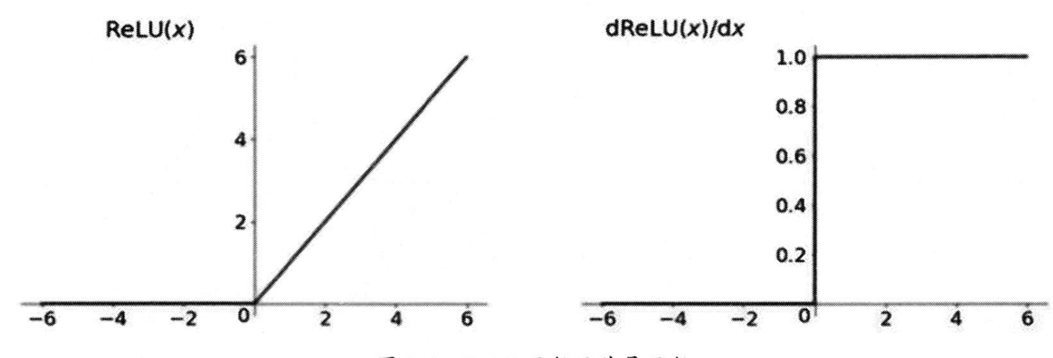

图 3.4　ReLU 函数及其导函数

ReLU 函数的计算速度非常快。与 Sigmoid 和 tanh 相比，它不需要计算指数，只需要进行加法、乘法和比较操作。如果输入为正，则它可以解决梯度饱和问题，并且不会导致梯度消失问题。它的收敛速度会比 Sigmoid 和 tanh 快很多。由于在输入为负数时输出为 0，因此它具有很好的稀疏性，这减少了参数之间的依赖，能在一定程度上防止过拟合问题。

它存在“垂死的 ReLU”问题。当 ReLU 的输入为负数时，其输出将变为 0。在反向传播中，网络不会学习任何东西。这种异常值可能会使 ReLU 永久关闭，相当于神经元处于死亡状态。

4. Maxout

Maxout 单元是一个激活函数，它本身是通过模型训练得到的。单个 Maxout 单元可以被解释为对任意凸函数进行分段线性逼近。Maxout 函数出现在 ICML 2013 上，在 MNIST、CIFAR-10、CIFAR-100、SVHN 这 4 个数据集上都取得了最高水平的识别率。

Maxout 单元其隐藏层输出节点的表达式为 $h(x)=\max(Z_1,Z_2,\cdots,Z_n)$。其中，$Z_i=W_i\cdot x+b_i$。

Maxout 单元取“n 个线性函数”的值中的最大值。线性函数的数量是预先确定的。使用多个线性函数逼近一个函数称为分段线性逼近（PWL）。Maxout 单元可以逼近任意凸函数。例如，ReLU 函数可以直观地看成是两段线性函数取最大值。

为了便于理解，假设有一个在第 i 层由 2 个节点、第 $i+1$ 层由 1 个节点构成的神经网络。图 3.5 展示了普通神经网络和 Maxout 单元的神经网络的对比。图 3.5(a)所示是使用普通激活函数 $f(x)$ 的神经网络，图 3.5(b)所示是使用 Maxout 单元的神经网络。可以看出，使用 Maxout 单元的神经网络多了一层灰色的激活函数层，因此它是一个可学习的激活函数。图中 n 设定为 5。

我们知道，Maxout 单元可以逼近或实现凸 PWL 函数。而任何连续的 PWL 函数都可以表示为两个凸分段线性函数的差。考虑两个凸函数 $h_1(\boldsymbol{x})$ 和 $h_2(\boldsymbol{x})$，由两个 Maxout 单元近似。因此，函数 $g(\boldsymbol{x})=h_1(\boldsymbol{x})-h_2(\boldsymbol{x})$ 是一个连续的 PWL 函数。

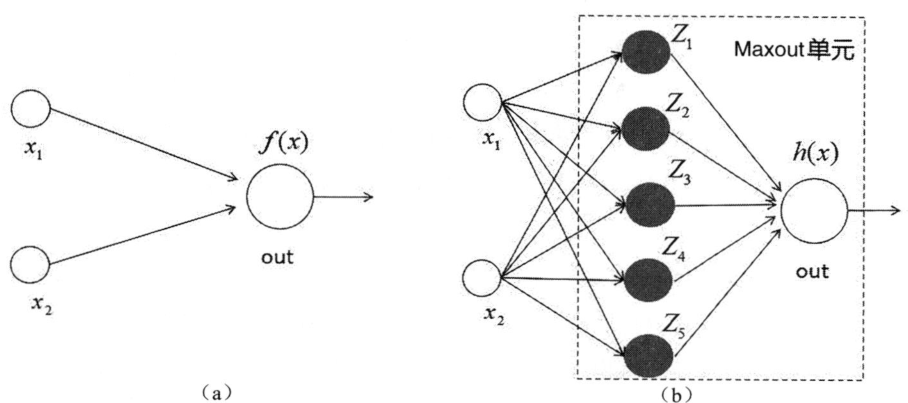

图 3.5　普通神经网络和 Maxout 单元的神经网络的对比

图 3.6 给出了 Maxout 层的示意图,表示使用两个 Maxout 单元 $h_1(\boldsymbol{x})$ 和 $h_2(\boldsymbol{x})$ 逼近连续 PWL 函数 $g(\boldsymbol{x})$。权重 1 和-1 表示通过减法运算来获得 $g(\boldsymbol{x})$。

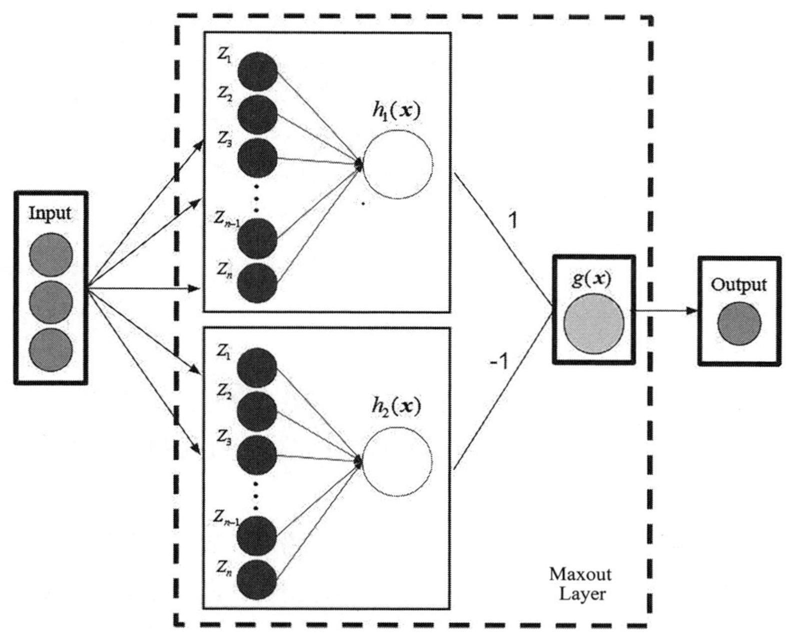

图 3.6　Maxout 层

一个 Maxout 层也可以由两个以上的 Maxout 单元组成。这样可以增加 Maxout 层的容量,以逼近所需的连续 PWL 函数。因此,Maxout 网络是通用逼近器。

3.1.2 网络结构

神经网络的结构也称为“架构”或“拓扑”。结构的选择决定了将要获得的结果。根据信号流动特征，常见的神经网络结构有前馈神经网络、反馈神经网络和图神经网络 3 种。

1. 前馈神经网络

图 3.7 给出了一个全连接(Full Connected，FC)的前馈神经网络示例。在这个网络中，神经元是按照层组织的。层是神经网络中最高级别的构建块，也可以看作是一个容器，它接收输入，经过转换并完成特定的功能，然后将转换后的值作为输出传递给下一层。图 3.7 中最左侧的层是输入层，负责接收输入数据；最右侧的层是输出层，我们可以从这一层获取神经网络的输出数据。输入层和输出层之间的层称为隐藏层，之所以这么命名，是因为它们对于外部是不可见的。

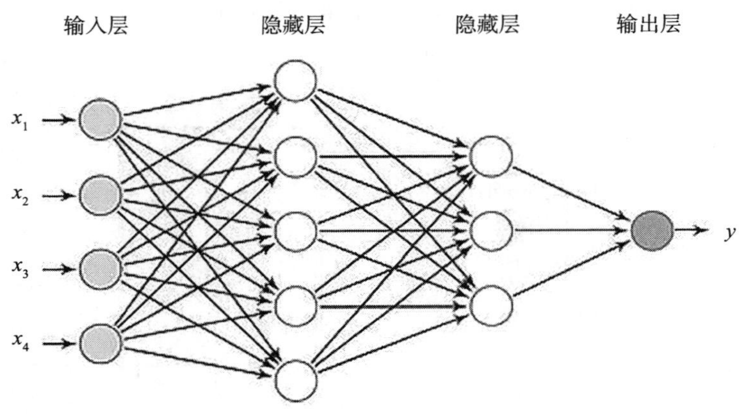

图 3.7 前馈神经网络示例

细心的读者可能注意到以下特征：信号从输入层向输出层单向传播；同一层的神经元之间没有连接；第 N 层的每个神经元和第 $N-1$ 层的所有神经元相连，第 $N-1$ 层神经元的输出就是第 N 层神经元的输入；每个连接都有一个权值。

前馈神经网络包括全连接前馈神经网络和卷积神经网络等。如果一个前馈神经网络具有线性输出层和至少一层隐藏层，那么只要给予网络足够数量的神经元，便可以实现以足够高的精度来逼近任意一个在 $\mathbb{R}^n$ 的紧子集上的连续函数。

2. 反馈神经网络

反馈神经网络是信号反向流动的深度学习模型。它允许网络中存在反馈循环，信号可以单向也可以双向传播。反馈神经网络本质上是动态的，功能强大，其神经元具有记忆功能，在不同时刻具有不同的状态。

图 3.8 给出了一个反馈神经网络示例。反馈神经网络考虑了输出与输入之间在时间上的延

迟,因此需要用动态方程来描述系统的模型。其神经元不仅可以接收来自其他神经元的信号,还可以接收自己的反馈信号。常见的反馈神经网络包括循环神经网络(RNN)、Hopfield 网络和玻尔兹曼机等。与前馈神经网络相比,反馈神经网络具有联想记忆功能,更适合应用于具有时序特征的数据领域。

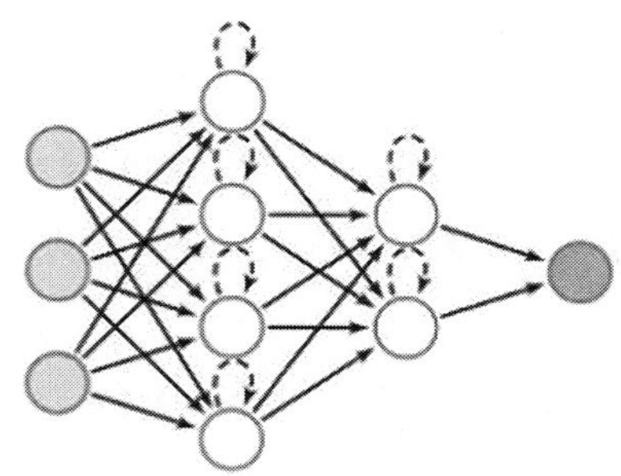

图 3.8 反馈神经网络示例

3. 图神经网络

我们知道,深度学习擅长捕捉图像、文本、视频这类数据的隐藏模式。然而,在现实应用中,很多数据都是图结构的,比如知识图谱、社交网络和分子网络等。深度学习能否处理这种具有复杂关系并且对象之间相互依赖的图结构数据呢?图神经网络(Graph Neural Network,GNN)提供了这种可能性,它是一类旨在对图结构数据进行推理的深度学习方法。GNN 提供了一种简单的方法来执行节点级、边级和图级预测任务。

图 3.9 展示一个最简单的 GNN 的单层。图是输入,每个组件 (V,E,U) 由多层感知器(MLP)更新以生成新图。每个函数下标表示 GNN 模型第 N 层的不同图形属性的单独函数。我们在其中学习所有图属性(节点、边、全局上下文)的新嵌入。GNN 在图的每个组件上使用单独的多层感知器(MLP)(或其他喜欢的可微模型),我们称之为 GNN 层。对于每个节点向量,我们应用 MLP 并返回一个学习的节点向量。我们对每条边做同样的事情,学习每条边的嵌入,对于全局上下文向量,学习整个图的单个嵌入。

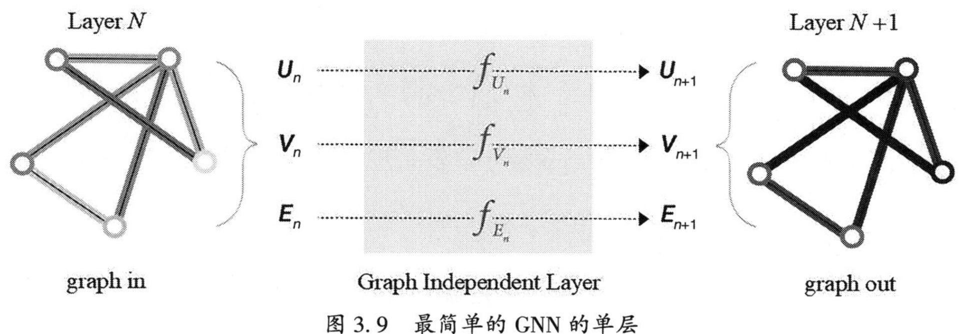

图 3.9 最简单的 GNN 的单层

与其他神经网络模块或层类似，我们可以将这些 GNN 层堆叠在一起。由于 GNN 不会改变输入图的连通性，因此我们可以用与输入图相同的邻接表和相同数量的特征向量来描述 GNN 的输出图。输出图会更新每个节点、边和全局上下文的表示。

3.1.3 反向传播算法

反向传播(Back Propagation，BP)于 20 世纪 60 年代被首次引入，是神经网络中最基本的构建块。该算法通过称为链式法则的方法有效地训练神经网络。简单来说，在每次前向传播通过网络之后，反向传播会调整模型参数(权重和偏差)。

BP 算法旨在通过调整网络的权重和偏差来最小化损失函数。调整的程度由损失函数相对于这些参数的梯度决定。我们可以用一个简单的前馈神经网络来演示反向传播的过程。图 3.10 所示是一个 L 层的前馈神经网络。具体来说，给定一个 L 层神经网络，输入层是 n 维，输出层 m 维，共有 L 层，且任一 ℓ 层中都有 n_ℓ 个神经元。为了方便接下来的推导，我们先定义一个特定的损失函数：$E=\frac{1}{2}\sum_{k=1}^{m}(t_k-o_k)^2=\frac{1}{2}\sum_{k=1}^{m}E_k$。其中，$t_k$ 是目标向量第 k 维的值，o_k 是输出向量第 k 维的值。

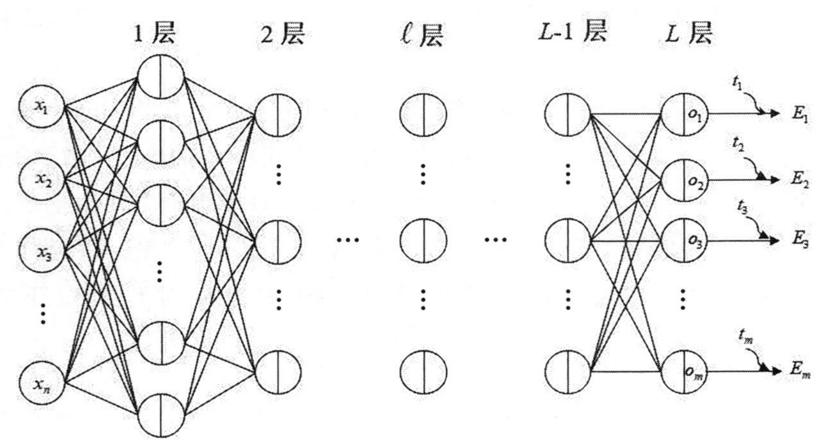

图 3.10 一个 L 层的前馈神经网络

我们针对第 ℓ 层中第 j 个神经元演示 BP 算法。它的前一层中第 i 个神经元与之连接的权重为 w_{ij}^{ℓ}，则此神经元的输入为 $net_j^{\ell}=\sum_{i=1}^{n^{\ell-1}}w_{ij}^{\ell}f(net_i^{\ell-1})$。

输出则为 $o_j^{\ell}=f(net_j^{\ell})$，其中 f 为神经网络中的激活函数，这个函数可以增加神经网络的非线性能力。

从梯度下降的角度进行最优化,我们需要求得每一个 $\frac{\partial E}{\partial w_{ij}^{\ell}}$。我们先看最后一层,根据链式法则:

$$\begin{aligned}\frac{\partial E}{\partial w_{ij}^{\ell}} &= \frac{\partial E}{\partial net_j^L}\frac{\partial net_j^L}{\partial w_{ij}^{\ell}} \\ &= \frac{\partial E}{\partial o_j^L}\frac{\partial o_j^L}{\partial net_j^L}\frac{\partial net_j^L}{\partial w_{ij}^{\ell}} \\ &= \frac{\partial}{\partial o_j^L}\left(\frac{1}{2}\sum_{k=1}^{m}(t_k - o_k)^2\right)\frac{\partial}{\partial net_j^L}(f(net_j^L))\frac{\partial}{\partial w_{ij}^L}\left(\sum_{k=1}^{n^{L-1}} w_{kj}^L f(net_k^{L-1})\right) \\ &= (t_j - o_j)\cdot f'(net_j^L)\cdot f(net_i^{L-1})\end{aligned} \tag{3.1}$$

对于中间层,以图 3.11 给出的 $\ell-1$ 层第 j 个神经元为例,我们有:

$$\begin{aligned}\frac{\partial E}{\partial w_{ij}^{\ell}} &= \frac{\partial E}{\partial net_j^{\ell}}\frac{\partial net_j^{\ell}}{\partial w_{ij}^{\ell}} \\ &= \delta_j^{\ell}\frac{\partial net_j^{\ell}}{\partial w_{ij}^{\ell}} = \delta_j^{\ell} f(net_i^{\ell-1})\end{aligned} \tag{3.2}$$

其中

$$\delta_j^{\ell} = \frac{\partial E}{\partial net_j^{\ell}} = \sum_{k=1}^{n^{\ell+1}}\frac{\partial E}{\partial net_j^{\ell+1}}\frac{\partial net_j^{\ell+1}}{\partial o_j^{\ell}}\frac{\partial o_j^{\ell}}{\partial net_j^{\ell}} = \sum_{k=1}^{n^{\ell+1}}\delta_k^{\ell+1}\cdot w_{jk}^{\ell+1}\cdot f'(net_j^{\ell}) \tag{3.3}$$

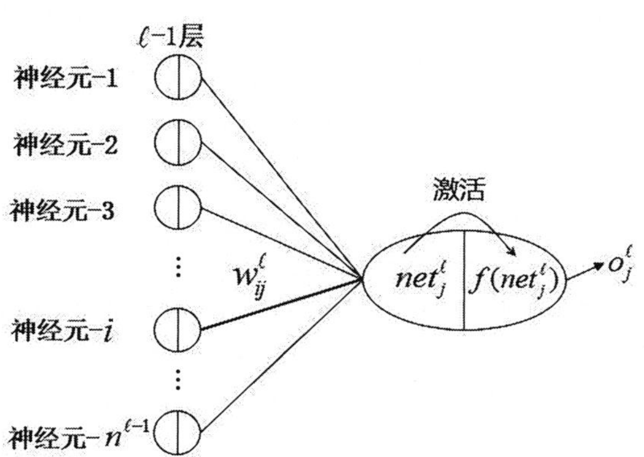

图 3.11　第 $\ell-1$ 层第 j 个神经元

由式(3.1)和式(3.2)确认了整个梯度的计算方式,只要知道每一个 net_i^{ℓ},w_{ij}^{ℓ} 及 $\delta_k^{\ell+1}$ 便可找出误差对每一个权重的偏微分。由式(3.3)可以知道,任一个 δ_j^{ℓ} 均可由 $\delta^{\ell+1}$,$\delta^{\ell+2}$, …, δ^L 计算出来。

总结一下,整个 BP 算法分为以下两个步骤。

(1)前向传播:输入向量 $x_1, x_2, \cdots, x_n$, 计算出每一层中每一个神经元的净输入 net_i^{ℓ} 及激活值 $f(net_i^{\ell})$。

(2)反向传播：根据前向传播后所计算出来的 E，计算出最后一层的 δ^L 后，开始往后推算出所有的 δ，经由前向传播得到的值便可计算出整个梯度。再利用梯度下降法来更新梯度：$w_{ij}^{\ell} \leftarrow w_{ij}^{\ell} - \eta \cdot \frac{\partial E}{\partial w_{ij}^{\ell}}$。

3.2 卷积神经网络

卷积神经网络(Convolutional Neural Network，CNN 或 ConvNet)是一类专门处理具有网格状拓扑结构的数据(如图像)的深层前馈神经网络。

数字图像是视觉数据的二进制表示，包含以网格状方式排列的一系列像素值，这些像素值表示每个像素的亮度和颜色。人脑在我们看到图像的那一刻就处理了大量的信息，每个神经元都在自己的感受野中工作，并以覆盖整个视野的方式与其他神经元相连。正如每个神经元仅在生物视觉系统中称为感受野的视野受限区域内对刺激做出反应一样，CNN 中的每个神经元也仅在其感受野中处理数据。这些层的排列方式使它们首先检测更简单的图案(线条、曲线等)，然后再检测更复杂的图案(面部、物体等)。

如图 3.12 所示，一个典型的卷积神经网络由卷积层、汇聚层、全连接层交叉堆叠而成。一个卷积块由连续 M 个卷积层和 N 个汇聚层组成(M 通常设置为 2~5，N 为 0 或 1)。一个卷积神经网络中可以堆叠 L 个连续的卷积块，然后再接 K 个全连接层(L 的取值区间比较大，如 1~100 或更大；K 一般为 0~2)。

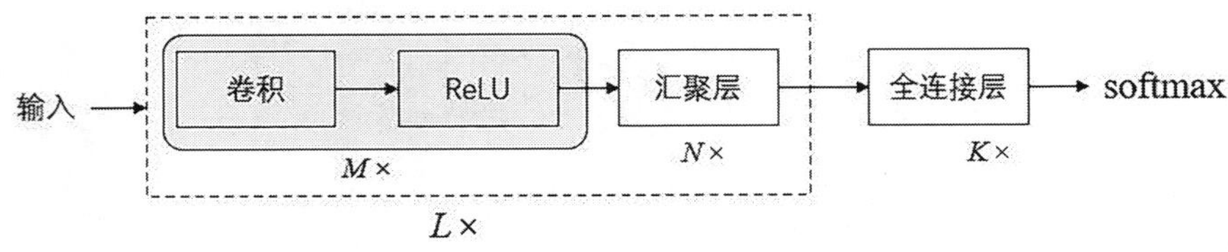

图 3.12 典型的卷积神经网络结构

3.2.1 卷积层

卷积层是 CNN 的核心构建块，承担了网络计算负载的主要部分。该层在两个矩阵之间执行点积操作，其中一个矩阵是一组可学习的参数，也称为卷积核；另一个矩阵是感受野的受限部分。卷积核在空间上比图像小，但通道数为 3。

在前向传递期间,卷积核在图像的高度和宽度上滑动,从而产生该感受区域的图像表示。这产生了图像的二维表示,称为激活图或特征图,它给出了卷积核在图像的每个空间位置的响应。卷积核的滑动大小称为步幅。

如图 3.13 所示,原始图片是一张灰度图片,每个位置表示的是像素值,0 表示白色,1 表示黑色,(0,1)区间的数值表示灰色。以卷积核处在第一个位置时为例,即图像的左上角。在每一个滑动的位置上,输入图像感受野区域与卷积核之间会执行点积并求和的运算,并将结果投影到特征图中的一个元素。每次滑动的距离可称为步幅。这里设定步长为 1,则向右移动 1 个单元格,在当前区域继续进行卷积操作,得到卷积值。卷积层的操作过程就是将卷积核矩阵从输入矩阵的左上角一个步长一个步长地移动到右下角。在移动过程中计算每一个卷积值,最终计算得到的矩阵就是特征图。特征图尺寸的计算公式为:[(原图片尺寸-卷积核尺寸)/步长]+1。

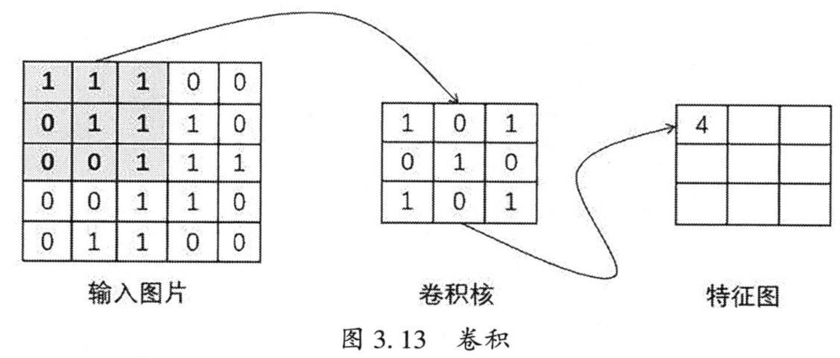

图 3.13　卷积

卷积有 3 个重要思想:稀疏交互、参数共享和等变表示。下面我们分别描述一下。

普通神经网络层使用参数矩阵描述输入单元和输出单元的交互。然而,卷积神经网络具有稀疏交互的特性。这是通过使卷积核小于输入实现的,例如,图像可以有数百万或数千万像素,但在使用卷积核处理它时,我们可以检测到数十或数百像素的有意义信息。这意味着需要存储更少的参数,不仅降低了模型的内存需求,而且提高了模型的统计效率。

在传统的神经网络中,权重矩阵的每个元素只使用一次,然后就不再访问,而卷积神经网络具有参数共享的特性,即每个卷积核与上一层局部连接,同时每个卷积核的所有局部连接都使用同样的参数。

由于参数共享,卷积神经网络对平移具有等变性质。等变是指如果我们以某种方式改变输入,那么输出也会以同样的方式改变。例如,如果你的模式是(0,3,2,0,0),对应的输出是(0,1,0,0),那么稍微变换一下原模式后:新模式(0,0,3,2,0)会产生结果(0,0,1,0)。这种性质让网络具有检测不同位置的边缘、纹理、形状的泛化能力。

3.2.2　汇聚层

汇聚层也称为子采样层,通常位于连续的卷积层中间,通过导出感受域特征的汇总统计来替换特定位置的网络输出。这有助于减少表示空间的大小，从而减少所需的计算量和权重数目。汇聚操作在当前输入表示的每个切片上进行，对这些切片分别进行下采样，得到相应的值作为各自切片区域的概括。

存在多种汇聚函数，例如，矩形邻域的平均值、矩形邻域的 L2 范数及基于与中心像素距离的加权平均值。然而，最流行的方法是最大汇聚，它报告邻域的最大输出。

图 3.14 展示了最大汇聚操作示例。将特征图划分为 2 × 2 大小的不重叠区域，并使用最大汇聚的方式进行下采样。可以看出，汇聚层不仅可以有效减少神经元的数量，还可以扩大感受野。汇聚层也可以视为一个特殊的卷积层，其中卷积核大小为 $K \times K$，步长为 $S \times S$，卷积核为 max 函数或 mean 函数。

Single depth slice

1	1	2	0
0	1	1	2
0	0	1	3
0	0	1	1

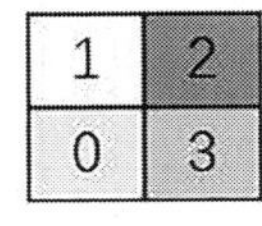

图 3.14　最大汇聚操作示例

在所有情况下，汇聚都提供等变能力，对一些小的局部形态改变保持不变性。另外，在使用汇聚时需要注意的是，过大的采样区域可能会急剧减少神经元的数量，并可能导致过多的信息损失。

3.2.3　CNN 句子建模

就像图像可以表示为像素值的数组（浮点值）一样，文本也可以表示为可以处理的向量数组（每个单词映射到由整个词汇表组成的向量空间中的特定向量）。对于文本来说，局部特征就是由若干单词组成的滑动窗口，类似于 n-gram。我们使用一维卷积处理像文本这样的顺序数据。图 3.15 给出了文本“I love the movie very much!”的卷积过程。图左侧的文本数据使用每个词汇的嵌入表示组合成一个类似二维像素值数组的表达。在这个二维数组上，我们使用中间的任一卷积核运算得到右侧的特征图。

这里，我们将训练一个卷积神经网络来对包含“Yelp”评论的数据集做句子分类任务。我们将按照以下步骤进行。

（1）使用 Pandas 将数据导入并预处理为所需的格式（我们可以使用的格式）。

（2）使用 GloVe 为我们的模型获取预训练的词向量。

（3）使用 Keras 在 CNN 架构上训练数据，并评估在验证集上获得的准确性。

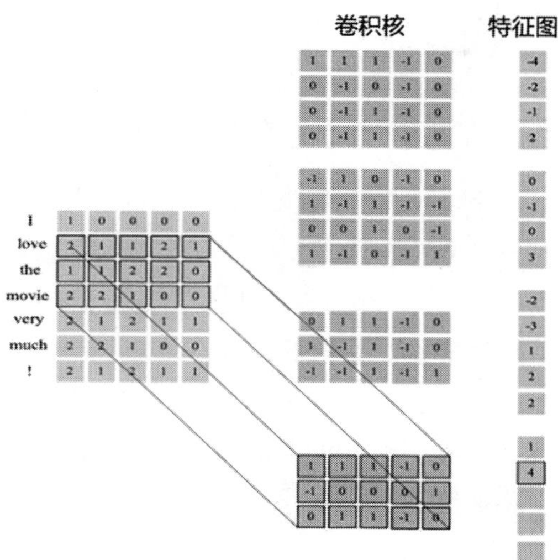

图 3.15　文本数据的卷积过程

从 UCI 机器学习存储库的 Sentiment Labelled Sentences 数据集①中下载数据集。该数据集包括来自 IMDb、Amazon 和 Yelp 的标签评论。每条评论都有标注，标记为 0 分表示负面情绪，1 分表示正面情绪。单击数据集页面上的"Data Folder"链接，将数据集下载到本地的"/dataset"文件夹中并进行解压，然后使用 Pandas 库来加载数据。

```
import pandas as pd

path="/dataset/sentiment_labelled_sentences"

filepath_dict={'yelp': 'sentiment_labelled_sentences/yelp_labelled.txt',
               'amazon': 'sentiment_labelled_sentences/amazon_cells_labelled.txt',
               'imdb': 'sentiment_labelled_sentences/imdb_labelled.txt'}

df_list=[]
for source, filepath in filepath_dict.items():
    df=pd.read_csv(filepath, names=['sentence', 'label'], sep='\t')
    # Add another column filled with the source name
    df['source']=source
    df_list.append(df)

df=pd.concat(df_list)
print(df.head())
```

① 数据集地址：https://archive.ics.uci.edu/ml/datasets/Sentiment+Labelled+Sentences。

执行上面的代码,运行结果如下。

	sentence	label	source
0	Wow... Loved this place.	1	yelp
1	Crust is not good.	0	yelp
2	Not tasty and the texture was just nasty.	0	yelp
3	Stopped by during the late May bank holiday of...	1	yelp
4	The selection on the menu was great and sower...	1	yelp

这里,我们将使用 Yelp 评论数据集作为示例来训练 CNN 模型,并使用 Keras 实现相关代码。Tokenizer 将文本语料库向量化为整数列表。每个整数映射到字典中的一个值,该字典对整个语料库进行编码,字典中的键是词汇术语本身。我们可以添加一个 num_words 参数,它负责设置词汇表的大小,即最常见的前 num_words 个将被保留。

评论数据集中每个文本序列都有不同长度的单词。为了解决这个问题,可以使用 pad_sequences()来简单地用零填充单词序列。此外,我们可以添加一个 maxlen 参数来指定序列的长度。这会裁剪句子长度超过该数量的序列。

```
from sklearn.model_selection import train_test_split
from keras.preprocessing.text import Tokenizer
from keras.preprocessing.sequence import pad_sequences

df_yelp=df[df['source']=='yelp']sentences=df_yelp['sentence'].values
y=df_yelp['label'].values

sentences_train, sentences_test, y_train, y_test=train_test_split(
                                                sentences, y,
                                                test_size=0.25,
                                                random_state=1000)


tokenizer=Tokenizer(num_words=5000)
tokenizer.fit_on_texts(sentences_train)

X_train=tokenizer.texts_to_sequences(sentences_train)
X_test=tokenizer.texts_to_sequences(sentences_test)

# Adding 1 because of reserved 0 index
Vocab_size=len(tokenizer.word_index)+1

maxlen=100

X_train=pad_sequences(X_train, padding='post', maxlen=maxlen)
X_test=pad_sequences(X_test, padding='post', maxlen=maxlen)
```

我们简单地使用由斯坦福大学 NLP 组开发的 GloVe①(Global Vectors for Word Representation)来获取词向量表示。

```
import numpy as np

def create_embedding_matrix(filepath, word_index, embedding_dim):
    vocab_size=len(word_index)+1
    # Adding again 1 because of reserved 0 index
    embedding_matrix=np.zeros((vocab_size, embedding_dim))

    with open(filepath) as f:
        for line in f:
            word, *vector=line.split()
            if word in word_index:
                idx=word_index[word]
                embedding_matrix[idx]=np.array(
                                     vector, dtype=np.float32)
                                     [:embedding_dim]

    return embedding_matrix
```

调用上面的函数获得嵌入矩阵的代码如下。

```
embedding_dim=50
embedding_matrix=create_embedding_matrix('data/glove_word_embeddings/
                                     glove.6B.50d.txt',
                                     tokenizer.word_index,
                                     embedding_dim)
```

CNN 的训练代码如下。

```
from keras.models import Sequential
from keras import layersembedding_dim=100

model=Sequential()
model.add(layers.Embedding(vocab_size, embedding_dim, input_length=maxlen))
model.add(layers.Conv1D(128, 5, activation='relu'))
model.add(layers.GlobalMaxPooling1D())
model.add(layers.Dense(10, activation='relu'))
model.add(layers.Dense(1, activation='sigmoid'))

model.compile(optimizer='adam',
```

① 英文 GloVe 词向量下载地址:http://nlp.stanford.edu/data/glove.6B.zip。

```
            loss='binary_crossentropy',
            metrics=['accuracy'])

history=model.fit(X_train, y_train,
                  epochs=10,
                  validation_data=(X_test, y_test),
                  batch_size=10)
```

至此,我们就对如何在 Yelp 评论数据集上使用 CNN 建模句子有了基本的了解。

3.3 循环神经网络

循环神经网络(Recurrent Neural Network,RNN)是一种处理顺序或时间序列数据的人工神经网络。前馈神经网络通常仅适用于相互独立的数据点,但如果我们有一个序列中的数据,使得一个数据点依赖于前一个数据点,那么就需要修改神经网络以利用这些数据点之间的依赖关系。RNN 具有“记忆”功能,可以存储并处理长时期的数据信号,以生成序列的下一个输出。

3.3.1 简单循环网络

循环神经网络的工作原理是保存特定层的输出,并将其反馈给输入,以预测该层的输出。图 3.16 展示了一个典型的循环神经网络结构。这里,$\boldsymbol{x}$ 是输入层向量,$\boldsymbol{h}$ 是隐藏层向量,$\boldsymbol{y}$ 是输出层向量。A,B,C 是网络参数。隐藏层有两个输入:一个来自输入层,另一个来自隐藏层上一时刻的输出。

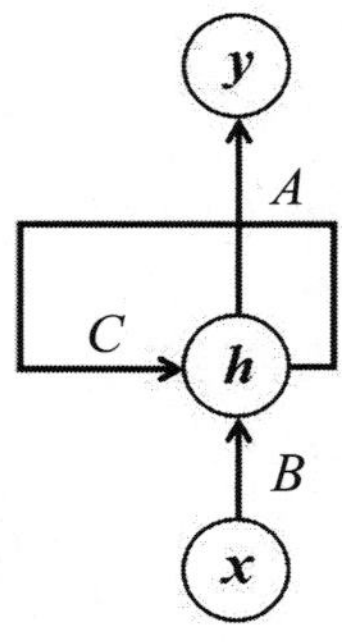

图 3.16　典型的循环神经网络结构

图 3.16 比较抽象,如果我们把这个图展开,循环神经网络也可以画成图 3.17 这个样子。在任何给定时间 t,当前输入是 $\boldsymbol{x}(t)$ 和 $\boldsymbol{x}(t-1)$ 处输入的组合。任何给定时间的输出都被送回网络以改进输出。对于展开后的网络结构,其输入为一个时间序列 $\{\cdots, \boldsymbol{x}(t-1), \boldsymbol{x}(t), \boldsymbol{x}(t+1), \cdots\}$,其中 $\boldsymbol{x}(t) \in \mathbb{R}^n$, n 为输入层神经元个数。相应的隐藏层为 $\{\cdots, \boldsymbol{h}(t-1), \boldsymbol{h}(t), \boldsymbol{h}(t+1), \cdots\}$,其中 $\boldsymbol{h}(t) \in \mathbb{R}^m$, m 为隐藏层神经元个数。隐藏层节点使用较小的非零数据进行初始化可以提升整体的性能和网络的稳定性。隐藏层定义了整个系统的状态空间:$\boldsymbol{h}(t)=f_C(\boldsymbol{h}(t-1), \boldsymbol{x}(t))$。这里,$f_C(\cdot)$ 是隐藏层的激活函数。对应的输出层为 $\{\cdots, \boldsymbol{y}(t-1), \boldsymbol{y}(t), \boldsymbol{y}(t+1), \cdots\}$,其中 $\boldsymbol{y}(t) \in \mathbb{R}^p$,$p$ 为输出层神经元个数。则 $\boldsymbol{y}(t)=f_A(\boldsymbol{h}(t))$。这里,$f_A(\cdot)$ 是输出层的激活函数。在 RNN 中常用的激活函数为双曲正切函数:$\tanh(x)=\dfrac{e^{2x}-1}{e^{2x}+1}$。

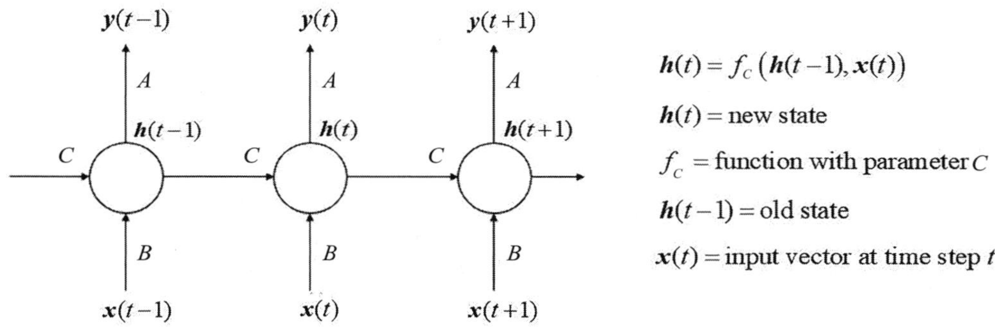

图 3.17　循环神经网络计算图展开形式

3.3.2　长短期记忆网络

长短期记忆网络(Long Short Term Memory,LSTM)是由 Hochreiter 和 Schmidhube 提出的一种特殊类型的 RNN。它的主要目的是为了解决长序列依赖问题(长序列训练过程中的梯度消失和梯度爆炸问题),记住长时间的信息是 LSTM 的基本功能。

图 3.18 给出了 RNN 与 LSTM 的输入输出对比。与 RNN 只有一个传递状态 $\boldsymbol{h}(t)$ 不同, LSTM 有两个传输状态,一个是 $\boldsymbol{c}(t)$ (单元状态),另一个是 $\boldsymbol{h}(t)$ (隐藏层状态)。其中,对于传递下去的 $\boldsymbol{c}(t)$ 改变得很慢,通常输出的 $\boldsymbol{c}(t)$ 是上一个状态传过来的 $\boldsymbol{c}(t-1)$ 加上一些数值。而 $\boldsymbol{h}(t)$ 则在不同节点下往往会有很大的区别。

标准 RNN 不区分"重要"的信息和"不那么重要"的信息。LSTM 通过乘法和加法对信息进行小的修改。信息通过一种称为单元状态的机制传递。通过这种方式,LSTM 可以选择性地记住或忘记事物。特定细胞状态的信息具有 3 种不同的依赖性。我们将通过一个例子来形象化这一点。下面以预测特定股票的股价为例。今天的股价将取决于:

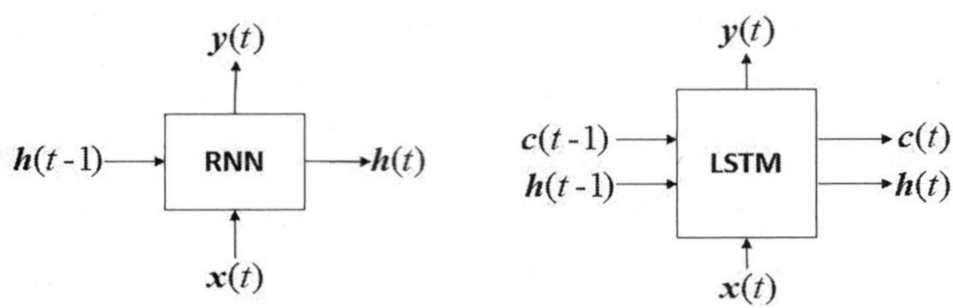

图 3.18　RNN 与 LSTM 的输入输出对比

(1)股票在前几天一直遵循的趋势,可能是下降趋势或上升趋势。

(2)股票前一天的价格,因为许多交易者在购买之前会比较股票的前一天价格。

(3)可以影响今天股票价格的因素。这可能是受到广泛批评的新公司政策,也可能是公司利润的下降,还可能是公司高层领导的意外变动。

这些依赖关系可以推广到 LSTM 上:

(1)之前的记忆单元状态(即在上一个时间步之后记忆中存在的信息)。

(2)前一个隐藏层状态(即前一个单元的输出)。

(3)当前时间的输入(即此刻正在输入的新信息)。

LSTM 的另一个重要特性是它与传送带的类比。工业上使用传送带为不同的流程传送产品。LSTM 使用这种机制来传输信息。当信息流经不同的层时,我们可能会对其进行一些添加、修改或删除,就像产品在传送带上时可能被模制、涂漆或包装一样。

图 3.19 给出了 LSTM 单元的结构。LSTM 会传递两种状态到下一个记忆单元。这两个状态分别是单元状态和隐藏层状态。记忆单元通过"门"来控制丢弃或增加信息,从而实现遗忘或记忆功能。一个 LSTM 记忆单元有 3 个这样的门,分别是遗忘门、输入门和输出门。

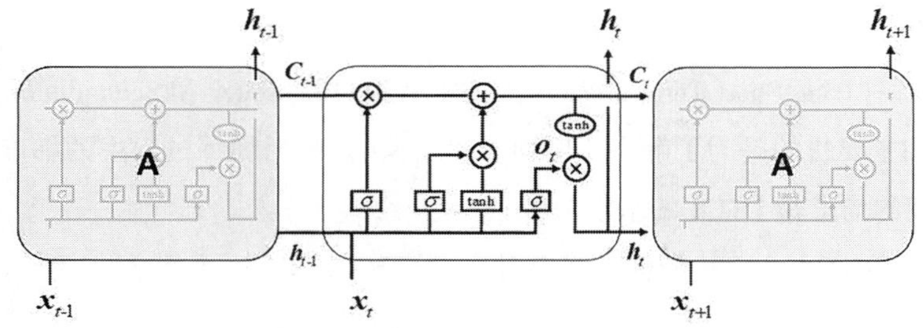

图 3.19　LSTM 单元的结构

遗忘门负责从单元状态中删除信息,它通过过滤器的乘法去除掉不再需要的或不太重要的信息。我们来看一个文本预测的例子,假设一个 LSTM 的输入是句子"Bob is a nice person. Dan, on the other hand, is evil."。当遇到"person"后的第一个句号,遗忘门就意识到下一句可能有上下文的变化。LSTM 会遗忘掉句子的主语,腾出主语的位置。当我们开始谈论"Dan"时,这个主语的位置被分配给"Dan"。这个遗忘主语的过程由遗忘门来完成。

输入门用于量化输入所携带的新信息的重要性。下面看这个例子："Bob knows swimming. He told me over the phone that he had served the navy for four long years."。在这两句话中，我们都在谈论 Bob。两句话提供了有关 Bob 的不同类型的信息。在第一句话中，我们得到了他知道游泳的信息。而第二句话说他使用电话告诉我在海军服役四年。那么，根据第一句给出的上下文，第二句的哪些信息是关键的？首先，他用电话告诉我他在海军服役。在这种情况下，他是否使用电话或任何其他通信媒介传递信息都无关紧要。我们希望模型记住他曾在海军服役这一事实，这是重要的信息。这是输入门的任务。

输出阶段则决定哪些信息将作为当前状态的输出。我们意识到，并非所有沿着单元状态运行的信息都适合在特定时间作为输出。为了计算预测值 $\hat{\boldsymbol{y}}_t$ 和生成下个时间片的完整输入，我们需要计算隐藏层的输出 $\boldsymbol{h}_t$。我们来看一个例子："Bob single-handedly fought the enemy and died for his country. For his contributions, brave____."。在这句话中，空白区域可能有多种选择。但我们知道当前输入的"brave"是一个形容词，用来修饰一个名词。因此，无论后面是什么词，都有很强的名词倾向。在这个句子中，只有"Bob is brave"是合理的，我们不能说"the enemy is brave"或"the country is brave"。所以，根据目前的期望，我们必须给出一个相关的词来填补空白。因此，"Bob"可能是一个合适的输出。这个词是我们的输出，体现了输出门的功能。输出门从当前单元状态中选择有用信息，并将其作为输出。

输出门的目的是从单元状态 $\boldsymbol{C}_t$ 产生隐藏层单元 $\boldsymbol{h}_t$。并不是 $\boldsymbol{C}_t$ 中的所有信息都与隐藏层单元 $\boldsymbol{h}_t$ 相关，$\boldsymbol{C}_t$ 可能包含了很多对 $\boldsymbol{h}_t$ 无用的信息。因此，$\boldsymbol{o}_t$（输出门）的作用就是判断调整后的单元状态中哪些部分对 $\boldsymbol{h}_t$ 是有用的，哪些部分是无用的。在上面的示例中，过滤器将确保它减少除"Bob"外的所有其他值。因此，输出门过滤器需要建立在输入和隐藏层状态值上，并应用于单元状态向量。

3.3.3 LSTM 句子建模

本节使用 TensorFlow 中的 LSTM 相关库来演示如何进行句子建模。在 TensorFlow 中，我们可以使用 tf.keras.layers.LSTM 来创建 LSTM 层。在初始化 LSTM 层时，唯一需要的参数是 units。该参数对应于该层的输出特征数。这里，units $=n_h$。n_h 是从上一层的输出中推断出来的。因此，该库可以初始化 LSTM 层中的所有权重和偏差项。

TensorFlow LSTM 层在前向传播过程中需要一个三维张量作为输入，其格式为[batch_size, timesteps, input_features]。假设我们使用这个 LSTM 层来训练语言模型，我们的输入是文本句子。第一个维度 batch_size 对应于我们作为一个批次使用多少个句子来训练模型。第二个维度 timesteps 对应于一个这样的句子中有多少个单词。在实际场景中，句子中的单词数量不是固定的。因此，为了批处理这些句子，我们可以选择训练语料库中最长句子的长度作为这个维度，并用尾部零填充其他句子。最后一个维度 input_features 对应于用于表示每个单词的特征数目。例如，如果我们使用独热(one-hot)编码，并且我们的词汇表中有 10000 个单词，那么这个维度将是 10000。

```
1  import tensorflow as tf
2
3  batch_size=32
4  timesteps=10
5  input_features=8
6  output_features=4
7
8  inputs=tf.random.normal([batch_size, timesteps, input_features])
9  lstm=tf.keras.layers.LSTM(units=output_features)
10 output=lstm(inputs)
11
12 print("Output shape of the LSTM layer's default output : ", output.shape)
```

上面的代码片段会输出 output 的尺寸(32,4)。其中,output 对应 $\boldsymbol{h}_T$,这里 T 是序列最后的时间步。output 的尺寸是(batch_size, output_features)。回到语言模型的例子,每个句子都有一个输出 $\boldsymbol{h}_T$。

图 3.20 给出了 LSTM 产生 $\boldsymbol{h}_T$ 的过程。这个向量(每个句子)对应于最后一个时间步 T(句子的最后一个词)的 LSTM 层的输出。在每个时刻 t,LSTM 都会接收 3 个输入:一个是当前时刻的单词 $\boldsymbol{x}_t$,另外两个是来自上一个时刻的输出 $\boldsymbol{c}_{t-1}$ 和 $\boldsymbol{h}_{t-1}$。

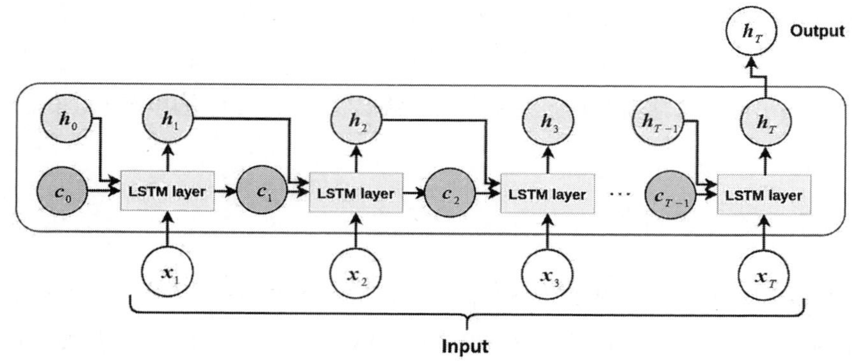

图 3.20 LSTM 产生 $\boldsymbol{h}_T$ 的过程

如果想要堆叠多个 LSTM 层,下一层同样需要一个时间序列作为输入。在这种情况下,可以在初始化层时设置 return_sequences = True。这样,输出的形状将是(32, 10, 4),对应于(batch_size, timesteps, output_features)。如果 return_sequence 设置为 True,则将 $\boldsymbol{h}_t$: $\forall t=1,2,\cdots,T$ 作为输出返回。在使用时,只需要修改代码片段第 11 行的函数:lstm = tf. keras. layers. LSTM(units = output_features, return_sequences = True)。

当我们能够输出隐藏层状态序列时,就已经具备了堆叠多个 LSTM 层的条件。我们可以使用以下代码片段来对文本句子进行建模,将建模好的句子向量经过两个全连接层输出句子的分类概率。这个句子模型的嵌入表示由两层堆叠的 LSTM 得到的最后一个时间步的隐藏层输出。

```
1  import tensorflow as tf
2
3  timesteps=12
4  input_features=16
5  h1_features=8
6  h2_features=4
7  h3_features=2
8  output_features=1
9
10 input_l=tf.keras.layers.Input(shape=(timesteps, input_features))
11 lstm1=tf.keras.layers.LSTM(units=h1_features, return_sequences=True)(input_l)
12 lstm2=tf.keras.layers.LSTM(units=h2_features, return_sequences=False)(lstm1)
13 fc1=tf.keras.layers.Dense(h3_features, activation='relu')(lstm2)
14 fc2=tf.keras.layers.Dense(output_features, activation='sigmoid')(fc1)
15
16 model=tf.keras.models.Model(inputs=input_l, outputs=fc2)
17 model.summary()
```

上面代码片段的第 11~12 行建立了两层 LSTM,细心的读者可能注意到,return_sequences 参数在两行中的设置是不同的。如图 3.21 所示,第 11 行需要所有时间步的隐藏层输出作为第二层的输入,因此该参数设置为 True。而第二层只需要最后一个时间步的隐藏层输出,故而设置为 False。lstm2 的输出将输入紧接的两层全连接层,最顶层的 fc2 通过 Sigmoid 函数输出 0 到 1 概率值,可以用来进行分类。

单向 LSTM 是根据前面的信息推断后面的信息,但有时仅看前面的词是不够的。举个例子:今天不舒服,我打算____一天。只根据下划线前面的信息,可能推出的空格有很多可能性:"去医院""睡觉""请假""休息"等。但当看到后面的信息"一天"时,可选择的范围就小很多,"请假"和"休息"被选的概率就大很多。因此,在建模句子时,更倾向于使用双向 LSTM。双向 LSTM 的隐藏层要保存两个值:一个前向计算的,一个后向计算的。具体的模型建立代码片段如下。

```
# Input for variable-length sequences of integers
inputs=keras.Input(shape=(None,), dtype="int32")
# Embed each integer in a 128-dimensional vector
x=layers.Embedding(max_features, 128)(inputs)
# Add 2 bidirectional LSTMs
x=layers.Bidirectional(layers.LSTM(64, return_sequences=True))(x)
x=layers.Bidirectional(layers.LSTM(64))(x)
# Add a classifier
outputs=layers.Dense(1, activation="sigmoid")(x)
model=keras.Model(inputs, outputs)
model.summary()
```

上面代码片段的第6~7行代码建立了两层双向LSTM的模型。第9行将两层双向LSTM顶层的最后一个时间步的前向和后向向量连接,作为句子的嵌入表示。接着输入给一个全连接层,使用Sigmoid函数进行分类。

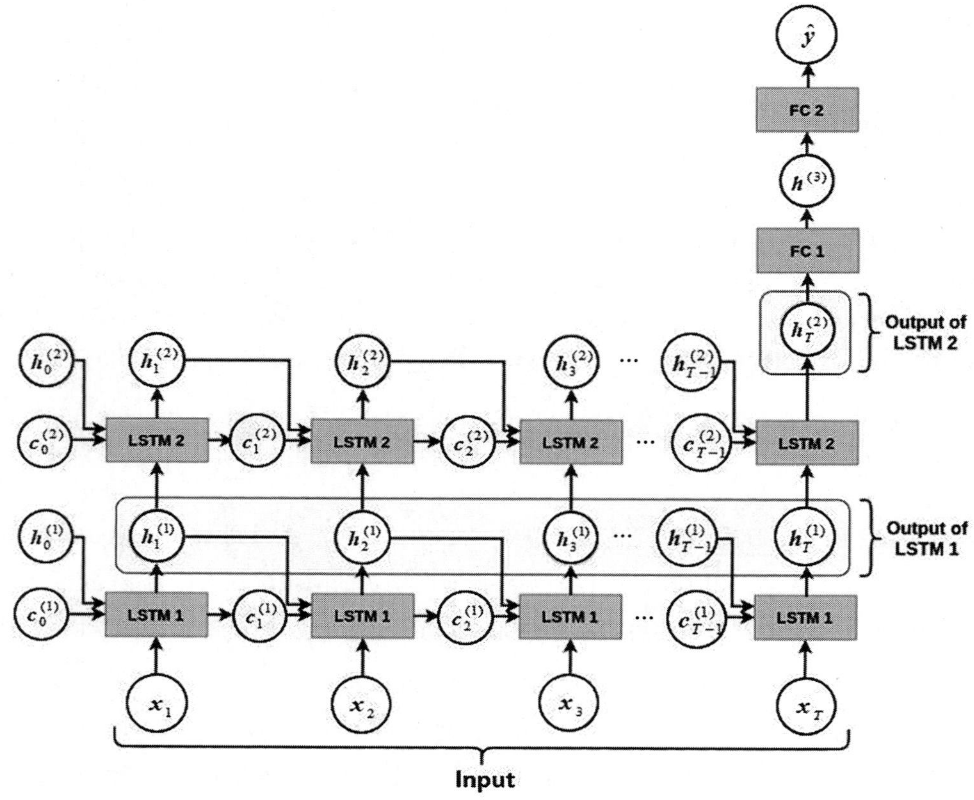

图3.21 带2个LSTM和2个FC的模型

3.4 注意力机制

注意力(Attention)机制是深度学习领域中极具影响力的一个概念。它最初在视觉图像领域被引入,2014年Google Mind团队首次将其应用于RNN中进行图像分类。2015年,Bahdanau等人将这一概念引入机器翻译中,实现了翻译和对齐的同时进行。2017年,Google机器翻译团队的论文*Attention is all you need*极大地推动了这一概念的普及,并在各个领域中得到了大量成功的应用。

注意力机制是为了提高机器翻译中编码器-解码器模型的性能而引入的一种对齐机制。其核心思想是让解码器能够灵活地利用输入序列中最相关的部分。目前,这一思想已成功应用于多个领域。在使用注意力模型时,解码器不仅接收最终的隐藏层状态作为上下文输入,还接收编码器处理输入序列每一步的隐藏层状态输出作为输入。根据相关度,赋予相应的权重,然后将输入序列所有隐藏层状态的加权组合作为上下文嵌入表示。

3.4.1 什么是注意力机制

注意力机制模仿了人脑选择性地关注相关信息的能力。以视觉处理为例,当我们看一张图片时,人眼会快速扫描整个图像,定位到需要重点关注的目标区域,然后忽略其他不相关的信息,专注于目标的细节信息。例如,在图 3.22 中展示了两张穿着人类服饰的西巴犬照片。我们在观察左图照片时,往往会先注意到近处的西巴犬,而忽略远处的雪地和草丛等背景。我们的注意力焦点会根据具体任务进行调整,进行相应的推理。

图 3.22　穿着人类服饰的西巴犬

下面通过一个例子来说明如何对图像的不同区域施加不同程度的关注以识别图像内容。以图 3.22 中的右图为例,假设白色区域被抠掉了,而剩下的像素提供了线索,暗示了白色区域可能显示的内容。3 个灰色框分别标记了西巴犬的鼻子、尖耳朵和眼睛,这些特征让我们直觉地推断白色区域应该是另一只耳朵。在这项任务中,这 3 个灰色框内的像素更为关键,而图片底部标记为☒的区域,如毛衣和毯子,与我们的任务关系不大。因此,在进行这种推理时,我们应该给予这 3 个灰色框内的像素更高的注意力权重。

再来看一个文本中单词关联度的例子。如图 3.23 所示,当我们读到"eating"这个词时,我们通常会期待接下来出现一个与食物相关的词汇。虽然“green”是一个颜色词,可能用来描述食物,但它与“eating”的直接关联性可能不大。

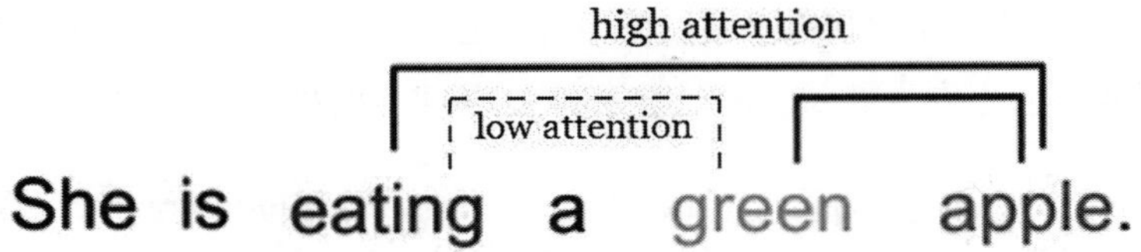

图 3.23 句子中词对于其他词不同的注意力

在数学层面,深度学习中的注意力机制通过一个表示重要性权重的向量来实现。为了预测或推断一个元素(比如图像中的一个像素或句子中的一个单词),我们会使用注意力向量来评估它与其他元素的关联度,并根据这些注意力值对相关元素进行加权,最后将这些加权的向量求和,得到目标元素的一个近似值。

3.4.2 Encoder-Decoder 框架

为了阐释注意力机制的作用,我们首先需要了解编码器-解码器(Encoder-Decoder)框架。图 3.24 给出了这一框架的抽象表示。编码器(Encoder)负责将输入的句子转换为语义编码 $\boldsymbol{c}$,而解码器(Decoder)则根据语义编码 $\boldsymbol{c}$ 和之前生成的单词,依次输出最有可能的单词以形成句子。无论输入和输出的长度如何,中间的“语义编码 $\boldsymbol{c}$”的长度都是固定的。根据不同的任务需求,可以选择不同的编码器和解码器,如 CNN、RNN、GRU、LSTM、BiLSTM 等。

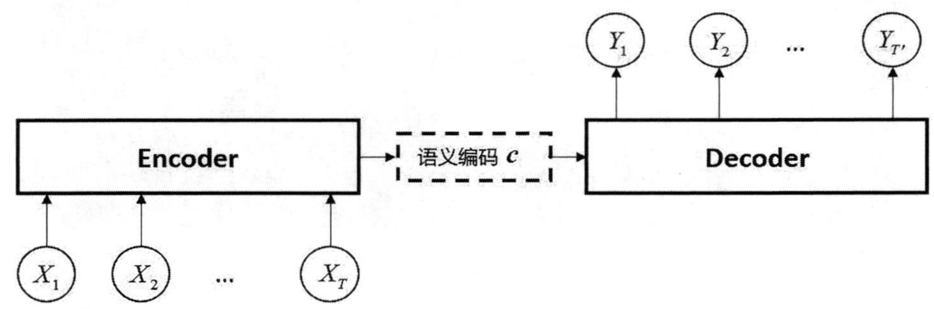

图 3.24 Encoder-Decoder 框架

图 3.25 给出了 Encoder-Decoder 框架下的机器翻译示例。在这个例子中,Encoder 和 Decoder 都使用了 RNN。例如,将英文句子“How are you?”翻译为“你好吗?”。输出序列的前后端对应两个特殊的符号<s>和<\s>,分别用来表示起始和结束的位置。Decoder 在接收到<s>符号时开始生成输出符号,在某一时刻生成<\s>时结束生成过程。

在 RNN 中,当前时刻的隐藏层状态 $\boldsymbol{h}_t$ 是由上一时刻的隐藏层状态 $\boldsymbol{h}_{t-1}$ 和当前时刻的输入 $\boldsymbol{x}_t$ 决定的,使用如下公式计算:$\boldsymbol{h}_t = f(\boldsymbol{h}_{t-1}, \boldsymbol{x}_t)$。其中,$\boldsymbol{x}_t$ 是 one-hot 表示的向量。

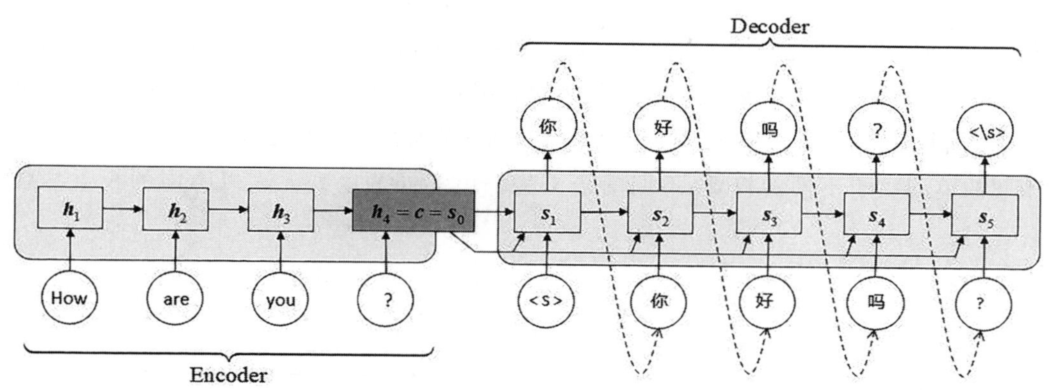

图 3.25　Encoder-Decoder 框架下的机器翻译示例

在编码阶段,获得各个时刻的隐藏层状态后,通过汇总这些隐藏层状态,可以生成最后的语义编码 $\boldsymbol{c}$,如下面的公式所示。

$$\boldsymbol{c}=q(\boldsymbol{h}_1,\boldsymbol{h}_2,\cdots,\boldsymbol{h}_T)$$

式中,q 表示某种非线性神经网络,此处表示多层 RNN。在一些应用中,也可以直接将最后的隐藏层编码状态 $\boldsymbol{h}_T$ 作为最终的语义编码 $\boldsymbol{c}$。

在解码阶段,需要根据给定的语义编码 $\boldsymbol{c}$ 和之前已经生成的输出序列 $y_1,y_2,\cdots,y_{t-1}$ 来预测下一个输出的单词 $\hat{y}_t$,即满足下面的公式:

$$\hat{y}_t=\underset{w_i\in V}{\operatorname{argmax}}\,P(y_t=w_i\mid x,y_1,y_2,\cdots,y_{t-1})=\underset{w_i\in V}{\operatorname{argmax}}\,\boldsymbol{y}_t[i]$$

式中,V 表示目标语言词典;w_i 表示索引标号为 i 的单词,$1\leqslant i\leqslant |V|$;$\boldsymbol{y}_t$ 是一个维度为 $|V|$ 的概率向量;$\boldsymbol{y}_t[i]$ 表示单词 w_i 是下一个单词的概率。

由于我们此处使用的 Decoder 是 RNN,所以当前状态的输出只与上一状态和当前的输入相关。因此,可以将输出向量 $\boldsymbol{y}_t$ 表示如下。

$$\boldsymbol{y}_t=g(\hat{y}_{t-1},\boldsymbol{s}_{t-1},\boldsymbol{c})$$

式中,$\hat{y}_{t-1}$ 表示前一时刻的输出;$\boldsymbol{s}_{t-1}$ 表示 Decoder 中 RNN 神经元的隐藏层状态;$\boldsymbol{c}$ 表示编码后的语义向量;而 $g(\cdot)$ 则是一个非线性的多层神经网络,可以输出此刻目标语言词典中所有词汇作为输出单词的概率,一般情况下是由多层 RNN 和 softmax 层组成。

3.4.3　注意力模型

3.4.2 小节介绍的 Encoder-Decoder 模型并没有体现出“注意力模型”的特点,即句子 X 中任意单词对生成某个目标单词 y_i 的影响力都是相同的,没有任何区别。因此,由于注意力不集中,它也被称为分心模型。

图 3.26 给出了带注意力机制的 Encoder-Decoder 框架。注意力机制可以看作是 Encoder 和 Decoder 之间的接口，它向 Decoder 提供来自每个隐藏层状态的信息，每个输出对应不同的上下文编码输入 $\boldsymbol{c}_i$。注意力模型能够选择性地关注输入序列的有用部分，从而学习不同语言词汇之间的"对齐"。模型用于解码过程中，它改变了传统 Decoder 中使用一个固定不变的上下文的情况，而是根据不同的单词赋予不同的权重，不同的语义编码由不同的序列元素以不同的权重参数组合而成。

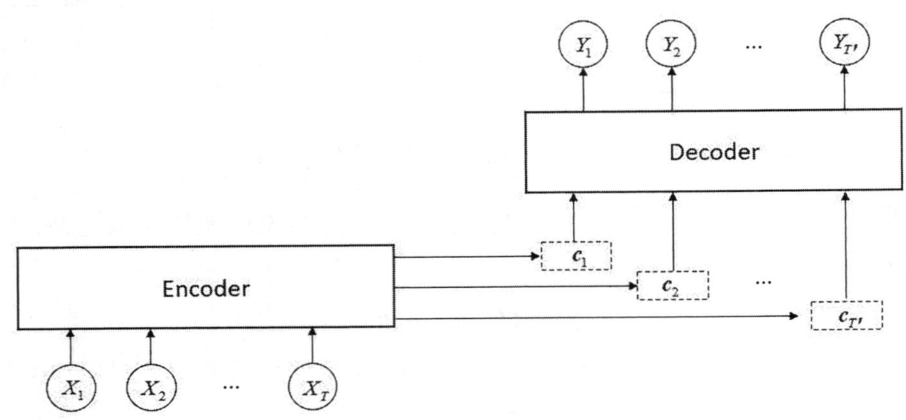

图 3.26　带注意力机制的 Encoder-Decoder 框架

在注意力机制下，上下文语义编码就不再是固定编码了，每一个 $\boldsymbol{c}_i$ 会自动去选取与当前所要输出的 y_i 最合适的上下文信息，即 $\boldsymbol{c}_i$ 是根据各个元素 $\boldsymbol{h}_j$ 按其重要性程度加权求和得到的，公式表示为

$$\boldsymbol{c}_i = \sum_{j=0}^{T} \alpha_{ij}\boldsymbol{h}_j$$

式中，参数 i 表示第 i 处的输出，j 表示序列中的第 j 个元素，T 表示序列的长度，$\boldsymbol{h}_j$ 表示对单词 x_j 的编码。α_{ij} 可以看作是一个权重，反映了元素 $\boldsymbol{h}_j$ 对 $\boldsymbol{c}_i$ 的重要性，可以使用 softmax 来归一化：

$$\alpha_{ij} = \frac{\exp(e_{ij})}{\sum_{k=1}^{T}\exp(e_{ik})}$$

这里 e_{ij} 体现了待解码元素和编码序列中的元素之间的匹配度。当匹配度越高时，说明该元素对其影响越大。其计算公式为 $e_{ij} = a(\boldsymbol{s}_{i-1}, \boldsymbol{h}_j)$。

e_{ij} 是前馈神经网络的输出分数，这个网络由函数 a 描述，它试图捕获第 j 处的输入和第 i 处的输出之间的对齐程度。

图 3.27 给出了注意力的计算过程。编码器和解码器产生的隐藏层状态维度均为 d。对齐分值函数 a 的实现方式有多种，这里提到的是 Bahdahanu 等人提出的一种常见注意力模型，它被称为加性函数。concat 函数连接源隐藏层状态 $\boldsymbol{h}_j$ 和目标隐藏层状态 $\boldsymbol{s}_{i-1}$ 作为 a 的输入。该输入与 $(d',2d)$ 维的矩阵 $\boldsymbol{W}_a$ 相乘。

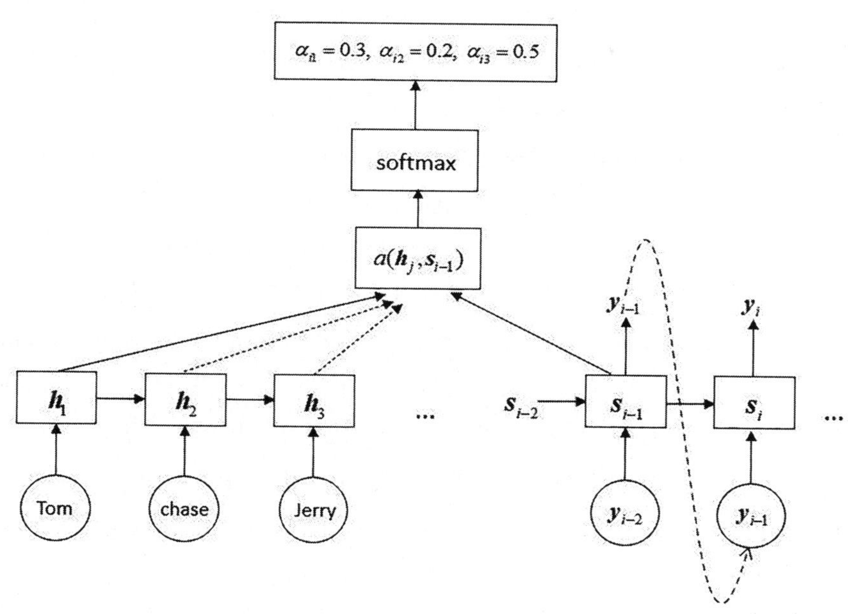

图 3.27 注意力的计算过程

在这些相乘的结果被传递到双曲正切函数后,与另一个参数 $\boldsymbol{v}$ 的转置进行点乘,以获得待输出的第 i 个目标单词与源句第 j 个单词之间的影响程度 e_{ij}。其数学表达式为 $e_{ij}=a(\boldsymbol{s}_{i-1},\boldsymbol{h}_j)=\boldsymbol{v}^{\mathrm{T}}\tanh(\boldsymbol{W}_a[\boldsymbol{h}_j;\boldsymbol{s}_{i-1}])$,其中 $\boldsymbol{v}\in\mathbb{R}^{d'\times 1}$,$\boldsymbol{W}_a\in\mathbb{R}^{d'\times 2d}$,$\boldsymbol{h}_j\in\mathbb{R}^{d\times 1}$,$\boldsymbol{s}_{i-1}\in\mathbb{R}^{d\times 1}$。然后使用 softmax 以获得输出 i 的归一化对齐分数:$\alpha_i=\mathrm{softmax}(e_{i1},e_{i2},\cdots,e_{iT})$。$\alpha_i$ 的每个元素是输入句子中每个单词产生第 i 个目标单词对应的权重。

下面用一个例子来说明上下文嵌入表示的形成过程。假设输入为一句英文:"Tom chase Jerry",那么最终的结果应该是逐步输出"汤姆""追逐""杰瑞"。如果使用传统的 Encoder-Decoder 模型,那么在翻译"杰瑞"时,所有输入单词对翻译的影响都是相同的,但显然 Jerry 的贡献度应该更高。引入注意力机制后,每个单词都会有一个权重:(Tom,0.3)、(chase,0.2)、(Jerry,0.5)。翻译"杰瑞"时与之对应的上下文向量将是 $\boldsymbol{c}_3=0.3\times H(\text{"Tom"})+0.2\times H(\text{"chase"})+0.5\times H(\text{"Jerry"})$,这里 $\boldsymbol{h}_1=H(\text{"Tom"})$,$\boldsymbol{h}_2=H(\text{"chase"})$,$\boldsymbol{h}_3=H(\text{"Jerry"})$。

3.4.4 注意力机制的原理

注意力机制的灵感来源于人类视觉系统的研究。为了解释我们的视觉如何分配注意力,一个双组件框架出现并得到普及。这个概念最早可以追溯到 19 世纪 90 年代,由美国心理学之父 William James 提出。该架构认为,人类利用非自主性线索和自主性线索来选择性地关注感官输入信息中的一部分,同时忽略其他信息。非自主性线索是由外部环境信息驱动的,通常是视觉环境中突出显眼的部分,比如在图 3.22 中我们会关注近处的西巴犬,而忽略远处的雪地和草丛。自主性线索则是由大脑内部信息驱动的,它根据当前任务目标和以往知识对视觉通道中的信息进行调控,比如在推测图 3.22 中白色框的任务中,灰色框中的鼻子、耳朵和眼睛会是注意力关注点。

受到非自主性线索和自主性线索解释视觉注意力机制的启发,我们可以描述设计注意力机制时的框架。在这个框架中,自主性线索称为查询(Queries),非自主性线索称为键(Keys),感官输入称为值(Values)。每个值都与一个键配对,可以看作是感官输入的非自主性线索。给定任何查询,注意力机制通过注意力汇聚选择性地关注一些感官输入。这里我们可以设计不同的注意力汇聚,以便给定的查询能与键之间交互分配对感官输入的关注资源。因此,一般注意力机制有 3 个主要组件:查询(Queries)、键(Keys)和值(Values)。查询类似于前一个解码器输出 $\boldsymbol{s}_{t-1}$,而值类似于编码器隐藏层的输出 $\boldsymbol{h}_i$。在 Bahdanau 注意力机制①中,键和值使用相同的向量表达。

图 3.28 给出了一般性注意力机制的原理。将 Source 中的构成元素想象成是由一系列的<Key, Value>数据对构成,此时给定目标中的某个元素 Query,通过计算 Query 和各个 Key 之间的相似性或相关性,得到每个 Key 对应 Value 的权重系数,然后对 Value 进行加权求和,即得到了最终的 Attention 数值。因此,本质上注意力机制是对 Source 中元素的 Value 值进行加权求和,而 Query 和 Key 用来计算对应 Value 的权重系数。即 $\text{Attention}(\text{Query},\text{Source}) = \sum_{i=1}^{L} \text{Similarity}(\text{Query}, \text{Key}_i) \cdot \text{Value}_i$。其中,$L$ 代表 Source 的长度。

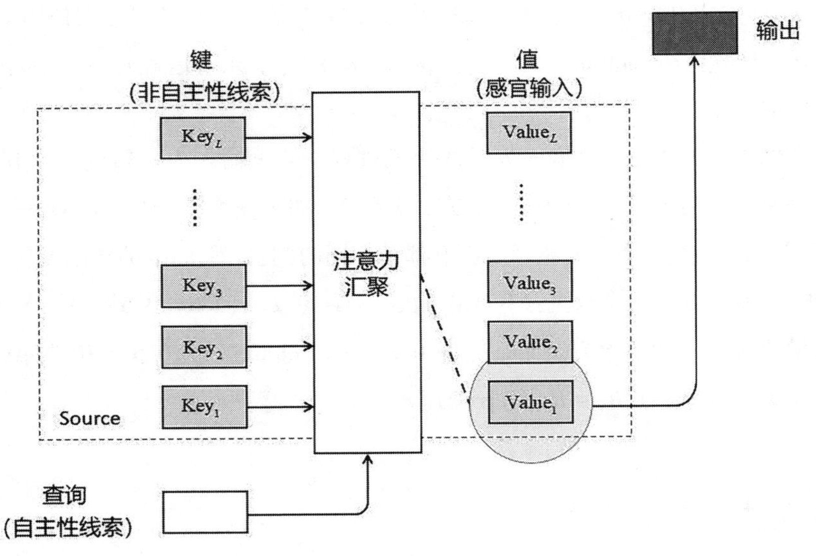

图 3.28　一般性注意力机制的原理

① Bahdanau 注意力机制即 3.4.3 小节提到的加性函数注意力机制。

图 3.29 给出了图 3.28 中的注意力机制框架的实例化。具体计算过程分为三个阶段。在第一个阶段，可以引入不同的函数和计算机制，根据 Query 和某个 Key_i 计算二者的相似性或相关性。最常见的方法包括求二者的向量点积、求二者的向量 Cosine 相似度或通过引入额外的神经网络来求值。

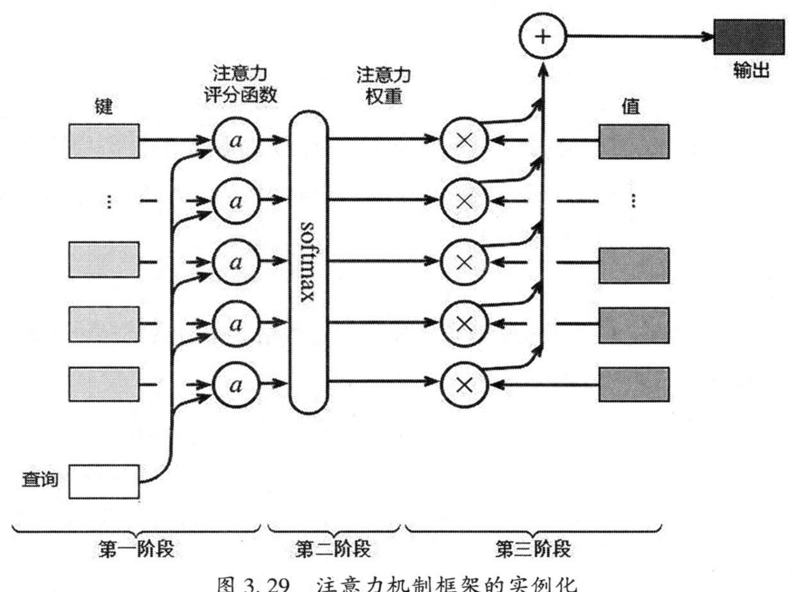

图 3.29　注意力机制框架的实例化

在第二阶段，使用 softmax 产生权重，公式为 $a_i = \text{softmax}(s_i) = \dfrac{\exp(s_i)}{\sum_{j=1}^{L_x} \exp(s_j)}$。

在第三阶段，计算 Attention 数值，该值是通过输入元素 Value_i 按照不同的权重参数组合而成的。具体来说，使用第二阶段得到的权重系数进行加权求和，公式为

$$\text{Attention}(\text{Query},\text{Source}) = \sum_{i=1}^{L} a_i \cdot \text{Value}_i$$

至此，带 Attention 的输出计算就完成了。在接下来的 3.5 节中，一个重要的概念“自注意力机制”便会用到这个计算过程。

3.5 预训练模型

大规模预训练模型（Pre-Training Model，PTM）能够有效地从大量标记和未标记数据中获取知识。通过海量数据训练得到的预训练模型能更好地学习到数据中的普遍特征。这些隐藏在巨大参数中的

丰富知识可以使各种下游任务受益。目前,AI 社区的从业者逐渐达成共识,采用预训练模型作为下游任务的基础,而不是从头开始学习模型。根据表征类型的特点,预训练模型可以分为非上下文感知的表征和上下文感知的表征。

3.5.1 非上下文感知模型

非上下文感知的预训练模型主要学习浅层词向量表示,下游任务不再需要这种模型的帮助。其代表性模型包括神经网络语言模型(Nerual Network Language Model,NNLM)、Word2Vec、GloVe 等。根据其发展阶段,它也称为第一代预训练模型。

1. 神经网络语言模型

语言模型是描述一个字或词序列概率分布的模型。它评估某个字或词序列出现的可能性。为了表述方便,后续我们将统一使用“词序列”这个术语。

一个基础的概率语言模型是通过计算 n-gram 概率来构建的(n-gram 是一个由 n 个词组成的序列,n 是一个大于 0 的整数)。n-gram 的概率是 n-gram 的最后一个词跟随特定 n-1 gram 的条件概率(省略最后一个单词)。形式化地,给定单词序列 $\boldsymbol{w}_{1:T}=[w_1,w_2,\cdots,w_T]$,其联合概率 $p(\boldsymbol{w}_{1:T})$ 可以分解为 $p(\boldsymbol{w}_{1:T})=\prod_{t=1}^{T}p(w_t\mid\boldsymbol{w}_{1:t-1})$。其中,$w_t$ 表示单词序列中的第 t 个单词,$\boldsymbol{w}_{1:t-1}$ 表示从第 1 个词到第 $t-1$ 个词组成的子序列。

随着 n 值的增加,n-gram 模型可能的组合数量急剧增加,即使大多数组合从未在文本中出现,也需要计算和存储所有这些 n-gram 的概率(或计数)。此外,未出现的 n-gram 会产生稀疏问题,这时概率分布的粒度①会非常低。

神经网络语言模型(NNLM)通过编码输入的方式来缓解稀疏问题。嵌入层为每个单词创建一个任意大小的向量,该向量也包含语义关系。这些连续向量为下一个单词的概率分布提供了适中的粒度。此外,语言模型实际上是一个函数(与所有神经网络一样,涉及大量的矩阵计算),因此不需要存储所有的 n-gram 计数来生成下一个单词的概率分布。2003 年,Yoshua Bengio 提出了前馈神经网络语言模型(Forward Feedback Neural Network Language Model,FFNNLM),该模型有效地改进了 n-gram 方法,能够利用比 4-gram 更长的 gram 对这个词产生影响。

图 3.30 给出了 FFNNLM 的网络结构。它由输入层、投影层、隐藏层和输出层 4 个部分组成。输入层的神经元个数为 n,同时确定了词的滑动窗口大小为 n,输入层接收的是 one-hot 编码的词向量,投影层到隐藏层的权重矩阵为 $\boldsymbol{H}$,隐藏层到输出层的权重矩阵为 $\boldsymbol{U}$。

---

① 当小部分词概率不同,大部分词概率相同时,概率分布的粒度低;反之,其粒度高。

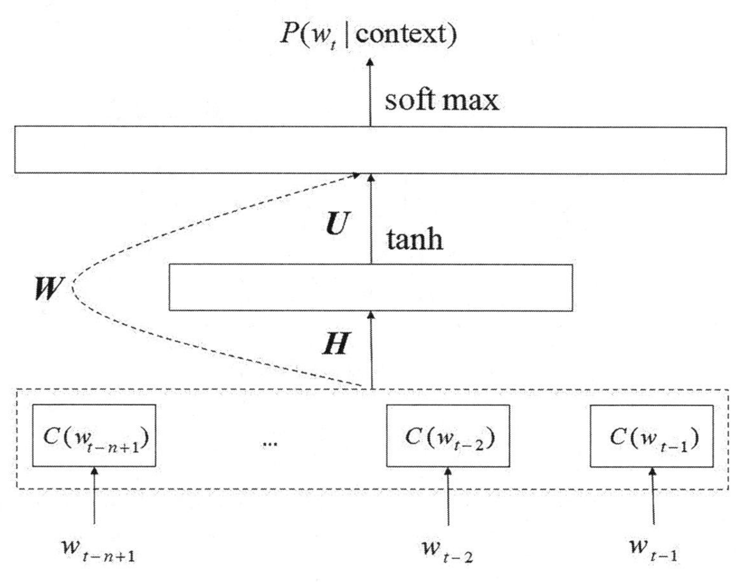

图 3.30　FFNNLM 的网络结构

在这个模型中,我们继续使用 n-gram 的条件概率,表示如下。

$$P(w_t \mid w_1^{t-1}) \approx P(w_t \mid w_{t-n+1}^{t-1}) = f(w_t, w_{t-1}, \cdots, w_{t-n+2}, w_{t-n+1})$$

这里, w_t 的条件概率用之前的 $t-1$ 个词来表示可以简化为用之前的 $n-1$ 个词来表示。我们用大小为 n 的滑动窗口来表示 n-gram 的条件概率。

在每个时间步 t, 从 $n-1$ 个投影层到隐藏层是全连接的形式, $n-1$ 个词特征向量首先合并为一个 $m(n-1)$ 维的向量,即 $\boldsymbol{x}_t = [C(w_{t-n+1}), \cdots, C(w_{t-2}), C(w_{t-1})]$。

在隐藏层中,激活函数对 $\boldsymbol{x}_t$ 进行激活, $\boldsymbol{s}_t = \tanh(\boldsymbol{H}\boldsymbol{x}_t + \boldsymbol{b})$, 其中 $\boldsymbol{H}$ 是权重矩阵, $\boldsymbol{b}$ 是偏移向量。输出层的值可以用公式 $\boldsymbol{y}_t = \mathrm{softmax}(\boldsymbol{W}\boldsymbol{x}_t + \boldsymbol{U}\boldsymbol{s}_t + \boldsymbol{d})$ 表示,其中 $\boldsymbol{W}$ 和 $\boldsymbol{U}$ 是权重矩阵, $\boldsymbol{d}$ 是偏移向量。

FFNNLM 存在窗口固定的问题和输入词汇独立假设的问题。我们知道,RNN 的结构能利用文字的上下文序列关系,对词之间的关系进行建模。2010 年,Mikolov 提出了循环神经网络语言模型(Recurrent Neural Network Language Model,RNNLM)来缓解上面的问题,其网络结构如图 3.31 所示。这个网络在每一时间 t 有相同的网络结构,假设输入 $\boldsymbol{x}_t$ 为 n 维向量,隐藏层的神经元个数为 m, 输出层的神经元个数为 r, 则 $\boldsymbol{V}$ 的大小为 $n \times m$ 维; $\boldsymbol{U}$ 是上一次的 $\boldsymbol{h}_{t-1}$ 作为这一次输入的权重矩阵,大小为 $m \times m$ 维; $\boldsymbol{H}$ 是连输出层的权重矩阵,大小为 $m \times r$ 维。而 $\boldsymbol{x}_t$ 是时刻 t 的输入, $\boldsymbol{h}_t$ 是时刻 t 的隐藏层状态, $\boldsymbol{y}_t$ 是维度为词典大小的向量,它们各自表示的含义如下。

$$\boldsymbol{x}_t = C(w_t)$$

$$\boldsymbol{h}_t = \tanh(\boldsymbol{U}\boldsymbol{h}_{t-1} + \boldsymbol{V}\boldsymbol{x}_t)$$

$$\boldsymbol{y}_t = \mathrm{softmax}(\boldsymbol{H}\boldsymbol{h}_t)$$

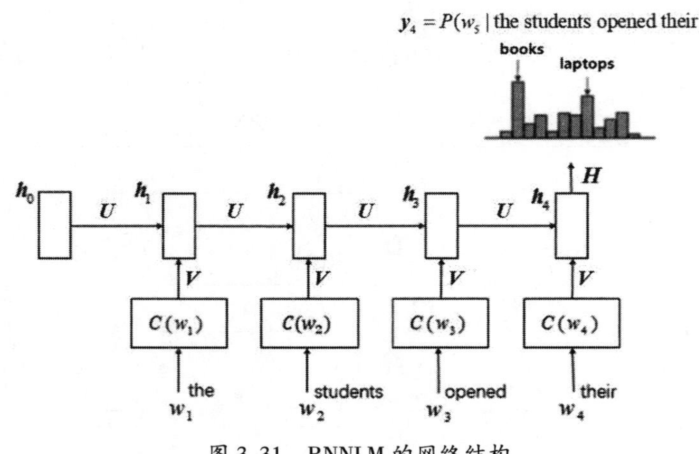

图 3.31　RNNLM 的网络结构

值得注意的是，FFNNLM 和 RNNLM 的主要任务目标是训练语言模型，而词的嵌入表示是这个任务的副产物，是输入层到隐藏层的权重矩阵中对应索引号的行向量（如果 one-hot 词向量输入是行向量）。

2. Word2Vec

词向量是一种将单词表示为实数向量的方式，它能够捕捉到单词之间的语义关系。我们希望以一种能够模拟人类捕捉单词含义的方式来表示单词。这种表示并不是单词的确切含义，而是其上下文含义。例如，当我说到“看”这个词时，即使我可能无法像词典那样精确描述它的意思，但你们能够确切地知道我指的是哪种动作（上下文）。与 NNLM 不同，Word2Vec 认为词向量的主要目的是捕捉单词的上下文含义。

图 3.32 给出了 Word2Vec 的两种模型：CBOW 和 Skip-gram。在 CBOW 模型中，上下文（或周围单词）的分布式表示被结合起来，以预测中间的单词。而在 Skip-gram 模型中，输入词的分布式表示被用来预测上下文。

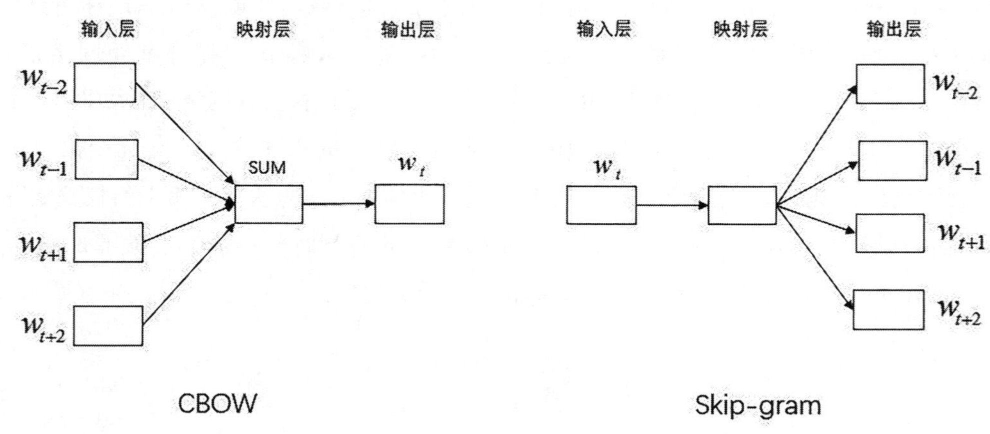

图 3.32　Word2Vec 的两种模型

为了训练 Word2Vec 网络,我们构建了这样一个任务:“给定句子中间的特定单词(输入单词),查看其附近的单词,并随机选择一个。模型网络将告诉我们词汇表中每个单词成为我们选择的‘附近单词’的概率。”

下面以 Skip-gram 模型为例,通过一个例子来展示如何从句子中获取训练样本。假如窗口大小是 2,对于这样一句话:“I will have orange juice and eggs for breakfast.”,如果特定单词是 juice,它的附近单词是(have, orange, and, eggs)。我们可以构造出训练样本(juice, have),(juice, orange),(juice, and),(juice, eggs)。

图 3.33 给出了 Skip-gram 模型的结构。输入向量的维度将是 $1 \times V$,其中 V 是词汇表中的单词数,即单词的 one-hot 表示。单个隐藏层的维度为 $V \times E$,其中 E 是词向量的大小,这是一个超参数。隐藏层的输出尺寸为 $1 \times E$,我们将其输入 softmax 层。输出层的维度将为 $1 \times V$,其中向量中的每个值将是目标词在该位置的概率得分。在图 3.33 中,$V = 10000$,$E = 300$。

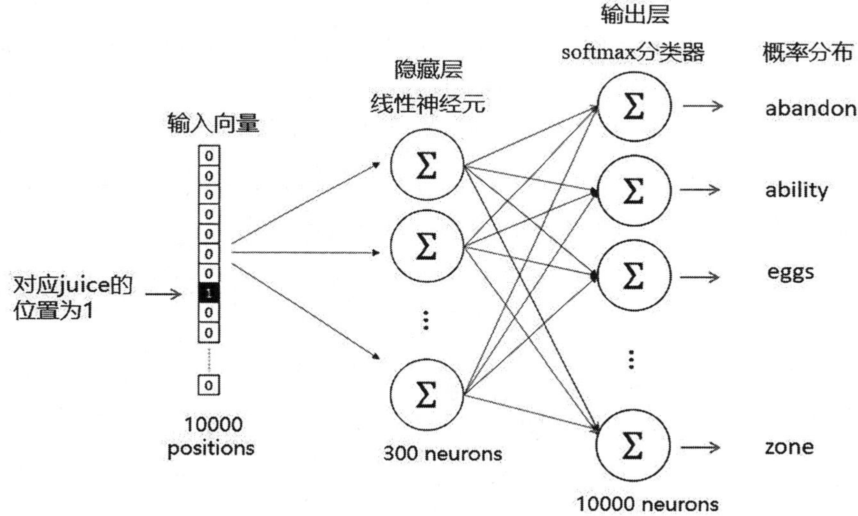

图 3.33 Skip-gram 模型的结构

对于源单词的训练样本,其反向传播是在单次反向传播过程中完成的。以单词“juice”为例,我们需要完成所有 4 个目标词(have, orange, and, eggs)的前向传递。然后我们会计算每个目标词对应的 $1 \times V$ 维度的误差向量。我们将得到 4 个 $1 \times V$ 维度的误差向量,并将它们逐元素求和,以获得一个 $1 \times V$ 维度的向量。隐藏层的权重将根据这个累积的 $1 \times V$ 维度的误差向量进行更新。

目前的这种训练方式在每次权重更新时存在两个问题:只有目标词对应的权重可能会得到显著的更新;使用 softmax 计算最终概率是一项非常昂贵的操作。为了解决这两个问题,我们尝试减少每个训练样本更新的权重数量,而不是强制创建训练样本的方式。我们不再使用一个巨大的 softmax——在 10000 个类别中进行分类——而是将其转化为 10000 个二元分类问题,采用负采样的方式来构造负样本。感兴趣的读者可以自行查阅相关资料。

3.5.2 上下文感知模型

上下文感知模型是第二代预训练模型。3.5.1 小节介绍的第一代预训练模型是词级的,而第二代预训练模型是句级的,它们致力于学习上下文词向量。在这种模型中,词向量会随着词所在"上下文"的不同而动态变化。本小节将先介绍 Transformer 的基本结构,然后讲解 BERT 模型。

1. Transformer

2017 年,Google Brain 提出了 Transformer 结构,这一创新改变了我们对注意力机制的认识。其核心思想是:只要有足够的数据、矩阵乘法、线性层和层归一化,我们就可以拥有最先进的机器翻译模型。

Transformer 针对循环神经网络(RNN)的弱点进行了重新设计,解决了 RNN 在效率和信息传递上的缺陷。它完全摒弃 RNN 的递归特性。在使用 RNN 时,我们需要按顺序处理序列以保持句子的顺序,因为每个 RNN 组件(层)都需要前一个(隐藏层的)输出。因此,堆叠 LSTM 计算是按顺序执行的。Transformer 提出了一个简单的问题:为什么不同时输入整个输入序列呢?由于隐藏层状态之间没有依赖关系,Transformer 将句子分解为两部分:词和词的位置。句子中的词被当作集合来处理,集合中元素的顺序并不重要,因此可以同时输入所有词。为了弥补失去的顺序信息,Transformer 使用位置编码来表达。我们可以通过根据位置稍微改变词向量来帮助它们保持有秩序感。官方称,位置编码是一组小常数,在第一个自注意力层之前添加到词向量中。因此,如果同一个词出现在不同的位置,实际的表示会略有不同,这取决于它在输入句子中出现的位置。

图 3.34 给出了 Transformer 输入层示例,其中 $X' = \mathrm{EmbeddingLookup}(X) + \mathrm{PositionEncoding}$。Google Brain 提出使用正弦函数来表示位置编码。正弦函数告诉模型关注于一个特殊的波长 λ。假设信号 $y(x)=\sin(kx)$,波长 $\lambda=\dfrac{2\pi}{k}$。λ 取决于句子中的位置。在数学上,位置编码可以表示为 $\mathrm{PE}_{(\mathrm{pos}=2i)}=\sin\left(\dfrac{\mathrm{pos}}{n^{2i/d}}\right)$,$\mathrm{PE}_{(\mathrm{pos}=2i+1)}=\cos\left(\dfrac{\mathrm{pos}}{n^{2i/d}}\right)$,其中 pos 是词在原句中的位置;$d$ 是嵌入表示的维度;n 是用户定义的数值,默认为 10000;i 用于映射到向量表示的列索引号,一个 i 值对应于 sin 和 cos 两个函数,且满足 $0 \leqslant i < d/2$。在图 3.34 中,$n=100$ 和 $d=4$。

自注意力(Self-Attention)机制是 Transformer 最核心的内容。自注意力,有时也称为内部注意力,是一种将单个序列的不同位置关联起来以计算序列表示的注意力机制。自注意力试图发现输入序列中不同单词之间的相关性①。

如图 3.35 所示,我们以输入序列"Hello I love you"为例,给出了这个句子的自注意力概率分数矩阵示例。可以看到,一个训练好的自注意力层会将"love"这个词与"I"和"you"相关联,而"you"的权

① 这里,一句话中词之间的相关性揭示了这个句子的句法和上下文结构。

重高于“hello”这个词。从语言学的角度来看,我们知道这些词具有主谓宾结构关系,这是直观理解自注意力将捕获什么的一个方式。

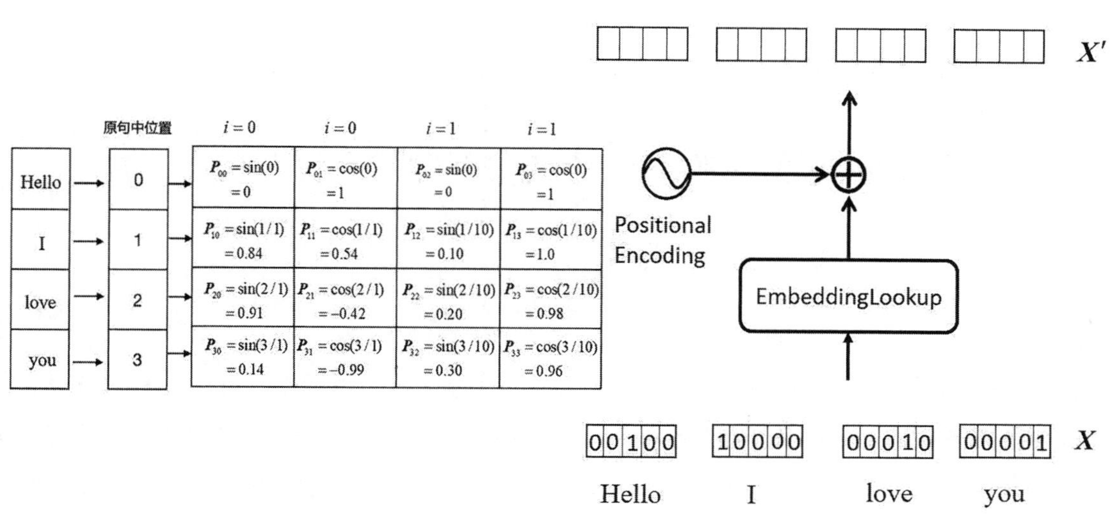

图 3.34 Transformer 输入层示例

	Hello	I	love	you
Hello	0.8	0.1	0.05	0.05
I	0.1	0.6	0.2	0.1
love	0.05	0.2	0.65	0.1
you	0.2	0.1	0.1	0.6

图 3.35 自注意力概率分数矩阵示例

在实践中,图 3.36 展示了一个自注意力计算的过程。Transformer 使用 3 种不同的表示形式:查询、键和值的嵌入矩阵。这些嵌入矩阵可以通过 3 个不同的权重矩阵 $\boldsymbol{W}_Q, \boldsymbol{W}_K, \boldsymbol{W}_V \in \mathbb{R}^{d_k \times d_{\text{model}}}$ 乘输入 $\boldsymbol{X}' \in \mathbb{R}^{N \times d_k}$ 来获得。最终,维度变小了,因为 $d_k > d_{\text{model}}$。有了查询、键和值的嵌入矩阵,使用自注意力层就可以得到图 3.35 所示的自注意力概率分数矩阵了。

接下来,类似于在卷积或递归之后处理张量的方式,我们进行残差连接和层标准化。

以一种非常粗略的方式来说,残差连接为 Transformer 提供了一种允许不同处理级别的表示进行交互的能力。通过使用一条跳跃连接,我们可以将上一层的更高层次的理解“传递”到前一层。残差连接是很多卷积架构中的标准模块。通过使用残差连接,我们为梯度提供了一条替代路径(使用反向传播)。经过实验验证,这些额外的路径通常有利于模型收敛。

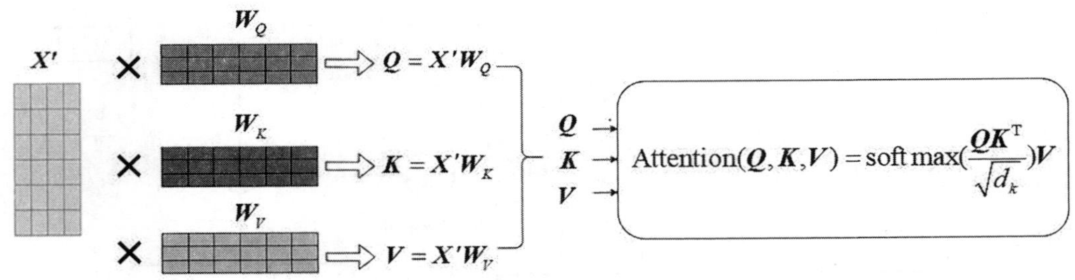

图 3.36 自注意力计算的过程

反向传播使用链式法则,当我们向后传播时,必须不断地将项与误差梯度相乘。然而,在长长的乘法链中,如果我们将许多小于 1 的值相乘,那么得到的梯度会非常小。因此,当我们接近深度架构中的较早层时,梯度变得非常小。在某些情况下,梯度变为零,这意味着我们根本不更新早期层。图 3.37 所示是一个残差网络(ResNet)示例。其核心思想是通过恒等函数进行反向传播,仅使用向量加法;然后梯度将简单地乘 1,其值将保留在较早的层中。这是残差网络(ResNet)背后的主要思想:它们将这些跳过的残差块堆叠在一起,使用恒等函数来保持梯度。

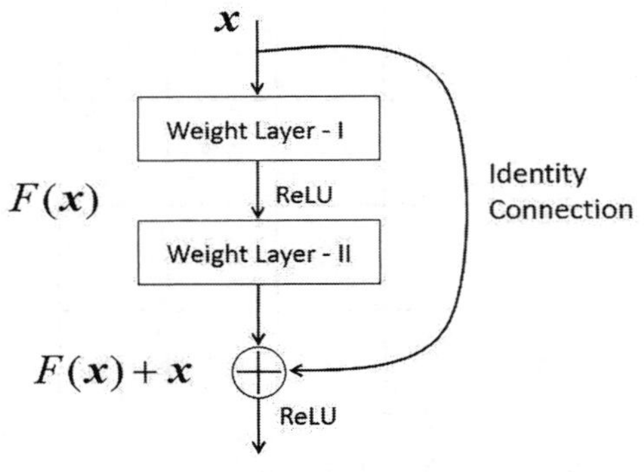

图 3.37 残差网络(ResNet)示例

层标准化的作用是将神经网络中隐藏层的输出归一化为标准正态分布,也就是 i.i.d.(独立同分布),以起到加快训练速度、加速收敛的作用。层标准化与批标准化在执行统计操作时很相似,它们都会统计均值和方差,但它们统计的对象是不同的。图 3.38 给出了批标准化与层标准化的对比。

接下来,我们介绍一下 Transformer 中的线性层部分。这部分是一个前馈神经网络,它包含两个线性层,这两个线性层之间由一个非线性激活函数(通常是 GELU 或 ReLU)和 Dropout 操作连接,最后一个线性层后面也加上了 Dropout 操作以防止过拟合。这些线性层的主要作用是将自注意力层的输出映射到更高维的空间。这有助于解决不良初始化和秩坍塌问题。

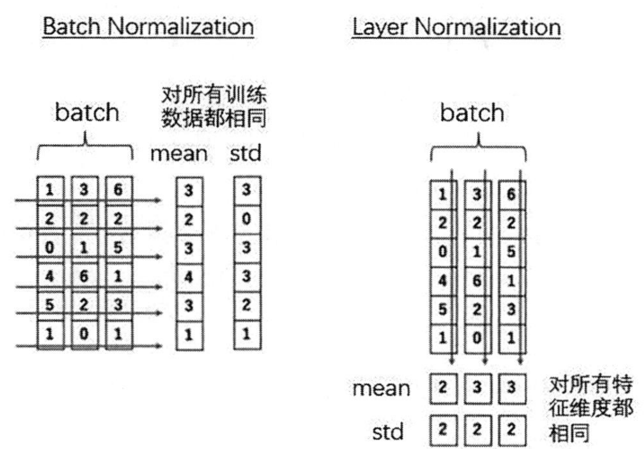

图 3.38　批标准化与层标准化的对比

至此,我们可以构建出 Transformer 的编码器部分,它由 N 个图 3.39 所示的构建块组成。编码器层的任务是将所有输入序列映射到一个抽象的连续表示中,输出的矩阵维度与输入完全一致。这个表示包含了从整个序列学习到的信息。它包含两个子层:多头注意力层和前馈神经网络(FNN)层。在两个子层后都有残差连接和层标准化。这里提到的前馈神经网络也就是我们刚刚提到的线性 Transformer 层。

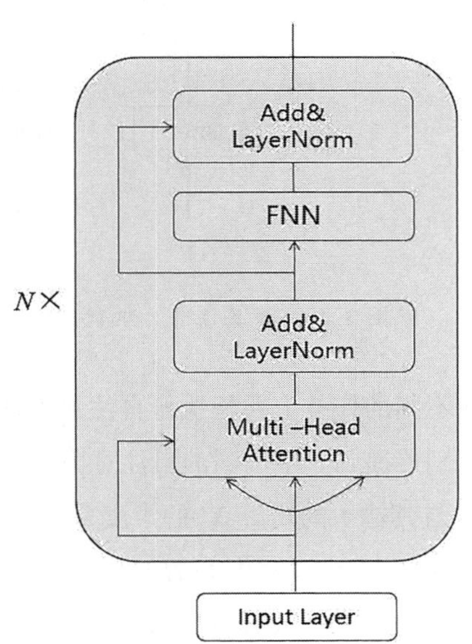

图 3.39　Transformer 编码器的结构

细心的读者可能已经注意到,Transformer 中的注意力机制是多头注意力。它相当于多个不同自注意力的集成。多头注意力一方面增强了模型关注不同位置的能力,另一方面为 Attention 层带来多个“表征子空间”。我们多次运行注意力机制，每次我们将独立的一组 Query、Key、Value 矩阵映射到不同的低维空间并在那里计算注意力(输出称为“头”)。这种映射是通过将每个矩阵与一个独立的权重矩阵 $\boldsymbol{W}_i^K, \boldsymbol{W}_i^Q, \boldsymbol{W}_i^V \in \mathbb{R}^{d_k \times d_{\text{model}}}$ 相乘来实现的。

为了补偿额外的复杂性，输出向量的大小会除以头数。具体来说，经典的 Transformer 使用 $d_{\text{model}} = 512$ 和 $h = 8$ 个头。因此，输出向量是 64 维。

图 3.40 给出了多头注意力机制的示意图。现在模型有多条路径来理解输入。然后，多个头会连接在一起，使用矩阵 $\boldsymbol{W}^o \in \mathbb{R}^{d_{\text{model}} \times d_{\text{model}}}$ 转换为新的表示，其中 $d_{\text{model}} = hd_k$。放在一起，用数学公式表示如下。

$$\text{MultiHead}(\boldsymbol{Q},\boldsymbol{K},\boldsymbol{V}) = \text{Concat}(\text{head}_1,\text{head}_2,L,\text{head}_h)\boldsymbol{W}^o$$

$$\text{where head}_i = \text{Attention}(\boldsymbol{Q}\boldsymbol{W}_i^Q,\boldsymbol{K}\boldsymbol{W}_i^K,\boldsymbol{V}\boldsymbol{W}_i^V)$$

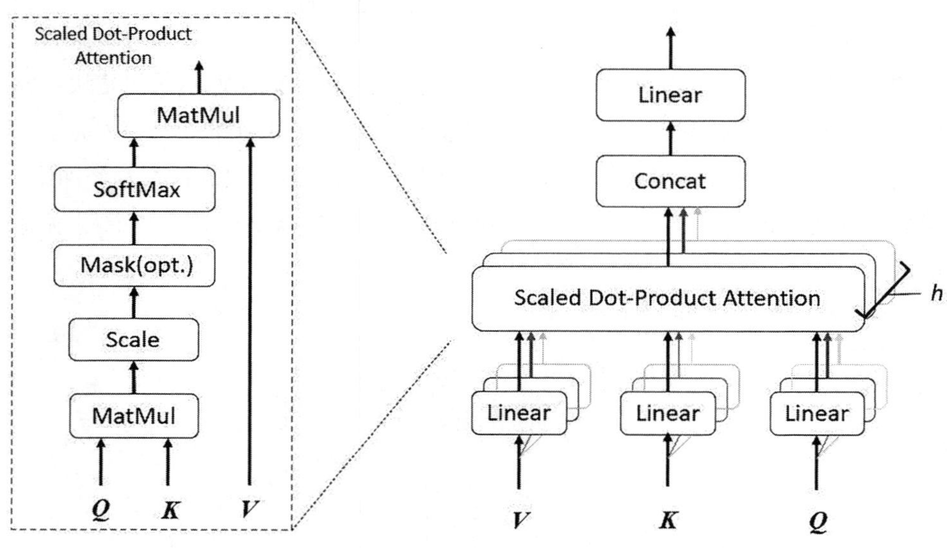

图 3.40 多头注意力机制

由于头彼此独立，我们可以在不同的任务上并行执行自注意力计算。图 3.41 给出了多头注意力矩阵运算演示。首先将输入 $\boldsymbol{X}'$ 分别传递到 8 个不同的自注意力层中，计算得到 8 个输出矩阵 $\boldsymbol{Z}$。可以看到，多头注意力输出的矩阵 $\boldsymbol{Z}$ 与其输入的矩阵 $\boldsymbol{X}'$ 的维度是一样的。

为什么要这么费事地计算多次呢？多头注意力背后的思想是，它允许我们每次以不同的方式关注序列的不同部分。该模型可以更好地捕获位置信息，因为每个头部都会关注输入的不同部分。它们的组合将为我们提供更强大的表示。另外，通过以独特的方式关联单词，每个头部还将捕获不同的上下文信息。

接下来，我们看 Transformer 的解码器部分。图 3.42 给出了 Transformer 解码器的结构。解码器的任务是生成文本序列。解码器包含与编码器类似的子层结构，它有两个多头注意力层，一个逐点前馈神经网络层,以及每个子层之后的残差连接和层标准化。这些子层的行为与编码器中的层相似,但多头注意力层有所不同。另外,解码器的输出会传递给一个用作分类器的线性层和一个用于获取单词概率的 softmax 层。

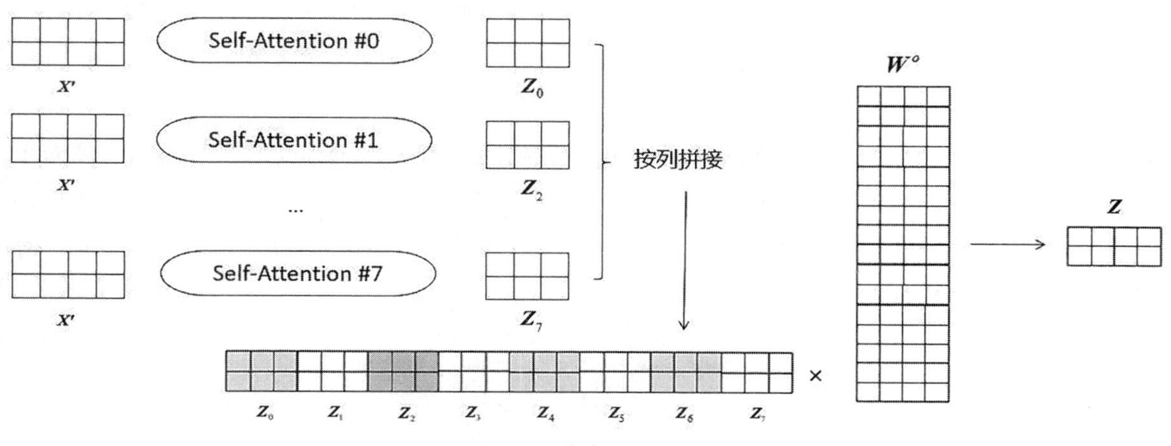

图 3.41　多头注意力矩阵运算演示

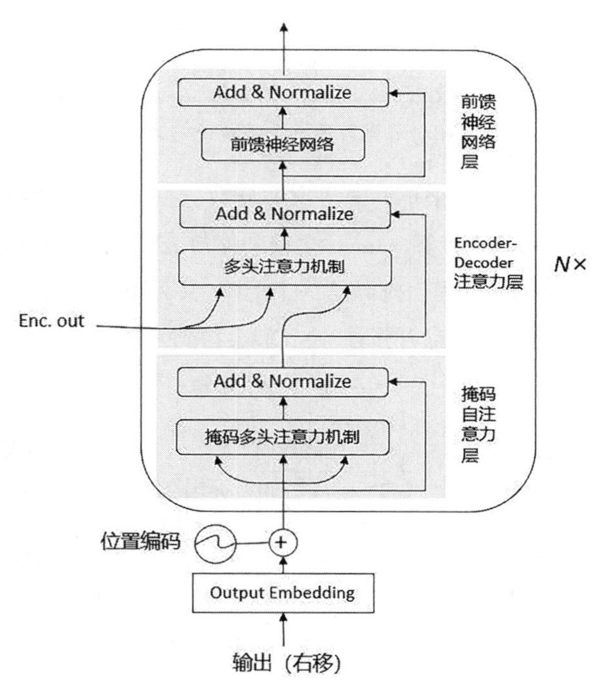

图 3.42　Transformer 解码器的结构

编码器的输出并不直接作为解码器的输入。解码器是自回归的,它以一个起始标记<begin>开始,在生成结束标记<end>时停止解码。在训练时,每次的输入是编码器输入的标准答案向右移一位的词序列,经过词向量编码和位置编码。这两个编码的加和作为掩码自注意力层的输入,然后经过残差连接和层标准化。这里的输出与编码器的输出进行上下文注意力计算后,再经过前馈神经网络层。上面的操作展示在图 3.42 的圆角矩阵中,可以多次重复。

下面以“我爱中国”翻译成“I love China”为例,来分析解码的步骤。解码器的开头与编码器几乎相同,输入通过嵌入层和位置编码层获得带位置信息的嵌入。这些嵌入被输入第一个多头注意力层,该层计算解码器输入的注意力分数。

这个多头注意力层的运作方式略有不同。由于解码器是自回归的,逐字生成序列,因此需要防止它看到未解码部分的标记。如图 3.43 所示,在计算单词“love”的注意力分数时,不应该访问单词“China”,因为该单词是之后生成的未来单词。“love”这个词应该只能访问它自己和它之前的词。对于所有其他单词都是如此,它们只能关注以前的单词。

	<begin>	I	love	China
<begin>	0.7	0.1	0.1	0.1
I	0.1	0.6	0.2	0.1
love	0.1	0.3	0.6	0.1
China	0.1	0.3	0.3	0.3

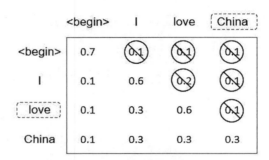

图 3.43　解码器第一个多头注意力分数

我们需要一种方法来防止计算未来单词的注意力分数,这种方法称为掩蔽。为了防止解码器查看未来的单词,应用了前瞻掩码。在计算 softmax 之前和缩放分数之后添加掩码。

图 3.44 给出了掩码分数生成过程。掩码是一个矩阵,其大小与注意力分数相同,填充了 0 和负无穷大值。当将掩码添加到缩放的注意力分数时,我们会得到一个掩码分数矩阵,右上角的三角形充满了负无穷大。

缩放的分数

0.7	0.1	0.1	0.1
0.1	0.6	0.2	0.1
0.1	0.3	0.6	0.1
0.1	0.3	0.3	0.3

\+

前瞻掩码

0	-inf	-inf	-inf
0	0	-inf	-inf
0	0	0	-inf
0	0	0	0

=

掩码分数

0.7	-inf	-inf	-inf
0.1	0.6	-inf	-inf
0.1	0.3	0.6	-inf
0.1	0.3	0.3	0.3

图 3.44　掩码分数生成过程

使用掩码的原因是,一旦采用掩码分数的 softmax,负无穷大就会被归零,从而为未来的单词留下零注意力分数。如图 3.45 所示,“love”的注意力分数,它本身和它之前的所有单词都有值,但“China”这个词是零。这是告诉模型不要把注意力放在这个词上。

第一个多头注意力层与编码器中的多头注意力层的主要区别在于它使用了掩码机制。该层然后被连接并通过线性层馈送以进行进一步处理。第一个多头注意力层的输出是一个带掩码的输出向量,其中包含了模型应该如何关注解码器输入的信息。

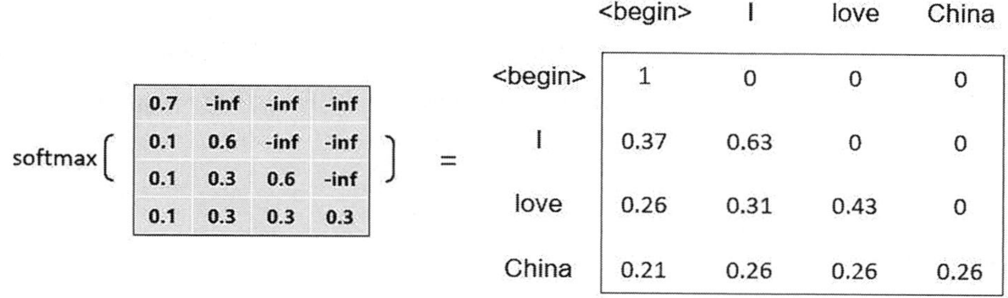

softmax
0.7 -inf -inf -inf
0.1 0.6 -inf -inf
0.1 0.3 0.6 -inf
0.1 0.3 0.3 0.3
=
<begin> I love China
<begin> 1 0 0 0
I 0.37 0.63 0 0
love 0.26 0.31 0.43 0
China 0.21 0.26 0.26 0.26

图 3.45　带前瞻掩码的注意力分数

对于第二个多头注意力层,编码器的输出是查询和键,而第一个多头注意力层的输出是值。这个过程将编码器的输入与解码器的输入相匹配,允许解码器决定哪个编码器输入与关注点相关。第二个多头注意力层的输出通过逐点前馈神经网络层进行进一步处理。

将编码器和解码器组合在一起,我们就得到了 Transformer,图 3.46 展示了其基本结构。Transformer 是一个 N 进 N 出的结构,也就是说,每个 Transformer 单元相当于一层 RNN 层,接收整个句子的所有词作为输入,然后为句子中的每个词都产生一个输出。但与 RNN 不同的是,Transformer 利用自注意力机制能够同时处理句子中的所有词,并且任意两个词之间的操作距离都是 1,这样很好地解决了 RNN 的效率问题和长距离依赖问题。

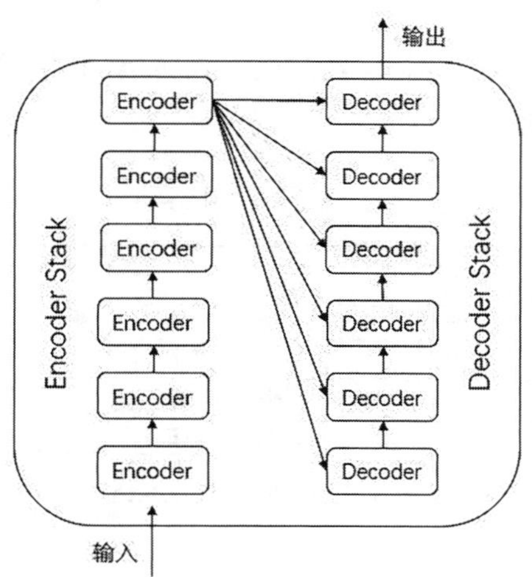

图 3.46　Transformer 的 Encoder-Decoder 结构

2. BERT

BERT(Bidirectional Encoder Representation from Transformers)是 Google AI Language 提出的一种预训练模型。其关键创新在于将流行的注意力模型 Transformer 的双向训练应用于语言建模上。与按顺

序(从左到右或从右到左)读取文本输入的定向模型不同,Transformer 编码器一次读取整个单词序列。因此,它被认为是双向的。这一特性允许模型根据其所有周围环境(单词的左侧和右侧)来学习单词的上下文。

图 3.47 给出了 BERT 的结构。它由多个 Transformer encoder block 堆叠而成。在 BERT Base 模型中,层数 $L=12$,隐藏层大小 $H=768$。输入包括一对被称为序列的句子和两个特殊标记:[CLS]和[SEP]。输入令牌和输出向量的数目一样多,并且一一对应。

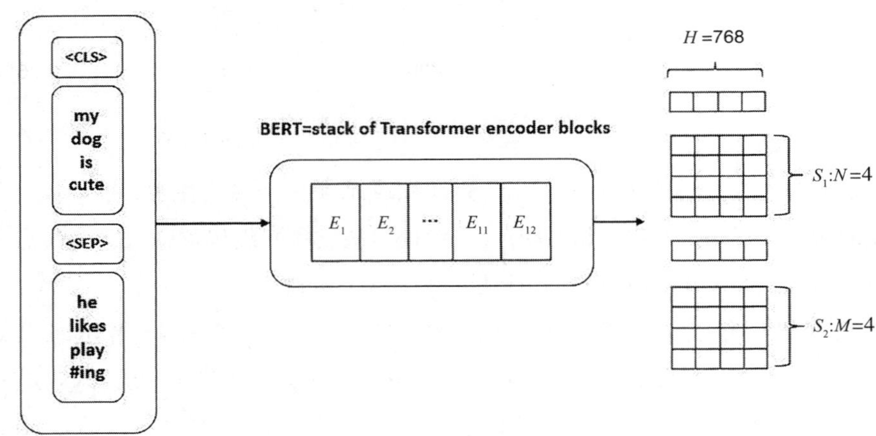

图 3.47　BERT 的结构

图 3.48 展示了一个训练输入变换为嵌入表示的例子。仍然沿用图 3.47 中的两个例句“my dog is cute”和“he likes playing”,BERT 首先使用词片标记器将序列转换为标记,并在开头添加[CLS]标记,在第二句话的开头和结尾添加[SEP]标记。经过嵌入式转换,BERT 的最终输入是令牌嵌入、段嵌入和位置嵌入 3 个向量的简单加和。

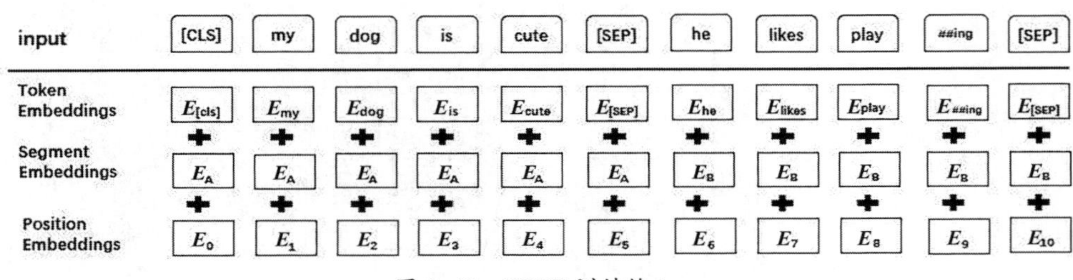

图 3.48　BERT 训练输入

(1)令牌嵌入:这是词向量,第一个单词是[CLS]标记,可以用于之后的分类任务。

(2)段嵌入:主要是将句子分为两段,用来区别两个句子,因为预训练不仅要做语言模型,还要做以两个句子为输入的分类任务。如果嵌入来自句子 1,则它们都是长度为 0 的向量;如果嵌入来自句子 2,则它们都是长度为 1 的向量。

(3)位置嵌入:这些嵌入用于指定序列中单词的位置,与之前的 Transformer 不同,不是三角函数,而是学习出来的。

在训练语言模型时,定义预测目标是一个具有挑战性的任务。很多模型的目标是预测下一个词,这本质上限制了上下文的学习。BERT 使用了两个不同的训练目标:一个是掩码语言模型(Masked Language Model,MLM),另一个是下一个句子预测(Next Sentence Prediction,NSP)。

下面先介绍 MLM 任务。在 BERT 中,我们既想要知道上文的信息,也想要知道下文的信息,但同时要确保模型不知道要预测的词的信息,因此我们不向模型提供这个词的信息。也就是说,BERT 会在输入的句子中挖掉一些需要预测的词,然后利用上下文来分析句子,最终使用其相应位置的输出来预测被挖掉的词。这个过程类似于做填空题。

在模型预训练期间,以 15% 的概率屏蔽每个标记,并添加一些额外的规则。为了便于说明,我们采用一个简化版本,即每个单词被屏蔽的概率设定为 15%。图 3.49 给出了一个 BERT 训练 MLM 任务输出 logits 的示意图。在将词令牌传递给 BERT 之前,我们已经屏蔽了 lincoln 令牌,将其替换为[MASK]。BERT 编码输出经过一个 $H \times$ vocab_size 的嵌入矩阵参数的线性层,每个 output logits 维度都转变为 vocab_size。

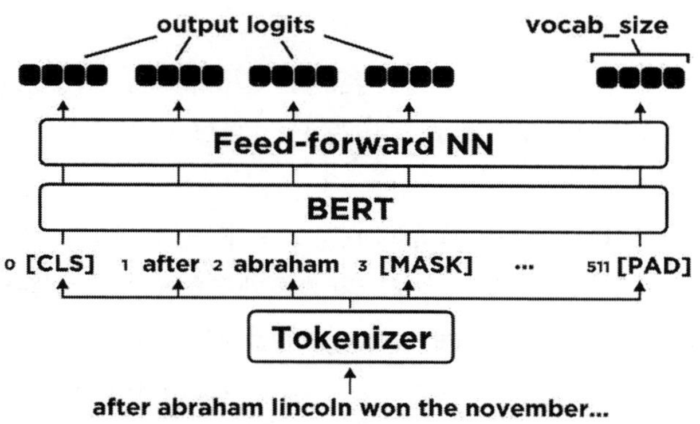

图 3.49　BERT 训练 MLM 任务输出 logits

我们通过 BERT 模型处理 input_ids 和标签张量,并计算它们之间的损失。利用这种损失,我们使用 BERT 来计算所需的梯度变化,并优化模型权重。图 3.50 给出了如何使用 softmax 和 argmax 变换从 logit 中提取预测的 token_id 的过程。所有 512 个标记①都会产生一个最终输出嵌入,通常称为 logits,其向量长度等于模型词汇大小(vocab_size)。损失计算为每个输出"令牌"的输出概率分布与真正的 one-hot 编码标签之间的差异。

BERT 模型在训练 MLM 任务的同时,还有一个并行的训练任务,即 NSP。在创建训练数据时,我们为每个训练示例选择句子 A 和 B,其中 B 有 50% 的概率是 A 的实际下一个句子(标记为 IsNext),另外 50% 是随机选取的语料库中的句子(标记为 NotNext)。然后,我们使用[CLS]标记的输出来获取二进制损失,该损失也通过网络反向传播以学习权重。

---

① BERT 输入的最大长度限制为 512,其中还需要包括[CLS]和[SEP]。

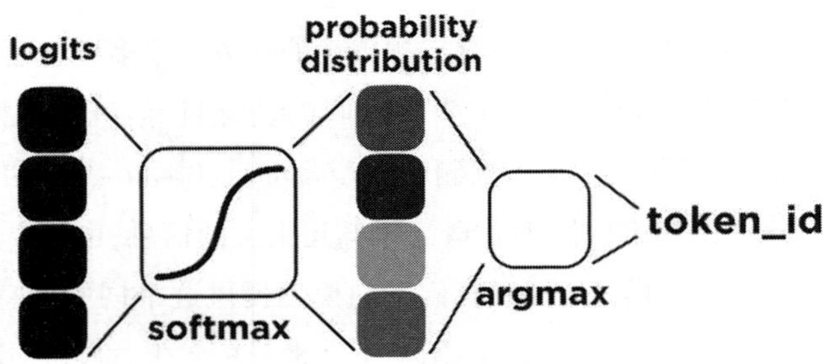

图 3.50　MLM 任务输出的运算过程

为了预测第二个句子是否确实与第一个句子相关,可以执行以下 3 个步骤:首先,整个输入序列通过 Transformer 模型进行处理;其次,使用一个简单的分类层(权重和偏差的学习矩阵)将[CLS]标记的输出转换为 2 × 1 形状的向量;最后,通过 softmax 计算出 IsNextSequence 的概率。

在训练 BERT 模型时,MLM 和 NSP 同时进行训练,目标是最小化这两种策略的组合损失函数:$loss = loss_{MLM} + loss_{NSP}$。

BERT 可用于多种语言任务,只需在核心模型的基础之上添加相应功能的神经网络层,并通过微调训练来完成。

(1)对于情感分析等分类任务,其完成方式与下一个句子分类类似,方法是在[CLS]标记的 Transformer 输出之上添加一个分类层。

(2)在问答任务(如 SQuAD v1.1)中,模型接收有关文本序列的问题,并需要在序列中标记答案。使用 BERT,可以通过学习两个标记答案开始和结束的额外向量来训练问答模型。

(3)在命名实体识别(NER)中,模型接收文本序列并需要标记文本中出现的各种类型的实体(如人、组织、日期等)。使用 BERT,可以通过将每个标记的输出向量输入预测 NER 标签的分类层来训练 NER 模型。

需要注意的是,上面列出的只是一部分任务,并非全部。BERT 可以通过增加新的层来完成相应的各类语言任务。在微调训练中,大多数超参数与 BERT 训练中保持一致。

3.6 本章小结

深度学习方法通常使用分布式表示来表达自然语言中的各种语言单元。这在一定程度上缓解了传统机器学习算法中人工特征工程的需求,使人们能够更轻松地开发各种自然语言处理(NLP)系统。大型语料库的预训练模型可以学习通用的语言表达,避免了从零开始训练模型,将各个 NLP 系统的效果提升到了一个艺术级的水准。

本章首先介绍了神经网络的基本概念和训练原理，接着阐释了深度学习中的两个基本网络模型：卷积神经网络和循环神经网络；然后重点介绍了注意力机制；最后介绍了深度学习中具有迁移学习能力的预训练模型。这些深度学习理论的学习将为智能对话中深度模型的理解和应用奠定一定的基础。

第 4 章 强化学习

强化学习（Reinforcement Learning，RL）是一个引起了人们大量研究兴趣的领域，包括训练出的智能体玩 Atari 游戏、Open AI在Dota 2中击败职业玩家及AlphaGo击败围棋冠军等。与许多通常侧重于感知的经典学习问题不同，强化学习增加了影响环境的动作维度。例如，在对话系统中，经典学习旨在学习对给定查询的正确响应；而强化学习则侧重于生成能够为客户带来积极结果的正确句子或单词序列，这使得强化学习在需要规划和适应的任务中特别有吸引力。

本章主要涉及的知识点如下。

- **强化学习的组成要素：理解策略的概念，熟悉奖励函数，理解价值函数，了解环境模型。**
- **马尔可夫决策过程：理解马尔可夫决策过程的形式化框架。**
- **基于价值的强化学习：理解Q-Learning算法，熟悉DQN算法。**
- **基于策略的强化学习：熟悉策略梯度的基本原理，熟悉Actor-Critic方法。**
- **探索策略：理解ε-贪心策略和UCB策略。**

4.1 什么是强化学习

强化学习源自行为主义心理学的启示,例如,巴甫洛夫的条件反射实验。该实验训练小狗在听到摇铃声时分泌唾液。起初,小狗看到食物会分泌唾液,但听到摇铃声不会。通过反复在摇铃的同时给小狗喂食,最终即使在没有食物的情况下,只要摇铃,小狗也会分泌唾液。

与此类似,强化学习是让智能体在与环境交互的过程中,通过不断地尝试和失败来学习如何以最佳方式行动。每次行动后,智能体会从环境中接收反馈。正面反馈是一种奖励(在我们通常的意义上),负面反馈是对犯错的惩罚。通过不断的训练,智能体最终能够在每一步都选择合理的行为,从而实现整体任务回报最大化并完成任务。

强化学习与机器学习领域中的有监督学习和无监督学习不同。有监督学习是从带标注的训练集中推断一个功能的机器学习任务(任务驱动型),而无监督学习则是寻找未标注数据中隐含结构的过程(数据驱动型)。强化学习是与这二者并列的第三种机器学习范式,带来了一个独有的挑战——试错与探索之间的折中权衡。智能体利用已有的经验来获取长期收益,同时进行新的探索,以便未来可以获得更好的动作选择空间,即从错误中学习。

如图 4.1 所示,强化学习讨论的问题是智能体如何在复杂且不确定的环境中最大化其获得的奖励总和。在强化学习过程中,智能体与环境持续交互。智能体可以感知环境的状态(State),并根据反馈的奖励(Reward)学习选择一个合适的动作(Action),以最大化长期总收益。环境会对智能体执行的一系列动作进行评估,并将其转换为一种可量化的信号反馈给智能体。

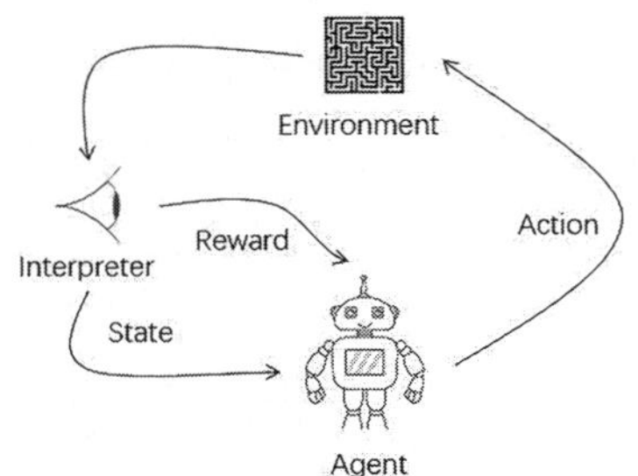

图 4.1 典型强化学习场景的结构

4.1.1 强化学习的组成要素

除智能体和环境外,强化学习系统有 4 个核心要素:策略(Policy)、奖励函数(Reward Function)、价值函数(Value Function)和环境模型(Environment Model),其中环境模型是可选的。

策略是智能体的行为模型,它决定了这个智能体的行为,是整个强化学习的核心。正式一点来讲,策略是一个从当前感知到的环境状态到该状态下采取的动作的一个映射。在某些情况下,策略可能是一个简单的函数或是一个查找表;在另一些情况下,也可能涉及大量的计算,比如搜索过程。

这里有两种策略:随机性策略和确定性策略。随机性策略表示为 $\pi(a \mid s)=P[A_t=a \mid S_t=s]$,描述的是状态 s 下采取动作 a 的概率。当你输入一个状态 s 时,输出是一个概率分布。这个概率分布就是你在输入状态 s 时所有可能行为的概率。然后你可以对这个概率分布进行采样,得到真实的你要采取的行为。比如这个概率分布可能是有 70% 的概率往左,30% 的概率往右,那么你通过采样就可以得到一个动作。另一种确定性策略就是采取最有可能的动作,表示为 $a^*=\text{argmax}\ \pi(a \mid s)$。通常情况下,强化学习使用随机性策略。随机性策略有很多优点:在学习时可以通过引入一定随机性来更好地探索环境;随机性策略的动作具有多样性,这一点在多个智能体博弈时也非常重要。采用确定性策略的智能体总是对同样的环境做出相同的动作,会导致它的策略很容易被对手预测。

奖励函数是一种激励机制,它通过奖励和惩罚告诉智能体什么是正确的,什么是错误的。强化学习就是基于奖励假设,目标就是最大化预期的累计的奖励信号,有时我们需要牺牲即时奖励以最大化总回报。因此,奖励函数的设置是非常重要的,它会影响算法收敛的速度和程度。在一个生物系统中,我们可以将回报类比为快乐或痛苦的经历。如果策略选择的某个动作导致了一个低的回报,那么这个策略可能会改变自己以便在将来相同的情景下获得更多的回报。

为了对奖励函数的构造有一个感性认识,下面以一个月球着陆器为例进行分析。为了使一个着陆器降落在月球上,你会考虑哪些因素来成功完成任务?以下是一些注意事项:降落在着陆台上 vs 离开着陆台;低速着陆 vs 高速碰撞;使用尽可能少的燃料 vs 使用大量燃料;尽可能快地接近目标 vs 悬空。针对这个任务,我们需要思考以下问题:惩罚什么?奖励什么?如何平衡多重约束?如何在我们的奖励函数中表示这些想法?

月球着陆器奖励函数中奖励和惩罚规则的一些想法可能是:以足够低的速度降落在正确的地方给予高奖励;如果着陆器降落在着陆停机坪之外,将受到处罚;根据剩余燃料的百分比给予奖励;如果在着陆时速度高于阈值(坠毁),则给予很大的惩罚;给予距离奖励以鼓励着陆器接近目标。下面用代码片段来表示刚刚提到的规则。

```
# Encourage lander to use as little fuel as possible
# i.e. 0.85, or 0.32
fuel_conservation=fuel_remaining / total_fuelif distance_to_goal is decreasing:
    if speed < threshold:
          if position is on landing pad:
                # Land successfully; give a big reward
                landing_reward=100
                # Multiply percentage of remaining fuel
                reward=landing_reward * fuel_conservation
          else:
```

```
            # Landing outside of landing pad
            reward=-10
    else:
        # Crashed
        reward=-100
else:
    # Encourage agents to approach the surface instead of
    # hanging in the air
    distance_reward=1-(distance_to_goal / distance_max)**0.5
    reward=distance_reward * fuel_conservation
```

变量 fuel_conservation 是一个介于 0 和 1 之间的值。当在着陆停机坪成功着陆时,收到的奖励将乘 fuel_conservation,以鼓励着陆器尽可能少地使用燃料。如果着陆器降落在目标点之外,我们将给予-10 的小惩罚。如果着陆器以高速坠毁,我们将给予-100 的大惩罚。当着陆器越来越接近着陆停机坪时,distance_reward=1-(distance_to_goal/distance_max)$^{0.5}$ 使用 0.5 次幂为智能体提供平滑的梯度奖励。

接下来讨论第三个要素:价值函数。它表示了从长远的角度看什么是好的。一个状态的价值是一个智能体从这个状态开始,对将来累积的总收益的期望。价值函数刻画了在全局下对于某个状态或行为的偏好。一个状态的值是一个智能体从这个状态开始一直运行下去能够得到的期望奖励总和。奖励函数决定了对于环境状态瞬时的且固有的偏好,而价值函数表明了状态长远的利好衡量。这个利好不仅考虑了当前状态的回报,而且考虑了当前状态之后可能导致的状态,以及在这些状态能够获得的回报。比如一个状态可能总是获得低的立即奖励,但它仍然可能获得一个高的"价值",因为这个状态之后的其他状态总是能产生高的回报。相反的情况也可能发生。以人类为例,回报在某种程度上类似快乐(高回报)和痛苦(低回报),而价值则对应于在某个特定状态和特定环境下我们有多高兴或多不愉快的一个精确且富有远见的判断。强化学习中基于价值函数的算法都和这个概念密切相关,在 4.1.2 小节中会进一步有公式化的定义。

第四个也是最后一个可选要素是环境模型。它是一种对环境反应模式的模拟,允许对外部环境的行为进行推断。环境模型就像一个仿真器,给定一个状态和动作,模型会预测这个动作导致的下一个状态和回报。模型用来规划,规划的意思是我们可以通过考虑未来可能发生的状况来做序列决策,而不用等到这些状态的出现。利用模型和规划来解决强化学习问题的方法叫作基于模型的方法。例如,在真实场景中训练无人机的控制算法时,获取数据的成本较高,这使得其训练变得困难。使用仿真环境可以让无人机不断探索和学习,从而克服这一难题。

4.1.2 马尔可夫决策过程

强化学习使用马尔可夫决策过程(Markov Decision Process,MDP)的形式化框架,通过状态、动作和收益定义学习型智能体与环境的互动过程。在 MDP 中,环境是全部可以观测的。

在介绍 MDP 之前，我们先梳理一下马尔可夫过程(Markov Process，MP)和马尔可夫奖励过程(Markov Reward Processes，MRP)。这两个过程是 MDP 的一个基础。在我们讨论 MDP 是什么之前，我们需要知道马尔可夫性质的含义。

与第 2 章中的马尔可夫性质类似，这意味着未来独立于过去，只基于当下。这意味着当前状态从历史记录中捕获所有相关信息。例如，如果我现在饿了，我想马上吃根火腿肠。当我决定吃根火腿肠时，这与我昨天或一周前饿了无关(过去的状态)。现在是我做出决定的唯一关键时刻。

如图 4.2 所示，我们可以看到一个假想的学生学习一门课程的马尔可夫过程的例子。图中，圆圈表示学生所处的状态，双圆圈表示一个终止状态。箭头表示状态之间的转移，箭头上的数字表示发生箭头所示方向状态转移的概率。我们使用内有文字的空心圆圈来描述学生可能所处的某一个状态。

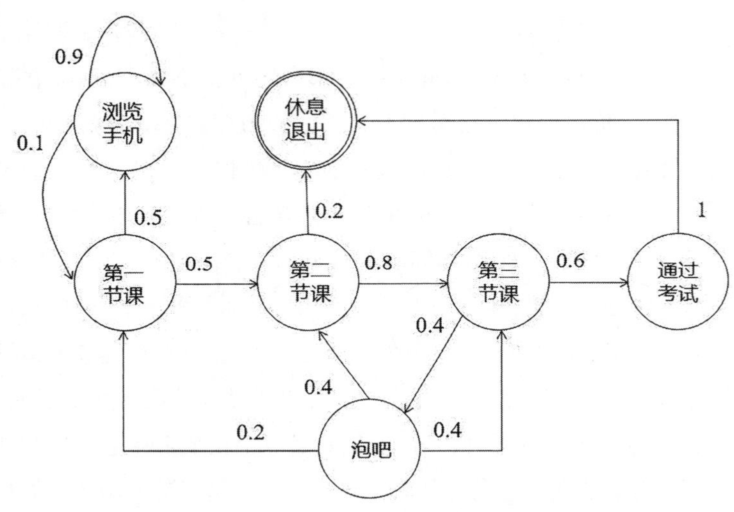

图 4.2 学生马尔可夫过程

这些状态包括第一节课(C1)、第二节课(C2)、第三节课(C3)、泡吧(Pub)、通过考试(Pass)、浏览手机(FB)和休息退出(Sleep)共 7 个状态。其中，最后一个状态是终止状态，意味着学生一旦进入该状态则永久保持在该状态，或者说该状态的下一个状态将 100% 还是该状态。当学生处在第一节课时，有 50% 的概率会参加第二节课；同时也有 50% 的概率不再认真听课，而是拿手机浏览社交软件信息。

一旦学生在第一节课中浏览手机社交软件信息，则有 90% 的概率继续沉迷于浏览手机，而仅有 10% 的概率返回到课堂内容上来。当学生处在第二节课时，有 80% 的概率听完第二节课顺利进入第三节课的学习中，也有 20% 的概率觉得课程较难或内容枯燥而休息或退出。学生在学习完第三节课的内容后，有 60% 的概率通过考试，继而 100% 地进入休息状态，也有 40% 的可能性出去娱乐泡吧，随后可能因为忘掉了不少学到的东西而分别以 20%、40%、40% 的概率返回第一、二、三节课重新继续学习。

假设一个可能的学生马尔可夫链从状态 C1 开始，最终结束于 Sleep，其间的过程根据状态转化图可以有很多种可能性，这些都称为采样状态序列。以下 4 个序列都是可能的。

C1-C2-C3-Pass-Sleep

C1-FB-FB-C1-C2-Sleep

C1-C2-C3-Pub-C2-C3-Pass-Sleep

C1-FB-FB-C1-C2-C3-Pub-C1-FB-FB-FB-C1-C2-C3-Pub-C2-Sleep

现在我们已经对马尔可夫过程有了大致的了解，接下来让我们探讨什么是马尔可夫奖励过程（MRP）。如图 4.3 所示，这是一个带有奖励的马尔可夫过程。它在图 4.2 的基础上，为每个状态增加了一个奖励值，表示到达该状态后（或离开该状态时）学生可以获得的奖励，并引入了一个避免无限回报的衰减系数，构成了一个马尔可夫奖励过程。s 状态下的奖励是某一时刻（t）处在状态 s 下在下一个时刻（$t+1$）能获得的奖励期望：$R_s = E(R_{t+1} \mid S_t = s)$。

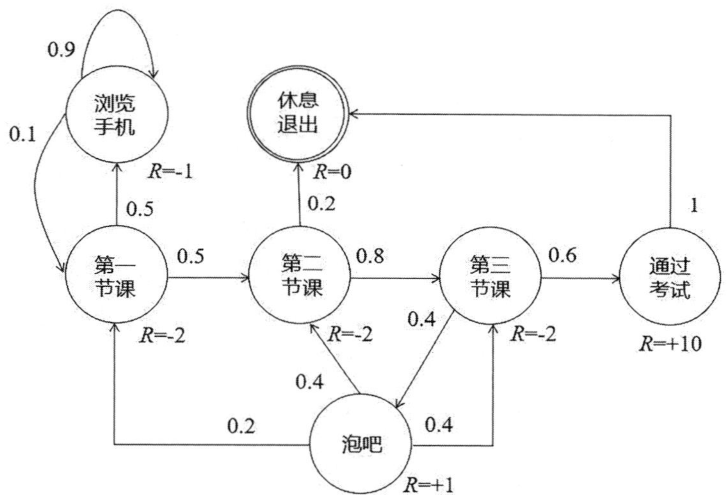

图 4.3　学生马尔可夫奖励过程

根据上面的公式可以理解离开这个状态才能获得奖励而不是进入这个状态即获得奖励。在表述上可以把奖励描述为“当进入某个状态会获得相应的奖励”。

要理解马尔可夫奖励过程，我们需要先了解收益和价值函数这两个概念。收益（G）定义为在一个马尔可夫奖励链上从 t 时刻开始往后的所有奖励的有衰减的总和。它可以使用奖励（R）和衰减系数（γ）如下计算。

$$G_t = R_{t+1} + \gamma R_{t+2} + \cdots = \sum_{k=0}^{\infty} \gamma^k R_{t+k+1}$$

其中，衰减系数 γ 体现了未来的奖励在当前时刻的价值比例，在 $k+1$ 时刻获得的奖励 R 在 t 时刻体现出的价值是 $\gamma^k R$。当 γ 接近 0 时，表明趋向于“近视性”评估；当 γ 接近 1 时，表明偏重考虑远期的利益。

例如,我们可以看一个从 C1 开始的衰减系数为 0.5 的收益示例。状态序列 C1-C2-C3-Pass,其收益等于-2 - 2 × 0.5 - 2 × 0.25 + 10 × 0.125 = -2.25。

除收益外,我们还有一个价值函数,它是一个状态的预期收益。价值函数确定状态的值,该值指示状态的可取性。使用 Bellman 方程,我们可以仅使用当前奖励和下一个状态值来计算当前状态值。

$$v(s) = E[R_{t+1} + \gamma v(S_{t+1}) \mid S_t = s]$$

这意味着我们只需要下一个状态即可计算一个状态的总值。换句话说,我们可以拥有一个递归函数,直到处理结束。

如图 4.4 所示,让我们再次看一下 $\gamma = 1$ 的 MRP。根据奖励值和衰减系数的设定给出了学生马尔可夫奖励过程中各状态的价值,并对状态"第三节课"(虚线圈)的价值进行了验证演算。我们可以看到,该值是通过将即时奖励(-2)与下两个状态的期望值相加来计算的。为了计算下一个状态的期望值,我们可以将转移概率与状态的价值相乘。因此,我们得到-2 + 0.6 × 10 + 0.4 × 0.8 = 4.32。

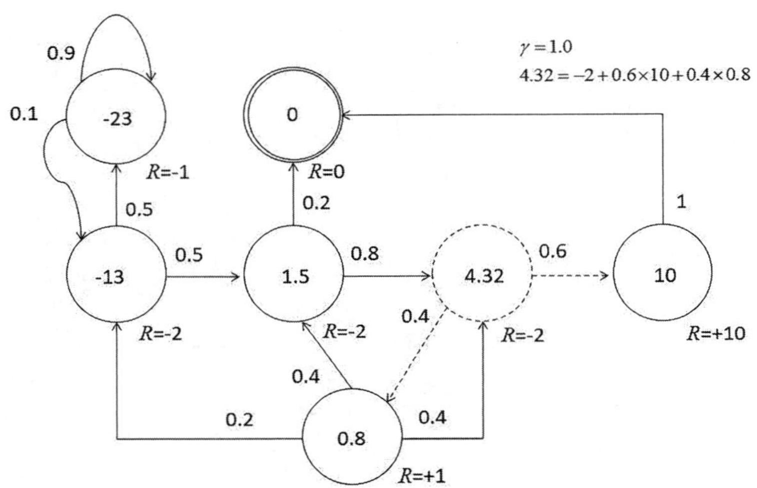

图 4.4　学生马尔可夫奖励过程的价值

到目前为止,我们已经了解了马尔可夫奖励过程。读者可能注意到,当前状态和下一个状态之间可能没有动作。马尔可夫决策过程(MDP)是具有决策的 MRP。图 4.5 给出了一个学生马尔可夫决策过程的状态转化。图中依然用空心圆圈表示状态,增加一类黑色实心圆圈表示个体的行为。对比图 4.3,可以发现,马尔可夫决策过程与马尔可夫奖励过程的区别在于即时奖励与动作对应了,同一个状态下采取不同的动作所得到的即时奖励是不同的。由于引入动作概念,容易与状态名混淆,因此图 4.5 中没有给出各状态的名称,同时还把图 4.3 中的 Pass 和 Sleep 状态合并成一个终止状态。另外,当学生在状态"第三节课"后选择"泡吧"这个动作时,有进入另外 3 个状态的可能。

马尔可夫决策过程由于引入了动作概念,使得状态转移矩阵和奖励函数与之前的马尔可夫奖励过程有明显的差别。在马尔可夫决策过程中,个体有根据自身对当前状态的认识从动作集中选择一个动作的权利,而个体在选择某一个动作后其后续状态则以某种概率分布决定。给定这些动作,我们现在就有了策略的概念。它定义了智能体(在这种情况下是学生)的动作。策略 π 是概率的集合或分布,其元素 $\pi(a \mid s)=P(A_t=a \mid S_t=s)$ 为对过程中的某一状态 s 采取可能的动作 a 的概率。

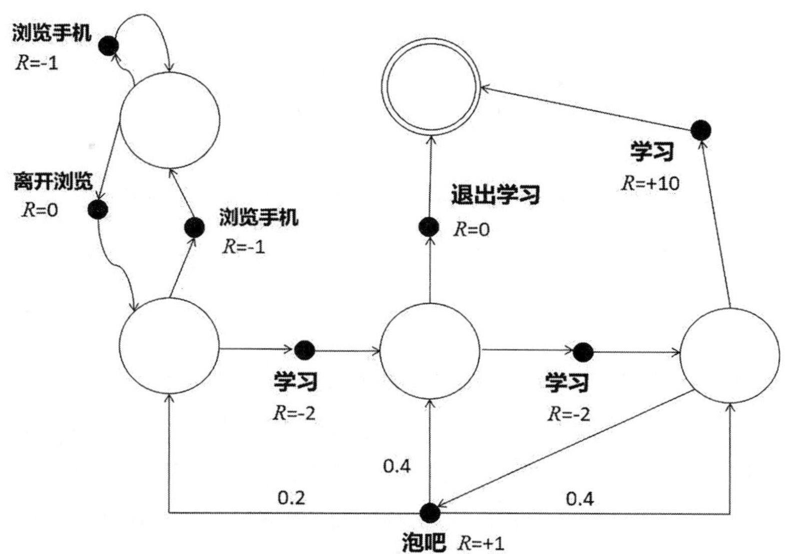

图 4.5　学生马尔可夫决策过程的状态转化

一个策略定义了智能体的行为方式,或者说定义了智能体在各个状态下的各种可能的行为方式及其概率的大小。策略仅与当前的状态有关,与历史信息无关。基于策略,我们有一个状态价值函数和一个动作价值函数①。状态价值函数表示从当前状态 s 开始,遵循当前策略时所获得回报的期望;或者说在执行当前策略 π 时,衡量个体处在状态 s 时的价值大小。它的数学公式表示如下:$v_\pi(s)=E_\pi[R_{t+1}+\gamma v_\pi(S_{t+1}) \mid S_t=s]$。

同样地,由于引入了动作,为了描述同一状态下采取不同行为的价值,我们定义一个基于策略 π 的动作价值函数,它表示在执行策略 π 时,对当前状态 s 执行某一具体行为 a 所能得到的回报的期望;或者说在遵循当前策略 π 时,衡量对当前状态执行行为 a 的价值大小。它的数学公式表示如下:$q_\pi(s,a)=E_\pi[R_{t+1}+\gamma q_\pi(S_{t+1},A_{t+1}) \mid S_t=s,A_t=a]$。

在马尔可夫决策过程中,动作是连接状态转换的桥梁,一个动作的价值与状态的价值有着紧密的关系。图 4.6 展示了状态价值与动作价值的关系。图 4.6 左边是一个状态价值用该状态下所有动作价值来表达的图示。状态价值函数可以表示为给定状态 s 条件下动作价值的期望。在数学上,它可以表示为 $v_\pi(s)=\sum_{a\in A}\pi(a \mid s)q_\pi(s,a)=E[q_\pi(s,a) \mid S_t=s]$。图 4.6 右边是一个动作价值用该动作所能到达的后续状态的价值来表达的图示。动作价值函数将状态动作映射到未来期望累积奖励,这个值可以由来自环境交互的即时奖励 R_s^a 加上折扣未来奖励 $\gamma\sum_{s'\in S}P(s' \mid s,a)V(s')$ 的值表示。图 4.6 中

① 动作价值函数实际上是状态动作价值函数。

的两个公式组合起来,可以得到下面的结果。

$$v_{\pi}(s)=\sum_{a\in A}\pi(a\mid s)(R_{s}^{a}+\gamma\sum_{s'\in S}P_{ss'}^{a}v_{\pi}(s'))$$

其中, $P_{ss'}^{a}=P(s'\mid s,a)$。

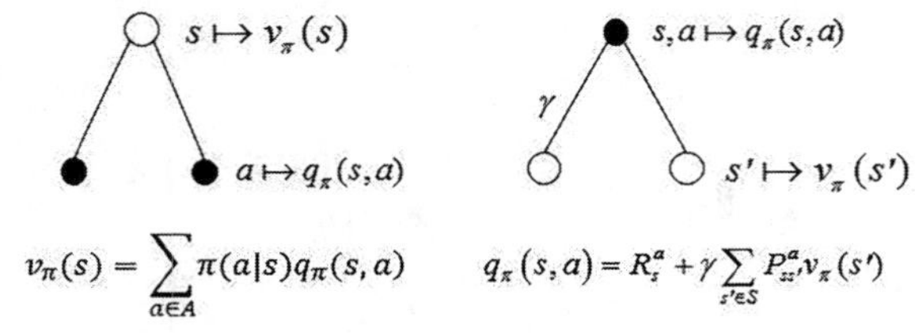

图 4.6　状态价值与动作价值的关系

为了更清晰地理解,可以在图 4.5 中再次查看带有 $\gamma=1$ 的 MDP。图 4.7 给出了一个给定策略下学生马尔可夫决策过程的价值函数计算过程。每一个状态都有且只有两个可选动作,我们的策略是两种动作以均等的概率(各 50%)被选择执行,同时衰减系数 $\gamma=1$。图 4.7 中"第三节课"在该策略下的状态价值为 7.4。它可以由所有动作概率与动作价值的乘积相加得到,公式如下。

$$\begin{aligned}v_{\pi}(s=\mathrm{C3})=\pi(a=\mathrm{Pub}\mid s=\mathrm{C3})\cdot q_{\pi}(s=\mathrm{C3},a=\mathrm{Pub})+\\ \pi(a=\mathrm{Study}\mid s=\mathrm{C3})\cdot q_{\pi}(s=\mathrm{C3},a=\mathrm{Study})\end{aligned}$$

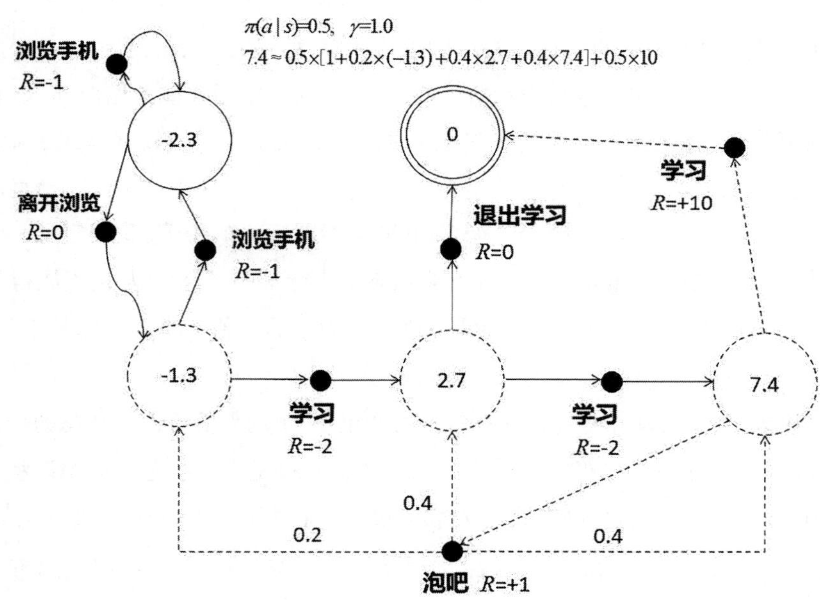

图 4.7　给定策略下学生马尔可夫决策过程的价值函数计算过程

在当前策略下,状态"第三节课"时采取"泡吧"动作的价值为

$$q_{\pi}(s=\mathrm{C3},a=\mathrm{Pub})=R_{s=\mathrm{C3}}^{a=\mathrm{Pub}}+P_{\mathrm{C3}\to\mathrm{C1}}\cdot v_{\pi}(\mathrm{C1})+P_{\mathrm{C3}\to\mathrm{C2}}\cdot v_{\pi}(\mathrm{C2})+P_{\mathrm{C3}\to\mathrm{C3}}\cdot v_{\pi}(\mathrm{C3})$$

在当前策略下,状态“第三节课”时采取“学习”动作的价值为

$$q_{\pi}(s = \mathrm{C3}, a = \mathrm{Study}) = R_{s=\mathrm{C3}}^{a=\mathrm{Study}}$$

4.1.3 最优价值函数和最优策略

本小节我们假设 MDP 是有限的,状态、行为和奖励的集合都具有有限数量的元素,并且环境完全由 $P(s',r \mid s,a)$ 确定。强化学习试图寻找一个最优的策略,让智能体在与环境交互的过程中获得始终比其他策略都要多的收益。这个最优策略用 π^* 表示。π^* 在所有状态上的期望收益都不低于其他策略,不存在期望收益在某些状态上高于而在另一些状态上低于其他策略的“最优”策略。最优策略下的状态价值函数称为最优状态价值函数,记为 v_*, 定义为对于任意 $s \in S$, $v_*(s) = \max\limits_{\pi} v_{\pi}(s)$。

如图 4.8 所示,不同的动作方向会导向不同的状态 s',带来不同的状态价值(s' 状态价值的加权平均,即期望)。能够使 s 的状态价值最大化的动作即为最优的动作,或者说是最优策略。也就是说,通过状态价值函数判断最优策略,需要计算下一级节点的状态价值的期望,只需要往前走一步,最优策略下的状态价值等于来自该状态的最优动作的预期收益。这是一种完全的“贪心算法”,只基于下一步做出的决策。形式化表示为 $v_*(s) = \max\limits_{a}(R_s^a + \gamma \sum\limits_{s' \in S} P_{ss'}^a v_*(s'))$。

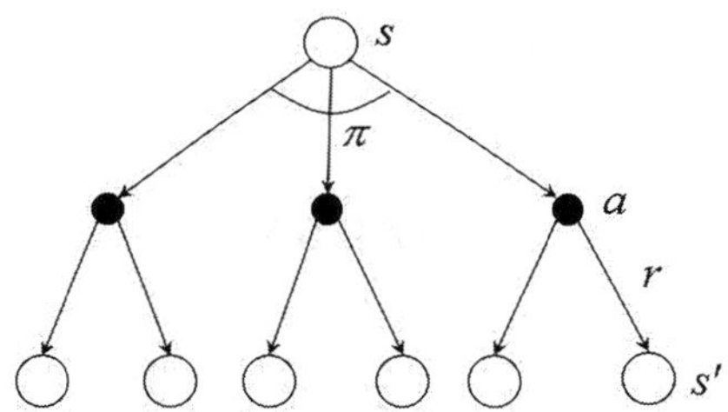

图 4.8 最优状态价值递推公式图解

同理,如图 4.9 所示,对于最优动作价值函数 $q_*(s,a)$ 也有类似的定义。如果已知 $q_*(s,a)$,此时的动作 a 已经是最优动作了,因此动作 a 导向的状态 s' 必然是最优的状态,求解 $q_*(s,a)$ 只需要将动作 a 下的 s' 的价值加权平均即可:$q_*(s,a) = R_s^a + \gamma \sum\limits_{s' \in S} P_{ss'}^a q_*(s',a')$。

图 4.10 展示了一个学生马尔可夫决策过程最优策略的例子。图中用虚线箭头指出了最优策略,同时也对应了某个状态下的最优动作价值。学生示例中的状态“第三节课”,可以选择的行为有“学习”和“泡吧”两个,其对应的最优行为价值分别为 10 和 9.4,因此状态“第三节课”的最优价值就是二者中最大的 10。

由于一个动作的奖励和后续状态并不由个体决定,因此在状态 s 时选择动作 a 的最优动作价值将不能使用最大化某一可能的后续状态的价值来计算。一个动作的最优价值由两部分组成:一部分

是执行该动作后环境给予的即时奖励，另一部分则是由所有后续可能状态的最优状态价值按发生概率求和乘衰减系数得到。在图 4.10 中，计算学生在“第三节课”时选择动作“泡吧”的最优价值时，先计入学生采取该动作后的及时奖励+1，学生选择该课程后并不确定下一个状态是什么，环境根据一定概率确定学生后续状态是“第一节课”“第二节课”还是“第三节课”。此时要计算“泡吧”的动作价值势必不能取这三个状态的最大值，而只能取期望值，也就是按照各种可能的概率来估计总的最优价值，具体计算为 0.2 × 6 + 0.4 × 8 + 0.4 ×10 = 8.4。考虑到衰减系数等于 1.0，以及及时奖励为+1，在状态“第三节课”采取动作“泡吧”的最优动作价值为 1 + 1.0 × 8.4 = 9.4。

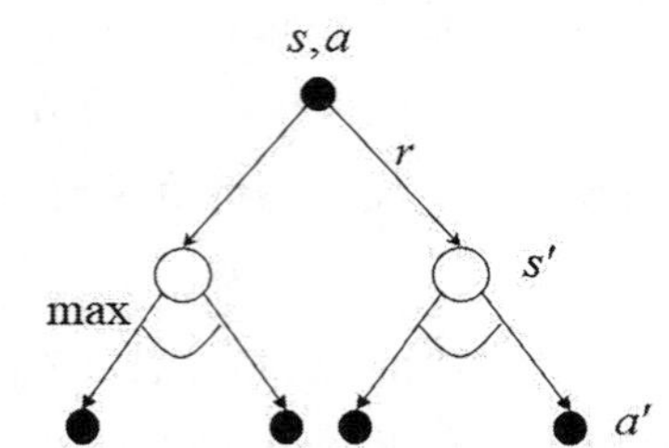

图 4.9　最优动作价值递推公式图解

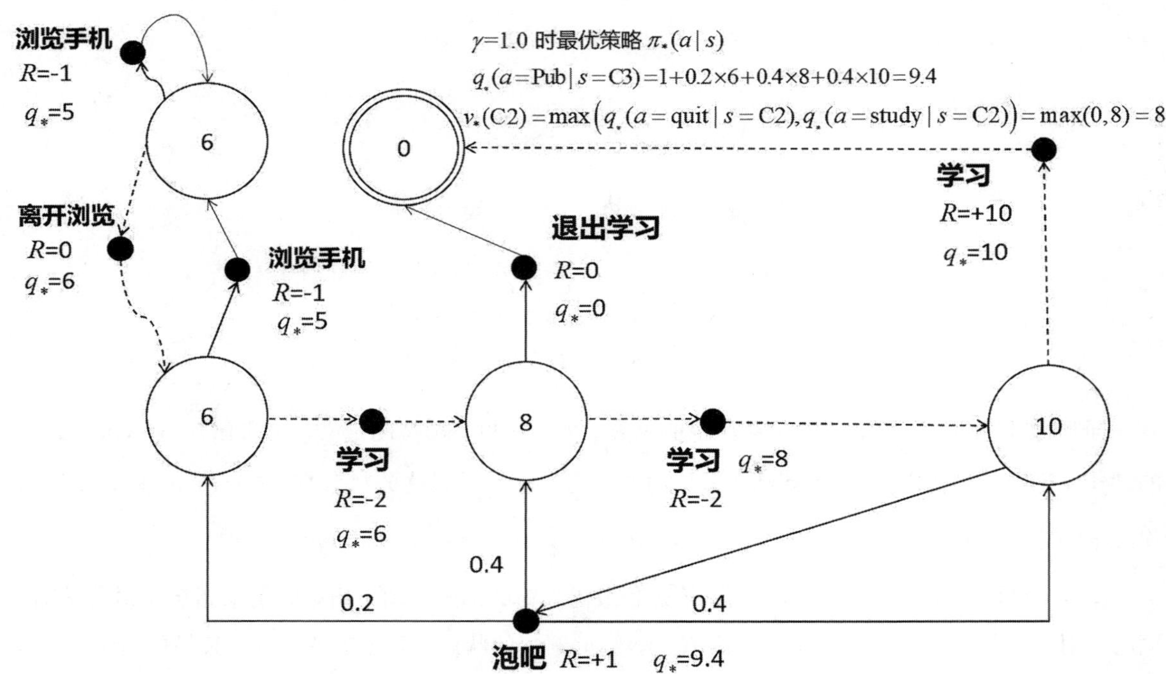

图 4.10　学生马尔可夫决策过程最优策略

4.1.4 价值迭代和策略迭代

回到马尔可夫决策过程(MDP)问题,如果我们知道转移概率 P 和奖励函数 R,那么可以通过下面两种方法求出最优策略 $\pi(s)$。

公式 1:$V(s)=\sum_{s'}P_{\pi(s)}(s,s')(R_{\pi(s)}(s,s')+\gamma V(s'))$。

公式 2:$\pi(s)=\underset{a}{\operatorname{argmax}}\sum_{s'}P_{a}(s,s')(R_{a}(s,s')+\gamma V(s'))$。

公式 1 表示状态 s 的价值计算,公式 2 用于计算在状态 s 下采取的最优动作。在已知转移概率 P 和奖励函数 R 的情况下,求解 MDP 问题有两种常见做法:价值迭代和策略迭代。上面的公式比较抽象,下面我们用图 4.11 所示的超级玛丽寻宝的例子来更好地理解。假设我们有一个 3 × 3 的棋盘空间:

(1)超级玛丽在单元格(3,1),宝藏在单元格(1,2)。

(2)超级玛丽每回合可以往上、下、左、右 4 个方向移动,找到宝藏则游戏结束。

(3)游戏目标是让超级玛丽以最快的速度找到宝藏。

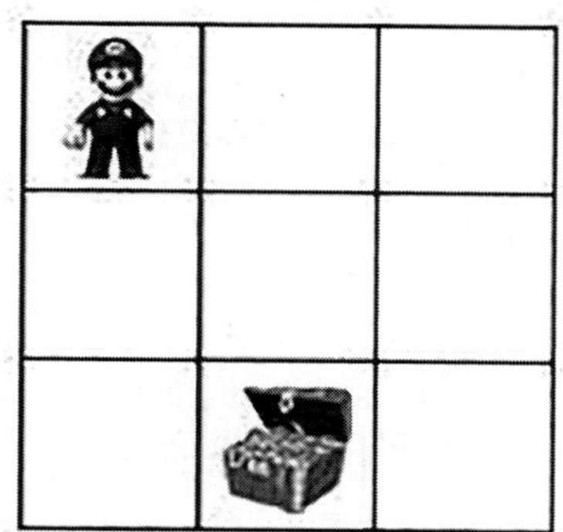

图 4.11　超级玛丽游戏

上面的游戏可以模型化为一个标准的马尔可夫决策过程。

(1)状态空间:超级玛丽当前的位置坐标。

(2)决策空间:上、下、左、右移动 4 个动作。

(3)假定动作 Action 对状态 State 的影响和回报 P(State′, Reward | State, Action)是已知的。超级玛丽每移动一步,Reward = -1;超级玛丽得到宝箱,Reward = 0 且该轮游戏结束。

图 4.12 展示了价值迭代(公式 1)算法的伪代码。其具体步骤是:遍历环境中的每一个状态,在每一个状态下,依次执行每一个可以执行的动作,计算出执行每一个动作后获得的奖励,即状态-动作价值。当前状态的价值即为当前状态下的最大状态-动作价值。重复这个过程,直到每个状态的最优价值不再发生变化,则迭代结束。

```
for s in S⁺:
    V(s) = 0
do:
    delta = 0
    for s in S:
        temp = V(s)
        for a in A:
            Q(s,a) = E[r | s, a] + γ ∑_{s'∈S} P(s' | s, a)V(s')
        V(s) = max_a Q(s,a)
        delta = max(delta, |temp-V(s)|)
while (delta ≥ θ)
输出确定性策略 π
    π(s) = argmax_a Q(s,a)
```

图 4.12　价值迭代(公式 1)算法的伪代码

图 4.13 给出了寻宝游戏价值迭代算法的一个图示。起初所有状态价值为 0。对于每个状态,逐一尝试上、下、左、右 4 个动作,记录状态动作价值,选择最优的动作,更新 $V(s)$。第一轮结束后,所有状态都有 $V(s) = -1$。第二轮结束后,宝箱周围的状态价值保持不变,$V(s) = -1$,其他状态价值 $V(s) = -2$。第三轮,对于宝箱周围的状态,最优的动作是一步到达宝箱,状态价值仍保持不变;对于宝箱两步距离的状态,最优的动作是到达宝箱周边的状态,$V(s) = -2$;对于宝箱三步距离的状态,所有动作都是一样的,$V(s) = -3$。在第四轮迭代中,所有 $V(s)$ 更新前后都没有任何变化,价值迭代已经找到了最优策略。

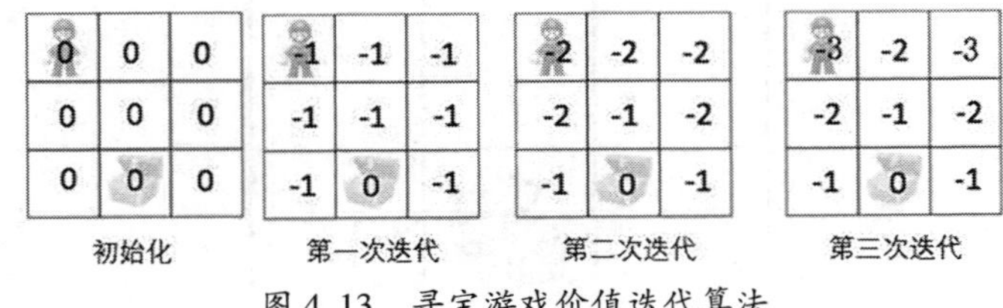

图 4.13　寻宝游戏价值迭代算法

图 4.14 展示了策略迭代算法的伪代码。前面的价值迭代算法间接地寻找最优策略,而在策略迭代中直接存储和更新策略。策略迭代算法主要由两部分组成:策略评估和策略改进。策略评估就是上面公式 1 的过程,旨在策略固定的情况下更新价值函数直到状态价值收敛。策略改进是上面公式 2 的过程,试图根据更新后的价值函数来更新每个状态下的策略直到策略稳定。

图 4.15 给出了寻宝游戏策略迭代算法的一个图示。图中展示了算法运行的前两轮的策略和状态价值。最开始的初始化一轮指带初始化步骤的一轮。在初始化步骤中,超级玛丽的移动策略默认为向下走。策略评估步骤计算 $V(s)$:如果宝藏恰好在正下方,则期望价值等于到达宝藏的距离(−2 或−1);如果宝藏不在正下方,则永远也不可能找到宝藏,期望价值为负无穷。在策略改进步骤中,根据 $V(s)$ 找到更好的策略。如果宝藏恰好在正下方,则策略已经最优,保持不变;如果宝藏不在正下方,则根据策略公式 $\pi(s) = \arg\max_a (E[r \mid s,a] + \gamma \sum_{s' \in S} P(s' \mid s,a) V(s'))$ 可以得出最优策略为横向移

动一步。这一轮运算之后，策略变成了横向移动或向下移动。进入第一轮迭代后，回到策略评估步骤计算 $V(s)$：如果宝藏恰好在正下方，则期望价值等于到达宝藏的距离（−2 或−1）；如果宝藏不在正下方，则当前策略会选择横向移动，期望价值为−3、−2、−1。在策略改进步骤中，根据新获得的状态价值更新超级玛丽的移动策略。持续迭代直到策略稳定。

```
1. 初始化
   随机初始化每个状态s的V(s) ∈ ℝ 和π(s) ∈ A
2. 策略评估
   do:
     delta = 0
     for s in S:
       temp = V(s)
       V(s) = Σ_{s',r} p(s', r | s, π(s))[r+γV(s')]
       delta = max(delta, |temp-V(s)|)
   while (delta ≥ θ)
3. 策略改进
   policy-stable = true
   for s in S:
     old-action = π(s)
     π(s) = argmax_a ( E[r | s, a] + γ Σ_{s'∈S} P(s' | s, a)V(s') )
     if old-action ≠ π(s)
         policy-stable = false
   if policy-stable:
     then stop and return V and π
   else: go to 2
```

图 4.14 策略迭代算法的伪代码

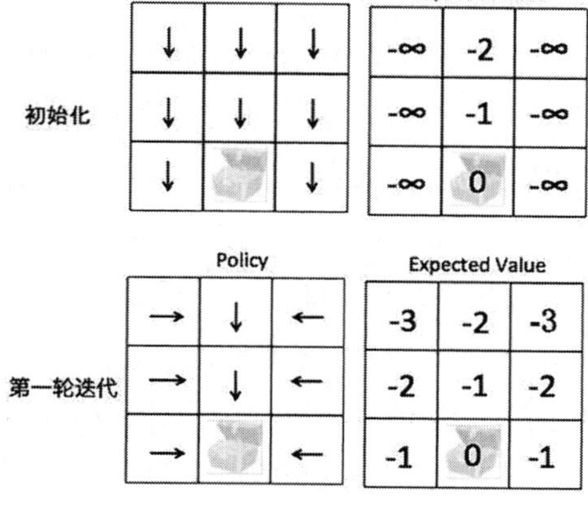

图 4.15 寻宝游戏策略迭代算法

4.2 深度强化学习：从 Q-Learning 到 DQN

当我们使用 MDP 对强化学习问题进行建模时，很多情况下无法获取 MDP 中的转移概率。这使得价值迭代和策略迭代算法难以直接应用于解决强化学习问题。因此，一些近似算法被提出来解决这个问题。本节将介绍基于价值迭代算法发展出来的一系列方法，包括 Q-Learning、SARSA 和 DQN 等。

4.2.1 Q-Learning

Q-Learning 的出发点很简单，就是使用一张简单的查找表来存储每个状态下执行可能动作的最大预期回报。表 4.1 展示了有两个状态 s_1 和 s_2，每个状态下有两个动作 a_1 和 a_2，表格中的值表示奖励。我们称这个表为 Q-Table，里面的每个值定义为 $Q(s,a)$，表示在状态 s 下执行动作 a 所获取的未来奖励期望最大值。那么，选择时可以采用一个贪心的做法，即选择价值最大的那个动作去执行。

表 4.1　Q-Table 示例

状态	动作	
	a_1	a_2
s_1	-1	2
s_2	-5	2

那么，如何计算 Q-Table 中的值呢？基本思想是：随机初始化，然后当我们不断探索环境时，Q 函数通过不断更新表中的 Q 值，为我们提供了越来越好的近似值。当我们处于某个状态 s 时，根据 Q-Table 的值选择动作 a，那么从表格获取的值为 $Q(s,a)$，这个值并不是我们的即时奖励，而是预期获取的奖励。我们知道，执行了动作 a 并转移到了下一个状态 s'时，能够获取一个即时奖励（记为 r），但除了即时奖励，还要考虑所转移到的状态 s 对未来期望的奖励，因此真实的奖励（记为 $Q'(s,a)$）由两部分组成：即时奖励和未来期望奖励，且未来的奖励往往是不确定的，因此需要加个衰减系数 γ，则真实的奖励形式化表示为 $Q'(s,a) = r + \gamma \max Q(s',a')$。这里，$\gamma$ 的值一般设置为 0 到 1 之间。设为 0 表示只关心即时奖励，设为 1 表示未来期望奖励与即时奖励一样重要。

有了真实的奖励和预期获取的奖励，可以很自然地联想到监督学习的梯度下降算法，求二者的误差然后进行更新，在 Q-learning 中也是这么做的，更新的值则是原来的 $Q(s,a)$，更新规则如下：$Q(s,a) = Q(s,a) + \alpha(Q'(s,a) - Q(s,a))$。这里的 a 可理解为学习率。更新规则与梯度下降算法非常相似。

Q-Learning 中还存在着探索与利用的问题，即不要每次都遵循着当前看起来是最好的方案，而是会选择一些当前看起来不是最优的策略,这样也许会更快探索出更优的策略。探索与利用的做法很多,Q-Learning 采用了最简单的 ε-贪心策略,就是每次有 ε 的概率是选择当前 Q-Table 中值最大的动作,$1-\varepsilon$ 的概率是随机选择策略的。Q-Learning 算法的伪代码如图 4.16 所示。

初始化 $Q(s,a)$, $\forall s\in S, a\in A(s)$, 任意的数值，并且 $Q(\text{terminal-state},\cdot)=0$

repeat for each episode in episodes:

  初始化: $s \leftarrow$ episode的第一个状态

  while not is_terminal_state(s):

    $a=\text{policy}(Q,\ s)$（例如，ε-贪心策略）

    执行动作a，观察奖励r和新状态s'

    $Q(s,a)\leftarrow Q(s,a)+\alpha[r+\gamma\max_{a'}Q(s',a')-Q(s,a)]$

    $s\leftarrow s'$

until 遍历完所有episode

图 4.16 Q-Learning 算法的伪代码

4.2.2 价值函数近似

Q-Learning 算法中的状态通常是离散的有限状态集合,当问题规模较小时,比较容易求解。但如果我们遇到复杂的状态集合,甚至很多时候状态是连续的,那么就算离散化后,集合也很大。此时,传统的方法如 Q-Learning,保存和更新表所需的内存随着状态数量的增加而增加,探索每个状态用来创建所需的 Q-Table 的时间也是不切实际的。

解决这类问题的常用方法是不再使用字典之类的查表式的方法来存储状态或动作的价值,而是引入适合的参数,选取恰当地描述状态的特征,通过构建一定的函数来估计真实价值函数。

图 4.17 给出了一个 PuckWorld 游戏的示例。目标物体(图中的五角形)出现位置随机,且每 30 秒更新一次位置。智能体需要在躲避该目标的同时尽可能接近它。

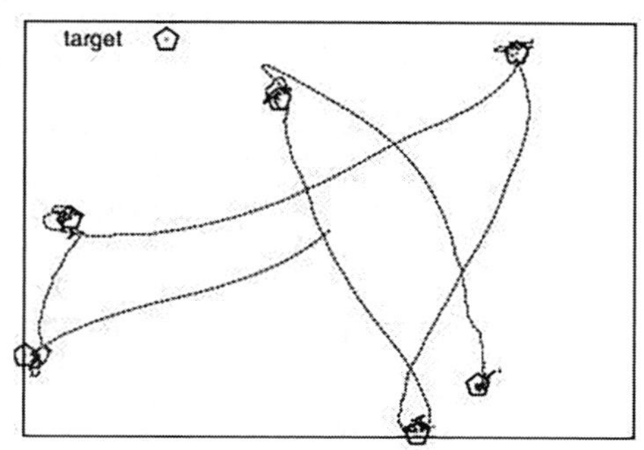

图 4.17 PuckWorld 游戏

游戏可模型化为以下马尔可夫决策过程。

(1)状态空间:智能体所在位置(x,y)、速度(v_x,v_y)及目标物体的位置(t_x,t_y),共6个特征。

(2)动作空间:控制智能体在上、下、左、右4个方向上的油门(速率的增量),以及不操作5个动作。

(3)奖励:奖励值的大小基于个体与目标物体之间的距离,距离越小,奖励越大。

状态空间无法直接用之前有限集合的方法来描述状态。如果一定要采取查表方式确定每一个状态-动作对的价值,可以将状态的每一维特征进行分割。例如,把0到1之间平均分为100等份,当个体的水平坐标位于这100个区间的某一个区间内时,其水平坐标的特征值相同。对于一共6个特征的状态空间和5个离散动作的动作空间来说,需要$100^6\times5=5\times10^{12}$个数据点来描述动作价值。如果每个数据点用一个字节表示,大约需要4657GB的内存容量。这无疑不是经济高效的解决方法。

一个可行的建模方法是价值函数的近似表示。方法是我们引入一个状态价值函数$\hat{v}$,这个函数由参数$\boldsymbol{w}$描述,并接受状态s作为输入,计算后得到状态s的价值,即我们期望:$\hat{v}(s;\boldsymbol{w})\approx v_\pi(s)$。

类似地,引入一个动作价值函数$\hat{q}$,这个函数由参数$\boldsymbol{w}$描述,并接受状态s与动作a作为输入,计算后得到动作a的价值,即我们期望:$\hat{q}(s,a;\boldsymbol{w})\approx q_\pi(s,a)$。

价值函数近似的方法很多,比如最简单的线性表示法,用$\boldsymbol{\varphi}(s)$表示状态s的特征向量,则此时状态价值函数可以近似表示为$\hat{v}(s;\boldsymbol{w})=\boldsymbol{\varphi}(s)^{\mathrm{T}}\boldsymbol{w}$。当然,除了线性表示法,我们还可以用决策树、最近邻、神经网络来表示状态价值函数。而最常见且应用最广泛的表示方法是神经网络。因此,我们后面提及近似表示方法,如果没有特别提到,都是指的神经网络的近似表示。对于神经网络结构没有特别的限制,使用DNN、CNN或RNN等常见网络结构就可以。

如果把我们计算价值函数的神经网络看作一个黑盒子,那么整个价值函数近似过程可以有图4.18中的三种情况。第一种情况针对状态本身,输出这个状态的近似价值;第二种情况针对状态-动作对,输出状态-动作对的近似价值或叫作动作价值近似函数;第三种情况针对状态本身,输出一个向量,向量中的每一个元素是该状态下采取一种可能动作的价值,这主要针对动作是有限小集合的情况。

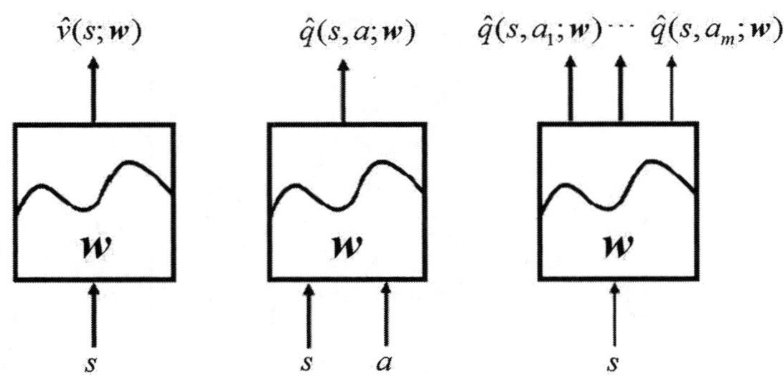

图4.18 三种价值函数近似架构

4.2.3 DQN

2015年，DeepMind提出了Deep Q-Learning（DQN）算法，该算法利用神经网络来近似一个状态下每个动作的Q值，并在雅达利（Atari）游戏上达到了专业玩家的水平。其基本思路源自Q-Learning，但DQN与Q-Learning又有一些不同之处。如图4.19所示，Q-Learning使用Q-Table，而DQN则通过Q网络来计算Q值。

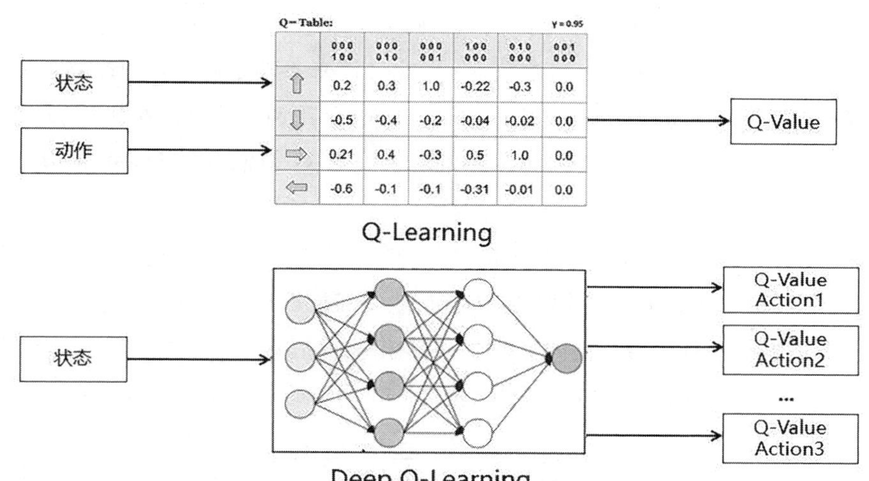

	000 100	000 010	000 001	100 000	010 000	001 000
⇧	0.2	0.3	1.0	-0.22	-0.3	0.0
⇩	-0.5	-0.4	-0.2	-0.04	-0.02	0.0
⇨	0.21	0.4	-0.3	0.5	1.0	0.0
⇦	-0.6	-0.1	-0.1	-0.31	-0.01	0.0

图4.19 Q-Learning与DQN的比较

在使用神经网络估计价值函数时，需要考虑两个重要问题：样本之间的关联性和目标的稳定性。强化学习的数据并不是独立同分布（i.i.d.）的，例如，视频的下一帧通常与当前帧有很大关系。如果样本之间本身就有较大的关系，那么是不利于训练的。另外，如果目标是不稳定的，并且包含了正在优化的参数，那么梯度计算将不完全正确，这也会给训练带来很大困难。针对这两个问题，DQN使用了两个技巧：经验回放和固定Q目标。

经验回放是使用一个容量较大的容器，将每一次的转移关系数据存入其中，在训练时，从容器中随机选取一个batch_size大小的数据进行训练。

为了减小样本数据之间的相关性，DQN构造了一个存储转移关系的缓冲容器D，即$D=\{<s_1,a_1,r_1,s_2>,<s_2,a_2,r_2,s_3>,\cdots,<s_n,r_n,a_n,s_{n+1}>\}$。

每个元组$<s_t,a_t,r_t,s_{t+1}>$表示智能体与环境的一次交互，从而形成转移关系。其采样示意图如图4.20所示。

执行经验回放算法的3个步骤如下。

（1）采样：从缓冲容器中随机采取数据样本：$(s,a,r,s')\sim D$。

（2）利用采集到的批量数据计算TD-target：$\text{TD\_target}=r+\gamma\hat{Q}(s',a',\boldsymbol{w})$。

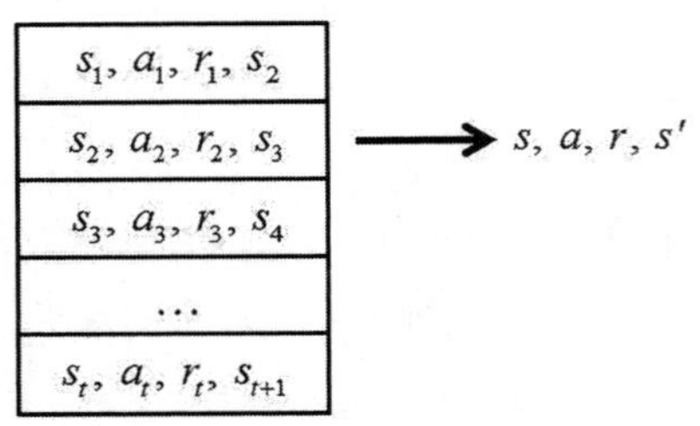

图 4.20　经验回放采样

(3)使用随机梯度下降算法来更新网络权值：$\Delta \boldsymbol{w} = \alpha(\text{TD\_target} - \hat{Q}(s,a;\boldsymbol{w}))\nabla_{w}\hat{Q}(s,a;\boldsymbol{w})$。

由于 TD-target 中包含了正在优化的参数 $\boldsymbol{w}$，因此会带来不确定性，可能导致训练结果不稳定。为了提高训练稳定性，需要固定 TD-target 中的参数。DQN 使用两个神经网络进行训练：一个用来表示目标网络，另一个是当前评估网络。目标网络的参数会慢于当前评估网络更新，从而使目标更加稳定。

图 4.21 展示了 DQN 算法的流程。智能体不断与环境交互，获取交互数据 $<s,a,r,s'>$ 并存入回放记忆单元。当记忆单元中有足够多的数据后，从经验池中随机取出一个 batch_size 大小的数据，利用当前值网络计算 Q 预测值，利用目标值网络计算 Q 目标值，然后计算二者之间的损失函数，利用梯度下降算法来更新当前网络参数。重复若干次后，把当前值网络的参数复制给目标值网络。

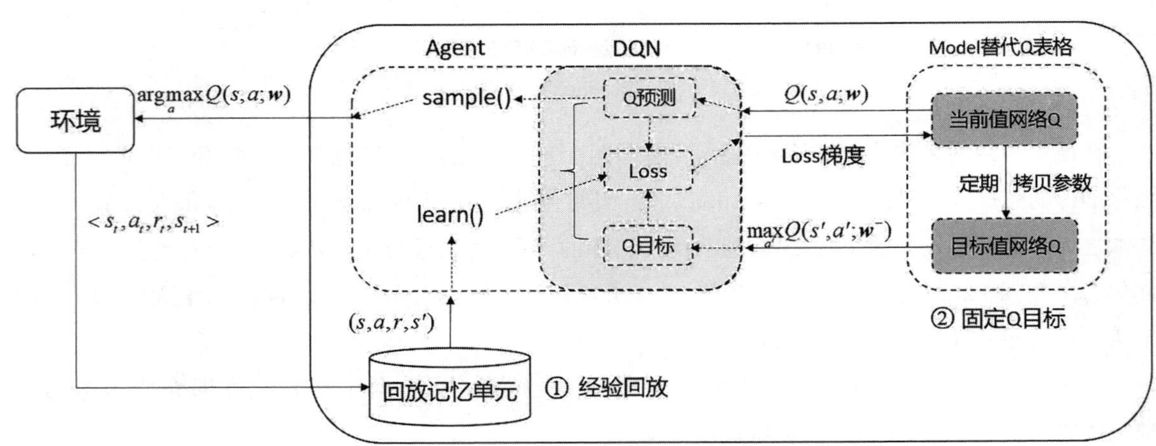

图 4.21　DQN 算法的流程

智能体能记住既往的状态转换经历，对于每一个完整状态序列中的每一次状态转换，依据当前状态价值以 ε-贪心策略选择一个动作，执行该动作得到奖励和下一个状态，将得到的状态转换存储到记忆单元中。当记忆中存储的容量足够大时，随机从记忆单元中提取一定数量的状态转换，用状态转换中的下一个状态来计算当前状态的目标价值，使用公式计算目标价值与网络输出价值之间的均方差代价，使用梯度下降算法更新网络的参数。图 4.22 给出了 DQN 算法损失函数计算的图示。

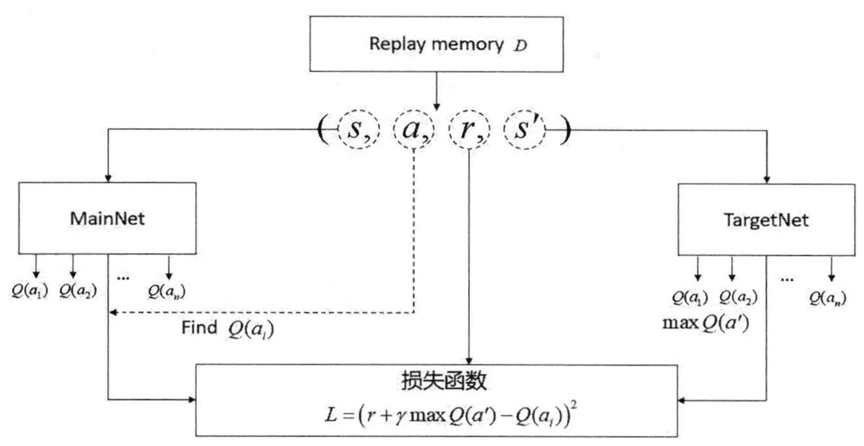

图 4.22　DQN 算法损失函数计算

图 4.23 总结了以上 DQN 算法的描述,并给出了算法实现的伪代码。该算法利用经验回放,从一批经验中按照均匀分布随机选择样本并从中学习。使用 ε-贪心策略来选择动作,解决了强化学习中的探索-利用困境问题。同时,使用目标网络 $\hat{Q}$ 来固定 Q 目标。

初始化经验回放集合 D 为大小 N；随机初始化 Q 网络的参数 $\boldsymbol{w}$；初始化目标 $\hat{Q}$ 网络的参数 $\boldsymbol{w}^- = \boldsymbol{w}$

For episode = 1, 2, $\cdots$, M:

　初始化 s 为当前状态序列的第一个状态，获取其特征向量 $\phi(s)$

　For t = 1, 2, $\cdots$, T:

　　在 Q 网络中使用状态 s 作为输入，得到 Q 网络的所有动作对应的 Q 值输出

　　用 ε-贪心策略在当前 Q 值中选择对应的动作 a

　　执行 a，得到新状态 s'、对应的特征向量 $\phi(s')$、奖励 r 和是否终止状态 is_end

　　将 $\{\phi(s), a, r, \phi(s'), \text{is\_end}\}$ 这个五元组放入经验回放集合

　　$s = s'$

　　从经验回放集合 D 中采样 m 个样本 $\{\phi(s_j), a_j, r_j, \phi(s'_j), \text{is\_end}_j\}$

　　计算当前目标 Q 值 y_j:

$$y_j = \begin{cases} r_j, & \text{is\_end}_j == \text{true} \\ r_j + \gamma \max_{a'_j} \hat{Q}\left(\phi(s'_j), a'_j; \boldsymbol{w}\right), & \text{is\_end}_j == \text{false} \end{cases}$$

　　使用均方差损失函数 $\frac{1}{m}\sum_{j=1}^{m}\left(y_j - Q\left(\phi_j, a_j; \boldsymbol{w}\right)\right)^2$，通过神经网络的梯度反向传播来更新 Q 网络的参数 $\boldsymbol{w}$

　　每 C 步，设置 $\hat{Q} = Q$

　End For

End For

图 4.23　DQN 算法的伪代码

4.3 策略梯度

在动作空间规模庞大或连续动作的情况下,基于价值的强化学习获得一个好的结果是较为困难的。在这种情况下,可以直接进行策略的学习,即将策略视为状态和动作的带参数的策略函数。通过建立恰当的目标函数并利用智能体与环境交互产生的奖励来学习得到策略函数的参数。针对连续动作空间,策略函数将直接产生具体的动作价值,从而绕过对状态价值的学习。

4.3.1 基本原理

策略梯度方法基于一个简单的原则:人类根据观察采取行动,直接向着期望回报去优化。正如NBA篮球明星斯蒂芬·库里所说:"你只能依赖于自己平日里在训练场上建立的'肌肉记忆',并且相信自己能够将球投中。我们之所以在训练中进行如此大量的练习,为的就是比赛时能靠本能做出反应。如果你没有以正确的方式去做,就会感觉很奇怪。"任何一名球员,想要保持高命中率,只有一个秘诀——日复一日地苦练,直到投篮成为"本能"。

对于策略梯度方法,我们训练一个基于观察采取行动的策略。策略梯度方法的训练使高回报的动作更有可能,反之亦然。我们保留有效的部分剔除掉无效的部分。

图4.24展示了策略梯度方法的交互过程。如果我们假设篮球运动员库里是智能体,那么第一步,他观察环境的状态;第二步,他基于自己的本能(策略)在状态 s 时采取动作 a;第三步,对手反应,形成一个新的状态;第四步,他基于观察的状态采取进一步的动作;第五步,在一系列动作轨迹后,他基于接收的总奖励情况来调整自己的本能。

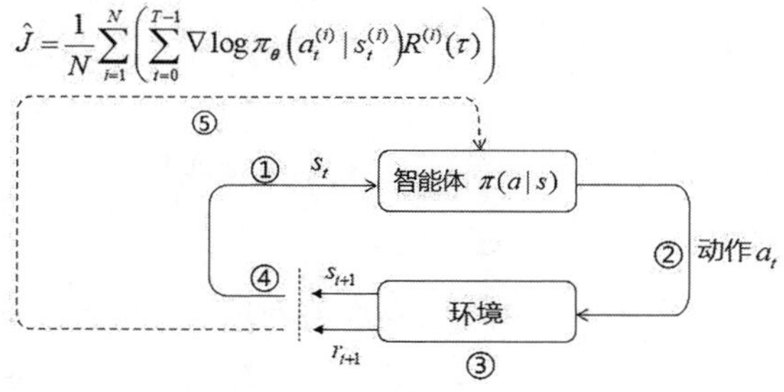

图4.24 策略梯度方法的交互过程

库里根据比赛情况,立即知道该怎么做。多年的训练完善了最大化回报的本能。在强化学习中,这种本能可以在数学上描述为 $\pi(a\mid s)$。含义是:给定状态 s,采取动作 a 的概率。π 表示在强化学习中的策略。

优化策略的目的是让"每一个"episode的"总的"reward尽可能大。这里,episode可以理解为一局游戏。策略梯度方法的主要特点在于直接对策略进行建模并优化。策略通常被建模为由 $\boldsymbol{\theta}$ 参数化的函数 $\pi_{\boldsymbol{\theta}}(a \mid s)=\pi(a \mid s;\boldsymbol{\theta})=p(A_t=a \mid S_t=s;\boldsymbol{\theta}_t=\boldsymbol{\theta})$。其中,时刻 t, 环境状态为 s, 参数为 $\boldsymbol{\theta}$, 输出动作 a 的概率为 p。当我们选择一个动作后,其实并不知道动作的优劣,而只有最终游戏结束得到结果时,我们才能反推之前的动作优劣。每一个 episode 中,智能体不断和环境交互,输出动作,直到该 episode 结束,然后开启另一个 episode。单个 episode 由很多 step 组成,每个 step 会获得即时的 reward。

一个 episode 的轨迹如下:从初始状态出发,通过不同的概率选择动作,然后状态发生变化①。在新的状态下,再通过不同的概率选择动作,状态继续发生变化。不断地交互,直到完成一个 episode。把这个 episode 中所有的连续的状态 s 变化和动作 a 选择串起来,就是一个 episode 的轨迹。我们用数学公式表示为 $\tau=(s_0,a_0,s_1,a_1,\cdots,s_T)$。

那么,给定策略 $\pi_{\boldsymbol{\theta}}(a \mid s)$, 生成马尔可夫决策过程的一条轨迹的概率为

$$\underbrace{p_{\boldsymbol{\theta}}(s_0,a_0,\cdots,s_T)}_{\pi_{\boldsymbol{\theta}}(\tau)}=p(s_0)\prod_{t=0}^{T-1}\pi_{\boldsymbol{\theta}}(a_t \mid s_t)p(s_{t+1} \mid s_t,a_t)$$

更一般地,将策略 π 下生成轨迹 τ 的概率表示为 $p(\tau \mid \pi)=p(s_0)\prod_{t=0}^{T-1}p(s_{t+1} \mid s_t,a_t)\pi_{\boldsymbol{\theta}}(a_t \mid s_t)$。

图 4.25 给出了上面的马尔可夫决策过程的图模型表示。

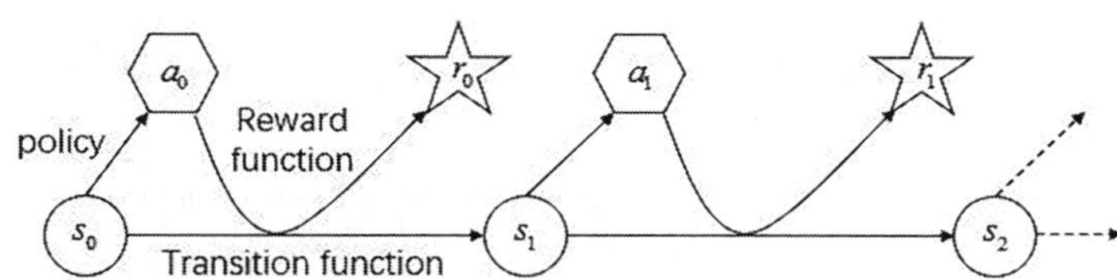

图 4.25　马尔可夫决策过程的图模型表示

因为动作选择和状态转移都有一定的随机性,每次试验得到的轨迹是一个随机序列,其收获的总回报也不一样。强化学习的目标是学习到一个策略 $\pi_{\boldsymbol{\theta}}(a \mid s)$ 来最大化期望回报,即希望智能体执行一系列的动作来获得尽可能多的平均回报。策略梯度方法试图找到一组最佳的参数 $\boldsymbol{\theta}^*$ 来表示策略函数,使累计奖励 $R(\tau)$ 的期望最大,即 $\boldsymbol{\theta}^*=\underset{\boldsymbol{\theta}}{\operatorname{argmax}}J(\pi_{\boldsymbol{\theta}})$, 这里 $J(\pi_{\boldsymbol{\theta}})=E_{\tau\sim\pi_{\boldsymbol{\theta}}}[R(\tau)]$。我们想通过梯度上升算法来优化策略,例如, $\boldsymbol{\theta}_{k+1}=\boldsymbol{\theta}_k+\alpha\nabla_{\boldsymbol{\theta}}J(\pi_{\boldsymbol{\theta}})\mid_{\boldsymbol{\theta}_k}$, 我们称 $\nabla_{\boldsymbol{\theta}}J(\pi_{\boldsymbol{\theta}})$ 为策略梯度,使用这种方式优化策略的算法叫作策略梯度算法。经过数学推导,我们会有公式:

$$\nabla_{\boldsymbol{\theta}}J(\pi_{\boldsymbol{\theta}})=E_{\tau\sim\pi_{\boldsymbol{\theta}}}\left[\left(\sum_{t=0}^{T-1}\nabla_{\boldsymbol{\theta}}\log\pi_{\boldsymbol{\theta}}(a_t \mid s_t)\right)R(\tau)\right]$$

但这里存在不合理的地方。我们知道,当前时刻不能影响过去已经发生的事,这就是时间因果关系。同样地,对于一条轨迹上,在时刻 t 时的策略不能影响时刻 t 之前所获得的奖励。因此,只需要将时刻 t 之后所有的奖励加起来即可,与时刻 t 之前所获得的奖励是无关的。事实证明,这种直觉出现

① 环境的随机性,会导致环境的变化也是一个概率分布,即状态转移概率 $p(s' \mid s,a)$。

在数学中，我们可以证明策略梯度也可以表示为

$$\nabla_{\boldsymbol{\theta}} J(\pi_{\boldsymbol{\theta}}) = E_{\tau \sim \pi_{\boldsymbol{\theta}}}\left[\sum_{t=0}^{T-1} \nabla_{\boldsymbol{\theta}} \log \pi_{\boldsymbol{\theta}}(a_t \mid s_t) \sum_{t'=t}^{T-1} R(s'_t, a'_t, s_{t'+1})\right] \tag{4.1}$$

在这种表达形式中，动作只会根据采取动作后获得的奖励而得到强化。因为它只涉及轨迹中某个点之后的奖励总和，我们将这种形式称为“reward-to-go 策略梯度”。如果环境中没有终止状态（比如终身学习的机器人），即 $T=\infty$，则其总回报可能是无穷大。为了解决这个问题，我们可以引入一个折扣率 γ 来降低远期回报的权重。折扣回报定义为 $G(\tau)=\sum_{t=0}^{T-1}\gamma^t r_t$。

为了表达方便，我们定义当前时刻 t 后的累积奖励为未来总回报：

$$G_t(\tau) = G(\tau_{t:T}) = \sum_{t'=t}^{T-1} \gamma^{t'-t} r'_t$$

式中，$r_t = R(s_t, a_t, s_{t+1})$，$\gamma \in [0,\ 1]$ 是折扣率。当 γ 接近于 0 时，智能体更在意短期回报；当 γ 接近于 1 时，长期回报变得更重要。

考虑折扣率，式(4.1)改写为

$$\nabla_{\boldsymbol{\theta}} J(\pi_{\boldsymbol{\theta}}) = E_{\tau \sim \pi_{\boldsymbol{\theta}}}\left[\sum_{t=0}^{T-1} (\nabla_{\boldsymbol{\theta}} \log \pi_{\boldsymbol{\theta}}(a_t \mid s_t) \gamma^t G_t(\tau))\right] \tag{4.2}$$

在上面的策略梯度公式中，期望可以通过采样的方法来近似。对于当前策略 $\pi_{\boldsymbol{\theta}}$，可以随机游走采集多条轨迹 $\tau^{(1)}, \tau^{(2)}, \cdots, \tau^{(N)}$，每一条轨迹 $\tau^{(n)} = s_0, a_0, s_1, a_1, \cdots$，这样我们就可以按照下面的式子来计算梯度：

$$\nabla_{\boldsymbol{\theta}} J(\pi_{\boldsymbol{\theta}}) \approx \frac{1}{N} \sum_{n=1}^{N} \left[\left(\sum_{t=0}^{T-1} \nabla_{\boldsymbol{\theta}} \log \pi_{\boldsymbol{\theta}}(a_t^{(n)} \mid s_t^{(n)}) \gamma^t G_t(\tau^{(n)})\right)\right]$$

结合随机梯度上升算法，我们可以每次采集一条轨迹，计算每个时刻的梯度并更新参数，得到图 4.26 所示的 REINFORCE 算法。

```
随机初始化参数 θ;
repeat
    根据策略 π_θ(a|s) 生成一条轨迹 τ=s_0, a_0, s_1, a_1, ···, s_{T-1}, a_{T-1}, s_T
    for t = 0 to T do
        计算 G_t(τ)
        更新策略参数: θ ← θ + αγ^t G_t(τ) ∇_θ log π_θ(a_t | s_t)
    end
until θ 收敛;
```

图 4.26　REINFORCE 算法的伪代码

REINFORCE 算法本质上是在增大高回报轨迹出现的概率，减小低回报轨迹出现的概率。我们使用图 4.27 来说明一下该算法的直观思想。假设有三条路径（每一条路径理解为一条轨迹 τ），其回报分别为 1、3、-1。最直观的做法是尽量选择第二条路径，即增加该策略的概率，使最终的回报最大。

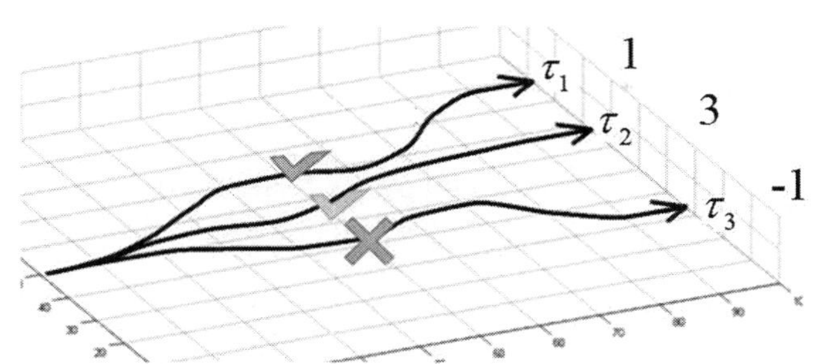

图 4.27　轨迹似然率梯度

这里有个问题就是:要是所有采样到的轨迹的回报值都是正,那么谁先被采样到,谁出现的概率就更大一些。这就导致谁先被采样到,谁就获利。这显然是不公平的。

我们使用图 4.28 来说明这样的情况。假如在状态 s_t 下有 3 个动作 a,b,c,其概率之和为 1。如果执行这个动作后得到正的总回报 $R(\tau)$,则需要增大这个动作被选中的概率;如果得到负的总回报,则减小其概率。在理想情况下,3 个动作都被采样到了,可以看出它们的总回报 $R(\tau)$ 全都是正值。然而,这 3 个动作的总概率为 1,所以被选中的概率不能全都增大,肯定是有的增大有的减小。因此,哪个动作得到的总回报更多,就让它的概率大一点。

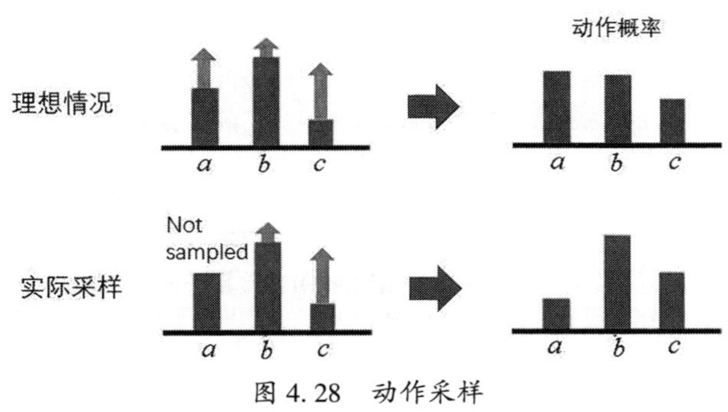

图 4.28　动作采样

然而在实际中,不可能采样到所有的动作,假如动作 a 没有被采样到,动作 b,c 得到的回报都是正值。这样,在下一个回合选中动作 b,c 的概率都会上升,而选中动作 a 的概率会下降。但这并不代表动作 a 一定不好,只是其没有被采样到。

上面的情况导致训练不稳定,这是在高维空间中使用蒙特卡洛方法的通病。一种减少方差的通用方法是引入一个控制变量。实际上,减去一个基线虽然不会改变更新值的期望值,但它会影响更新的方差。通过减去平均回报(基准),梯度算法能够学习得更快。对于 MDP 问题,基线则依赖于状态。比如对于一些状态来说,它们都具有比较大的动作价值函数。那么,我们就需要有一个大的基线来区分更大的动作价值和相对小的动作价值。但对于其他一些状态,所有状态价值函数都比较小,那么我们就需要一个小的基线值。因此,为了减小每个时刻 t 策略梯度的方差,需要引入一个与 a_t 无关的基准函数 $b(s_t)$。

于是，带基准线的策略梯度 $\nabla \overline{R}_{\boldsymbol{\theta}}$ 可以记为

$$\nabla \overline{R}_{\boldsymbol{\theta}} \approx \frac{1}{N}\sum_{n=1}^{N}\left[\left(\sum_{t=0}^{T-1}\nabla_{\boldsymbol{\theta}}\log\pi_{\boldsymbol{\theta}}(a_t^{(n)} \mid s_t^{(n)})\gamma^t(G_t(\tau^{(n)}) - b(s_t^{(n)}))\right)\right]$$

为了可以有效地减小方差，基准函数 $b(s_t)$ 和 $G_t(\tau)$ 越相关越好。一个很自然的选择是令 $b(s_t)$ 为状态价值函数 $V_{\pi_{\boldsymbol{\theta}}}(s_t)$。但由于状态价值函数未知，我们可以用一个可学习的函数 $V_{\boldsymbol{w}}(s_t)$ 来近似价值函数，目标函数为 $L(\boldsymbol{w} \mid s_t, \pi_{\boldsymbol{\theta}}) = (V_{\pi_{\boldsymbol{\theta}}}(s_t) - V_{\boldsymbol{w}}(s_t))^2$。其中，$V_{\pi_{\boldsymbol{\theta}}}(s_t) = E[G_t(\tau)]$ 可以用蒙特卡洛方法进行估计。

图 4.29 给出了带基准线的 REINFORCE 算法的伪代码。$V_{\boldsymbol{w}}(s_t)$ 其实是一个神经网络，做回归任务，每一步目标是最小化与 $G_t(\tau)$ 的距离，整体来看，就是之前策略累计奖励的动态平均。$\hat{A}_t = G_t(\tau) - V_{\boldsymbol{w}}(s_t)$ 被称为优势估计，衡量累计回馈与平均水平的差距。之后，使用梯度上升算法来更新策略，这与 REINFORCE 算法是一样的。

```
随机初始化参数 θ,w；
repeat
    根据策略 π_θ(a|s) 生成一条轨迹 τ=s_0,a_0,s_1,a_1,···,s_{T-1},a_{T-1},s_T
    for t = 0 to T do
        计算 G_t(τ)
        计算优势估计：Â_t = G_t(τ)-V_w(s_t)
        更新状态价值函数参数：w ← w + βÂ_t ∇_w V_w(s_t)
        更新策略函数参数：θ ← θ + αγ^t Â_t ∇_θ log π_θ(a_t|s_t)
    end
until θ 收敛；
```

图 4.29　带基准线的 REINFORCE 算法的伪代码

4.3.2　策略参数化

策略函数是在确定时刻 t 的状态 s 下，采取任何可能动作的概率。因此，它实际上是一个概率密度函数。假设策略被参数化为 $\pi_{\boldsymbol{\theta}}(a \mid s)$，如果对 $\pi_{\boldsymbol{\theta}}(a \mid s)$ 的参数 $\boldsymbol{\theta}$ 的偏导存在，则策略梯度为 $\nabla \pi_{\boldsymbol{\theta}}(a \mid s) = \pi_{\boldsymbol{\theta}}(a \mid s)\nabla\log\pi_{\boldsymbol{\theta}}(a \mid s)$。这里，$\nabla\log\pi_{\boldsymbol{\theta}}(a \mid s)$ 称为得分函数。

本小节将解释一些标准的梯度策略，例如，softmax 策略和高斯策略。在强化学习算法中，我们使用这些策略来学习参数 $\boldsymbol{\theta}$。在实践中，每当在强化学习算法中看到使用得分函数时，我们就会插入相应所选策略的公式。

softmax 策略是针对具有离散的动作场景时常用的一个策略。例如，在玩雅达利游戏时，智能体只需要决定比如上下左右移动，这种动作是离散的。我们希望有一个平滑的参数化的策略来决策：针对每一个离散的动作，应该以什么样的概率来执行它。

为此，我们把动作视为多个特征在一定权重下的线性代数和，并使用描述状态和动作的特征 $\boldsymbol{h}(s,a)$ 与参数 $\boldsymbol{\theta}$ 的线性组合来权衡一个动作发生的概率：$\pi_{\boldsymbol{\theta}}(a \mid s) \propto \exp(\boldsymbol{h}(s,a)^{\mathrm{T}}\boldsymbol{\theta})$。这时相应的得分函数为 $\nabla_{\boldsymbol{\theta}}\log\pi_{\boldsymbol{\theta}}(s,a) = \boldsymbol{h}(s,a) - E_{\pi_{\boldsymbol{\theta}}}[\boldsymbol{h}(s,\cdot)]$。

梯度的计算我们可以通过一个例子来示范。如果目前的状态特征 $\boldsymbol{x}(s) = (1,1)$，并且在那个状态下有两个动作 $a_0 = 0$ 和 $a_1 = 1$。$\boldsymbol{h}(s,a)$ 采取简单的向量连接。当前的策略情况是：$\pi(a_0 \mid s) = 0.7$ 和 $\pi(a_1 \mid s) = 0.3$，那么对于动作 a_0 的梯度如下。

$$\nabla_{\boldsymbol{\theta}}\log(\pi_{\boldsymbol{\theta}}(a_0 \mid s)) = (1,1,0)^{\mathrm{T}} - (0.7 \times (1,1,0)^{\mathrm{T}} + 0.3 \times (1,1,1)^{\mathrm{T}}) = (0,0,-0.3)^{\mathrm{T}}$$

特征向量 $\boldsymbol{h}(s,a)$ 可以任意选择，能像上面的例子那样堆叠状态特征和动作，也能使用其他的如多项式、径向基函数、瓦片编码等方式。

特征向量 $\boldsymbol{h}(s,a)$ 也可以使用带有可训练权重的深度神经网络生成。如图 4.30 所示，假设我们在玩一个雅达利游戏 Pong，想知道应该向上走、向下走还是停留不动。输入的是游戏图像（像素矩阵），输出的是动作选择概率（向上走 88%，向下走 12%，停留不动 0%），向量形式：[0.88, 0.12, 0]，然后根据概率随机挑选动作。图中 3 个动作与每个特征都有联系，这种联系的紧密程度就用参数 $\boldsymbol{\theta}$ 表示，参数 $\boldsymbol{\theta}$ 不是一个值，它可以看成是一个矩阵。现在当环境状态以每个特征不同强度的形式展现在智能体面前时，智能体会针对向上走、向下走和停留不动 3 个动作同时计算其带权重的线性代数和。然后使用 softmax 分配每个动作的选择概率。这里的特征 $\boldsymbol{h}(s,a)$ 使用带有可训练权重的深度神经网络生成，直接接在线性网络前面。

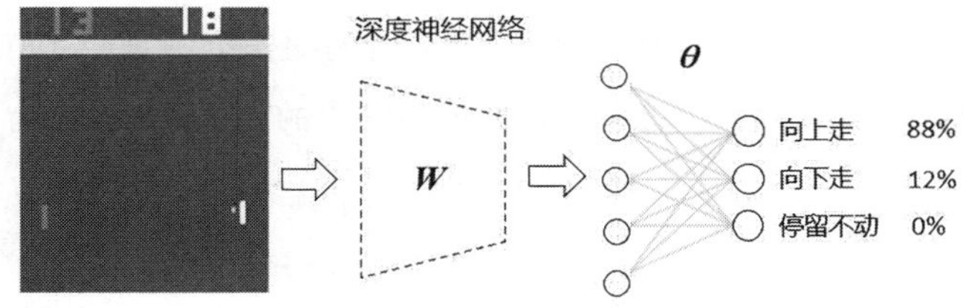

图 4.30 Pong 游戏例子中的 softmax 策略

在一些实际场景中，我们经常会遇到连续动作空间的情况，即输出的动作是不可数的。例如，推小车时力的大小、选择下一时刻方向盘的转动角度、四轴飞行器的 4 个螺旋桨的电压大小等。假设智能体是一个机器人，它身上有 50 个关节，它的每一个动作就对应到它身上的这 50 个关节的角度，而且这些角度也是连续的。因此，很多时候动作并不是离散的，它是一个向量。在这个向量中，它的每一个维度都有一个对应的值，都是实数，它是连续的。面对这样的场景，上面介绍的 softmax 策略将无能为力。

高斯策略是应用于连续动作空间的一种常用策略。下面举一个机器人移动控制的例子。当控制机器人移动时，需要调整流经控制某个电机的电流值，而这是一个连续的实数取值。该策略采取的动作是一个数值，该数值从以 $\mu(s)$ 为均值，σ 为标准差的正态分布 $N(\mu(s),\sigma^2)$ 中随机采样产生。策略可以表示为

$$\pi(a \mid s,\boldsymbol{\theta}) = \frac{1}{\sigma\sqrt{2\pi}}\exp\left(-\frac{(a-\mu(s,\boldsymbol{\theta}))^2}{2\sigma^2}\right)$$

式中,其均值$\mu(s,\boldsymbol{\theta}) = \boldsymbol{x}(s)^{\mathrm{T}}\boldsymbol{\theta}$。高斯策略的得分函数为

$$\nabla_{\boldsymbol{\theta}}\log\pi_{\boldsymbol{\theta}}(s,a) = \frac{(a-\mu(s))\boldsymbol{x}(s)}{\sigma^2}$$

这里的标准差σ可以是固定的,也可以是训练出来的。我们可以定义其参数化标准差$\sigma(s,\boldsymbol{\theta}_\sigma)=\exp(\boldsymbol{x}(s)^{\mathrm{T}}\boldsymbol{\theta}_\sigma)$。我们可以通过线性函数来近似均值,即转置权重和特征向量的简单矩阵乘法。对于标准差,由于该值应为正,因此我们对线性函数取幂。就像离散动作的参数化一样,我们只需要使用一个网络,因为μ和σ都由相同的线性函数逼近。

对于连续动作空间和离散动作空间,算法的底层逻辑并没有改变,只是策略函数的参数化方式有所不同。对于连续动作空间中的每一个动作特征,由策略$\pi_{\boldsymbol{\theta}}$产生的动作对应的该特征分量都服从一个正态分布,该分布中采样得到一个具体的动作分量,多个动作分量整体形成一个具体的动作向量。采样得到的不同动作对应不同的奖励。参数$\boldsymbol{\theta}$不断调整用一个新的正态分布去拟合正向奖励的动作价值,抑制负向奖励的动作价值。最终,使采样结果集中在那些有较高奖励的动作上。

图4.31给出了一个简易自动驾驶拐弯时运用策略梯度的例子。它的输入是路况图片,这个任务的目标是根据弯道情况选择下一时刻方向盘的转动角度。要输出连续动作,一般可以在输出层这里加一层tanh。它的作用就是把输出限制到[-1,1]之间。拿到这个输出后,就可以根据实际动作的范围再做一下缩放,然后再输出给环境。例如,神经网络输出一个浮点数是1.5,然后经过tanh之后,它就可以被限制在[-1,1]之间,它输出0.026。假设方向盘的动作范围是[-180,180]之间,那我们就按比例从[-1,1]扩放到[-180,180],0.026乘180,最终输出的就是4.68,作为方向盘旋转角度输出给环境。

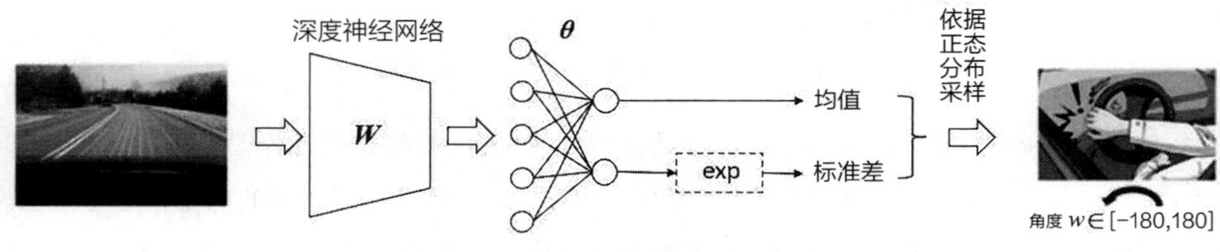

图4.31 连续动作的高斯策略梯度

4.3.3 Actor-Critic 方法

在REINFORCE算法中,每次需要根据一个策略采集一条完整的轨迹,并计算这条轨迹上的回报。这种采样方式的方差比较大,学习效率也比较低。我们可以借鉴时序差分学习的思想,使用动态规划方法来提高采样的效率,即从状态s开始的总回报可以通过当前动作的即时奖励$r(s,a,s')$和下

一个状态 s' 的价值函数来近似估计。

演员-评论家(Actor-Critic)算法正是一种结合了策略梯度和时序差分学习的强化学习方法。Actor-Critic 算法的名字很形象,它包含策略函数和动作价值函数。Actor 是演员的意思,Critic 是评论家的意思。如图 4.32 所示,策略函数充当演员,生成动作与环境的交互;动作价值函数充当评论家,负责评价演员的表现,并指导演员的后续动作。Actor-Critic 算法通过引入一种评价机制来解决高方差的问题。借助于价值函数,Actor-Critic 算法可以进行单步更新参数,不需要等到一个完整的回合结束才进行更新。

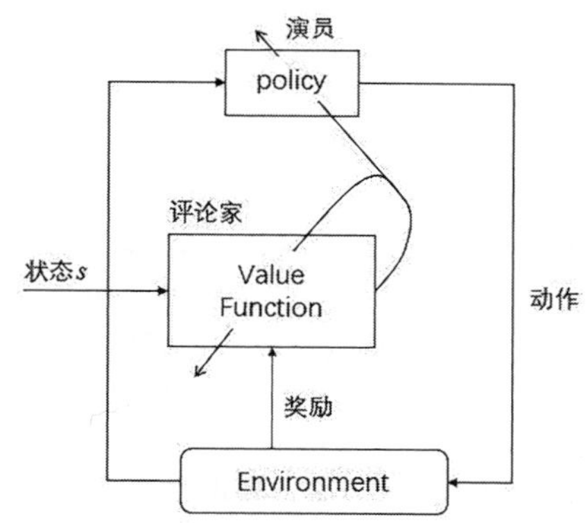

图 4.32 Actor-Critic 算法

图 4.33 给出了 Actor-Critic 结构网络。我们注意到,整个 Actor-Critic 网络包含 3 个子网络结构。右边的网络是状态输入的抽象层网络。在玩雅达利游戏时,输入的状态都是像素级别的图像,通常会用 CNN 之类的网络来处理,把原来的输入抽象成更高级别的信息。输出的信息可以被左边的两个网络共用。左边的两个网络分别是价值网络(V-Network)和策略网络(Q-Network)。V-Network 对应评论家(Critic),Q-Network 对应演员(Actor)。V-Network 的输入是一个状态的表示,输出是一个标量 $V_\pi(s)$。对于 Q-Network,如果动作是离散的,输出就是一个动作的分布;如果动作是连续的,输出就是一个连续的向量。图中给出的是离散动作的例子,连续动作的情况也是类似的。

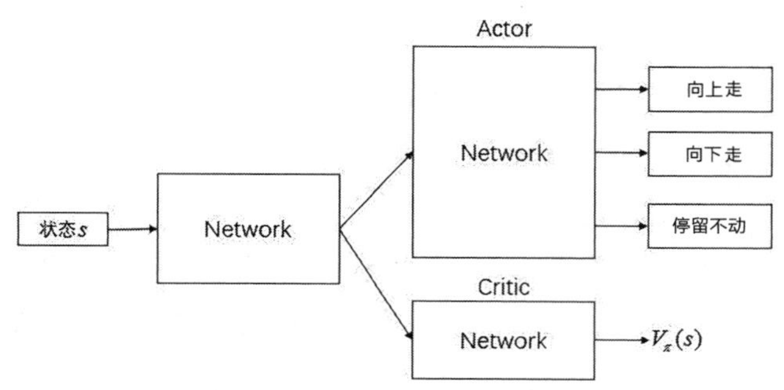

图 4.33 Actor-Critic 结构网络

为了理解同时使用 Q-Network 和 V-Network 的底层逻辑,我们先复习一下 4.3.1 小节中提到的带基线的 REINFORCE 算法中的策略梯度公式：

$$\nabla \overline{R}_{\theta} \approx \frac{1}{N}\sum_{n=1}^{N}\left[\left(\sum_{t=0}^{T-1} \nabla_{\theta}\log\pi_{\theta}(a_t^{(n)} \mid s_t^{(n)})\gamma^{t}(G_t(\tau^{(n)}) - b(s_t^{(n)}))\right)\right]$$

这个公式表示策略梯度是多次轨迹上加权状态-动作策略梯度的平均。公式中的 G_t 表示累积奖励，但 G_t 的值实际上是非常不稳定的。因为互动过程本身具有随机性，所以在某一个状态 s 采取某一个动作 a 后计算累积奖励，每次计算出来的结果都是不同的。因此，G_t 实际上是一个随机变量。假设在每次更新参数之前可以采样足够的次数，那其实没有什么问题。但问题是，每次更新参数之前都要进行采样，而这个采样的次数实际上不可能太多。如图 4.34 所示，如果正好采样到差的结果，如采样到 $G_t = 100$ 或 $G_t = -10$，那么显然最终结果会很差。

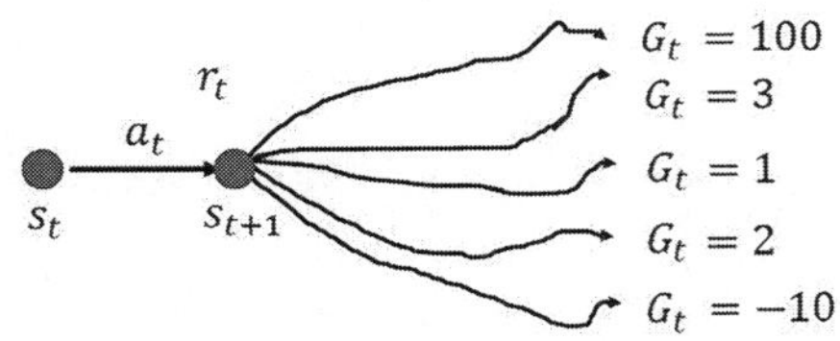

图 4.34　t 时刻未来累积奖励 G_t 采样

那么，能不能让整个训练过程变得比较稳定一点，能不能直接估测 G_t 这个随机变量的期望值？我们在状态 s 采取动作 a 时，直接用一个网络去估测此刻 G_t 的期望值。如果这件事情是可行的，那么之后在训练时，就可以用期望值来代替采样的值，这样会让训练变得更加稳定。用公式表示为 $E[G_t^{(n)}] = Q_{\pi}(s_t^{(n)}, a_t^{(n)})$。这个就是 Q 函数的定义，假设策略就是 π 的情况下，在某一个状态 s 采取某一个动作 a，会得到的累积奖励的期望值有多大。这里，累积奖励的期望值就是 G_t 的期望值。

另外，有不同的方法来表示基线 $b(s_t)$，一个常见的做法是用价值函数 $V_{\pi}(s_t)$ 来表示。价值函数是说，假设策略是 π，从某一个状态 s 一直互动到游戏结束，期望奖励有多大。$V_{\pi}(s_t)$ 没有涉及动作，而 $Q_{\pi}(s_t, a_t)$ 涉及动作。

因此，可以把 $G_t(\tau^{(n)}) - b(s_t^{(n)})$ 换成 $Q_{\pi}(s_t^{(n)}, a_t^{(n)}) - V_w(s_t^{(n)})$。如果这么实现，有一个缺点是：要估计两个网络：Q-Network 和 V-Network，估测不准的风险就变成两倍。因此，我们为何不只估测一个网络？

实际上，在 Actor-Critic 方法中，只需要估测 V-Network 的参数。利用这个网络的 V 值来表示 Q 的值，$Q_{\pi}(s_t^{(n)}, a_t^{(n)})$ 可以写成 $r_t^{(n)} + \gamma V_w(s_{t+1}^{(n)})$ 的期望值，即

$$Q_{\pi}(s_t^{(n)}, a_t^{(n)}) = E[r_t^{(n)} + \gamma V_w(s_{t+1}^{(n)})]$$

在状态 s_t 采取动作 a_t 时，会得到奖励 r_t，然后跳到状态 s_{t+1}。但会得到什么样的奖励 r_t，跳到什么样的状态 s_{t+1}，它本身具有随机性。因此，要把右边这个式子取期望值才会等于 Q 函数。但我们现在把期望值去掉，即 $Q_{\pi}(s_t^{(n)}, a_t^{(n)}) = r_t^{(n)} + \gamma V_w(s_{t+1}^{(n)})$。

那么，我们就可以定义一个优势函数：

$$A_w(s_t^{(n)}, a_t^{(n)}) = R(s_t^{(n)}, a_t^{(n)}) + \gamma V_w(s_{t+1}^{(n)}) - V_w(s_t^{(n)})$$

去掉期望值后仅需估计一个网络的参数,即省去了对Q函数的估计,仅需估计V函数。同时,引入了一个随机的因素 r_t,它具有随机性,是一个随机变量。但这个随机变量相较于累积奖励 G_t 可能还好,因为它是某一个步骤会得到的即时奖励,而 G_t 是所有未来会得到的奖励的总和。G_t 的方差比较大,r_t 虽然也有一些方差,但它的方差会比 G_t 要小。因此,把原来方差比较大的 G_t 换成方差比较小的 r_t 也是合理的。这样,策略梯度公式可以重新改写为

$$\nabla \bar{R}_{\boldsymbol{\theta}} \approx \frac{1}{N}\sum_{n=1}^{N}\left[\left(\sum_{t=0}^{T-1} \nabla_{\boldsymbol{\theta}}\log\pi_{\boldsymbol{\theta}}(a_t^{(n)} \mid s_t^{(n)})\gamma^t A_{\boldsymbol{w}}(s_t^{(n)}, a_t^{(n)})\right)\right]$$

如图4.35所示,根据上式给出了Actor-Critic算法的伪代码。在这个算法中,我们训练V-Network使用以下数据对:$\{(s_t^{(n)}, y_t^{(n)})\}$,这里 $y_t^{(n)} = R(s_t^{(n)}, a_t^{(n)}) + \gamma V_{\boldsymbol{w}}(s_{t+1}^{(n)})$。我们做一个有监督的回归任务:$L(\boldsymbol{w}) = \frac{1}{2}\sum_t \| V_{\boldsymbol{w}}(s_t) - y_t \|^2$。这种方式也被称为自助估计。然后基于价值函数更新策略 π,有了新策略 π 以后,与环境互动,收集新的资料,去估计价值函数。最后用新的价值函数去更新策略。整个Actor-Critic的训练算法就是这么运作的。

```
随机初始化参数 θ,w ;
repeat
    初始化起始状态s
    λ=1
    repeat
        在状态s,选择动作a = π(a|s)
        执行动作a, 得到及时奖励 r = R(s,a) 和新状态 s'
        A ← r + γV_w(s') − V_w(s)
        更新价值网络参数: w ← w + βA∇_w V_w(s)
        更新策略函数参数: θ ← θ + αλA∇_θ log π_θ(a|s)
        λ ← γλ
        s ← s'
    until s为终止状态
until θ 收敛
```

图4.35 Actor-Critic算法的伪代码

4.4 探索策略

利用与探索是强化学习中的一个重要主题。我们希望智能体能够尽快找到最佳解决方案。但与此同时,在没有足够探索的情况下过快地提交解决方案听起来很糟糕,因为这可能会导致局部最小值或完全失败。探索策略是尝试新的东西,本质上是为了获取更多的信息。各种探索方法的核心就是

用尽可能小的代价获得尽可能有价值的信息。

4.4.1 ε-贪心策略

在权衡开发与探索二者之间，ε-贪心是一种常用的策略，它在我们前面介绍的算法中也经常被提及。该策略通过设置一个探索率 ε 来平衡开发与探索二者的关系——在大部分时间里采用现阶段最优策略，在少部分时间里实现随机探索。ε-贪心策略相对简单，因为它根本不会考虑更加有针对性的探索机制，而只是在纯贪心策略的基础上加入了一定概率的均匀随机选择——因此，ε-贪心又被称为朴素探索。

具体来说，在智能体做决策时，有一个很小的正数 $\varepsilon(<1)$ 的概率随机选择未知的一个动作，剩下 $1-\varepsilon$ 的概率选择已有动作中动作价值最大的动作。

假设当前智能体所处的状态为 $s_t \in S$，其可以选择的动作集合为 $\mathcal{A}$。在决策过程中，有 ε 概率选择非贪心的动作，即每个动作被选择的概率为 $\varepsilon/|\mathcal{A}(\mathrm{s})|$，其中 $|\mathcal{A}(s)|$ 表示动作数量。也就是说，每个动作都有同样 $\varepsilon/|\mathcal{A}(\mathrm{s})|$ 的概率被非贪心的选择。另外，还有 $1-\varepsilon+\varepsilon/|\mathcal{A}(\mathrm{s})|$ 的概率选择一个贪心策略。我们可以用下面的公式来表示：

$$\pi(a \mid s) \leftarrow \begin{cases} 1-\varepsilon+\varepsilon/|\mathcal{A}(s)| & \text{if } a=A^* \\ \varepsilon/|\mathcal{A}(s)| & \text{if } a \neq A^* \end{cases}$$

其中，A^* 是在某一个时刻，智能体认为的最优动作。这种贪心策略有一个问题：虽然每个动作都有被选择的概率，但是这种选择太过于随机。有些（状态-动作）二元组应该是可以达到全局最优，但由于初始化的原因，使它被访问的概率很低，这并不能有助于智能体很大概率地发现最优动作。UCB 算法则改进了这一点。

4.4.2 置信区间上界策略

随机探索让我们有机会尝试我们不太了解的选项。然而，由于随机性，我们最终可能会探索过去已经确认的不良行为（运气不好时）。为了避免这种低效的探索，一种方法是及时减少参数 ε，另一种方法是对具有高不确定性的选项持乐观态度，从而更喜欢我们尚未对其进行置信值估计的动作。或者换句话说，我们倾向于探索具有最佳价值的较大潜力的动作。

置信区间是概率统计和统计推断比较重要的概念，其衡量一个随机变量分布的置信水平。置信区间越大，说明这个随机变量的不确定因素越多。置信区间上界（Upper Confidence Bound，UCB）通过奖励值的置信上限来衡量这种潜力。当某一动作的计数较少时，该动作价值在某一置信度上的价值上限将偏离均值较多。随着针对某一动作的奖励数据越来越多，该动作价值在某一置信度上的价值上限将越来越接近均值。我们可以用 UCB 来指导行为的选择，其公式表示为 $a_t = \underset{a \in A}{\operatorname{argmax}}\ \hat{Q}_t(a) + \hat{U}_t(a)$。

简单地说，$\hat{Q}_t(a)$ 代表开发，它是根据历史数据获得的奖励的平均值。$\hat{U}_t(a)$ 代表探索。如果即时奖励分布是明确可知的，那么 UCB 将比较容易根据均值进行求解。例如，对于正态分布，95% 的 UCB 是均值与两倍标准差的和。

那么，对于分布未知的 UCB 如何得到呢？Hoeffding 不等式给出了位于区间[0,1]的两两随机变量其期望与均值之间满足的关系：

$$p[Q(a) > \hat{Q}_t(a) + U_t(a)] \leqslant e^{-2N_t(a)U_t(a)^2}$$

这个不等式描述的 UCB 虽然比之前描述的要弱，但它是实际可用的。利用这个不等式，我们可以较容易地得到一个特定置信度的 UCB。假定动作 a 的价值 $Q(a)$ 有 p 的概率超过设置的 UCB，即令 $e^{-2N_t(a)U_t(a)^2} = p$，那么可以得到 $\hat{U}_t(a) = \sqrt{\frac{-\log p}{N_t(a)}}$。

随着时间步长的增加，我们逐渐减少 p 值，如 $p = t^{-4}$，那么随着时间步长趋向无穷大，我们据此可以得到最佳行为。看下面的式子：

$$\hat{U}_t(a) = \sqrt{\frac{2\log t}{N_t(a)}}$$

式中，$N_t(a)$ 是动作 a 的计数，$\log t$ 表示选择动作总次数的对数。$N_t(a)$ 不变，而 $\log t$ 在增加，不确定性越高，使其被选择的概率越大；反之亦然。

在 UCB 算法中，我们根据下面的式子分配分值给在时间 t 的动作 a_i：

$$\mathrm{UCB}_{i,t} = \hat{Q}_t(a_i) + c\sqrt{\frac{\log t}{N_t(a_i)}}$$

图 4.36 给出了 UCB 算法的伪代码。代码分为两部分：先全部执行所有动作，然后按公式 $\mathrm{UCB}_{i,t}$ 分配的分值选择分值大的动作执行。

```
for t=1 to M:
    执行动作 a_t
for t=M+1 to T:
    执行动作 a_{I_t}，这里 I_t = argmax_{i∈{1,…,N}} UCB_{i,t-1}
```

图 4.36　UCB 算法的伪代码

4.5 本章小结

AlphaGo 在围棋领域的成功引起了人们对强化学习的广泛关注。强化学习模式适合问题中没有显性标注的弱监督场景。它将一个任务描述成一个自然的顺序决策问题。通过与环境交互和不断试错,强化学习以整体回报为目标来优化整个序列决策过程。

本章重点讲述强化学习的基本理论和相关算法,首先介绍了强化学习的基本概念;然后介绍了深度强化学习的相关知识;之后介绍了策略梯度的相关理论和算法;最后简单介绍了两个常见的探索策略算法。强化学习是一种新的机器学习范式,也是智能对话应用中的一个新兴方向。本章的学习将为智能对话的后续学习奠定理论基础。

第 5 章 FAQ问答

近年来，随着人工智能和自然语言处理技术的迅速发展，智能问答技术得到了越来越多的关注，各种人机对话产品也不断涌现。智能客服系统作为人机对话的一个典型应用场景，因其具有相对明确的特征场景路径和相对成熟的技术落地基础，展现出极大的商业潜力和很强的研究价值。在企业运营智能化的潮流下，各大企业也相继推出各自的智能客服产品。

FAQ是Frequently Asked Questions的简称，中文意思是常见问题。它是智能问答领域，特别是客服领域中最核心的用户场景。因此，FAQ问答技术在智能客服系统中的重要性不言而喻。通过该技术，可以实现在知识库中快速找到与用户问题相匹配的问答，为用户提供满意的答案，从而极大提升客服人员的效率，改善客服人员的服务水平，并降低企业的客服成本。本章将从介绍FAQ问答技术的相关基本概念开始，展开讨论其核心算法技术，即短文本匹配计算的相关内容，以及其在FAQ问答技术上的应用，深入探讨FAQ问答相关的技术实现。

本章主要涉及的知识点如下。

- **知识点与知识库的相关概念：了解实际系统中相关的基本输入和编辑项内容。**
- **FAQ问答系统的业务架构：熟悉FAQ问答整个实际系统的组成。**
- **FAQ问答引擎：熟悉FAQ问答核心引擎的各个组件。**
- **FAQ文本匹配：熟悉相关的文本匹配流程。**
- **文本匹配的基本算法：学会一些基本的短文本匹配算法及实现。**

注意：本章内容不讲解基本的文本预处理方法，请读者自学相关内容。

5.1 基本概念

在客服场景中,用户会频繁地询问业务知识类问题,这是智能客服最为核心的用户场景之一。如果能使用机器替代人工进行这种简单重复的问题回答,将会显著降低人工客服的数量与成本。这类问题的知识域相对垂直封闭,问题的规模取决于公司或个人需要支持的业务范围。知识的变化并不会过于频繁,且知识库通常是一个已经编辑好的库,由问题与答案这样的 pair 对组成,而不是复杂的图结构或关联表结构。例如,“社保余额怎么查询”与“可以在微信上关注社保公众号,在底部菜单……”这样的文本 pair 对组成。一般来说,pair 对的数量依据客户业务的多寡,从几十到几万不等。

5.1.1 知识库的相关概念

FAQ 问答系统是一个接收到用户问题后,从编撰好的问题-答案对数据库中直接给出答案的系统。它是一个将用户问题与答案通过自然语言处理方法映射起来的过程,让用户直接获得自己需要的信息。对于 FAQ 问答系统而言,高质量的 FAQ 库是非常必要的,通常需要业务运营专家和算法工程师通力合作。在我们介绍 FAQ 问答系统的业务架构之前,为了便于理解,我们引入几个基本输入和编辑项的概念。

(1)标准问:简称标问。它是一个问答知识最标准的询问方法,通常由业务专家给定。维护好标准问可为知识浏览和编辑时的快速定位和理解提供更多便利。

(2)答案:用户发送的消息匹配到标准问或相似问时,回复给用户的内容。同一问题下可以有多个答案,在触发问题时随机回复。一个问答知识点下可以有通用答案和多个渠道答案,这样同一问题在机器人的不同接入渠道可以给出不同答案。这里渠道是指桌面网站、移动网站、微信公众号、微博、App 端、小程序等,当然也可以是不同的渠道商来源。

(3)相似问:它是与标准问表达相同语义或同一种意图的不同问法的句子。一个标准问可对应多个相似问。用户对机器人发送消息时,语义匹配到标准问或相似问均可匹配到此知识。相似问通常要求覆盖面越广越好,早期由业务专家拟定,之后由数据师扩写,后期会不断修缮、规整和增加。

(4)问法规则:由于汉语表达方式或表达习惯的多种多样,会存在用户问句表达方式繁复多样的情况,其中就会存在很多表达的句式略有不同,但表达的内容或意思一样。这样就可以通过句式转换,生成具有相同语义但句式表达方式不同的多种其他问句,将这些表达意思相同的多种等价句式归为一类问句,这样就很大程度上提高了问答库的泛化能力。用户表述中包含问法的对应模板表达式时,即回复此问题下的答案。在项目初期语料不足和长难句难以识别的情况下,添加模板规则有利于识别用户问题并做出回复。

(5)知识点:由标准问、对应答案及该标准问所对应的所有相似问组成。知识点创建在某个目录节点中。知识库通常以知识点作为单元进行组织。

(6)目录树:又称为知识点分类。知识点可存放在不同的目录节点中,方便问答知识的维护和管理,所有目录节点共同组成目录树。以电商行业为例,可先分“售前”“售中”“售后”“物流”“投诉”“发票”“活动”作为一级分类,也可进一步分出二级分类,如售前还可再分出“如何购买”“商品咨询”等。

(7)知识库:通常以问题[①]+答案的形式将知识存储为问答对,可被机器人调用,用以回复用户提问。为了提高用户提问的命中率,我们一般使用两种方式来增强语义识别的泛化能力:一种是配置问题的问法模板,另一种是标准问添加若干相似问。

我们在表5.1中展示了一个FAQ知识库示例。知识库中展示了两个知识点,即“信用卡办理条件”和“怎么取消会员续费”。表格第三列中的相似问展示了两个知识点的多条相似问法示例。上线初期,业务人员很难穷尽用户可能会有的问题和同一个问题的多种问法。因此,产品上线后,还需要对知识库持续进行问题补充与更新。这两个知识点被归类在两个不同的知识点分类中,分别是售前-信用卡咨询和售后-会员相关。

售前和售后属于目录树一级分类,信用卡咨询和会员相关分别隶属于它们的二级分类。目录树的使用一方面方便运营人员组织知识点,同时也为更粗粒度的意图识别提供标注信息。问法规则属于运营初期,在相似问不足的情况下,它是召回排序的一个补充。满足问法规则的内容自然会作为命中问题,并将该问题对应的答案返回给用户。问法规则一般使用正则表达式来描述,表格第四列中的*代表中文零个和多个任意字符。

表5.1 FAQ知识库示例

知识点分类(目录)	标准问	相似问	问法规则	答案
售前-信用卡咨询	信用卡办理条件	几岁可以办理信用卡 外籍人可以办理信用卡吗 异地户口可以办理信用卡吗 我可以办理信用卡吗 ……	*办理信用卡*	如果您想要申请办理信用卡,就需要满足以下几个条件……
售后-会员相关	怎么取消会员续费	可以随时取消续费吗 会员续费如何取消 不想续费可以取消吗 这个会员怎么取消 如何取消会员 ……	*取消*续费* *续费*取消*	如果您想要取消会员,请按下面步骤进行……
……	……	……	……	……

① 问题这里既可以是标准问,也可以是标准问和相似问。

5.1.2 FAQ 问答系统的业务架构

FAQ 问答系统通过运营知识库来替代客服人员对常见问题的重复应答。人机协作的模式为客户服务智能化提供了解决方案。图 5.1 展示了一个 FAQ 问答系统的通用业务架构。该系统低耦合地无缝衔接了工程、算法和运营三方的迭代工作,主要由三部分组成:在线服务、知识挖掘和运营审核。

(1)在线服务:这是 FAQ 问答系统的核心部分,提供自动问答服务。FAQ 问答引擎是其底层组件,负责用户问题的匹配及应答。它通常通过检索的方式召回候选问题集。在用户问句分析阶段,一般会进行文本纠错、文本标准化和底层 NLP 特征提取;在召回阶段,会在索引中召回若干个候选问题(粗排);在匹配阶段,会基于各种模型进行匹配打分并返回得分最高的结果(精排),根据分值将用户输入的问题匹配到用户最想问的问题上,并将相应的答案输出给用户。下一小节会对这个引擎的组成部件详细展开描述。

(2)知识挖掘:主要是通过用户问句的自动挖掘来及时发现未解答的用户高频问题,辅助客服业务运营专家进行配置,提高运营的效率。挖掘模块通常使用 K-means 或 DBSCAN 这类聚类算法完成。聚类之后产生的聚类簇,与知识库中的已有知识点计算相似度。如果某个聚类簇与某个知识点的相似度大于预设阈值,则作为该知识点的相似问题提交给运营专家。当与所有现有知识点都不相似时,先对该簇提取标签信息,然后作为新增知识点提供给运营专家审核。

(3)运营审核:这是 FAQ 问答系统的后台运营系统。知识点的质量和覆盖程度很大程度上影响 FAQ 问答系统的用户体验。通过业务运营专家参与数据的审核标注回流工作,能够为知识库提供及时的高质量知识点补充,同时也为文本匹配模型提供标注数据。

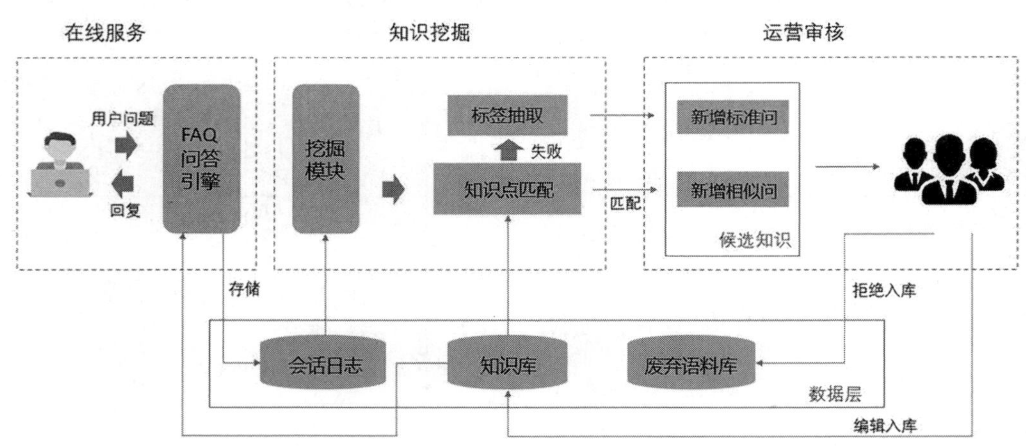

图 5.1 FAQ 问答系统的通用业务架构

以上 3 个子系统有机组合,形成一个 FAQ 问答系统人机协同的闭环。其中,知识挖掘采取离线形式完成。与运营审核结合,它能帮助运营人员更高效地利用历史和线上数据来收集整理知识点。

当企业用户知识规模不大时，这并不是一个必要的组成部分。FAQ 问答引擎作为智能 FAQ 问答的智能核心子系统，其精度直接影响用户体验。

5.1.3 FAQ 问答引擎

FAQ 问答引擎是基于业务问答对组成的知识库进行检索匹配的引擎。图 5.2 展示了 FAQ 问答引擎的基本架构。它主要由三部分组成：用户问句分析阶段、召回阶段和匹配阶段。

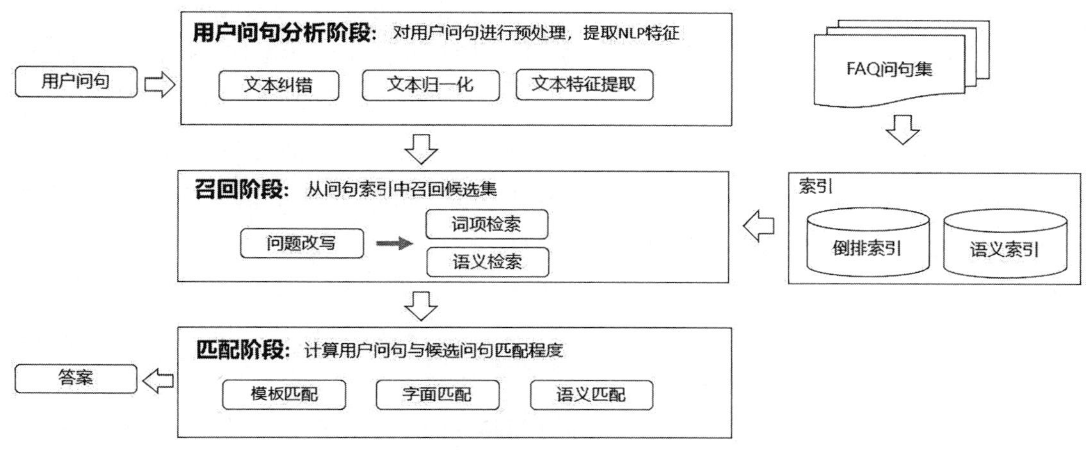

图 5.2 FAQ 问答引擎的基本架构

引擎的第一部分是用户问句分析阶段，主要对用户问句进行预处理，提取 NLP 特征。这里会进行分词、文本纠错、繁简体转换、数字归一化、命名实体识别、词性标注、关键词提取、匹配单元切割、指代消解、句向量表示生成等工作。

其中，文本纠错模块主要用于处理用户输入中的错别字情况。因为错别字可能会对后面的模型识别造成影响，所以需要先进行纠错操作。一个直观的方法是基于字典和规则来进行纠错。在业务场景中，业务名词非常重要，因此基于字典主要指的是基于业务关键词的字典。例如，“我怎么还我的花被呢”这句话中，“被”是一个错别字，通过字典可以将其纠正过来。在实际应用中，也会使用一个像 HMM 这样的统计模型或基于 BERT 的生成式模型作为纠错保底方案。文本归一化模块主要用于将原始文本转化为统一标准的文本，如繁体转简体、汉字数字转阿拉伯数字、字符标点全角转半角和字母大写转小写等。文本特征提取主要是为接下来的召回和匹配阶段提供文本匹配的相关特征。一些 NLP 技术，如命名实体识别、词性标注、关键词提取、匹配单元切割等，都会用来进行文本特征的提取。

第二部分召回阶段，旨在从问句索引中召回候选集。传统的倒排索引只考虑输入问句和索引问句之间的字面重合度，这种技术在智能客服场景中存在很大问题。主要原因有两个：第一，FAQ 集合通常是由专业业务人员整理，其问句形式比较书面和正式，而用户问题更加口语化。即使二者语义一致,表述上也存在显著差异。第二,用户在面对专业问题时,往往倾向于业务问题现象描述或意图描述。

为了缓解这种情况,可以采用业界前沿的语义检索技术。语义检索技术将用户问句和知识库中的相似问通过深度神经网络映射到语义表示空间的邻近位置,检索时,通过高速向量索引技术对相似问题进行检索。架构中会同时采用倒排索引和语义索引来增加召回率。

另外,问句改写技术也被用来生成不同表示的问句以增加召回率。改写主要用来解决语义拓展、用户和商家差异化表达等问题。通常,会使用业务词的同义词、近义词典来完成。

最后一个部分是匹配阶段,负责输出最终结果,这里会计算用户问句与候选问句的匹配程度。召回阶段的匹配可以看作是粗粒度快速的过滤方案,目标是减少漏召回。匹配阶段关注语义上的完全一致性。

匹配阶段一般会从 3 个不同角度来展开:模板匹配、字面匹配及语义匹配。模板匹配主要采用人工编写或离线挖掘的规则来进行匹配。这个阶段需要采用更精致的字面和语义相似度计算策略:首先,利用监督信息做拟合,构建基于问题对的训练语料,拟合是否匹配这个二分类目标;其次,特征上尽量抛弃稀疏的词袋模型,而是构造各种相似度来做基础分值构成向量,然后利用非线性的抗噪能力强的模型来做融合;最后,利用问句的语义信息,引入深度学习模型,特别是像 BERT 这样的预训练模型,让文本的嵌入表示有更强的表征能力。

图 5.2 中的 FAQ 问答引擎架构既考虑了语料不足情况的冷启动问题,也兼顾了中间阶段的问句召回策略,同时也可以利用外部的语料资源来完善文本语义匹配的灵活性。模板匹配在语料不足的情况下,提供了一个用人类知识弥补的可能。自然语言句子的嵌入表达提供语义比较的可能性,也为字面匹配度不高但意思相同的召回提供了可能的答案。答案的正确与否取决于匹配阶段对于候选问句列表中问句的挑选。BERT 这类预训练模型在其中的运用增加了外部语料资源的迁移利用机会。5.2 节将介绍文本匹配的相关模型。

5.2 文本匹配模型

问答系统中的匹配阶段可以归结为用户问句(Query)与标准问及相似问之间的相似度计算问题。通常,标准问和相似问在计算过程中会被平等对待,分值最高的问题对应的答案将被提供给用户。根据大多数公司的实践经验,让答案参与相似度计算并不会提升效果,甚至可能会导致效果下降。因此,我们这里讨论的文本匹配默认是问题-问题匹配,也称为 QQ 匹配。本节将介绍 3 种典型的计算方法:模板匹配、字面匹配和语义匹配。

5.2.1 模板匹配

基于规则模板的自然语言处理是NLP的一种处理方式,在一些应用场景下能够将人类的经验知识快速融入在线系统中,并产生相应的效果。它特别适合用来表达一类问句。鉴于模板匹配的可控性、高效性、易于解释和实现的特点,目前很多智能问答系统都保留了模板匹配部分,作为冷启动阶段的解决方案。模板匹配原则上既可以在匹配阶段完成,也可以放在用户问句分析阶段完成。本书选择在匹配阶段完成。在这里,我们将用户问句运用规则模板进行转换归一化,然后完成它与候选问句文本匹配。

这里介绍一种模板匹配的方式,也有人称为句式法。所谓句式法,就是通过对FAQ问答库进行等价句式整理的操作,获取等价句式模式数据。具体来说,从FAQ库中的标准问和相似问进行分词,提炼出概念,并将上述概念组合,构成大量的句式,这些句式再进行组合形成标准问。例如,用户问题"华为P40现在的价格是多少?",拆出来"华为P40"是手机概念,"价格是多少"是问询价格概念,"现在"是时间概念。如果我们用符号[cellphone]表示手机概念、[time]表示时间概念、[ask_price]表示问询价格概念,那么"华为P40现在的价格是多少?"的模式就是[cellphone]?[time][ask_price]。这里,"?"表示这部分可有可无。

当用户输入"华为P40卖多少钱?"时,出现在召回集合并且满足上面的规则模式,就能够命中"华为P40现在的价格是多少?"这个问题了。上面的例子属于属性咨询模板中的一种,像"华为P40有几种颜色"也属于这类。在客服场景中,概念说明模板和行为方式模板也是很常见的规则模板类型。

概念说明模板一般是"[CONCEPT]是什么"这样的形式。下面以一个业务介绍性问句来重点介绍概念说明模板,让读者对规则模板有一个感性的认识。

业务介绍性的问句:I1:手办是什么?

I1-p1:? [可以|能|请][|介绍|了解]? [一下]手办? [吗|嘛] ? [\?]

I1-p2:^手办[定义]是[什么|啥] [\ ?]?

I1-p3:[什么是|什么叫|啥叫|啥是]手办[呢|呀]

I1-p4:[请问|你知不知道]? 手办[是啥意思|是什么意思|介绍|有什么特点|是啥]

I1-p5:[能|可以]? [咨询一下]? 手办

其中,I1表示类别,p1表示该类别中的pattem序列。在每个部件中,"[ ]"表示一个整体,"|"表示选择其中之一,"?"表示前面[ ]中的内容可有可无,"\ "是一个转义符号。

为了了解这些模式具体代表什么,我们看下面的例子。"I1-p1? [可以|能|请][|介绍|了解]? [一下]手办? [吗|嘛] ? [\?]"中的模式展开之后包含的一些句型如下:(1)可以介绍一下手办? (2)可以介绍一下手办吗? (3)可以介绍一下手办嘛? (4)可以介绍手办吗? (5)可以介绍手办

嘛？等等。

行为方式模板通常采用“[CONCEPT][如何|怎么][ACTION]”的形式。例如，I2：代金券如何叠加使用，以下是几种可能的表达方式。

I2-p1：[代金券][需要|应该?][如何]才[可以]？进行？[叠加使用]

I2-p2：[多张]？[代金券][如何|怎么][叠加][使用]？

I2-p3：[代金券]的？[叠加使用][方法|方式|步骤]？

I2-p4：[有哪些|有什么|有没有]通过|用|在[代金券][叠加使用]的？[方法]

I2-p5：[如何|怎么][叠加使用][代金券]

I2-p6：[代金券][可以][叠加|累加|同时][使用][吗|么|嘛]

图5.3展示了模板匹配的过程。比如在原FAQ问答库中有一条与手办相关的介绍性问句问答对“Q2：手办是什么？→A：亲~手办，也常被称为人形或figure，指的是现代的收藏性人物模型，也可能指汽车、建筑物、视频、植物、昆虫、古生物或空想事物的模型。”

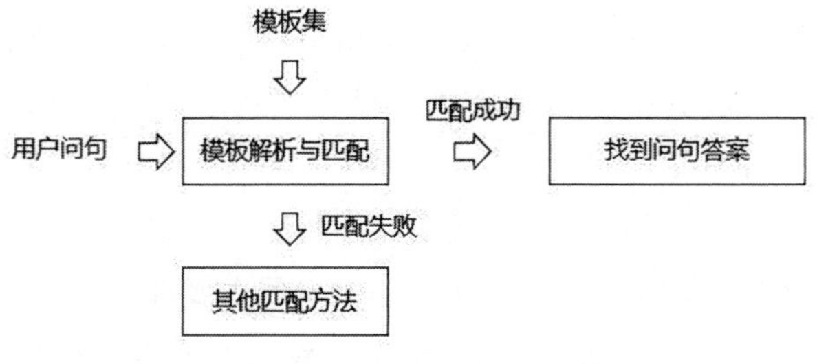

图5.3　模板匹配的过程

当用户进行如下询问：“Q1：可否介绍一下手办？”，Q1经过模板解析与匹配模块处理，如果匹配成功，则提取对应的问句“Q2：手办是什么？”，并找到对应的答案；如果匹配不成功，则交给其他匹配模块处理。

5.2.2　字面匹配

字面匹配是利用字符本身的统计特征来计算相似性的方法。由于其不受领域影响、通用性强，因此比较适合智能对话系统的冷启动阶段。本小节将先介绍几种常见的字面匹配方法：Jaccard相似度、Cosine相似度和BM25相似度，然后描述一个结合这些相似度计算的实用工程架构。

1. Jaccard 相似度

Jaccard相似度用于度量两个集合之间的相似性，它被定义为两个集合交集元素个数除以两个集合并集元素个数。

$$J(A,B) = \frac{|A \cap B|}{|A \cup B|}$$

对于两个文本的计算，通常需要对待比较的中文文本进行分词，两个待比较文本的词集合分别为 A 和 B。当两个文本完全不一致时，其 Jaccard 相似度为 0；相反，当两个文本完全一致时，其 Jaccard 相似度为 1。

```
import jieba
def jaccard_sim(str1, str2):
    s1_set=set(jieba.cut(str1)
    s2_set=set(jieba.cut(str2))
    set_union=s1_set.union(s2_set)
    set_intersection=s1_set.intersection(s2_set)
    return 1. * len(set_intersection) / len(set_union)

q1="支付宝还款"
q2="支付宝怎么还款"
sim=jaccard_sim(q1, q2)
print(sim)
```

上面两个句子 q1 和 q2 的词汇交集是 2 个，即"支付宝"和"还款"；词汇并集是 3 个，即"支付宝""还款""怎么"。因此，句子 q1 和 q2 的 Jaccard 相似度为 2/3≈0.66666667。

2. Cosine 相似度

Cosine 相似度是另一种常见的文本匹配计算方式。它的定义如下。

$$\text{sim}_{\cos} = \frac{A \cdot B}{\|A\| \ \|B\|} = \frac{\sum_{i=1}^{n} A_i B_i}{\sqrt{\sum_{i=1}^{n} A_i^2} \sqrt{\sum_{i=1}^{n} B_i^2}}$$

Cosine 相似度通过计算两个向量之间的夹角来评价两个向量的相似度。既然 Cosine 相似度是使用向量计算的，我们就要先将句子文本转换为相应的向量。这样的模型称为向量空间模型。将句子转换为向量的方式有很多，典型的技术有词袋模型（Bag Of Words，BOW）和 TF-IDF 模型。

词袋模型忽略文本的语法和语序等要素，将其仅仅看作是若干个词汇的集合。向量中每个位置的值为该编码对应的词在这个问句中出现的次数或是否出现。

TF-IDF 模型和词袋模型的基本思想一致，只是向量的值不同。在 TF-IDF 模型中，向量中的值为该位置对应的词在文本中的权重。TF-IDF 认为像"你""我""他"这种词在问句中出现的次数肯定多，但其实没什么实际意义，权重不应该大。因此，TF-IDF 引进了逆文档频率（Inverse Document Frequency，IDF），以降低经常出现的单词的重要性。使用以下公式来计算：

$$\text{TF-IDF}(w) = \text{TF}(w) \cdot \text{IDF}(w)$$

式中，TF(w)通常使用问句文本中单词出现的次数，IDF(w)通常使用 $\log\left(\frac{\text{语料问句文本总数}}{\text{包含查询词 } w \text{ 问句文本数}+1}\right)$。

下面我们使用词袋模型的源码例子演示 Cosine 文本相似度的计算。

```
import jieba
from collections import Counter
from sklearn.feature_extraction.text import CountVectorizer
from sklearn.metrics.pairwise import cosine_similarity

def get_cosine_sim(*strs):
    vectors=[t for t in get_vectors(*strs)]
    return cosine_similarity(vectors)

def get_vectors(*strs):
    text=[t for t in strs]
    # 创建词袋数据结构
    vectorizer=CountVectorizer(text)
    # 根据空格分词并建立词汇表
    vectorizer.fit(text)
    return vectorizer.transform(text).toarray()

q1="支付宝还款"
q2="支付宝怎么还款"
q1_list=list(jieba.cut(q1))
q2_list=list(jieba.cut(q2))
sim=get_cosine_sim(''.join(q1_list), ''.join(q2_list))
print(sim)
```

这个例子的运行结果是 0.81649658。如果字典集合为(“支付宝”“还款”“怎么”)，那么 q1 对应的向量为(1,1,0)，q2 对应的向量为(1,1,1)。

3. BM25 相似度

BM25 模型是目前最成功的内容排序模型，广泛应用于信息检索系统中。它源于概率检索模型中的二值独立模型(Binary Independence Model，BIM)。在 BIM 模型的基础上，通过引入词频和问句长度等因素，并基于 TF-IDF 进行了改进，形成了后来的 BM25 算法。这里，BM 代表 Best Matching。BM25 由 3 个核心的概念组成：查询词与问句相关性的权重、查询词问句权重及查询词权重。

下面的公式定义了 BM25 算法相关性的计算方法：

$$\text{score}(q,d)=\sum_{q_i\in q}W_i\cdot R(q_i,d)\cdot U(q_i,q)$$

式中，W_i 表示词项与问句相关性的权重，$R(q_i,d)$ 表示查询词问句权重，$U(q_i,q)$ 表示查询词权重。

接下来,我们将具体讲解以上三项的计算方法。

W_i 的定义如下：$W_i = \log\left(\frac{N - df_i + 0.5}{df_i + 0.5}\right)$。我们能看出这个式子与TF-IDF中IDF的计算方法类似,因此它也被称为IDF因子。这个因子让出现在更少的问句中的查询词在计算中拥有更大的权重。df_i 表示在问句集中出现查询词 q_i 的问句数，N 表示问句集的总句数。

$R(q_i,d)$ 的定义如下：$R(q_i,d) = \frac{(k_1 + 1)f_i}{K + f_i}$。这里，$K = k_1 \cdot \left(1 - b + b \cdot \frac{dl}{avg\_dl}\right)$，$f_i$ 是查询词 q_i 在候选问句 d 中的权重，dl 和 avg_dl 分别是候选问句 d 的长度和整个问句集中问句的平均长度。k_1 是一个取正值的调优参数,用于对候选问句中的词项频率进行缩放控制。如果 k_1 取0,则相当于不考虑词频;如果 k_1 取较大的值,那么对应于使用原始词项频率。b 是另外一个调优参数,取值范围是 $0 \leqslant b \leqslant 1$，决定问句长度的缩放程度。$b = 1$ 表示基于问句长度对词项权重进行完全的缩放，$b = 0$ 表示归一化时不考虑问句长度因素。

查询词权重 $U(q_i,q)$ 依赖于查询词在用户问句中的词频 qf_i，通过一个参数进行缩放控制。定义如下：$U(q_i,q) = \frac{(k_2 + 1)qf_i}{k_2 + qf_i}$。这里，$k_2$ 是另一个取正值的调优参数,用于对用户问句中的查询词 q_i 频率进行缩放控制。当 k_2 取0时，$U(q_i,q)$ 取值为1;当 k_2 取无穷大时，$U(q_i,q)$ 的值就是查询词 q_i 的频率。

下面我们使用源码例子演示BM25文本相似度的计算。在整个计算中，k_1,k_2,b 是3个调协因子,一般默认值为 $k_1 \in [1.2,2]$,$k_2 = 1$,$b = 0.75$。为了方便,例子中的 k_2 取无穷大。

```
import math
from six import iteritems
from six.moves import xrange
import jieba
# BM25 parameters   PARAM_K2=+∞
PARAM_B=0.75
EPSILON=0.25
PARAM_K1=1.5
class BM25(object):
    def __init__(self, corpus):
        self.corpus_size=len(corpus)
        self.avgdl=sum( map(lambda x: float(len(x)), corpus)) / self.corpus_size
        self.f=[ ]
        self.df={}
        self.idf={}
```

```
        self.initialize()

    def initialize(self, corpus):
        for document in corpus:
            frequencies={}
            for word in document:
                if word not in frequencies:
                    frequencies[word]=0
                frequencies[word] +=1
            self.f.append(frequencies)
            for word, freq in iteritems(frequencies):
                if word not in self.df:
                    self.df[word]=0
                self.df[word] +=1

        for word, freq in iteritems(self.df):
            self.idf[word]=math.log(self.corpus_size-freq+0.5)-math.log(freq+0.5)

    def get_score(self, document, index, average_idf):
        score=0
        for word in document:
            if word not in self.f[index]:
                continue
            idf=self.idf[word] if self.idf[word] >=0 else EPSILON * average_idf
            score +=(idf * self.f[index][word] * (PARAM_K1+1)
                    /(self.f[index][word]+PARAM_K1 * (1-PARAM_B+PARAM_B *
                    self.corpus_size /self.avgdl)))
        return score

    def get_scores(self, document, average_idf):
        scores=[ ]
        for index in xrange(self.corpus_size):
            score=self.get_score(document, index, average_idf)
            scores.append(score)
        return scores

corpus=["花呗里的钱还能转到支付宝里吗",
        "现在没开通花呗。以前的支付宝欠款怎么还",
        "支付宝怎么还款"]
tokenized_corpus=[list(jieba.cut(doc)) for doc in corpus]
bm25=BM25(tokenized_corpus)
```

```
average_idf=sum(map(lambda k: float(bm25.idf[k]), bm25.idf.keys()))
             / len(bm25.idf.keys())
sent="支付宝还款"
q=list(jieba.cut(sent))
doc_scores=bm25.get_scores(q, average_idf)
print(doc_scores)
```

上面例子输出的结果如下:[0.03207432610503494, 0.03207432610503494, 0.7558599510595722]。可以看出,与 sent 句子最相似的句子是 corpus 中的第三个句子"支付宝怎么还款"。

在实际的系统中,一般不会使用单一的相似度计算方法。图 5.4 展示了一个字面匹配系统的架构。该架构主要考虑两个因素:一是在多种特征上使用 NLP 技术构造各种相似度来做基础分值,二是利用已有标准问-相似问作为监督信息来做拟合。在特征上,我们综合考虑了字和词,并利用了 n-gram 特征。具体来说,字 bigram、词 bigram、核心词、名词、否定词组、疑问词等用来作为特征集合。系统基于词袋模型构造非稀疏的特征,然后利用非线性且抗噪能力强的 XGBoost 算法进行融合。这种方法的优缺点是并存的:由于模型只学习字面相似的特征,因此不受领域影响,通用性强,适合用在系统的冷启动阶段;但也正因为只考虑字面相似,处理不了更深层的语义匹配。

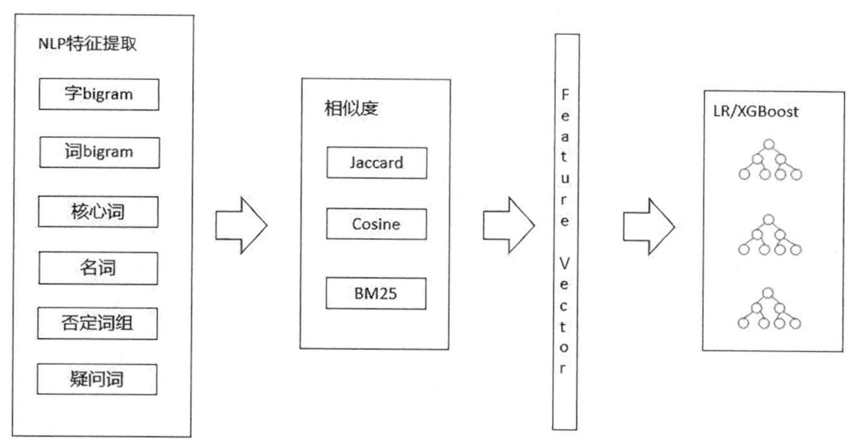

图 5.4 字面匹配系统的架构

5.2.3 语义匹配

20 世纪 90 年代流行起来的潜在语义分析(Latent Semantic Analysis, LSA)技术开辟了文本相似度计算的一个新思路。它借助矩阵分解技术将词句映射到等长的低维连续空间,可在此隐式的"潜在语义"空间上进行相似度计算。此后又有概率潜在语义分析(Probabilistic Latent Semantic Analysis, PLSA)、潜在狄利克雷分布(Latent Dirichlet Allocation, LDA)等更高级的概率模型相继被设计出来,逐渐形成当时非常火热的主题模型技术方向。这些技术对文本的语义表示形式简洁、运算方便,较好地弥补了传统词汇匹配方法的不足。不过从效果上来看,这些技术都无法替代字面匹配技术,只能作为字面匹配的有效补充。随着深度学习技术的兴起,特别是基于神经网络训练的 Word2Vec 等模型进行文本匹配计算引起了工业界的广泛关注,大规模文本数据获取难度的降低进一步提升了所得词语向量表示的语义的可行性。下面我们将介绍基于词向量的无监督语义匹配方法。

词向量,也称为词嵌入或分布式表示,它是词表中的每一个词对应的一个固定长度的向量表达。既然词可以嵌入,句子也应该可以。获取句子嵌入最直接、最简单的思路就是对一个句子中所有词的词向量进行组合。我们把这种无监督表达句子的方式称为基于词向量的词袋模型。

这种模型大致有两类:一类是对词向量加权平均表达的句子表达求相似距离,另一类是把句子相似问题转化为运输问题中的最小代价问题。第一类是词向量的线性组合,代表性方法有平均词向量法、TF-IDF 加权平均法和 SIF(Smooth Inverse Frequency,平滑倒词频)等。后一类是作为最优化问题看待,典型方法有 WMD(Word Mover's Distance,词移距离)、WCD(Word Centroid Distance,词质心距离)、RWMD(Relaxed Word Moving Distance,松弛词移动距离)等。

这里先介绍平均词向量法。这种方法句子对应的向量表示通过各自包含的词向量加和求平均获得。其数学表达式如下:$v_Q = \frac{1}{|Q|}\sum_{i=1}^{|Q|} v_{Q_i}$。

式中,Q_i 表示句子 Q 中的第 i 个词,v_Q 表示句子 Q 的句嵌入,v_{Q_i} 表示句子 Q 中第 i 个词的词向量。两个句子的相似度使用上面方法获取的向量通过余弦相似度计算得到。在实际使用中,会先去除句子中无用的词汇,像没用的语气词等停用词。下面是一个代码实现示例。

```
import jieba
import gensim
from numpy as np
from scipy.linalg import norm

model_file='./ word2vec/news_12g_baidubaike_20g_novel_90g_embedding_64.bin'
model=gensim.models.KeyedVectors.load_word2vec_format(model_file, binary=True)

def vector_similarity(s1, s2):
    def sent2vec(s):
        words=jieba.lcut(s)
        v=np.zeros(64)
        for word in words:
            v +=model[word]
        v /=len(words)
        return v
    v1, v2=sent2vec(s1), sent2vec(s2)
```

```
    return np.dot(v1, v2) / (norm(v1) * norm(v2))

corpus=['花呗里的钱还能转到支付宝里吗',
        '现在没开通花呗。以前的支付宝欠款怎么还',
        '支付宝怎么还款']
sent='支付宝还款'
for q in corpus:
    print(q, vector_similarity(q, sent))
```

平均词向量方法虽然忽略了句子中每个词的重要性信息,但如果加入停用词过滤,作为句子表示的效果是一个很好的基线。停用词相当于把一些不是重要信息的权重赋值为0。2016年,普林斯顿大学的Arora等人提出了另一种简单但具竞争力的句子向量表示算法。我们知道,the、and、but等词对句子整体的影响是比较小的(从语义上来讲,主语、谓语比介词、连词有更多的语义信息),而SIF就是利用了这些信息来为句中的词语设置不同的权重。它的原理类似于TF-IDF,算法包括两步:第一步是对句子中所有的词向量进行加权平均,得到向量 v_s;第二步是移出(减去)在所有句子向量组成的矩阵的第一个主成分上的投影,因此该算法也被简记为WR(W:Weighting, R:Removing)。

第一步主要是对TF-IDF加权平均词向量表示句子的方法进行改进。SIF用于计算每个词的加权系数。

$$v_s \leftarrow \frac{1}{|s|}\sum_{w \in s}\frac{a}{a+p(w)}v_w$$

式中,a 为平滑参数,经常被设置为0.01;$p(w)$ 为(估计的)词频。频率越低的词在当前句子中出现了,说明它在句子中的重要性更大,也就是加权系数更大。

第二步是移出所有句子的共有信息,因此保留下来的句子向量更能够表示本身并与其他句子向量产生差距。这就可以删除与频率和句法有关的变量,它们和语义的联系不大。

最后,SIF使一些不重要的词语的权重下降,例如,the、and、but等,同时保留对语义贡献较大的信息。

```
import numpy as np
from sklearn.decomposition import TruncatedSVD

def get_weighted_average(We, x, w)
    '''
    计算加权平均向量
    参数 We:We[ i, : ] 表示第 i 个词的向量
    参数 x:x[ i, : ] 是句子 i 中词的索引
    参数 w:w[ i, : ] 是句子 i 中词的权重
    返回值:emb[ i, : ] 是句子 i 的加权平均向量
    '''
```

```
    n_samples=x.shape[0]
    emb=np.zeros((n_samples, We.shape[1]))
    for i in xrange(n_samples):
        emb[ i, : ]=w[ i, : ].dot(We[ x[ i, : ], : ]) / np.count_nonzero(w[ i, : ])
    return emb

def compute_pc(X, npc=1):
    '''
    计算主成分
    参数 X:X[ i, : ] 是一个数据点
    参数 npc:将移走的主成分数
    返回值:component_[ i, : ] 是第 i 个主成分
    '''
    svd=TruncatedSVD(n_components=npc, n_iter=7, random_state=0)
    svd.fit(X)
    return svd.components_

def remove_pc(X, npc=1):
    '''
    移走在主成分上的投影
    参数 X:X[ i, : ] 是一个数据点
    参数 npc:将移走的主成分数
    返回值:XX[ i, : ] 是移走主成分上投影后的数据点
    '''
    pc=compute_pc(X, npc)
    if npc==1:
        XX=X - X.dot(pc.transpose()) * pc
    else:
        XX=X - X.dot(pc.transpose()).dot(pc)
    return XX

def SIF_embedding(We, x, w, npc=1):
    emb=get_weighted_average( We, x, w )
    emb=remove_pc(emb, npc)
    return emb

def weighted_average_sim_rmpc(We, x1, x2, w1, w2, npc):
    '''计算两个句子之间的相似值
        参数与以上函数中意义一致 '''

    emb1=SIF_embedding.SIF_embedding(We, x1, w1, npc)
    emb2=SIF_embedding.SIF_embedding(We, x2, w2, npc)
```

```

    inn=(emb1 * emb2).sum(axis=1)
    emb1norm=np.sqrt((emb1 * emb1).sum(axis=1))
    emb2norm=np.sqrt((emb2 * emb2).sum(axis=1))
    scores=inn / emb1norm / emb2norm
    return scores
```

WMD 是 2015 年圣路易斯华盛顿大学的 Kusner 等人提出的一种衡量文本相似度的方法。WMD 将文本语义相似度的问题转换成了一个线性规划问题。我们可以把它看作一个运输问题:计算将仓库 1 的货物移动到仓库 2 的最小费用。在 NLP 场景中,我们把两条文本当作两个大小相同的仓库,词就是仓库中的货物,那么目标就是将文本 1 中的所有词移动到文本 2 中的代价最小化。

图 5.5 形象地展示了 WMD 的核心思想。下面用数学语言形式化地描述 WMD 所解决的问题。假设有一个训练好的词向量矩阵 $\boldsymbol{X} \in \mathbb{R}^{d\times n}$,一共有 n 个词。第 i 列 $\boldsymbol{x}_i \in \mathbb{R}^d$ 代表第 i 个词的 d 维词向量。词 i 与词 j 的欧氏距离为 $c(i,j) = \| \boldsymbol{x}_i - \boldsymbol{x}_j \|_2$。一条文本可以用稀疏向量 $\boldsymbol{d} \in \mathbb{R}^n$ 作为词袋表示,如果在文本中词 i 出现了 c_i 次,$\boldsymbol{d}$ 的第 i 位就是第 i 个词的词频 d_i,它满足下式:$d_i = \frac{c_i}{\sum_{j=1}^{n} c_j}$。令 $\boldsymbol{d}$ 和 $\boldsymbol{d}'$ 分别表示要计算的两条文本的词袋表示,$\boldsymbol{d}$ 中的每个词 i 都可以全部或部分地转移到 $\boldsymbol{d}'$ 中。因此,定义一个稀疏的转移矩阵 $\boldsymbol{T} \in \mathbb{R}^{n\times n}$,$\boldsymbol{T}_{ij}$ 表示有多少从 $\boldsymbol{d}$ 中的词 i 转移到 $\boldsymbol{d}$ 中的词 j,$\boldsymbol{T}_{ij} \geqslant 0$。进一步地得出从 $\boldsymbol{d}$ 到 $\boldsymbol{d}'$ 转移代价的和为 $\sum_{i,j} \boldsymbol{T}_{ij} c(i,j)$。最终,我们将最小化转移代价的和转化为线性规划问题:$\min_{T\geqslant 0} \sum_{i,j=1}^{n} \boldsymbol{T}_{ij} c(i,j)$,它满足以下条件。

$$\sum_{j=1}^{n} \boldsymbol{T}_{ij} = d_i, \forall i \in 1,\cdots,n$$

$$\sum_{i=1}^{n} \boldsymbol{T}_{ij} = d'_j, \forall j \in 1,\cdots,n$$

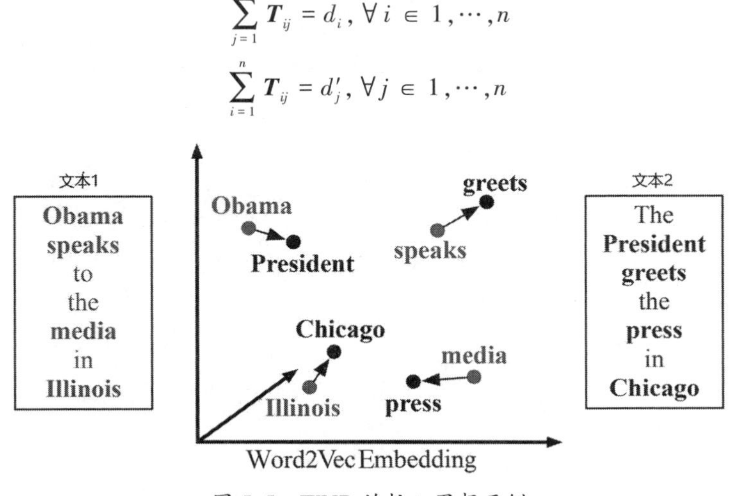

图 5.5 WMD 的核心思想示例

使用 WMD 来计算两个文本 D_1 和 D_2 之间的相似度，计算流程如下。

(1)对两个文本去除停用词。

(2)使用归一化 BOW(词袋模型)方法来分别表示 D_1 和 D_2。

(3)使用词向量来表示 D_1 和 D_2 中的每个词。

在 D_1 中的所有词转移到 D_2 中时，对于每一个 D_1 中的词，如果它与 D_2 中的词语义比较相近，那么可以全部移动或移动距离多一些(权重值)；如果语义差异较大，则移动距离少一点或不移动。用词向量距离乘移动距离就是两个词的转移代价。

求全局的转移代价累加和最小值（D_1 中的所有词全部转移到 D_2 中，D_2 中的所有词也全部转移到 D_1 中）。这个最小值就是 D_1 和 D_2 之间的相似度。

```
# -* -coding: utf-8-* -
import numpy as np
from sklearn.feature_extraction.text import CountVectorizer
from sklearn.metrics.pairwise import cosine_similarity
from pyemd import emd
def f(x): return 0.0 if x<0.0 else x
def handle_sim(x): return 1.0-np.vectorize(f)(x)
# s1, s2 格式\w\s\w
s1="支付宝 怎么 付款"
s2="支付宝 如何 支付"

# stopwords 是停用词 list
vectorizer=CountVectorizer(token_pattern=r'(?u)\b\w+\b', stop_words=stopwords)
v1, v2=vectorizer.fit_transform([s1, s2])
v1=v1.toarray().ravel().astype(np.double)
v2=v2.toarray().ravel().astype(np.double)
# transform word count to frequency [0, 1]
v1 /=v1.sum()
v2 /=v2.sum()
# obtain word2vec representations
# model 存储词向量
W=[model[word] for word invectorizer.get_feature_names()]
# calculate distance matrix (distance=1-cosine similarity) [0, 1]
D=handle_sim(cosine_similarity(W)).astype(np.double)
# calculate minimal distance using EMD algorithm
min_distance=emd(v1, v2, D)
# calculate similarity (similarity=1-min_distance)
sim=1-min_distance
```

基于词向量的无监督语义匹配方法没有利用任何标注信息,效果会有明显的天花板。这类方法在句子匹配度计算的实用效果上还存在不足,而且本身没有解决短语、句子的语义表示问题。因此,研究者开始研究句子级别的深度学习匹配模型。

从匹配模型的结构来看,可以将句子级别的深度学习匹配模型分为两类:表示型和交互型。表示型匹配模型侧重于对句子表示的构建,并在最后一层对待匹配的两个句子进行相似度计算;交互型匹配模型则先让两个句子交互来获取句子局部之间的匹配度,充分应用交互特征。我们从表示型匹配模型出发开始介绍。

1. 表示型匹配模型

文本匹配问题中往往涉及两个基本问题:句子如何表示和选择何种方式度量相似度。在基于词向量的词袋模型中,通过一些统计手段利用词向量来进行句子表示,度量相似度也是经验性地选择余弦相似度运算或欧式距离。当有标注信息可用时,我们有了利用更先进的手段选择更好的句子表示和合适的度量方式的机会。我们可以在一定语义表示上学习更合适的度量函数,又可以让学习出来的语义表示更适合使用的相似度度量。当然也可以二者同时学习。表示型匹配模型正是基于上面的思路的一类匹配模型。它通过深度学习技术将句子表示和相似度度量统一在一个模型结构中。图5.6展示了表示型匹配模型的结构,它是一个对称的结构,因此有些参数可以共享。为了表达方便,我们把匹配的文本对表示为(Query, Doc)。它先对输入Query和Doc各自使用相同深度网络进行编码,然后进行匹配值计算。

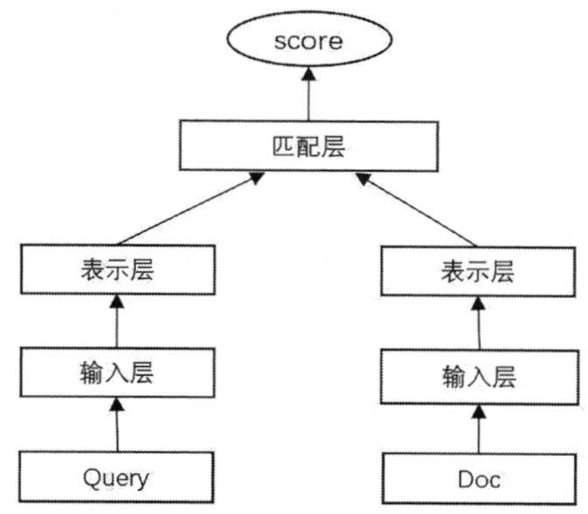

图5.6 表示型匹配模型的结构

我们能看出,表示型匹配模型有如下一些特点。

(1)采用Siames结构,共享网络参数。

(2)输入层:将句子映射到一个向量空间中并输入深度神经网络。

(3)表示层:使用CNN、RNN、自注意力等方式进行抽象编码。

(4)匹配层:采用点积、余弦相似度、高斯距离、相似度矩阵等方式进行交互计算。

表示型匹配模型的代表算法包括DSSM、CDSSM、ARC-I、CNTN、CA-RNN、MultiGranCNN等。下面会以工业上广泛使用的DSSM和CDSSM为例来学习表示型匹配模型。

DSSM(Deep Structured Semantic Models,深度结构化语义模型)是微软研究院2013年提出的文本语义模型,它利用深度神经网络把文本(句子、Query、实体等)表示成向量。具体来说,它用DNN把用户问题表示为低维语义向量,并通过余弦距离来计算两个语义向量的相似度,最终训练出语义相似度模型。该模型既可以用来预测两个句子的语义相似度,又可以获得某句子的低维语义向量表示。

DSSM的输入层做的事情是把句子映射到一个向量空间中并输入DNN中。由于英文和中文的处理方式有所不同,我们分别进行阐述。

(1)英文:输入层通过Word Hashing方式进行处理。它采用三元字符作为句子基本语义单元。图5.7给出了一个Word Hashing示例,假设使用letter-trigrams来切分单词(3个字母为一组),单词boy会被切为#bo, boy, oy#。在DSSM中,单词boy被表示为一个三元字符向量,该向量在#bo、boy和oy#这三个位置上的值为1,在其他位置上的值为0。这里,#表示单词的左右边界。

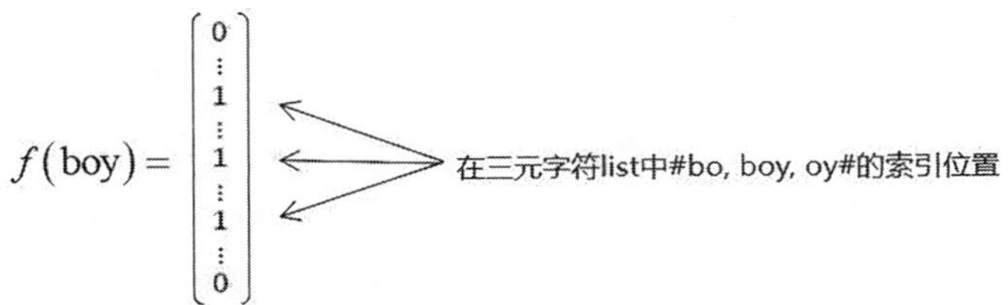

图5.7 Word Hashing示例

这样做的好处有3个:首先,压缩空间。50万个词的独热向量空间可以通过letter-trigram压缩为一个3万维的向量空间;其次,增强泛化能力。3个字母的表示往往能代表英文中的前缀和后缀,而前缀和后缀往往具有通用的语义;最后,使用三元字符表示英文文档,在一定程度上增强了模型对拼写错误的容忍能力,使拼写正确的单词和拼写错误的单词之间有更多重叠。

图5.8展示了使用DSSM建模英文句子的过程。先使用500K维的词袋模型来表示句子,通过Word Hashing方式将表示空间压缩到3万维。DSSM的表示层是使用多层的全连接神经网络输出一个128维的低纬度语义向量。计算公式如下。

$$\boldsymbol{l}_1 = \boldsymbol{W}_1\boldsymbol{x}$$

$$\boldsymbol{l}_i = \boldsymbol{f}(\boldsymbol{W}_i\boldsymbol{l}_{i-1} + b_i), i = 2, \cdots, N-1$$

$$\boldsymbol{y} = f(\boldsymbol{W}_N\boldsymbol{l}_{N-1} + b_N)$$

公式中的下标表示多层神经网络的层级。这里,$\boldsymbol{W}_1$是一个不需要训练的权重矩阵,第二层及以上层的权重$\boldsymbol{W}_i$和偏置b_i是需要通过反向传播算法训练的,$\boldsymbol{y}$是输出的语义向量。

(2)中文:中文一般会涉及分词操作来分割语义单元。然而,中文分词是一个让所有NLP从业者头疼的问题。即便业界声称能达到大约95%的分词准确率,分词结果仍然极为不可控,往往会在分词阶段引入误差。此外,由于常用的单字数量约为1.5万个,而常用的双字数量大约达到百万级别。因此,这里不进行分词,而是仿照英文的处理方式,对应到中文的最小粒度——单字。出于向量空间的考虑,我们采用字向量作为输入,向量空间约为1.5万维。

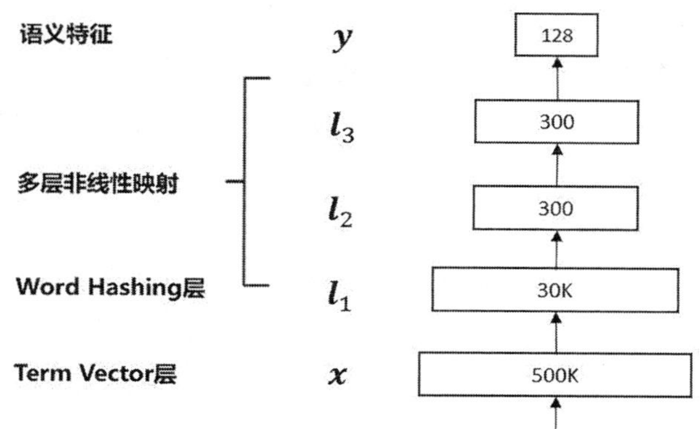

图 5.8　使用 DSSM 建模英文句子的过程

图 5.9 展示了使用 DSSM 建模中文句子的过程。与建模英文句子不同，中文句子直接采用基于字的词袋模型表示为一个 15K 维的向量。

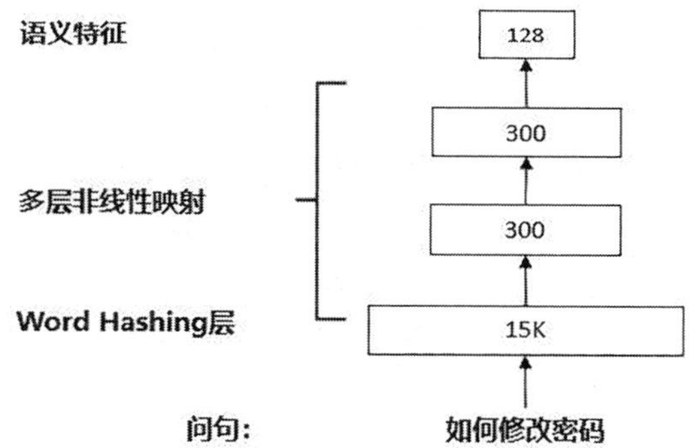

图 5.9　使用 DSSM 建模中文句子的过程

在图 5.9 中，使用了三层全连接层串行连接，对于每一层全连接层，除了神经元数量不同，其他都相同。因此，可以编写一个复用函数。下面的 add_layer 函数用来实现一层全连接层的功能。在实现串行的三层全连接时，需要依次调用 add_layer 函数三次。

```
def add_layer(inputs, in_size, out_size, activation_function=None):
        wlimit=np.sqrt(6.0 / (in_size+out_size))
        Weights=tf.Variable(tf.random_uniform([in_size, out_size], -wlimit, wlimit))
        biases=tf.Variable(tf.random_uniform([out_size], -wlimit, wlimit))
        Wx_plus_b=tf.matmul(inputs, Weights)+biases
        if activation_function is None:
            outputs=Wx_plus_b
        else:
            outputs=activation_function(Wx_plus_b)
        return outputs
```

随着神经网络层数的加深，底层网络参数的微弱变化会被一层一层网络进行指数级放大，参数的改变会让每一层的输入分布改变，导致上层的网络需要不断适应这些变化，模型训练会变得非常困难。这种现象被称为内部协变量偏移（Internal Covariate Shift，ICS）。在 DSSM 的实现代码中，使用批规范化（Batch Normalization，BN）来减缓 ICS 问题。

BN 应作用在非线性映射前，即对 $\boldsymbol{W}_i\boldsymbol{l}_{i-1}+b_i$ 进行规范化。在每次随机梯度下降（Stochastic Gradient Descent，SGD）时，通过 mini-batch 对相应的激活值进行规范化操作，使结果（输出信号各个维度）的均值为 0，方差为 1。最后的缩放和平移操作则是为了让因训练所需而“刻意”加入的 BN 能够有可能还原最初的输入，从而保证整个模型的容纳能力。它能带来以下好处：加速收敛，并且有更好的收敛结果；可以使用更大的学习率，并且不必做精细的参数初始化；有正则化的效果。下面是 DSSM 模型中的 BN 实现。

```
def batch_normalization(x, phase_train, out_size):
    with tf.variable_scope('bn'):
        beta=tf.Variable(tf.constant(0.0, shape=[out_size]),
                               name='beta', trainable=True)
        gamma=tf.Variable(tf.constant(1.0, shape=[out_size]),
                                name='gamma', trainable=True)
        batch_mean, batch_var=tf.nn.moments(x, [0], name='moments')
        ema=tf.train.ExponentialMovingAverage(decay=0.5)

        def mean_var_with_update():
            ema_apply_op=ema.apply([batch_mean, batch_var])
            with tf.control_dependencies([ema_apply_op]):
                return tf.identity(batch_mean), tf.identity(batch_var)

        mean, var=tf.cond(phase_train,
                          mean_var_with_update,
                          lambda: (ema.average(batch_mean), ema.average(batch_var)))
        normed=tf.nn.batch_normalization(x, mean, var, beta, gamma, 1e-3)
    return normed
```

利用 add_layer 和 batch_normalization 函数，单层网络的实现如下。

```
with tf.name_scope('FC1'):
    # 激活函数在 BN 之后，所以此处为 None
    query_l1=add_layer(query_batch, nwords, L1_N, activation_function=None)
    doc_l1=add_layer(doc_batch, nwords, L1_N, activation_function=None)

with tf.name_scope('BN1'):
    query_l1=batch_normalization(query_l1, on_train, L1_N)
    doc_l1=batch_normalization(doc_l1, on_train, L1_N)
    query_l1=tf.nn.relu(query_l1)
    doc_l1=tf.nn.relu(doc_l1)
```

匹配层采用 Cosine 距离(即余弦相似度)来表示：$R(Q,D)=\text{Cosine}(\boldsymbol{y}_Q,\boldsymbol{y}_D)=\frac{\boldsymbol{y}_Q^{\mathrm{T}}\boldsymbol{y}_D}{\|\boldsymbol{y}_Q\|\ \|\boldsymbol{y}_D\|}$。

DSSM 的训练方式是进行 Point-wise 训练。给定 Query 及对应的点击 Doc,我们需要进行极大似然估计。模型首先通过匹配层获得的语义相关性分数,然后使用 softmax 函数将 Query 与正样本 Doc 的语义相似性转化为后验概率：$P(D\mid Q)=\frac{\exp(\gamma R(Q,D))}{\sum_{D'\in D}\exp(\gamma R(Q,D'))}$。

其中,γ 为 softmax 函数的平滑因子,D 表示所有的待排序的候选文档集合。在训练阶段,通过极大似然估计最小化损失函数 $L(\Lambda)=-\log\prod_{(Q,D^+)}P(D^+\mid Q)$。

这里,使用 (Q,D^+) 来表示一个(Query,Doc)对,其中 D^+ 表示这个 Doc 是相似文本。损失函数只考虑了正例带来的损失,负例不参与反向传播。在计算 $L(\Lambda)$ 的导数时,我们使用 D^+ 和 K 个随机选取的不相似的 Doc 来近似全部文档集合 D,其中 $\{D_j^-;j=1,\cdots,K\}$ 表示负样本。这是训练时的实际做法,对于每个 (Q,D^+),我们只需要采样 K 个负样本(K 可以自己定),这样 softxmax 操作只需要在 $\hat{D}=\{D^+,D_1^-,\cdots,D_K^-\}$ 这个集合上计算即可。

那么,怎么采样负样本呢?一般有两种方法。第一种方法,输入数据中就已经采样好负样本,输入数据直接是正样本和负样本;第二种方法,输入数据 batch 均为正样本,负样本通过 batch 中的其他 Doc 构造。

第一种方法比较简单,离线构造好了正负样本,然后输入给模型即可。对于第二种方法,我们采用示例方式进行说明。假定一个批输入：$\{(Q_1,D_1^+),(Q_2,D_2^+),(Q_3,D_3^+)\}$,对于每一个 Q_i,除了 D_i^+,这个 batch 中的其他 Doc 均为负样本。对于 Q_1,D_2^+,D_3^+ 均视为 D_1^-,可以构造负样本为 $\{(Q_1,D_2^+),(Q_1,D_3^+)\}$。

下面的代码片段实现了第二种方法。其中,K = NEG 且 BS 是批尺寸(Batch Size)。

```
with tf.name_scope('FD_rotate'):
    # temp 是 doc_y 的复制,为了构造负样本
    temp=tf.tile(doc_y, [1, 1])

    for i in range(NEG)
        rand=int((random.random() +i) * BS / NEG)
        doc_y=tf.concat([doc_y,
                        tf.slice(temp, [rand, 0], [BS-rand, -1]),
                        tf.slice(temp, [0, 0], [rand, -1])],
                        0)
with tf.name_scope('Cosine_Similarity'):
    # Cosine similarity
    query_norm=tf.tile( tf.sqrt(tf.reduce_sum(tf.square(query_y), 1, True)), [NEG+1, 1])
    doc_norm=tf.sqrt(tf.reduce_sum(tf.square(doc_y), 1, True))

    prod=tf.reduce_sum(tf.mul(tf.tile(query_y, [NEG+1, 1]), doc_y), 1, True)
```

```
    norm_prod=tf.mul(query_norm, doc_norm)

    cos_sim_raw=tf.truediv(prod, norm_prod)
    cos_sim=tf.transpose(tf.reshape(tf.transpose(cos_sim_raw), [NEG+1, BS]))*20
```

softmax 操作与计算损失函数代码如下。

```
with tf.name_scope('Loss'):
    # Train Loss
    prob=tf.nn.softmax(cos_sim)
    hit_prob=tf.slice(prob, [0, 0], [-1, 1])
    loss=-tf.reduce_sum(tf.log(hit_prob)) / BS
```

由于 DSSM 是词袋模型输入,丢失了上下文信息,因此句子表达能力有限。2014 年,微软提出了它的改进版 CDSSM,也称为 CLSM(Convolutional Latent Semantic Model,卷积潜在语义模型)。CDSSM 与 DSSM 的主要区别在于输入层和表示层。我们将避免重复描述,重点放在这两个方面。

对于英文和中文,CDSSM 的输入层采用了与 DSSM 一致的处理方式。CDSSM 的表示层是将全连接层替换为 CNN,即表示层使用 CNN 替代多个全连接层。

图 5.10 展示了使用 CDSSM 建模中文句子的过程。在卷积层中,每个中文字符经过 Word Hashing 之后由一个 15K 大小的向量表示,窗口大小为 3,即将待卷积部分 3 个单词拼接成一个 45K 的向量。卷积核为一个 45K × 300 的矩阵,每次卷积输出一个 1 × 300 的向量。池化层也是经常和卷积一起配合使用的操作,它的作用是为句子找到全局的上下文特征。这里选择最大池化的原因是语义匹配的目的是找到 Query 和 Doc 之间的相似度,需要找到二者相似的点,而最大池化可以找到整个特征图中最重要的点。最终,池化层的输出为各个特征图的最大值,即一个 300 × 1 的向量。最后,通过全连接层把一个 300 维的向量转化为一个 128 维的低维语义向量。全连接层采用 tanh 函数。

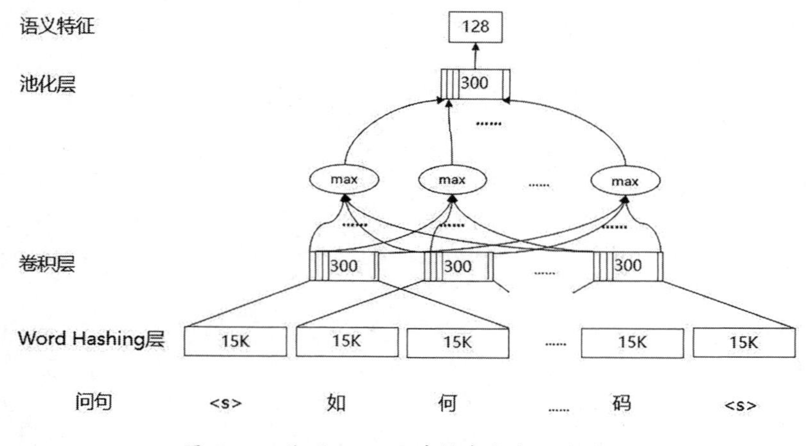

图 5.10　使用 CDSSM 建模中文句子的过程

表示型匹配模型通常存在两个问题：一是文本表示的仅仅是最后的语义向量，其中对信息匹配所需信息损失难以衡量；二是很难捕捉文本对之间结构信息的匹配。交互型匹配模型能够改善这两个方面的问题。接下来，我们将介绍交互型匹配模型。

2. 交互型匹配模型

交互型匹配模型通过更直接的方式建立文本匹配模式，利用神经网络来捕获文本之间的匹配特征。它从字词级别和短语级别的匹配扩展到句子级的整体语义匹配，这在一定程度上更接近文本匹配的本质。目前，文本交互形式主要有两种：匹配矩阵和注意力机制。图 5.11 展示了交互型匹配模型的结构。该模型假设全局的匹配度依赖于局部的匹配度，先获取词与词之间的交互矩阵，将其作为灰度图进行后续的建模。

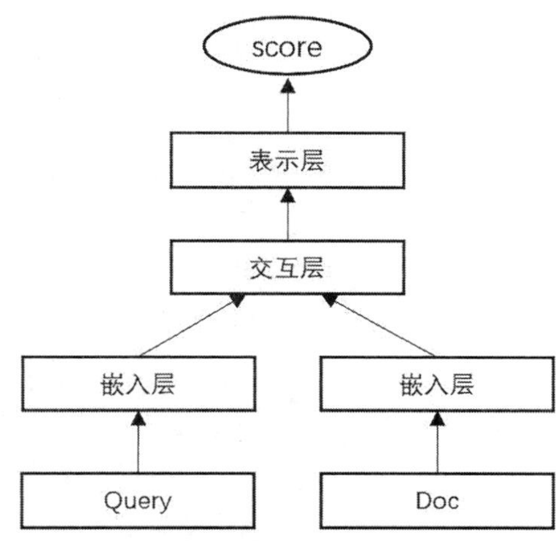

图 5.11　交互型匹配模型的结构

下面我们简单介绍下交互型匹配模型结构中的几个重要部分。

（1）嵌入层：负责文本细粒度的嵌入表示。

（2）交互层：通常构造词级别的交互矩阵，其交互运算可以是 Attention、加性运算或乘性运算等。

（3）表示层：对交互矩阵进行抽象表征。

2016 年，中国科学院提出 MatchPyramid 模型，这是一个典型的交互型匹配模型。其核心思想是借鉴 CNN 在处理图像时的方式，层次化地构建匹配过程。CNN 先提取像素、区域之间的相关性，进而提取图像的全局特征。例如，对于下面两个句子："Q_1：怎么查看订单物流信息""Q_2：麻烦帮忙查一下包裹到哪里了"，将每个单词看成一个像素，那么对于两个单词数分别为 M 和 N 的句子，可以构建一个 $M \times N$ 大小的相似度矩阵。上面的例子将构造一个 5×8 的相似度矩阵。图 5.12 给出 MatchPyramid 文本匹配过程的示意图。Q_1 和 Q_2 两个文本句先构造词级匹配矩阵，经过一系列卷积和池化操作后，连接全连接层输出匹配得分。

MatchPyramid 模型提出了以下 3 种构造匹配矩阵的方法。

(1) Indicator：0-1 类型，每个序列对应的词相同为 1，不同为 0。

$$M_{ij} = I_{\{w_i = v_j\}} = \begin{cases} 1, \text{if } w_i = v_j \\ 0, \text{其他} \end{cases}$$

(2) Cosine：余弦距离，使用预训练的 Word2Vec 或 GloVe 将词转换为向量，之后计算两序列词词之间的余弦距离。

$$M_{ij} = \frac{\boldsymbol{\alpha}_i^{\mathrm{T}} \boldsymbol{\beta}_j}{\| \boldsymbol{\alpha}_i \| \cdot \| \boldsymbol{\beta}_j \|}$$

(3) Dot Product：点积距离，与上面的方法类似，只是将余弦距离改为点积距离。这里计算两序列词词之间的点积距离。公式表示为 $\boldsymbol{M}_{ij} = \boldsymbol{\alpha}_i^{\mathrm{T}} \boldsymbol{\beta}_j$。

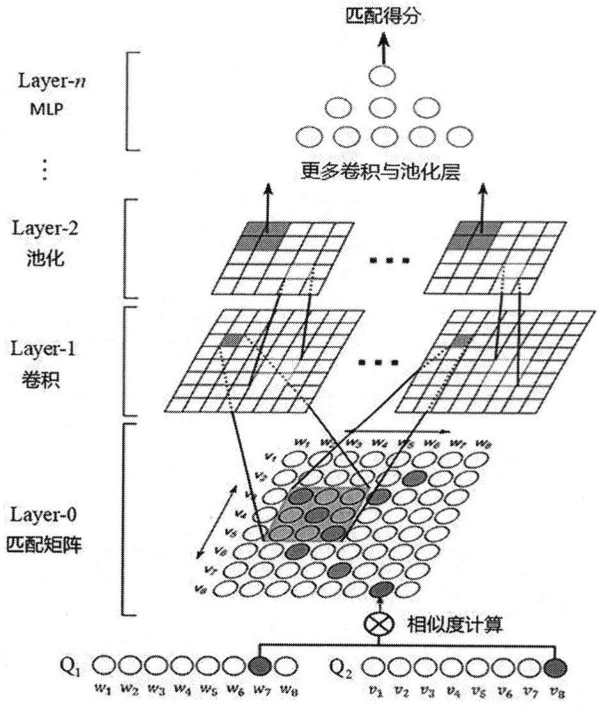

图 5.12　MatchPyramid 文本匹配过程

因为各个文本对中句子长度的不一致，本文并没有采用 padding 到 max-length 的惯用做法，而是采用了更灵活的动态池化层，以保证 MLP 层参数个数的固定。

对于第一层 CNN，在匹配矩阵 $\boldsymbol{M}$ 上，使用下面的公式，通过卷积核的第 k 个卷积核过滤提取一个特征图。

$$z_{i,j}^{(1,k)} = \sigma\left(\sum_{s=0}^{r_k - 1} \sum_{t=0}^{r_k - 1} \boldsymbol{w}_{s,t}^{(1,k)} \cdot z_{i+s,j+t}^{(0)} + b^{(1,k)} \right)$$

通过下面的动态池化公式获取固定大小的特征图。

$$z_{i,j}^{(2,k)} = \max_{0 \leqslant s < d_k} \max_{0 \leqslant t < d'_k} z_{i \cdot d_k + s, j \cdot d'_k + t}^{(1,k)}$$

式中，d_k 和 d'_k 分别表示池化核的宽度和长度。它的尺寸由两文本的长度（n 和 m）和输出特征图的尺寸（$n' \times m'$）共同决定。$d_k = n/n'$，$d'_k = m/m'$。经过第一层的卷积和动态池化，更高级的特征通过下面的公式得到。

$$z_{i,j}^{(l+1,k')} = \sigma\left(\sum_{k=0}^{c_l - 1} \sum_{s=0}^{r_k - 1} \sum_{t=0}^{r_k - 1} w_{s,t}^{(l+1,k')} \cdot z_{i+s,j+t}^{(l,k)} + b^{(l+1,k)} \right)$$

与第一层不一样的地方在于，它会考虑 l 层的所有特征图。上式中的 c_l 表示 l 层的特征图数目。接着的池化与第二层的池化方法完全一致，我们用下面的公式表示这个操作。

$$z_{i,j}^{(l+1,k)} = \max_{0 \leqslant s < d_k} \max_{0 \leqslant t < d_k} z_{i \cdot d_k + s, j \cdot d_k + t}^{(l,k)}$$

$$l = 3,5,7,\cdots$$

图 5.13 使用两层的卷积展示了这个过程。这里为了演示的方便，忽略了卷积之后池化为固定大小特征图的步骤，但这不影响基本思想的可视化。通过多层的卷积，MatchPyramid 可以在单词或句子级别自动捕获重要的匹配模式。

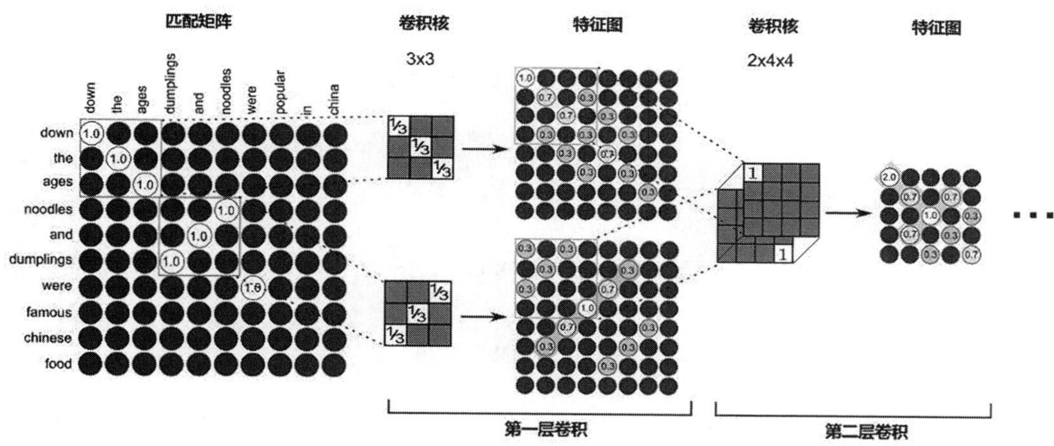

图 5.13　MatchPyramid 算法层次卷积示例

下面介绍 2017 年提出的交互型匹配模型 ESIM（Enhanced Sequential Inference Model）。该模型最初是用来做文本推理的。给定前提 p 和假设 h，判断 p 和 h 是否有关联。它用句子间的注意力机制来实现局部的推断，进一步实现全局的推断。它综合应用了 BiLSTM 和注意力机制，在文本匹配任务中表现不错，号称短文本匹配神器。

图 5.14 展示了 ESIM 的结构。嵌入层部分使用 BiLSTM 可以学习如何表示一句话中的词和它的上下文。

$$\bar{\boldsymbol{a}}_i = \text{BiLSTM}(\boldsymbol{a}, i), \forall i \in [1, \cdots, \ell_a]$$

$$\bar{\boldsymbol{b}}_j = \text{BiLSTM}(\boldsymbol{b}, j), \forall j \in [1, \cdots, \ell_b]$$

匹配层在 ESIM 算法中又称为 Soft Align Attention 层。在这层使用 $e_{ij}=<\bar{\boldsymbol{a}}_i,\bar{\boldsymbol{b}}_j>$来计算注意力权重。基于计算出的相似矩阵,利用下面的公式进行两句话的局部推理。它们互相生成彼此相似性加权后的句子,维度保持不变。

$$\tilde{\boldsymbol{a}}_i=\sum_{j=1}^{\ell_b}\frac{\exp(e_{ij})}{\sum_{k=1}^{\ell_b}\exp(e_{ik})}\bar{\boldsymbol{b}}_j,\ \forall i\in[1,\cdots,\ell_a]$$

$$\tilde{\boldsymbol{b}}_j=\sum_{i=1}^{\ell_a}\frac{\exp(e_{ij})}{\sum_{k=1}^{\ell_a}\exp(e_{kj})}\bar{\boldsymbol{a}}_i,\ \forall j\in[1,\cdots,\ell_b]$$

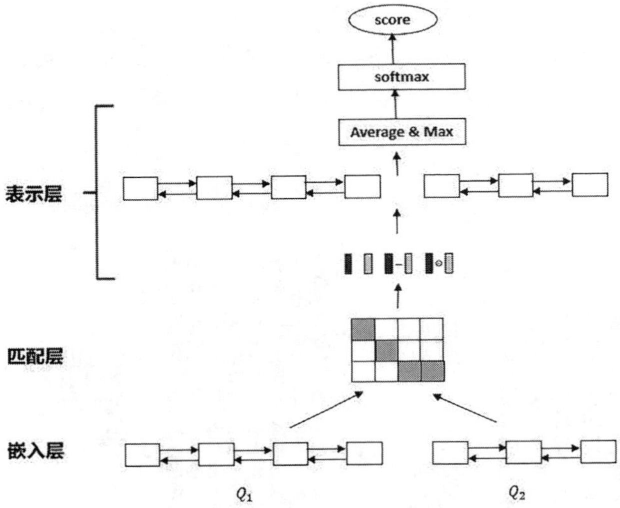

图 5.14 ESIM 的结构

在局部推理之后,进行局部推理信息强化。这里的信息强化就是计算 $\bar{\boldsymbol{a}}$ 和对齐之后的 $\tilde{\boldsymbol{a}}$ 的差和点积,最后将两个状态的值与相减、相乘的值拼接起来,得到下面两个向量。笔者认为这样的操作更利用后面的学习。

$$\boldsymbol{m}_a=[\bar{\boldsymbol{a}};\tilde{\boldsymbol{a}};\bar{\boldsymbol{a}}-\tilde{\boldsymbol{a}};\bar{\boldsymbol{a}}\odot\tilde{\boldsymbol{a}}]$$

$$\boldsymbol{m}_b=[\bar{\boldsymbol{b}};\tilde{\boldsymbol{b}};\bar{\boldsymbol{b}}-\tilde{\boldsymbol{b}};\bar{\boldsymbol{b}}\odot\tilde{\boldsymbol{b}}]$$

对 $\boldsymbol{m}_a$ 和 $\boldsymbol{m}_b$ 再次分别使用 BiLSTM 提取上下文信息得到 $\boldsymbol{v}_a$ 和 $\boldsymbol{v}_b$。同时,使用最大池化和平均池化进行池化操作,然后拼接为 $\boldsymbol{v}=[\boldsymbol{v}_{a,\text{ave}};\boldsymbol{v}_{a,\max};\boldsymbol{v}_{b,\text{ave}};\boldsymbol{v}_{b,\max}]$。最后接一个全连接层。

双边多视角匹配(Bilateral Multi-Perspective Matching,BiMPM)模型是另外一个先进的交互型匹配模型。该模型采用了双向多角度匹配,不单单只考虑一个维度,而是把两个句子之间的单元做相似度计算,最后经过全连接层与 softmax 层得到最终的结果。图 5.15 给出了 BiMPM 模型的结构。

词表示层是先把输入的序列 P 和 Q 中的每个词转变为 d 维的向量表示，即 $[\boldsymbol{p}_1,\cdots,\boldsymbol{p}_M]$ 和 $[\boldsymbol{q}_1,\cdots,\boldsymbol{q}_N]$，然后使用 BiLSTM 为每个时刻的隐变量表示中融入上下文信息。其中，d 维的向量由两个部分组成，分别是普通的词向量和由字符构成的向量。每个词向量是预训练好的，不会在训练过程中变化。字符向量的值是通过将一个词中所有的字符输入 LSTM 中得到的结果。为了有一个直观的认识，请看下面的代码片段。定义三个类：WordRepresLayer、CharRepresLayer 和 ContextLayer，它们分别用来构建词表示、字符嵌入表示和词上下文表示。

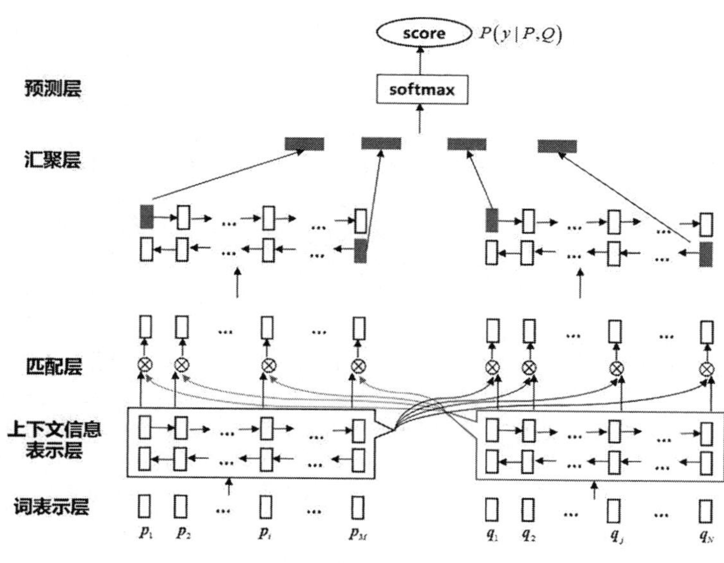

图 5.15　BiMPM 模型的结构

词表示层的构建代码片段如下。

```
from keras.models import Sequential
from keras.layers.embeddings import Embedding
from keras.layers.core import Lambda, Dropout
class WordRepresLayer(object):
    def __init__(self, sequence_length, nb_words,
                 word_embedding_dim, embedding_matrix):
        self.model=Sequential()
        self.model.add(Embedding(nb_words, word_embedding_dim,
                                 weights=[embedding_matrix],
                                 input_length=sequence_length,
                                 trainable=False))
    def __call__(self, inputs):
        return self.model( inputs )
```

字符嵌入表示层的构建代码片段如下。

```
class CharRepresLayer(object):
    def __init__(self, sequence_length, nb_chars, nb_per_word,
                 embedding_dim, rnn_dim, rnn_unit='gru', dropout=0.0):
        def _collapse_input(x, nb_per_word=0):
            x=K.reshape(x, (-1, nb_per_word))
            return x

        def _unroll_input(x, sequence_length=0, rnn_dim=0):
            x=K.reshape(x, (-1, sequence_length, rnn_dim))
            return x

        self.model=Sequential()
        self.model.add(Lambda(_collapse_input,
                              arguments={'nb_per_word': nb_per_word},
                              output_shape=(nb_per_word,),
                              input_shape=(sequence_length, nb_per_word,)))
        self.model.add(Embedding(nb_chars, embedding_dim,
                                 input_length=nb_per_word,
                                 trainable=True))
        self.model.add(LSTM(rnn_dim, dropout=dropout,
                            recurrent_dropout=dropout))
        self.model.add(Lambda(_unroll_input,
                              arguments={'sequence_length': sequence_length,
                                         'rnn_dim': rnn_dim},
                              output_shape=(sequence_length, rnn_dim)))

    def __call__(self, inputs):
        return self.model(inputs)
```

词上下文表示层的构建代码片段如下。使用 BiLSTM 对上一步得到的编码序列进行处理，以加入序列上下文信息。

```
from keras.layers.wrappers import Bidirectional
from keras.layers import TimeDistributed
from keras.layers.normalization import BatchNormalization
class ContextLayer(object):
    def __init__(self, rnn_dim, input_shape=(0,),
                 dropout=0.0, return_sequences=False,
                 dense_dim=0):
        self.model=Sequential()
        self.model.add(
          Bidirectional(LSTM(rnn_dim,
                             dropout=dropout,
                             recurrent_dropout=dropout,
                             return_sequences=return_sequences),
```

```
                      input_shape=input_shape))
        if dense_dim > 0:
            self.model.add(TimeDistributed(Dense(dense_dim,
                                       activation='relu')))
            self.model.add(TimeDistributed(Dropout(dropout)))
            self.model.add(TimeDistributed(BatchNormalization()))

    def __call__(self, inputs):
        return self.model(inputs)
```

最后,我们在上面的基础上构建嵌入层。嵌入层的构建代码片段如下。

```
from keras.layers import Input
from keras.layers.merge import concatenate
from models.layers import (WordRepresLayer, CharRepresLayer )
# 模型词输入
w1=Input(shape=(sequence_length,), dtype='int32')
w2=Input(shape=(sequence_length,), dtype='int32')
c1=Input(shape=(sequence_length, nb_per_word), dtype='int32')
c2=Input(shape=(sequence_length, nb_per_word), dtype='int32')
# 建立词表示层
word_layer=WordRepresLayer(sequence_length, nb_words, word_embedding_dim,
                         embedding_matrix)
w_res1=word_layer(w1)
w_res2=word_layer(w2)
# 模型字符
char_layer=CharRepresLayer(sequence_length, nb_chars, nb_per_word,
                         char_embedding_dim, char_rnn_dim,
                         rnn_unit=rnn_unit, dropout=dropout)
c_res1=char_layer(c1)
c_res2=char_layer(c2)
sequence1=concatenate([w_res1, c_res1])
sequence2=concatenate([w_res2, c_res2])
# 建立上下文表示层
context_layer=ContextLayer(context_rnn_dim, dropout=dropout,
                input_shape=(sequence_length, K.int_shape(sequence1)[-1],),
                return_sequences=True)
context1=context_layer(sequence1)
context2=context_layer(sequence2)
```

匹配层把一个序列不同时刻的上下文信息与另一个序列所有时刻的上下文信息进行比较,并考虑了两个方向。这里设计了一种多角度的匹配方法,用于获取两个句子细粒度的交互信息。下面对匹配机制进行详细说明。首先定义了一个多角度匹配的相似度函数:

$$\boldsymbol{m} = f_m(\boldsymbol{v}_1, \boldsymbol{v}_2; \boldsymbol{W})$$

式中，$\boldsymbol{v}_1$ 与 $\boldsymbol{v}_2$ 表示两个 d 维度的向量；$\boldsymbol{W} \in \mathbb{R}^{l \times d}$ 是权重矩阵，其维度为 (l, d)，其中 l 表示匹配的角度数量；结果 $\boldsymbol{m}$ 是一个 l 维度的向量，$\boldsymbol{m} = [m_1, \cdots, m_k, \cdots, m_l]$。每一个 m_k 表示第 k 个角度的匹配结果，其值的相似度计算方法如下。

$$m_k = \text{Cosine}(\boldsymbol{W}_k \circ \boldsymbol{v}_1, \boldsymbol{W}_k \circ \boldsymbol{v}_2)$$

式中，$\boldsymbol{W}_k$ 是权重矩阵 $\boldsymbol{W}$ 的第 k 行，$\circ$ 表示按元素点乘。

基于 f_m 定义了 4 种策略来生成多角度匹配信息：全匹配（Full - Matching）、最大池化匹配（Maxpooling- Matching）、注意力匹配（Attentive - Matching）和最大注意力匹配（Max - Attentive - Matching）。这里的上下文表示都是双向 LSTM，包含前向和后向两部分。下面的示意图仅从一个方向（$P \to Q$ 方向）来解释匹配算法。

（1）全匹配：如图 5.16 所示，句子 P 的当前时刻的上下文表示前向隐藏层向量 $\overrightarrow{\boldsymbol{h}}_i^p$ 与另一个句子 Q 的上下文表示的最后一个向量 $\overrightarrow{\boldsymbol{h}}_N^q$ 作为 f_m 的输入。这样，生成前向比较信息 $\overrightarrow{\boldsymbol{m}}_i^{\text{full}} = f_m(\overrightarrow{\boldsymbol{h}}_i^p, \overrightarrow{\boldsymbol{h}}_N^q; \boldsymbol{W}^1)$。相似地，可以生成后向比较信息 $\overleftarrow{\boldsymbol{m}}_i^{\text{full}} = f_m(\overleftarrow{\boldsymbol{h}}_i^p, \overleftarrow{\boldsymbol{h}}_1^q; \boldsymbol{W}^2)$。

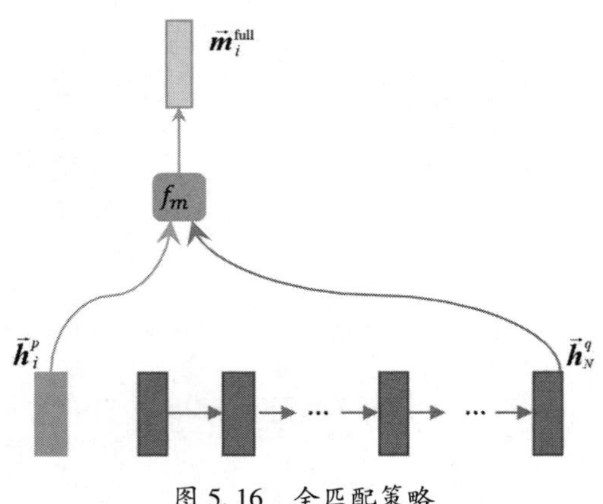

图 5.16　全匹配策略

（2）最大池化匹配：如图 5.17 所示，句子 P 的当前时刻的上下文表示前向隐藏层向量 $\overrightarrow{\boldsymbol{h}}_i^p$ 与另一个句子 Q 的上下文表示所有前向隐藏层向量 $\overrightarrow{\boldsymbol{h}}_j^q$ 作为 f_m 的输入，然后对所有输出进行最大池化。这样，生成前向比较信息 $\overrightarrow{\boldsymbol{m}}_i^{\max} = \max\limits_{j \in (1, \cdots, N)} f_m(\overrightarrow{\boldsymbol{h}}_i^p, \overrightarrow{\boldsymbol{h}}_j^q; \boldsymbol{W}^3)$。相似地，可以生成后向比较信息 $\overleftarrow{\boldsymbol{m}}_i^{\max} = \max\limits_{j \in (1, \cdots, N)} f_m(\overleftarrow{\boldsymbol{h}}_i^p, \overleftarrow{\boldsymbol{h}}_j^q; \boldsymbol{W}^4)$。

（3）注意力匹配：如图 5.18 所示，首先根据句子 P 当前时刻的上下文表示前向隐藏层向量 $\overrightarrow{\boldsymbol{h}}_i^p$ 对句子 Q 进行注意力权重计算，然后对 Q 的所有前向隐藏层向量进行加权平均得到一个向量表示 $\overrightarrow{\boldsymbol{h}}_i^{\text{mean}}$，再将句子 P 当前时刻的上下文表示向量与 Q 的注意力向量 $\overrightarrow{\boldsymbol{h}}_i^{\text{mean}}$ 作为 f_m 的输入。这里 $\overrightarrow{\boldsymbol{h}}_i^{\text{mean}} =$

$\frac{\sum_{j=1}^{N}\vec{\alpha}_{i,j}\cdot\vec{\boldsymbol{h}}_{j}^{q}}{\sum_{j=1}^{N}\vec{\alpha}_{i,j}}$,通常我们采取 Cosine 相似度作为注意力权重计算的函数,即 $\vec{\alpha}_{i,j}=\cos(\vec{\boldsymbol{h}}_{i}^{p},\vec{\boldsymbol{h}}_{j}^{q})$。这样,生成前向比较信息 $\vec{\boldsymbol{m}}_{i}^{\text{att}}=f_{m}(\vec{\boldsymbol{h}}_{i}^{p},\vec{\boldsymbol{h}}_{i}^{\text{mean}};\boldsymbol{W}^{5})$。相似地,可以生成后向比较信息 $\overleftarrow{\boldsymbol{m}}_{i}^{\text{att}}=f_{m}(\overleftarrow{\boldsymbol{h}}_{i}^{p},\overleftarrow{\boldsymbol{h}}_{i}^{\text{mean}};\boldsymbol{W}^{6})$。

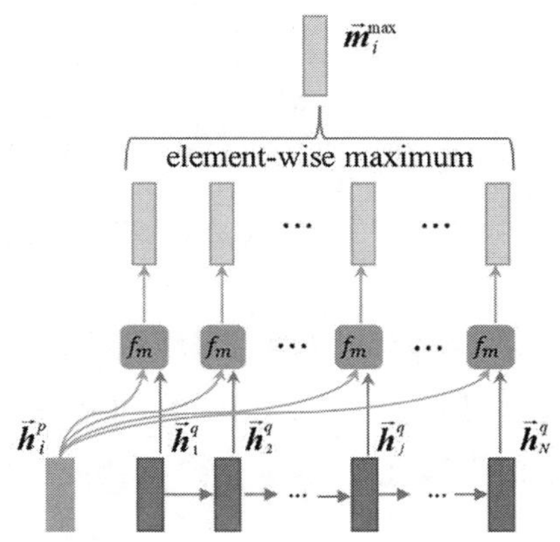

图 5.17 最大池化匹配策略

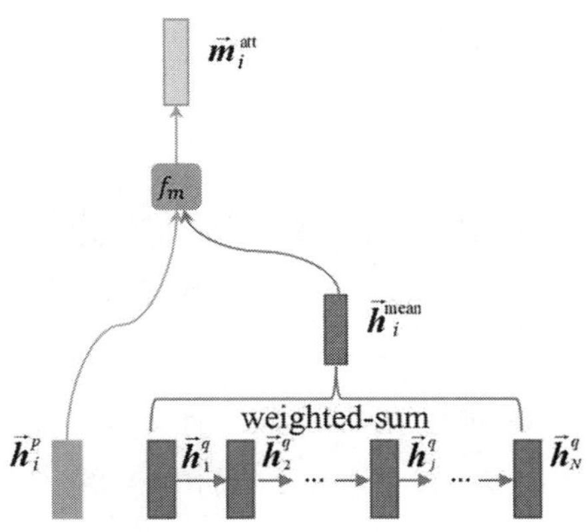

图 5.18 注意力匹配策略

(4)最大注意力匹配:如图 5.19 所示,与注意力匹配策略基本类似,区别是加权平均变成了取最大。这里,选择句子 Q 所有上下文向量中余弦相似度最大的向量作为句子 Q 的注意力向量 $\vec{\boldsymbol{h}}_{i}^{\max}$。这样,生成前向比较信息 $\vec{\boldsymbol{m}}_{i}^{\max-\text{att}}=f_{m}(\vec{\boldsymbol{h}}_{i}^{p},\vec{\boldsymbol{h}}_{i}^{\max};\boldsymbol{W}^{7})$。相似地,可以生成后向比较信息 $\overleftarrow{\boldsymbol{m}}_{i}^{\max-\text{att}}=f_{m}(\overleftarrow{\boldsymbol{h}}_{i}^{p},\overleftarrow{\boldsymbol{h}}_{i}^{\max};\boldsymbol{W}^{8})$。

最终,P 对 Q 进行匹配可以得到一组向量,向量个数等于 P 的长度,向量维度是 $l\times 8$(4 种匹配策略,双向 LSTM)。同理,Q 对 P 进行匹配也可以得到一组向量。

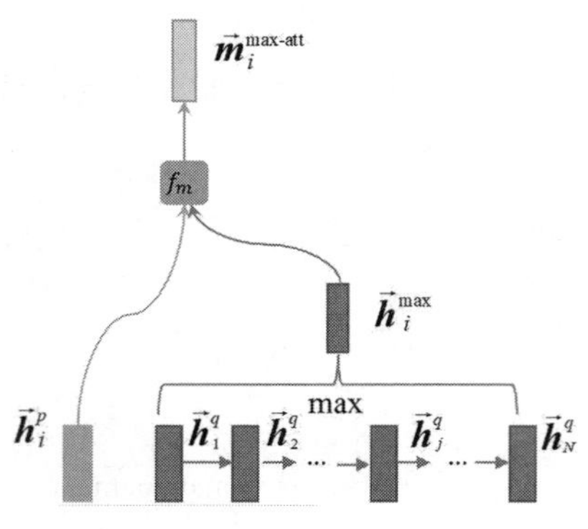

图 5.19　最大注意力匹配策略

接着,使用另一个 BiLSTM 对匹配层得到的两组向量序列分别进行建模,并且都取最后时刻的向量。因此,最终得到 4 个向量(两组 * 双向),将这 4 个向量进行拼接作为输出。最后通过两层全连接,其后紧接 softmax 作为分类器,激活函数使用 tanh。

5.3 本章小结

FAQ 问答是智能对话系统的核心组件之一,也是智能客服系统中的主要应用场景。本章从智能客服领域的 FAQ 问答的基本概念出发,在 5.1 节分别介绍了知识库的相关概念、FAQ 问答系统的业务架构和 FAQ 问答引擎。

FAQ 问答引擎的关键任务是如何进行语义匹配。因此,5.2 节主要关注文本匹配算法的介绍,依次阐述了模板匹配、字面匹配和语义匹配。由于 5.2 节的内容比较庞杂,这里逐一总结如下。

模板匹配能利用人类表述知识(等价句式),在缺乏完善知识库建设的情况下,快速建立起基本的语义需求。它把对于句子的相似性匹配限定在特定的业务词层面,利用对于表述习惯的总结较为准确地理解命中的用户问句,详细地说,是通过预设模板精准匹配用户频繁的业务咨询。这种方式能通过简单配置使系统迅速启动,但其匹配过于严格,缺乏灵活性。

字面匹配有两种:基于词汇重合度的匹配算法和多词汇重合度融合算法。传统的字面文本匹配技术如词袋模型(BOW)、TF-IDF、BM25、Jaccard 等都属于前者,这些方法主要解决词汇层面的匹配问题,不需要任何标注。但基于词汇重合度的匹配算法存在局限性,例如,词义局限、词序局限等问题。多词汇重合度融合算法是一种监督型算法。它利用各种角度的字符特征(字、词、n-gram 等)和重合度算法构造新的特征值,并在此基础上利用监督信息获得更好的匹配效果。这种方法在工业界应用广泛。由于模型只学习字面相似的特征,因此不受领域影响,通用性强,适合用在冷启动阶段。

语义匹配能更好地理解深层的语义。我们依次介绍了基于词向量的无监督语义匹配方法和句子级别的深度学习匹配模型。对于基于词向量的无监督语义匹配方法,我们分别介绍了平均词向量法、SIF算法和WMD算法。这几个方法模型简单,不依赖标注数据,充分利用了Word2Vec的领域迁移能力,没有冷启动问题。接着介绍了两种句子级别的深度学习匹配模型:表示型和交互型。表示型匹配模型侧重于对表示层的构建,它会在表示层将文本转换成唯一的整体表示向量。这里介绍了两种典型的网络结构:DSSM和CDSSM。交互型匹配模型侧重于语义相似度层面的抽象,从基本的词级相似到更高级别的相似抽象,能很好地把握语义焦点,对上下文重要性进行合理建模。我们介绍了几个典型的结构:MatchPyramid算法、ESIM算法和BiMPM算法。在交互层上,MatchPyramid算法构建词间相似矩阵,ESIM算法构建软注意力权重,而BiMPM算法构建多视角注意力权重。它们在相似度匹配任务中都是常用的模型。训练收敛速度方面,MatchPyramid > ESIM > BiMPM。通常情况下,表示型匹配模型比交互型匹配模型训练时间更短,但交互型匹配模型效果更佳。

本章详细介绍了智能对话系统中最常用的FAQ问答技术。通过反复阅读本章并理解相关内容,读者可以搭建一个基本的智能对话系统。

第 6 章

知识图谱问答

知识图谱（Knowledge Graph）旨在用一种三元组的简洁方式描述客观世界中概念、实体及其关系，将人类的知识沉淀下来，提供了一种更好的组织、管理和理解海量知识的能力。近年来，知识图谱成为知识服务领域的一个新热点，受到国内外学者和工业界的广泛关注。知识图谱问答是一个给定自然语言问题，利用知识图谱对问题进行语义理解和实体解析，进而进行查询和推理得出答案的系统。

本章主要涉及的知识点如下。

- **知识图谱的相关概念：了解知识图谱的定义、数据模型及存储方式。**
- **知识图谱问答的基本方法：熟悉基于模板的方法、基于语义解析的方法及基于答案排序的方法等三种实现。**
- **语义表示：熟悉λ-DCS语义表示。**

注意：本章内容不讲解基本的文本预处理方法，请读者自学相关内容。

6.1 什么是知识图谱

2012年,Google正式提出了知识图谱的概念,其初衷是为了优化搜索引擎的返回结果,提升用户搜索的质量及体验。2013年起,知识图谱开始在学术界和工业界普及。目前,随着智能信息服务应用的不断发展,知识图谱已被广泛应用于智能问答、智能搜索、大数据风控、证券投资、智能医疗、推荐系统、反欺诈等领域。

6.1.1 知识图谱的定义

知识图谱是一种基于图的数据模型,用于描述现实世界的实体及其之间的关系。例如,“爱因斯坦”和“德国”是实体,“born_in”是它们之间的关系。实体也可以链接到数据值,通常称为字面量,如“March 14, 1879”。下面看一下知识图谱的正式定义。设 E 是知识图中所有实体的集合,L 是所有字面量的集合,P 是连接实体与另一个实体或实体与字面量的关系的集合。知识图谱定义为 E-> P-> (E or L)的所有可能三元组的子集。

图6.1所示是一个知识图谱的可视化示例。节点表示实体(Entity)或属性值①,边则由关系(Relation)或属性②构成。知识图谱通过对大量异构文档数据进行有效的加工、处理和整合,转化为“实体-关系-实体”或“实体-属性-属性值”这样的三元组。通过不断积累,最终聚合了大量知识,从而能够提供从“关系”的角度分析问题的能力,实现知识的快速响应和推理。

为了便于理解,我们介绍知识图谱中的几个基本概念:实体、关系(属性)和属性值。

(1)实体:具有可区别性且独立存在的某种事物。如某一个人、某一个城市、某一个公司、某一种商品等。实体是知识图谱中的最基本元素,不同的实体间存在不同的关系。如图6.1所示,圆圈中的均是实体。

(2)关系:知识图谱上边的标签,用来表达不同实体之间的某种联系,通过关系节点把知识图谱中的节点连接起来,形成一张大图。

(3)属性值:也称为字面量,是一些数量值。与属性值相关的关系也称为属性。不同的属性类型对应于不同类型属性的边。属性值主要是指对象指定属性的值。例如,图6.1中右下角节点对应的字符串“Jan 1 1984”。

---

① 属性值是知识图谱中字面量的另一个称呼,通常指时间、身高、体重等数据值。
② 属性是与属性值成对的一个叫法,也可以称为关系。

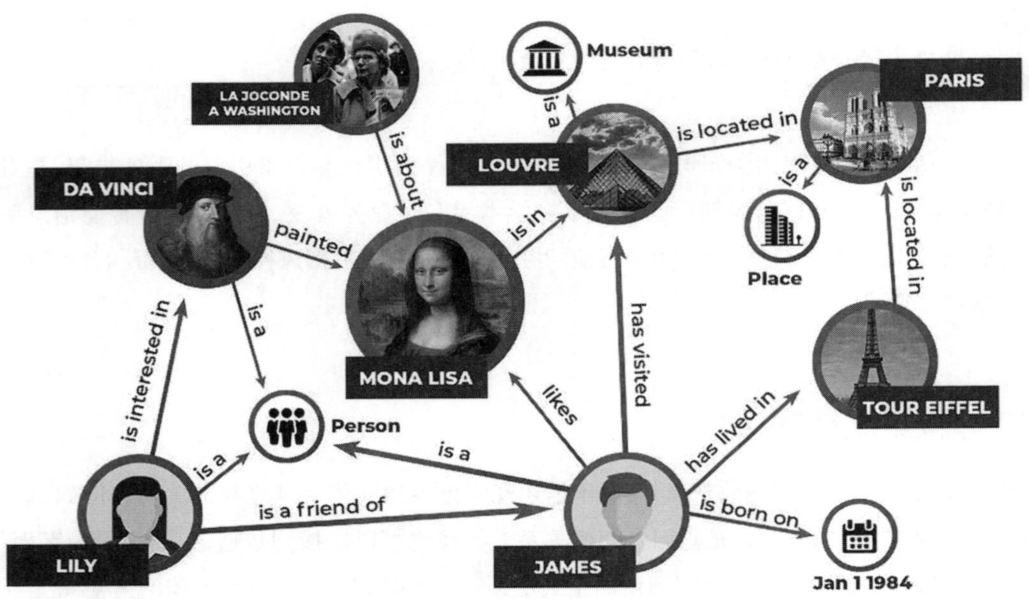

图 6.1　知识图谱的可视化示例

Wikidata①、Yago② 和 OpenKG③ 等是一些公开的中英文知识图谱,我们可以使用 SPARQL④ 等标准查询语言来查询这些知识图谱。

6.1.2　知识图谱的数据模型

数据模型决定了数据管理所采取的方法和策略,对于存储管理、查询处理、查询语言设计均至关重要。从数据模型的角度来看,知识图谱本质上是一种图数据。它的数据模型的数学基础来源于图论。在图论中,图是二元组 $G=(V, E)$,其中 V 是节点集合,E 是边集合。知识图谱数据模型基于图论中图的定义,它是图数据模型的继承和发展。它用节点集合表示实体,用边集合表示实体间的联系,这种一般和通用的数据表示恰好能够自然地刻画现实世界中事物的广泛联系。下面介绍目前表示知识图谱的两种主要图数据模型:RDF 图模型和属性图模型。

1. RDF 图模型

知识图谱在语义网络领域通常使用资源描述框架(Resource Description Framework,RDF)来表示。

① Wikidata(维基数据)是一个结构化的知识库,为像维基百科、维基导游、维基词典和维基文库等其他维基媒体提供集中的数据存储。

② Yago 是由德国马普研究所研制的一个包含亿级三元组知识的链接数据库,主要集成了维基百科、WordNet 和 GeoNames 三个来源的数据,其官网地址为 http://yago-knowledge.org/。

③ OpenKG 是一个中文知识图谱社区,其官方网址为 http://openkg.cn/。

④ SPARQL 是一种查询和管理 RDF 格式数据的语义查询语言。

RDF是万维网联盟(W3C)所提出的知识表示模型。它提供了一个统一的标准,用于描述实体/资源。简单来说,就是表示事物的一种方法和手段。RDF形式上表示为SPO三元组,或者称为一条语句,在知识图谱中我们也称其为一条知识。

如图6.2所示,RDF是基于实体-属性-值(Entity-Attribute-Value,EAV)模型的三元组来描述语义的图数据模式。RDF用来描述和表达网络资源的内容与结构。现实世界中的每个概念、实体和事件都可以对应一个资源。每个资源都用国际化资源标识符(Internationalized Resource Identifier,IRI)进行标识。每个资源的一个属性及其属性值,或者它与其他资源的一条关系,都被表示成<S, P, O>的三元组形式。RDF数据中的三元组又称为事实或知识。一个RDF数据集是一系列三元组的集合。

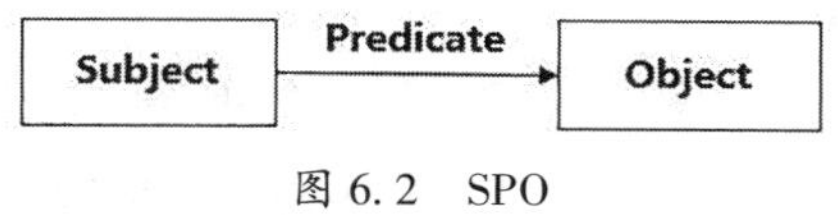

图6.2　SPO

假设有一个软件开发公司,有张三、李四、王五和赵六4名程序员,他们的年龄分别为27岁、25岁、35岁和29岁。公司有“图数据库”和“RDF三元组库”两个项目。张三认识李四和王五;张三、王五和赵六参加“图数据库”的开发,该项目使用C++语言;王五参加“RDF三元组库”的开发,该项目使用Java语言。图6.3给出了上面软件开发公司人员关系RDF图示例。图中有4个程序员节点和2个项目节点。

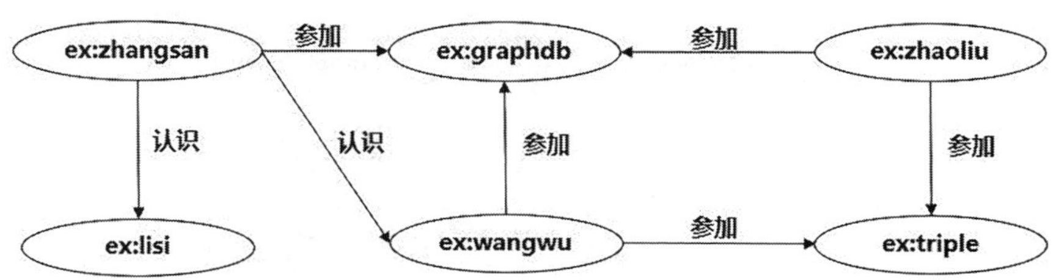

图6.3　软件开发公司人员关系RDF图示例

细心的读者会注意到,上面的RDF图对于节点和边的属性没有内置的支持。那么,接下来我们看看如何加上节点和边的属性。

对于节点属性,我们可以采用三元组表示,这类三元组的宾语称为字面量(属性值)。图6.4给出了带节点属性的软件开发公司人员关系RDF图示例。这个图示是基于图6.3的RDF图添加了节点属性。加粗部分是新添加的边和属性值。程序员节点都加上了姓名和年龄两个属性,项目节点都加上了项目和语言两个属性。例如,节点ex:zhangsan,添加了属性姓名和属性值"张三"及属性年龄和属性值27;节点ex:graphdb,添加了属性项目和属性值"图数据库"及属性语言和属性值C++。

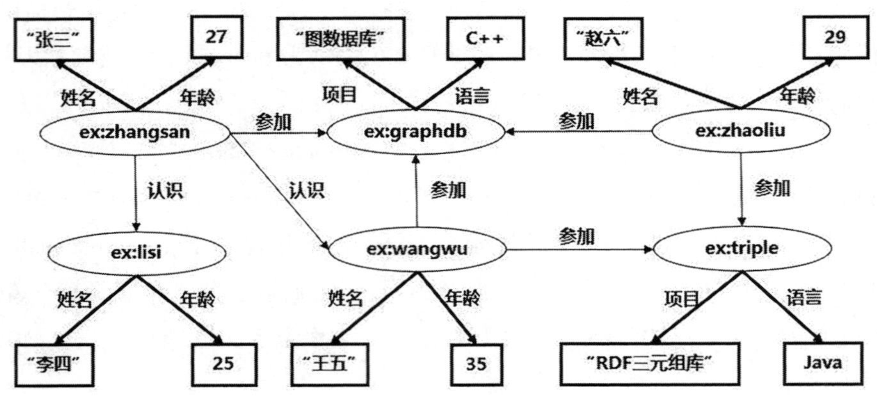

图 6.4　带节点属性的软件开发公司人员关系 RDF 图示例

边的属性表示起来稍微复杂一些，最常见的是利用 RDF 中一种叫作“具体化”的技术。需要引入额外的节点来表示整个三元组，将边属性表示为以该节点为主语的三元组。例如，图 6.5 中的粗体部分，引入节点 ex:participate 代表三元组(ex:zhangsan，参加，ex:graphdb)，该节点通过 RDF 内置属性 rdf:subject、rdf:predicate 和 rdf:object 分别与代表的三元组的主语、谓语和宾语建立起联系，这样三元组(ex:participate，权重，0.4)就实现了为原三元组增加边属性的效果。

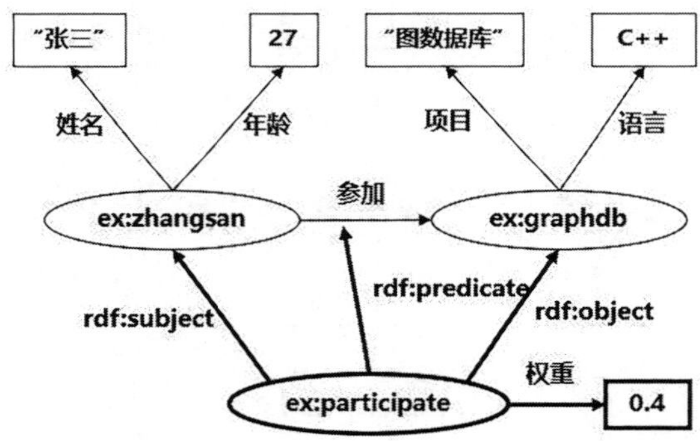

图 6.5　RDF 图中边属性的表示

上面的讨论仅限于二元关系的情况，而实际情况中实体间可能存在多元关系。N 元关系的一个关系中可能有 N 个实体参与。语言哲学家 Donald H. Davidson 提出了一种多元关系的解决办法，即加入“事件”节点，而事件有很多组成成分。例如，John 和 Kathy 在 2010 年结婚。在 Wikidata 中，为了使用二元关系对 N 元关系进行表示，它创造了一个虚拟的节点结构，被称为复合值类型(Compound Value Type，CVT)。可以定义一个婚姻事件，从而各个元都是该事件的组成成分。这个婚姻事件以 CVT 节点形式存在。图 6.6 给出了婚姻事件 CVT 结构的可视化表示。圆圈表示虚拟节点，圆角正方形表示婚姻事件(Marriage)。通过这个虚拟节点将婚姻事件中的多元实体以三元组的方式表示出来。John 和 Kathy 是婚姻事件的涉及实体，婚姻事件的日期是 2010。

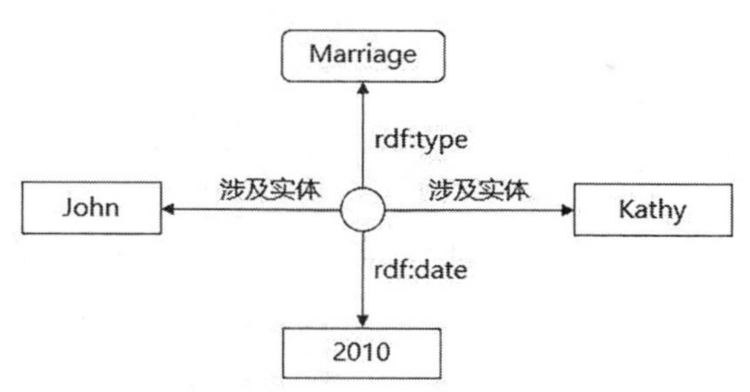

图 6.6　婚姻事件 CVT 结构

2. 属性图模型

属性图是当前图数据库领域较为流行的一种图数据模型。属性图擅长显示分散在不同数据架构和数据模式中的数据之间的联系。它们提供了关于如何在许多不同的数据库上建模数据及不同类型的元数据如何相关的更丰富的视图。

属性图由节点集和边集组成,节点表示实体,边表示关系。所有的节点是独立存在的,为节点设置标签,那么拥有相同标签的节点属于同一个集合。节点可以有零个、一个或多个标签。关系通过关系类型来分组,类型相同的关系属于同一个集合。关系是有向的,关系的两端是头节点和尾节点,通过有向的箭头来标识方向,节点之间的双向关系通过两个方向相反的关系来标识。关系必须设置关系类型,并且只能设置一个关系类型。

为了便于理解,我们下面正式定义几个概念。

(1)标记:是非空的字符串,用于标识标签、关系类型或属性键。

(2)标签:用于标记节点的分组,多个节点可以有相同的标签,一个节点可以有多个标签。

(3)关系类型:用于标记关系的类型,多个关系可以有相同的关系类型。

(4)属性键:用于唯一标识一个属性。

(5)属性:是一个键值对,每个节点或关系可以有一个或多个属性;属性值可以是原始类型,或者原始类型的数组,具体如图 6.7 所示。

有了上面的基本概念,我们正式定义一下属性图。属性图 G 可以形式化定义为一个五元组:$G=(V,E,\rho,\lambda,\sigma)$。$V$ 是顶点的有限集合,E 是边的有限集合,$\rho:E\rightarrow(V\times V)$ 是将边关联到顶点对,$\lambda:(V\cup E)\rightarrow \mathrm{Lab}$ 是为顶点或边赋予标签,$\sigma:(V\cup E)\times \mathrm{prop}\rightarrow \mathrm{Val}$ 是为顶点或边关联属性。

一个属性图满足如下性质。

(1)节点性质:每个节点具有唯一的 ID;每个节点具有若干条出边和若干条入边;每个节点具有一组属性,每个属性是一个键值对。

(2)边性质:每条边具有唯一的 ID;每条边具有一个头节点和一个尾节点;每条边具有一个标签,表示关系;每条边具有一组属性,每个属性是一个键值对。

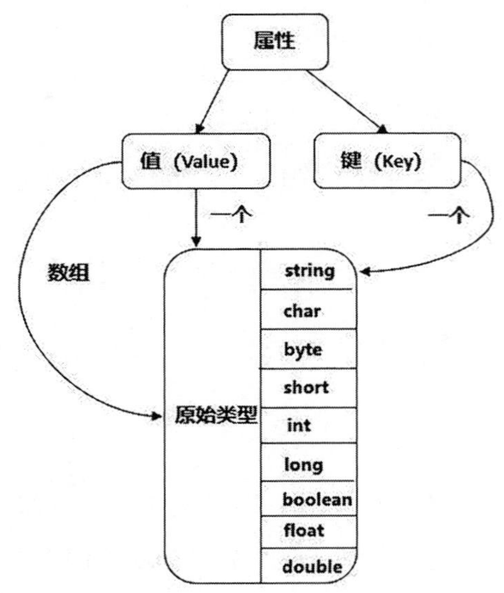

图 6.7　属性的组成

图 6.8 给出了一个简单的属性图示例。其中,有 3 个节点和 2 个关系共 5 个实体。Person 和 Movie 是标签,ACTED_IN 和 DIRECTED 是关系类型,name、born、title、released、roles 等是节点和关系的属性。

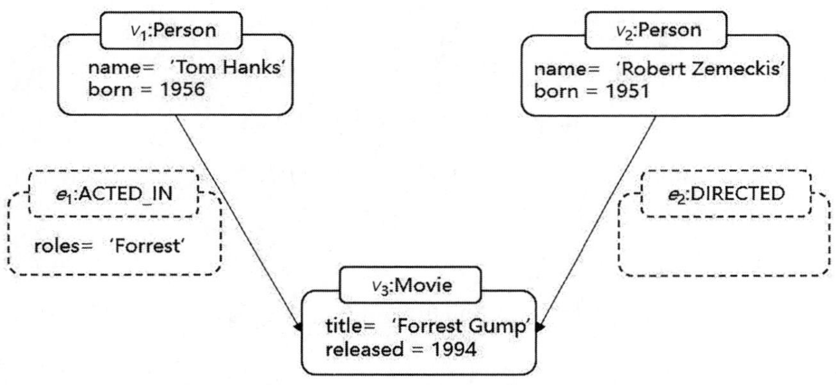

图 6.8　一个简单的属性图示例

我们可以使用符号来表示这个属性图。3 个节点 $V=\{v_1,v_2,v_3\}$,它们的类型分别为 $\lambda(v_1)=$ Person,$\lambda(v_2)=$ Person,$\lambda(v_3)=$ Movie。有 2 个关系 $E=\{e_1,e_2\}$,边 e_1 表示连接 name 属性为 Tom Hanks 的节点和 Movie 节点的关系,有 $\rho(e_1)=(v_1,v_3)$;边 e_2 表示连接 name 属性为 Robert Zemeckis 的节点和 Movie 节点的关系,有 $\rho(e_2)=(v_2,v_3)$。2 个关系的类型分别为 $\lambda(e_1)=$ ACTED_IN 和 $\lambda(e_2)=$ DIRECTED。

属性是一个键值对,用于为节点或关系提供信息。在图例中,Person 节点有两个属性:name 和 born,Movie 节点有两个属性:title 和 released。关系类型 ACTED_IN 有一个属性:roles,该属性值是一个数组，而关系类型为 DIRECTED 的关系则没有属性。关系关联属性表示为 $\sigma(e_1, \text{roles})$ = 'Forrest'；节点关联属性表示如下。

$\sigma(v_1, \text{name})$ = 'Tom Hanks'，$\sigma(v_1, \text{born}) = 1956$

$\sigma(v_2, \text{name})$ = 'Robert Zemeckis'，$\sigma(v_2, \text{born}) = 1951$

$\sigma(v_3, \text{title})$ = 'Forrest Gump'，$\sigma(v_3, \text{released}) = 1994$

属性图也可以具有自边(头节点和尾节点相同的边)，以及同一头节点和尾节点之间的多条边。属性图模型类似于基于 W3C 标准的 RDF 图模型，但属性图模型比 RDF 模型更简单。

6.1.3 知识图谱的存储方式

6.1.2 小节解释了两种知识图谱数据在逻辑上的抽象，本小节将介绍这些数据在存储介质上的组织方式。下面介绍三类知识图谱数据库：基于关系数据库的存储、原生图数据库和基于 IR 的存储。

1. 基于关系数据库的存储

基于关系数据库的存储方案是当前知识图谱广泛采用的一种存储方法。在本小节中，我们将简要介绍几种基于关系表的知识图谱存储结构，包括三元组表、水平表、属性表、垂直划分、六重索引等。图 6.9 给出了一个摘自 DBpedia 数据集的 RDF 数据示例。该知识图谱描述了 IBM 公司及其创始人 Charles Flint 和 Google 公司及其创始人 Larry Page 的一些属性和联系。接下来，我们将以这个知识图谱为例进行讲解和举例。

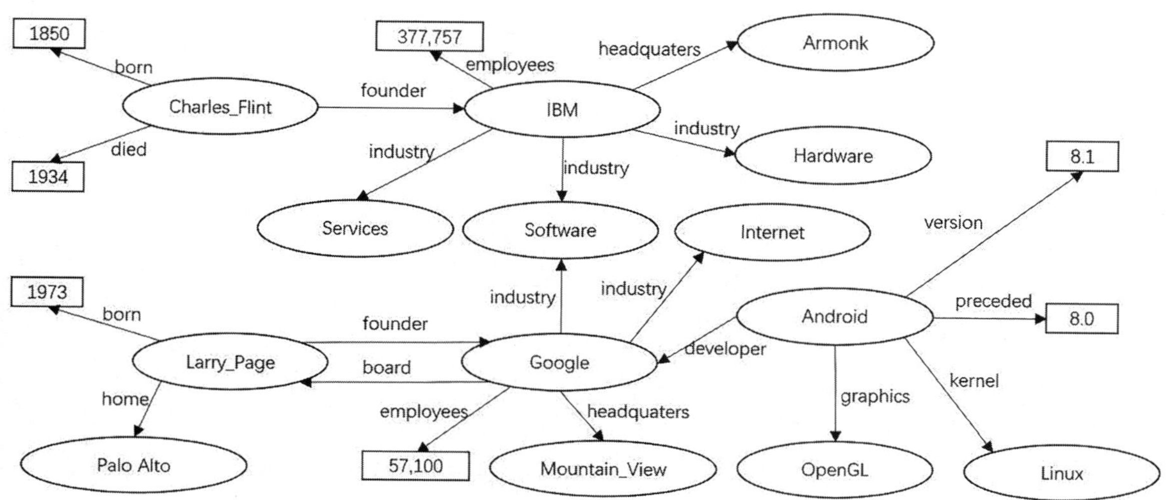

图 6.9 摘自 DBpedia 数据集的 RDF 数据示例

(1)基于三元组表的存储。

三元组表是将知识图谱存储到关系数据库中最简单直接的方法。它通过将数据放到一张数据表中来维护一个庞大的三元组表。该表包含三列,分别对应主语(S)、谓语(P)和宾语(O)。例如,可以以类似表 6.1 所示的形式进行存储。

表 6.1　基于三元组表的存储示例

S	P	O
Charles_Flint	born	1850
Charles_Flint	died	1934
Charles_Flint	founder	IBM
Larry_Page	born	1973
Larry_Page	founder	Google
…	…	…

三元组表存储方案虽然简单明了,但其行数与知识图谱的边数相同,最大的问题在于将知识图谱查询转移为 SQL 查询后需要对三元组表进行自连接。例如,图 6.10 所示的 SPARQL 查询是查找 1850 年出生且 1934 年逝世的创办了某公司的人。

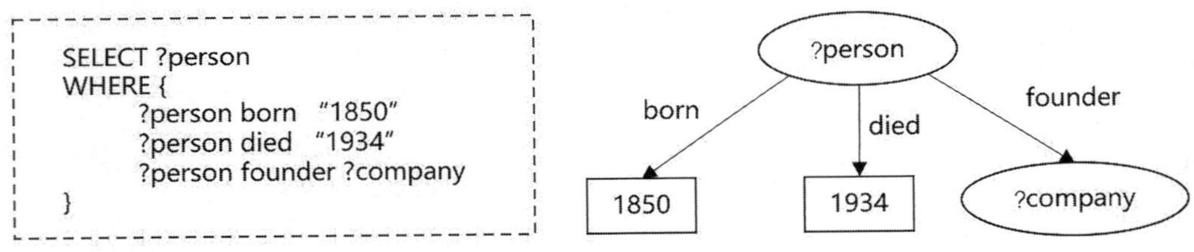

图 6.10　SPARQL 查询示例

上面 SPARQL 查询的等价 SQL 语句如下。

```
SELECT t1.S
FROM t AS t1, t AS t2, t AS t3
WHERE
T1.S=t2.S AND t2.S=t3.S
AND t1.P='born' AND t1.P='1850'
  AND t2.P='died' AND t2.O='1934'
  AND t3.P='founder'
```

这里三元组表的表名为 t。一般自连接的数量与 SPARQL 中的三元组模式数量相当。当三元组表规模较大时,多个自连接操作会导致 SQL 查询性能低下。采用三元组表存储方案的代表是 RDF 数据库系统 3store。

(2)基于水平表的存储。

水平表存储方案同样非常简单。与三元组表不同,水平表的每行记录存储一个知识图谱中一个主语的所有谓语和宾语。实际上,水平表就相当于知识图谱的邻接表。如表 6.2 所示,水平表的列数是知识图谱中不同谓语的数量,行数是知识图谱中不同主语的数量。

表 6.2 基于水平表的存储示例

S	born	died	founder	board	…	employees	headquarers
Charles_Flint	1850	1934	IBM		…		
Larry_Page	1973		Google	Google	…		
Android							
Google					…	57,100	Mountain_View
IBM					…	377,757	Armonk

与三元组表相比,水平表存储方案简化了查询过程。但水平表也存在如下一些缺点。

①列数不可控制。水平表所需的列数等于知识图谱中不同谓语的数量。在实际的知识图谱数据集中,不同谓语的数量可能达到几千甚至上万个,这极有可能超出关系数据库的列数限制。

②空值过多。对于每一行来说,极少数列有值,因此存在大量空值。这种情况会影响表的存储、索引和查询性能。

③无法存储多值宾语。在知识图谱中,同一主语和谓语可能具有多个不同的宾语,即多值属性,而水平表的一个单元格中只能存储一个值(尽管可以将多个值用分隔符连接存储为一个值,但这违反了第一范式设计原则)。

④维护成本高。知识图谱的更新往往会引起谓语的增加、修改或删除,这意味着水平表中列的增加、修改或删除,这是对表结构的改变,成本较高。采用水平表存储方案的代表是早期的 RDF 数据库系统 DLDB。

(3)基于属性表的存储。

属性表存储方案是针对水平表列数过多问题的一种解决方案。它将同类主语分到一个表中,不同类主语分到不同表中。

表 6.3、表 6.4 和表 6.5 给出了图 6.9 中知识图谱对应的属性表存储方案,即将一个水平表分为了 person(人)、os(操作系统)和 company(公司)三个表。

表 6.3 person

S	born	died	founder	board	home
Charles_Flint	1850	1934	IBM		
Larry_Page	1973		Google	Google	Palo Alto

表 6.4　os

S	developer	version	kernel	preceded
Android	Google	8.1	Linux	8.0
company				

表 6.5　company

S	industry	employees	headquaters
Google	Software, Internet	57,100	Mountain_View
IBM	Software, Hardware, Services	377,757	Armonk

对于图 6.10 中的 SPARQL 查询,在属性表存储方案中等价的 SQL 语句如下。

```
SELECT S
FROM person
WHERE born='1850' AND died='1934'
        Founder LIKE '_% '
```

属性表存储方案克服了三元组表的自连接问题,并解决了水平表中列数过多的问题。但该存储方案仍有缺点:对于规模稍大的知识图谱数据,仍需建立大量数据表,这有可能超过关系数据库的限制;对于知识图谱上稍复杂的查询,属性表存储方案仍然需要进行多表连接操作,从而影响查询效率;即使在同一类型中,不同类的主语具有的谓语集合也可能存在较大差异,这样会造成大量空值出现;仍然存在多值问题。采用属性表存储方案的代表是 RDF 三元组库 Jena。

(4)基于垂直划分的存储。

2007 年,美国麻省理工学院的 Abadi 等人提出了垂直划分存储方案。该存储方案以三元组的谓语作为划分维度,将 RDF 知识图谱划分为若干张只包含(主语, 宾语)两列的表,表的总数量即知识图谱中不同谓语的数量。也就是说,为每种谓语建立一张表,表中存放知识图谱中由该谓语连接的主语和宾语值。图 6.11 给出了图 6.9 中知识图谱对应的垂直划分存储方案,从中可以看到,13 种谓语对应着 13 张表,每张表都只有主语和宾语列。

对于图 6.10 中的 SPARQL 查询,在垂直划分存储方案中等价的 SQL 语句如下。

```
SELECT born.S
FROM born, died, founder
WHERE born.O='1850' AND died.O='1934'
    AND born.S=died.S AND born.S=founder.S
```

该查询涉及 3 张谓语表 born、died 和 founder 的连接操作。由于谓语表中的行都是按照主语列进行排序的,因此可以快速执行这种以“主语-主语”作为连接条件的查询操作,而这种连接操作又是常用的。

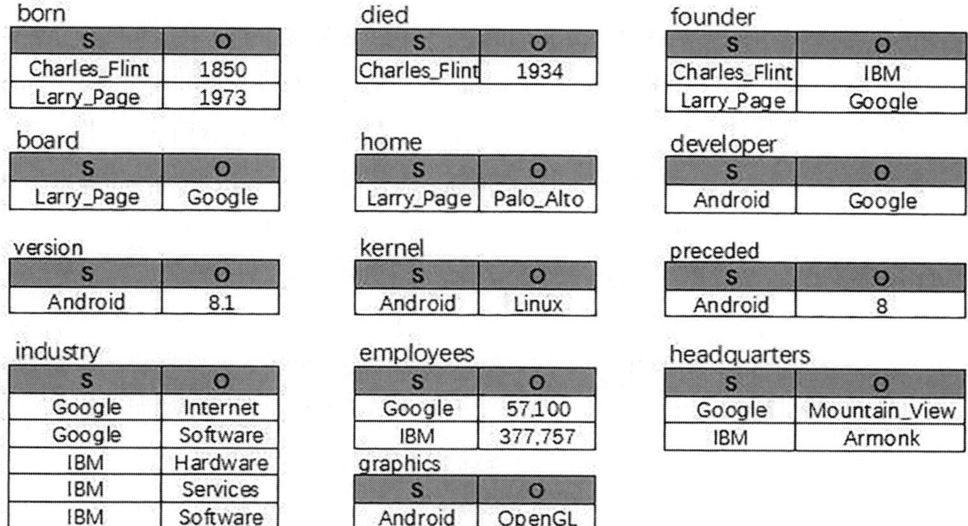

born

S	O
Charles_Flint	1850
Larry_Page	1973

died

S	O
Charles_Flint	1934

founder

S	O
Charles_Flint	IBM
Larry_Page	Google

board

S	O
Larry_Page	Google

home

S	O
Larry_Page	Palo_Alto

developer

S	O
Android	Google

version

S	O
Android	8.1

kernel

S	O
Android	Linux

preceded

S	O
Android	8

industry

S	O
Google	Internet
Google	Software
IBM	Hardware
IBM	Services
IBM	Software

employees

S	O
Google	57,100
IBM	377,757

graphics

S	O
Android	OpenGL

headquarters

S	O
Google	Mountain_View
IBM	Armonk

图 6.11　基于垂直划分的存储

垂直划分存储方案依然存在几个缺点:由于按谓语来建表,谓语数可能超过几千个,在关系数据库中维护如此规模的表需要很大的开销;对于未指定谓语的三元组查询,将发生需要连接全部谓语表进行查询的极端情况;谓语表的数量越多,数据更新维护代价越大,对于一个主语或宾语的更新将涉及多张表。采用垂直划分存储方案的代表是 SW-Store 数据库。

(5)基于六重索引的存储。

六重索引存储方案是对三元组表的扩展,是一种典型的“空间换时间”策略,它将三元组的 6 种排列分别建立为 6 张表,即 SPO(主语, 谓语, 宾语)、POS(谓语, 宾语,主语)、OSP(宾语, 主语,谓语)、SOP(主语,宾语,谓语)、PSO(谓语,主语,宾语)和 OPS(宾语,谓语,主语)。其中,SPO 表就是原来的三元组表。

通过不同索引表之间的连接操作直接加速了知识图谱上的连接查询,例如,查询“查找生于 1850 年的人创立的公司的营业领域”,可以通过 SPO 和 PSO 表的连接快速执行三元组模式“?person founder ?company”与“?company industry ?ind”的连接操作,避免了单表的自连接。

虽然六重索引存储方案部分缓解了三元组表的单表自连接问题,但需要花费 6 倍的存储空间开销。随着知识图谱规模的增大,索引维护代价和数据更新时的一致性维护代价也会变大。当对知识图谱进行复杂查询时,会产生大量的连接索引表查询操作,索引表的自连接依然不可避免。采用六重索引存储方案的代表是 RDF-3X 和 Hexastore 系统。

2. 原生图数据库

图数据库存储节点和关系而不是表或文档。它基于属性图模型,其存储管理层为属性图结构中的节点、节点属性、边、边属性等设计了专门的存储方案。目前,图数据库产品有很多,如 Neo4j、

OrientDB、Nebula Graph 等,但比较常用且社区活跃的是 Neo4j。这里我们重点介绍一下 Neo4j。

Neo4j 是一个开源的 NoSQL 原生图数据库引擎,它为应用程序提供符合 ACID 的事务后端。它具有独特的存储结构——免索引邻居节点存储方法。这种存储方式直接在点和边中保存相应的点/边/属性的物理地址,使用直接寻址的遍历方法,节约了基于索引进行扫描查找的开销。因此,它的性能并不会随着数据的增大而受到影响,Neo4j 具有非常高的查询性能。另外,图数据结构自然伸展特性及其非结构化的数据格式,让 Neo4j 的数据库设计可以具有很大的伸缩性和灵活性。

3. 基于 IR 的存储

RDF 数据模型也可以选择使用信息检索(Information Retrieval,IR)的方式来存储,典型的系统如 Semplore 和 YARS2 等。在引入基于 IR 的存储之前,我们先简要介绍下通常所说的信息检索(IR)。最广泛的信息检索主要是面向文档为单位的检索。文档和单词是信息检索中的两个基本信息单位概念。单词-文档矩阵是表达二者之间所具有的一种包含关系的概念模型。

图 6.12 展示了这个矩阵,每列代表一个文档,每行代表一个单词,打对钩的位置代表包含关系。从纵向即文档这个维度来看,每列代表文档包含了哪些单词,比如对于文档 1 来说,文档 1 包含了词汇 1 和词汇 4,而不包含其他单词。从横向即单词这个维度来看,每行代表哪些文档包含了某个单词,比如对于词汇 1 来说,文档 1 和文档 4 包含了词汇 1,而其他文档不包含词汇 1。矩阵中的其他行和列可做类似解读。

单词-文档矩阵						
	文档1	文档2	文档3	文档4	文档5	文档6
词汇1	✔			✔		
词汇2		✔	✔			
词汇3				✔		
词汇4	✔					✔
词汇5					✔	

图 6.12　单词-文档矩阵

倒排索引提供了一种单词-文档矩阵的具体的物理存储形式。通过倒排索引,可以根据单词快速获取包含这个单词的文档列表。下面我们会解释倒排索引常用到的一些专用术语。

(1)文档集合:由若干文档构成的集合称为文档集合。

(2)文档编号:搜索引擎分配的文档唯一标识,方便处理。

(3)单词编号:单词的唯一标识。

(4)单词词典:单词词典用来维护文档集合中出现过的所有单词的相关信息,单词词典内每条索引项记载单词本身的一些信息及指向倒排列表的指针。

(5)倒排列表:记载出现过的某个单词的所有文档的文档列表、单词出现次数 TF 及单词在该文档中出现的位置信息,每条记录称为一个倒排索引项。具体如图 6.13 所示。

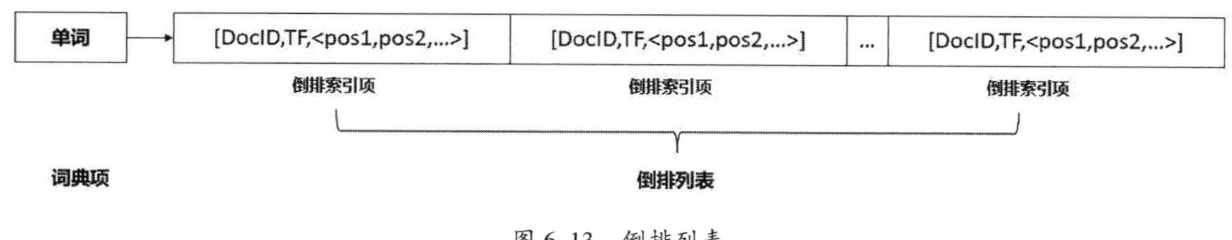

图 6.13 倒排列表

(6)位置列表:它是存储在词典中某个单词的倒排列表中的位置信息。如果索引记载了单词位置信息,则能很方便地支持短语查询。

(7)倒排文件:存储倒排索引的物理文件。

(8)倒排索引:倒排索引主要由三个部分组成:单词索引、单词词典和倒排文件。图 6.14 给出了一个倒排索引的示意图。

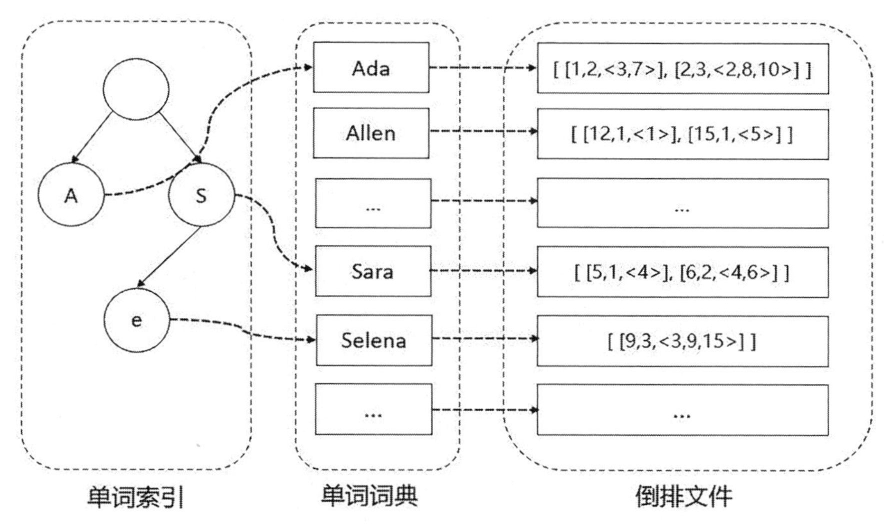

图 6.14 倒排索引

(9)域:一个文档可以包括标题、摘要、正文等多个域。域包括 Field 名和 Field 值两部分。域包括索引域和存储域两种类型。也就是说,域值可以被索引,也可以仅仅存储下来。

IR 索引基于文档、域和单词 3 个基本概念。如果我们将资源看作文档,相关的概念看作单词,通过输入概念名可以检索到一个指定概念的相关所有个体。因此,我们可以利用 IR 索引的思想来存储 RDF 数据。它的核心思想是将 RDF 转换成具有域和单词的虚拟文档,具体转换规则如表 6.6 所示。这里,我们将概念、关系、个体看作文档。使用倒排索引中域的概念,定义了 text、subConOf、superConOf、subRelOf、superRelOf、type、subjOf 和 objOf 等 8 种类型。可以看到,概念、关系和个体都可以用 Tokens 来索引,均定义为 text 域。概念 C 和关系 R 都分别定义了上下位概念或关系的域的索引,个体 i 也另外定义了 3 种域的索引,分别为 type、subjOf、objOf。

表 6.6　知识图谱到 IR 索引转换

文档	域	单词
概念 C	text	文本属性中的 Tokens
	subConOf	Sub-concepts of C
	superConOf	Super-concepts of C
关系 R	text	文本属性中的 Tokens
	subRelOf	Sub-relations of R
	superRelOf	Super-relations of R
个体 i	type	i 属于的概念
	subjOf	三元组(i, R, ?)对于所有关系 R
	objOf	三元组(?, R, i)对于所有关系 R
	text	在 i 的文本属性中的 Tokens

Semplore 索引一共有三类：term-instance 索引、class-instance 索引和 relation-instance 索引。term-instance 索引是词项到实体的映射，其中 term 是 instance 的字面量中的词项。class-instance 索引是类到实体的映射。relation-instance 索引是关系到实体的映射，其中 relation 是三元组中的谓语，instance 是三元组中的主语。在这个索引中，每个 instance 后面挂接着一个类似位置列表的列表，即三元组中的宾语。此索引用于根据确定的谓语和主语检索出所有宾语，弥补了前面两种索引只能检索出主语的不足。

下面我们看一个 RDF 转换虚拟文档索引的具体例子。图 6.15 给出了 RDF 数据在物理磁盘上的存储转换示例。图中(Jackee_Chan, rdfs: comment, martial)表示 Jackee_Chan 是一个类(martial)的实例。类 martial 被索引为词项，Jackee_Chan 存储为文档。域定义为 text。(Jackee_Chan, rdf: type, ChineseActor)和(Jet_Li, rdf: type, ChineseActor)表示 Jackee_Chan 和 Jet_Li 是类 ChineseActor 的实例。在 PosIdx 方法中，关系名称索引为词项，主语当成文档存储。关系中的宾语在位置列表中存储。例子可参见图中关系 starring 的存储。

RDF 数据规模巨大时，当新插入元素时，不可能完全重建索引，因此需要采用增量索引的方式。当前的增量索引需要遍历倒排列表，非常耗时。因此，需要将倒排列表进行分块。同时，分块的增加需要其他方式来快速定位这些块，也需要更多的空间开销。因此，它并不是太适合有大数据量且经常更新的知识图谱数据。可能这也是很少看到基于 IR 存储的商业系统的缘由吧。当知识图谱数据变动不大或数据量小的情况下，也可以作为一个能够快速读取和推理的存储选择。

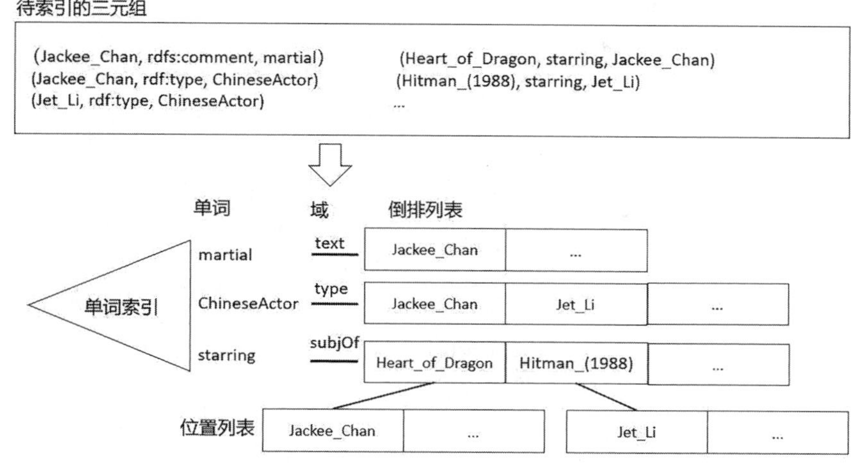

图 6.15　RDF 数据在物理磁盘上的存储转换示例

6.2 基于模板的方法

基于模板或模式的问答系统定义了一组带变量的模板,直接匹配问题文本形成查询表达式。这样简化了问题分析的步骤,并且通过预制的查询模板替代了本体映射。这样做的优势包括简单可控,适于处理只有一个查询条件的简单问题;绕过了语法解析的脆弱性。这个方案在工业中得到广泛的应用。

我们可以为每一种实体关系人工撰写大量的问题模板,每个模板都对应了通用的问法规则。通过将用户的问题与模板进行匹配,可以得到一个匹配打分,选择分值最高的模板来确定其所对应的实体关系。例如,singer-song 这个实体关系,对应了多个模板,其中一个模板如下:$ singer $[有|唱过|唱了][什么|哪些][歌|歌曲|曲子]。这个模板通过专门的模板解析系统可以得到多个通用问法,其中一个问法是:$ singer $唱过哪些歌曲。用户问题日志处理也是编写模板的一个来源。如果有一个用户问题是:周杰伦唱过哪些歌曲呀,经过实体识别并替换后,得到一个问法:$ singer $唱过哪些歌曲呀。将它添加到模板库中,那么这个问法便能与已有的问法迅速匹配,从而得知用户问题中所蕴含的实体关系是 singer-song。

图 6.16 给出了一个基于模板的知识图谱问答简易版本示意图。以问题“姚明老婆是谁”为例。首先对这个问题进行实体识别,识别出实体“姚明”,然后将实体映射到相应的概念类别$ person $,接着使用句式模板匹配出对应的语义解析,根据这个语义解析生成查询语句,从已有的知识图谱中获取

答案。这种方法在垂直领域中是非常有效的。

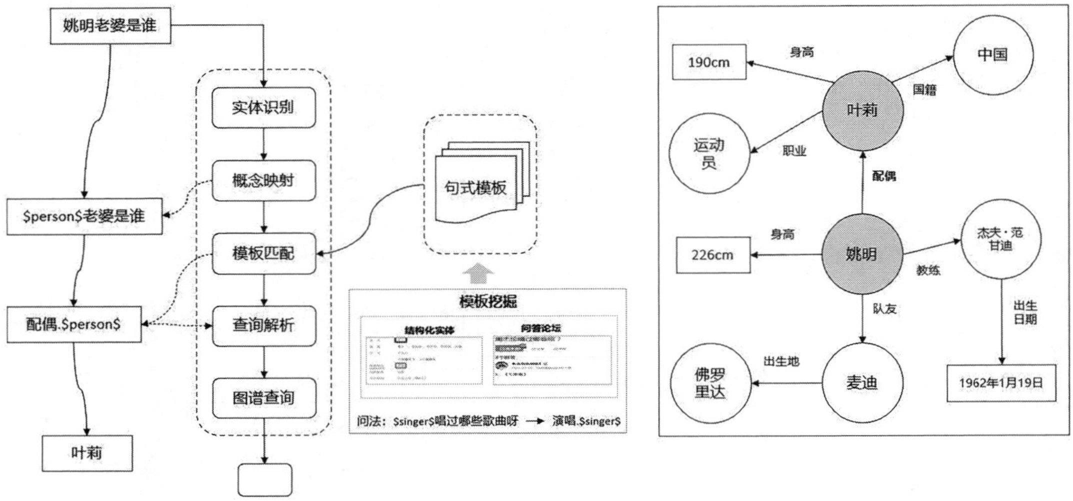

图 6.16　基于模板的知识图谱问答简易版本

接下来,我们介绍一个适用范围更广的模板匹配算法 TBSL。图 6.17 描述了典型的 TBSL 框架流程。对于用户提出的自然语言问题,经过词性标注之后,获取自然语言问题词性标注信息;语义解析器利用领域无关词典或领域相关词典获取具有领域依赖和独立于领域的两组词法信息,并获得带词性标签的语义树;模板映射模块将此语义解析表示映射到可能的 SPARQL 模板。通过实体链指的方式,对 SPARQL 模板进行实例化,生成可执行的 SPARQL 查询语句。最后,对所有候选 SPARQL 查询语句进行打分和排序,选择分值最高的语句执行,从而获得用户问题的答案。

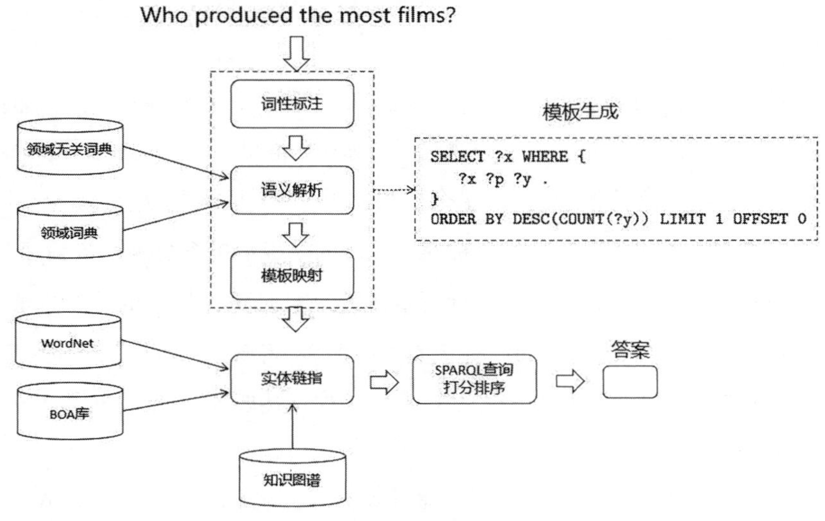

图 6.17　典型的 TBSL 框架流程

下面以一个问句示例"who produced the most films?"来进一步解释算法。经过词性标注器,能获得相关的词性信息:who/WP produced/VBD the most/DT films/NNS。领域无关词典包含大约 107 个词汇,主要是一些像 to be、to have 之类的轻量动词,像 give me 之类的祈使短语,像 what、which、how many、when、where 之类的疑问词,像 some、all、no、at least、more/less than、the most/least 之类的限定词和否定词汇等。示例句子中的领域无关词为 who、the most,领域相关词为 produced/VBD、films/NNS。图 6.18 给出了解析的语义树映射为 SPARQL 模板。这些语义树到模板的映射是事先由专家人工总结的或通过自动挖掘校验过的。

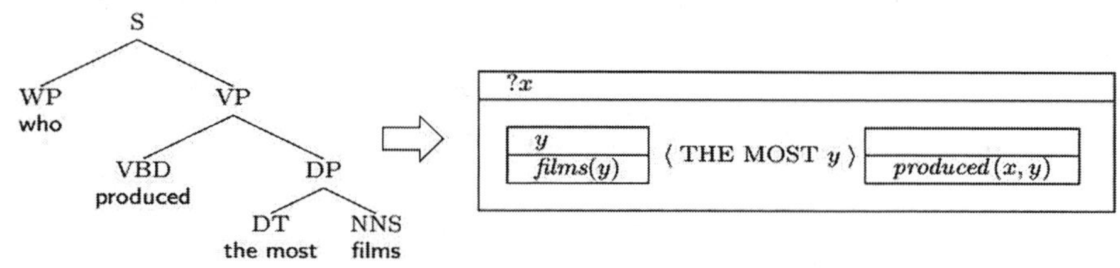

图 6.18　语义树映射为 SPARQL 模板

生成的模板往往并不是唯一的。图 6.19 给出了问句"who produced the most films?"得到的两个不同的 SPARQL 模板。在图 6.19(a)中,属性是动词 produced 贡献的;在图 6.19 (b)中,属性是名词 films 贡献的。

```
SELECT ?x WHERE {
    ?x ?p ?y .
    ?y rdf:type ?c .
}
ORDER BY DESC(COUNT(?y)) LIMIT 1 OFFSET 0
Slots:
  • ⟨?c, class, films⟩
  • ⟨?p, property, produced⟩
```

(a)

```
SELECT ?x WHERE {
    ?x ?p ?y .
}
ORDER BY DESC(COUNT(?y)) LIMIT 1 OFFSET 0
Slots:
  • ⟨?p, property, films⟩
```

(b)

图 6.19　同一个句子映射不同的 SPARQL 模板

为了得到具体的 SPARQL 查询,所有的槽位需要合适的 URI 来替换。具体来说,需要将 SPARQL 中的单词(films 和 produced)与知识库中的资源概念(classes、instances 或 properties)相映射。先把与单词相似的资源概念搜索出来,检查 type 后作为候选。例如,在图 6.19(a)中,<?c, class, films>中的 films 通过字符相似性运算,可以得到资源概念候选为<http://dbpedia.org/ontology/Film>、<http://dbpedia.org/ontology/FilmFestival>等。又如,<?p, property, produced>未检查 type 之前的候选是<http://dbpedia.org/ontology/producer>、<http://dbpedia.org/property/producer>、<http://dbpedia.org/ontology/wineProduced>,检查 type 后就只剩下<http://dbpedia.org/property/producer>。对于这些候选,我们可以根据字符串相似

度及显著度获得一个打分。由于属性的表达方式较多,我们可以使用 BOA[①](BOotstrapping linked datA)模式库的内容来辅助获得候选。一个查询模板的分值是根据填充的多个候选词的打分平均值来确定的。对于整个查询集进行排序后,仅返回得分最高的结果。这时执行 SPARQL 查询就获取了最终的答案。

模板方法往往能获得可靠的答案,但当实体关系越来越多、用户问题越来越多样时,模板匹配的缺陷逐渐显现。总的来说,基于模板方法的优点是模板查询的响应速度快、准确率较高,可以回答相对复杂的复合问题;缺点是模板结构通常无法与真实的用户问题相匹配。如果为了尽可能匹配上一个问题的多种不同表述,就需要建立庞大的模板库,这样做既耗时耗力,还会降低查询效率。

6.3 基于语义解析的方法

基于语义解析的方法依赖于知识图谱,通过语义解析器将自然语言问题转化为具备相同语义的逻辑形式,然后将这个逻辑形式映射为查询语句进行查询处理,得到最终响应结果。上述过程分别对应语义解析和查询执行两个主要阶段。这类方法的优点在于,如果语义解析成功,就能获得提问者的真实意图,从而精确地返回查询结果。由于逻辑表达这个中间结果的存在,用户可以检验系统是否理解正确,并定位解析错误发生的位置。利用这种用户反馈,可以进一步完善系统的精度。

6.3.1 语义表示

将自然语言转化为机器能够理解和执行的语义表示,并应用于智能对话任务,是构建知识图谱的主要目的之一。一般有 3 种典型的语义表示方法:一阶谓语逻辑、λ-算子和 λ-DCS。前两种方法的定义中并未考虑知识图谱的特性。后一种 λ-DCS 是由斯坦福提出的一种语义表示方法。DCS 拥有和 λ-算子类似的表示能力,但该形式语言的定义更贴近知识图谱的存储结构。λ 操作符用来表示语义中包含的未知信息,非常适合用来表示缺失了答案信息的自然语言问题。本小节着重介绍 λ-DCS 语义表示。

下面给出 λ-DCS 包含的基本元素和操作,并基于具体的例子对比其与 λ-算子的不同。原子级别的逻辑表达式通常可分为一元形式(unary)与二元形式(binary),其中一元形式匹配知识库中的

① BOA 是一种用来从非结构化数据中抽取 RDF 的迭代式自助策略。其基本思想是利用互联网数据作为背景知识,以抽取自然语言模式。具体可参见:https://aksw.org/Projects/BOA.html。

实体,二元形式匹配实体之间的二元关系。这两种原子逻辑表达式可以进行连接操作、交操作、并操作、否定操作及高阶函数操作。

1. 原子逻辑表达式

一元语义表示是原子逻辑表达式的一元形式。λ-DCS 中最基本的一元语义表示单元是实体。在 λ-DCS 中,每个实体 u 对应的语义表示就是该实体本身。例如,Seattle 对应的 λ-DCS 语义表示为 Seattle。

二元语义表示是原子逻辑表达式的二元形式。λ-DCS 中最基本的二元语义表示单元是三元组数据表示中的谓语。在 λ-DCS 中,每个谓语 b 对应的语义表示就是该谓语本身。例如,谓语 PlaceOfBirth 对应的 λ-DCS 语义表示为 PlaceOfBirth。

2. 基本操作

λ-DCS 有 4 种基本操作:连接操作、交操作、并操作和否定操作。下面我们分别介绍这几个基本操作。

(1)连接操作(Join)。给定一个一元语义表示 u 和一个二元语义表示 b,连接操作对应的 λ-DCS 语义表示是 b. u。例如,people born in Seattle 对应的 λ-DCS 语义表示为 PlaceOfBirth. Seattle。此外,连接操作还允许采用链式形式组织多个二元语义表示。例如,people who have lived in Seattle 对应的 λ-DCS 语义表示为 PlaceLived. Location. Seattle。

(2)交操作(Intersection)。给定两个一元语义表示 u1 和 u2,交操作对应的 λ-DCS 语义表示为 u1 ⊓ u2。例如,scientists born in Seattle 对应的 λ-DCS 语义表示为 Profession. Scientist ⊓ PlaceOfBirth. Seattle。

(3)并操作(Union)。给定两个一元语义表示 u1 和 u2,并操作对应的 λ-DCS 语义表示为 u1 ⊔ u2。例如,Greece or China 对应的 λ-DCS 语义表示为 Country. Greece ⊔ Country. China。

(4)否定操作(Negation)。给定一个一元语义表示 u,否定操作对应的 λ-DCS 语义表示为¬ u。例如,us states not bordering Texas 对应的 λ-DCS 语义表示为 Type. USState ⊓ ¬ Border. Texas。

3. 高阶操作

高阶函数操作的对象不是单个实体,而是实体集合。每个高阶函数都对应一种特定的操作符,问答任务中常见的操作符包括 count、min/max、argmin/argmax 和 sum 等。例如,number of states in US 对应的 λ-DCS 语义表示为 count(Type. USState)。count 函数的输入参数是一个实体集合,输出是该集合包含的元素个数。又如,the area of the largest state in US 对应的 λ-DCS 语义表示为 argmax(Type. USState, Area)。argmax 函数的输入参数有两个,第一个参数对应一个实体集合,第二个参数表示按照哪个属性从该实体集合中选择具有最大属性值的实体作为函数的输出。

6.3.2 逻辑表达式生成

逻辑表达式生成即自底向上自动地将自然语言查询解析为语法树,语法树的根节点即为最终对应的逻辑表达式。如图 6.20 所示,查询"where was Obama born?"对应的逻辑表达式是 Type. Location ⊓ PeopleBornHere.BarackObama,其中 lexicon 是指资源映射操作,PeopleBornHere 和 BarackObama 用 Join 连接组合,此组合结果再与 Type. Location 用 Intersection 组合成为最终的逻辑表达式。可以看出,逻辑表达式生成一般由 3 个过程构成:资源映射(Alignment)、桥接操作(Bridging)和语义构建(Composition)。

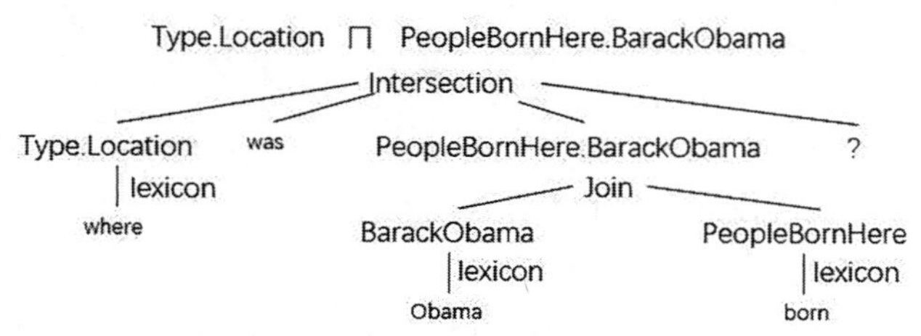

图 6.20　自然语言查询转换成逻辑表达式示例

1. 资源映射

资源映射是指将自然语言查询中的短语映射到知识库的资源(实体、谓语等)。根据映射元素的不同种类,资源映射可以分为实体链接和关系识别两个主要任务。

实体链接是指将自然语言表达中已识别的实体对象(例如,人名、地名、机构名等),无歧义且正确地指向知识库中目标实体的过程。知识库中的实体在自然语言中可能有多种表述形式,自然语言短语也可能指代不同的实体。例如,"Obama"既可能指"Barack_Obama",也可能指"Michelle_Obama"。如何选择合适的知识库中的实体需要考虑到上下文环境、字符及语义层面的相似度,以及实体本身的流行度等相关因素。这里不再深入探讨。

对于另一个任务关系识别,它的目标是将自然语言关系短语映射到知识库中的谓语。解决方案主要包括依赖于预定义的模板进行匹配、根据构建好的短语关系复述词典进行识别,以及通过神经网络模型进行相似度计算等。其难点在于复杂关系和隐式关系。

简单关系映射是指字符形式上比较相似的,一般可以通过字符串相似度匹配来找到映射关系,例如,"出生"和"出生地"的映射。复杂关系映射是指无法通过字符串匹配找到对应关系的映射。例如,"老婆"与"配偶"的映射,这类映射在实际问答中出现的概率很高,一般可以采用基于统计的方法来找到映射关系。又如,自然语言短语 born in 是应该映射到 DateOfBirth 还是 PlaceLived. Location。这里需要考察自然语言短语两边的实体,比如对于三元组("Obama", "was also born in", "August 1961")的"was also born in"就应该映射到 DateOfBirth,而("BarackObama", "was also born in", "Honolulu")的"was also born in"就应该映射到 PlaceOfBirth,那么具体如何做呢?

我们先对实体字符串进行归一化处理,然后对于其中的自然语言短语,例如,"was also born in",统计其头尾两边的实体类型,得到实体集合。通过比较集合和集合之间的 Jaccard 距离,确定是否建立自然语言短语和知识库边关系的映射。

具体来说,我们可以将("Obama","was also born in","August 1961")这样的三元组归一化为(BarackObama,"was also born in",1961-08)。对于自然语言短语"was also born in",在给定的训练集中找出它全部的实体对,比如("BarackObama","Honolulu")、("MichelleObama","Chicago"),对应的实体类型是(Person,Location)。这样,每一个自然语言短语都会生成一个集合。同样地,在知识库中对实体关系(边)进行同样的操作也会生成一个实体对集合。那么,对于自然语言短语"was also born in"对应的集合,遍历知识库对应的实体对集合,使用类似 Jaccard 距离来判断两个集合的相似度。如图 6.21 所示,*born in*[Person,Location]对应的集合是{(MichelleObama,Chicago),(Barack Obama,Honolulu),(RandomPerson,Seattle)}。关系 PlaceLived. Location 对应的集合是{(MichelleObama,Chicago),(BarackObama,Honolulu),(BarackObama,Chicago)}。我们构建一组带实体类型的短语(typed phrases)集合 $\mathcal{R}_1$,例如,*born in*[Person,Location]是其中的一个元素。我们也构建一组谓语的集合 $\mathcal{R}_2$,例如,PlaceOfBirth 是其中的一个元素。对于 $r \in \mathcal{R}_1 \cup \mathcal{R}_2$,创建一个 r 的扩展 $\mathcal{F}(r)$,它是实体共现对的集合,$\mathcal{F}(born\ in[\text{Person},\text{Location}]) = \{(\text{MichelleObama},\text{Chicago}),\cdots\}$。映射词典是我们基于交集 $C(r_1,r_2) = \mathcal{F}(r_1) \cap \mathcal{F}(r_2)$ 建立的,这里 $r_1 \in \mathcal{R}_1$ 并且 $r_2 \in \mathcal{R}_2$。

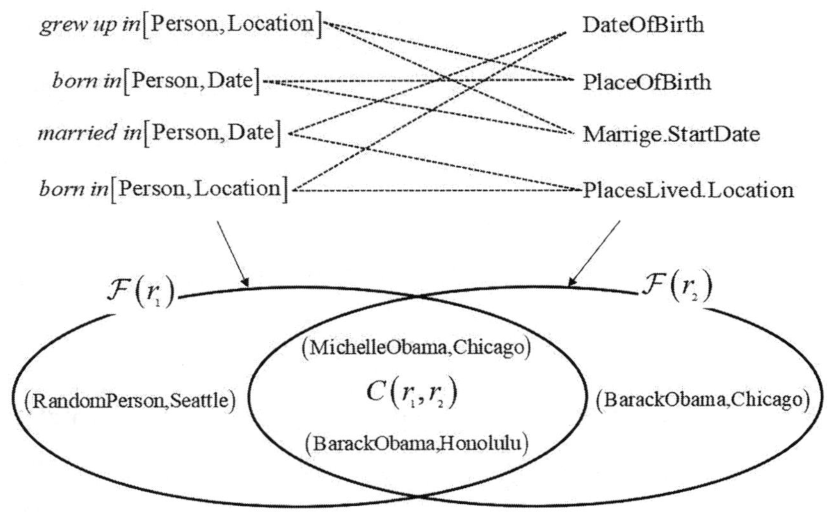

图 6.21 基于短语和谓语建立二分图

这里,引入带实体类型的短语是为了处理多义性问题,比如 *born in* 到底映射到 PlaceOfBirth 还是 DateOfBirth。类型标签用来增强这些文本短语。如果实体 $e_1(e_2)$ 的类型为 $t_1(t_2)$,我们添加这个实体对 (e_1,e_2) 到一个集合 $\mathcal{F}(r[t_1,t_2])$。比如我们可以将(BarackObama,1961)添加到集合 $\mathcal{F}(born\ in[\text{Person},\text{Location}])$ 中。对于一元谓语,使用类 Hearst 模式来完成相似的过程。如果一个文本短语 $r \in \mathcal{R}_1$ 匹配"(is | was a | the) x IN",其中 IN 是一个介词,那么我们将 e_1 添加到 $\mathcal{F}(x)$ 中。对于(Honolulu,"is a city in",Hawaii),我们抽取 x="city",并且将 Honolulu 添加到集合 $\mathcal{F}$("city")中。

在一个真实有噪声的语料中,利用某个标准并使用阈值来获取词汇映射分类器往往不太现实。因此,我们计算一组特征,训练一个词汇映射分类器模型。这里可以定义三类特征:对齐特征、词汇化特征和文本相似度特征,具体如表 6.7 所示。

表 6.7　词汇映射使用的三类特征

类别	描述
对齐特征	自然语言短语 r_1 在抽取中对应的实体对数目 $\lvert \mathcal{F}(r_1) \rvert$
	谓语 r_2 在知识库中对应的实体对数目 $\lvert \mathcal{F}(r_2) \rvert$
	与 r_1 和 r_2 同时出现的实体对数目 $\lvert \mathcal{F}(r_1) \cap \mathcal{F}(r_2) \rvert$
	r_2 是不是 r_1 的最佳匹配 ($r_2 = \arg\max_r \lvert \mathcal{F}(r_1) \cap \mathcal{F}(r) \rvert$)
词汇化特征	r_1 和 r_2 作为对齐对的可能性
文本相似度特征	r_1 是不是 r_2 的前缀、子集、后缀,或者完全相同

在实际使用中,可以通过词性标注和命名实体识别这些手段来确定哪些短语和单词需要被词汇映射。实体必须是命名实体、名词或至少两个 Token。一元关系词汇必须是一个或多个名词。二元关系词汇必须是内容名词,或者是后面跟名词或冠词的动词。这样可以忽略对一些跳过词进行的无效词汇映射。我们也可以建立一些手工规则,例如,问题词进行逻辑形式的直接映射,where 映射为 Type. Location,how many 映射为 Count。

像"Chinese actor"这类隐藏着国籍的关系,"grandson"对应知识库中的一条路径而不是一个简单的谓语。Berant 等人提出了一种基于规则的桥接方法来补充上述隐式谓语的情况。下面将详细介绍桥接操作。

2. 桥接操作

在完成资源映射后仍然存在一些问题。首先,例如,go、have、do 等轻动词由于在语法上使用相对自由,难以通过统计的方式直接映射到实体关系上。其次,部分知识库关系的出现频率较低,利用统计也较难找到准确的映射方式。这样就需要补充一个额外的二元关系将这些词两端的逻辑表达式连接起来,这就是桥接操作。桥接操作把两个独立的语义表示片段连接起来。

如图 6.22 所示,"Obama"和"college"分别映射为 BarackObama 和 Type. University,但是"go to"却难以找到一个映射,需要寻找一个二元关系 Education 使查询可以被解析为 Type. University ⊓ Education. BarackObama 的逻辑表达式。由于知识库中的关系是有定义域和值域的,所以基于此特点在知识库中查找所有潜在的关系。例如,Education 的定义域和值域分别是 Person 和 University,则 Education 可以是候选的桥接操作。这里针对每一种候选的桥接操作都会生成很多特征,基于这些特征训练分类器,用于最后的候选逻辑表达式评估。

具体来说,DCS 采用三种桥接技术。

图 6.22 桥接操作示例

第一种,给定两个类型分别为 t_1 和 t_2 的一元语义表示 z_1 和 z_2, 我们需要找到一个二元谓语 b, 在 b 对应的实体对类型满足 (t_1,t_2) 的条件下生成语义表示 $(z_1 \cap b.z_2)$。由于这里有类型的限制,所以可以在知识库中相邻的逻辑关系中暴力搜索符合条件的二元关系。

第二种,作用于一个一元语义表示 z ,将其转化为类型为 t 的语义表示 $b.z$。这里谓语需要满足:其右端的宾语实体类型必须为 t。例如,"What is the cover price of X-men?",二元谓语 ComicBookCoverPrice 显式地表达,但是由于语言的多样性,它并没有出现在我们的词典中。我们这里基于单个一元语义表示 X-men,产生语义表示 ComicBookCoverPrice. X-men。

第三种,作用于两个语义表示 $p_1.p_2.z'$ 和 z, 将其转化为语义表示 $p_1.(p_2.z' \cap b.z)$。该操作需要满足以下条件:谓语 b 左右两端的两个实体类型必须是 t_1 和 t ;一元语义表示 z 的类型为 t ; p_2 的类型必须是 $(t_1, *)$, $*$ 表示 z' 的类型。例如,"Who did Tom Cruise marry in 2006?",我们使用资源映射将 "Tom Cruise marry"解析为 Marriage. Spouse. TomCruise。利用桥接方式, StartDate. 2006 注入 2006,于是例子的语义表示为 Marriage. (Spouse. TomCruise ∩ StartDate. 2006)。

3. 语义构建

在语义解析中,我们先将自然语言问题中的表征短语抽取出来,并将它们与知识库中的实体、谓语等元素对应起来。接着就是将这些元素组合成对应的逻辑形式。对于简单的问题,一般只包含单一实体和关系,只需要将其相连即可。对于复杂的问题,可能包含多个实体和关系,则需要考虑各实体和关系之间如何配对组合。

在语义构建中,我们会考虑三类因素:交操作/桥接操作/连接操作数目、在连接操作/桥接操作中的 POS 标签和跳过词及逻辑形式的符号规模。

结合这些因素的模型给候选逻辑表达式打分,选出最优的表达。

6.3.3 语义解析实例

本小节将实现一个简单的语义解析。自然语言问题对应的查询类型如表 6.8 所示,主要包含 4

种类型的查询,即实体检索、实体的属性检索、实体属性的多跳检索及多种属性条件检索实体。

表 6.8　自然语言问题对应的查询类型

查询类型	自然语言查询语句	逻辑表达式
实体检索	姚明是谁	姚明
实体的属性检索	姚明有多高	姚明:身高
实体属性的多跳检索	姚明女儿的母亲是谁	姚明:女儿:母亲
多种属性条件检索实体	身高大于 180cm 的中国或美国的作家	身高>180 And 国籍:中国 Or 国籍:美国 And 职业:作家

用户输入的是自然语言表达,机器无法直接理解。我们需要将它转换为机器可以理解并执行的规范语义表示。这里,我们先将自然语言问题转化为逻辑表达式这个语义明确的中间表示。这个过程由逻辑表达式模板定义、自然语言问题解析和逻辑表达式生成三部分组成。

1. 逻辑表达式模板定义

逻辑表达式的基本元素是三元组的成分,包含 S(Subject,主语)、P(Predicate,谓语)和 O(Object,宾语)。当 P 是属性时,可以定义属性条件的运算,相关运算符(OP)包括"<"(小于)、">"(大于)、"<="(小于或等于)、">="(大于或等于)、":"(属性),属性条件形式表示为"<P> <OP> <O>",例如,"职业:演员""身高>180"。多个属性条件之间可以用逻辑连接符"And"和"Or"连接,表示条件间并且和或者的关系,例如,"职业:作家 And 身高>180"。如表 6.9 所示,总结了 4 种查询类型的转换情况。

表 6.9　自然语言问题对应的逻辑表达式模板

查询类型	逻辑表达式模板	示例
实体检索	S	姚明
实体的属性检索	S:P	姚明:身高
实体属性的多跳检索	S:P1:P2…	姚明:女儿:母亲
多种属性条件检索实体	P1 OP O1 And/Or P2 OP O2…	身高>180 And 国籍:中国 Or 国籍:美国 And 职业:作家

2. 自然语言问题解析

本小节主要是从自然语言问题中识别出有用的信息,如实体名、属性名和属性值等三类要素,并将实体名和属性名映射到知识库中的实体和属性。首先,实体和属性的识别可以采用词典的方法,例如,从知识库中提取所有的实体名和属性名,构建分词器的自定义词典。其次,对自然语言问题进行分词,可直接识别其中的属性名和实体名。再次,属性值的识别比较困难,由于取值范围变化较大,可以采用模糊匹配的方法,也可以采用分词后 n-gram 检索 Elasticsearch 的方法。最后,查看自然语言问题中属性值和属性名的对应关系,当某属性值没有对应的属性名时,例如,“(国籍是)中国(的)运动员”,缺省了“国籍”,就用该属性值对应的最频繁的属性名作为补全的属性名。

在提取知识库中包含的实体名称时,由于实体数量动辄百万,因此使用普通的匹配方式会因为每次匹配失败都需要回溯而耗时较长。而 AC 自动机在理想状态下的时间复杂度为 $O(n)$,n 为 Query 串的长度。因此,一般采取的技术路线就是使用 AC 自动机来提取包含知识库中实体的所有子串(或最长子串),并结合 NER 实体识别的方式对自然语言问题中的实体进行提取。属性名的提取也可以采用与实体提取类似的方式进行。图 6.23 展示了属性名同义词文件示例,其中包含的属性种类有限。图中每一行第一个词为数据集中存在的属性,其后列出的是后来添加的同义属性词。在解析查询语句时,如果遇到同义属性词,可将其映射到数据集中存在的属性上。

```
weight    重量 多重 体重
relatedTo    相关 有关
telephone    电话 号码 电话号 电话号码 手机 手机号 手机号码
birthdate    出生日期 出生时间 生日 时候出生 年出生
height    高度 海拔 多高 身高
sibling    兄弟 哥哥 姐姐 弟弟 妹妹 姐妹
workLocation    工作地点 在哪工作 在哪上班 上班地点
children    子女 孩子 女儿 儿子
age    年龄 几岁 多大
publications    代表作品 代表作 著作 成就 作品
homeLocation    家庭住址 住哪 住在哪 住在什么
occupation    职业 工作 做什么 干什么
colleague    大学 高校 毕业于
birthplace    出生地 在哪出生 出生在
description    简介 是什么 描述 什么是 概述
……
```

图 6.23 属性名同义词文件示例

下面的几段代码共同实现了属性名识别。_map_predicate 是属性名识别的主体程序,参见下面的代码片段。它主要是让自然语言问句通过属性名 AC 自动机找到句中属性名,然后对属性名列表中的属性名去重。如果有属性名归一化需求,则进行一个归一化操作。

````
# 问题句中的属性名识别
def _map_predicate(nl_query, attr_ac, is_map_attr=false, _map_attr=None):
    ```
    参数:nl_query:自然语言问句
        attr_ac:基于属性名集合构造的 AC 自动机
        is_map_attr:Boolean 类型,是否进行属性名归一化
        _map_attr:属性名映射表
    ```
    match=[ ]
    # 预先读取字典,通过匹配的方法找出问句的属性名
    for w in attr_ac.iter(nl_query):
        match.append(w[1][1])
````

```
    if not len(match):
        return []
    # 移除重复的属性名
    ans=_remove_dup(match)
    if is_map_attr:
        ans=_map_attr(ans)
return ans
```

下面的 create_ac_attr_dict 函数被用于使用图 6.23 所示的属性名同义词文件来创建属性名 AC 自动机。AC 自动机采用的是 Aho-Corasick 算法,是多模式匹配中的经典算法,目前在实际中应用较多。它由两种数据结构实现:Trie 和 Aho-Corasick 自动机(简称 AC 自动机)。ahocorasick. Automaton( )函数用来建立 Trie 结构。make_automaton( )函数将 Trie 转换为 Aho-Corasick 自动机。至此,Aho-Corasick 搜索功能准备完成。

```
import ahocorasick
# 将属性名集合制作为 AC 自动机,加速检索
def create_ac_attr_dict(attr_mapping_file):
    A=ahocorasick.Automaton()
    f=open(attr_mapping_file)
    i=0
    for line in f:
        parts=line.strip().split(" ")
        for p in parts:
            if p !="":
                A.add_word(p,(i,p))
                i +=1
    A.make_automaton()
    return A
```

下面的 load_attr_map 函数用来生成_map_predicate 函数的入参_map_attr。它读取图 6.23 样式的文件,将所有属性名通过词典数据结构映射到唯一的一个属性名上。

```
# 同义属性名归一化
def load_attr_map(attr_mapping_file):
    f=open(attr_mapping_file)
    mapping=defaultdict(list)
    for line in f:
        parts=line.strip().split(" ")
        for p in parts:
            if p !='':
                mapping[p].append(parts[0])
    return mapping
```

3. 逻辑表达式生成

在识别出自然语言问题中所有的实体名、属性名和属性值后，依据它们的数目及位置，确定问题对应的查询类型，以便基于逻辑表达式模板生成对应的逻辑表达式。依据自然语言问题中是否含有实体名和属性名情况，逻辑表达式生成的流程有所不同。

自然语言中含有实体名。如果有多个属性名，则是属性值的多跳检索。如果有一个属性名，则需判断实体名和属性名的位置及中间的连接词（“是”“在”“的”等）。若实体名在前，则是实体的属性查询，例如，“姚明的身高”；若属性名在前，则是依据属性查询实体，例如，“女儿是姚沁蕾”。

自然语言中没有实体名，则认为是依据属性查询实体，需要根据所有属性名和属性值位置的相对关系确定它们之间的对应关系。如果缺少属性名但有属性值，则需补全对应的属性名；如果缺少属性值但有属性名，例如，“身高大于 180cm”，则需通过正则表达式识别出范围查询的属性值。

```
# 自然语言问题转化为逻辑表达式
def translate_NL2LF(nl_query)
    ```
    参数:nl_query:自然语言查询语句
    返回值:lf_query:Logical form 查询语句
    ```
    entity_list=entity_linking(nl_query)          # 识别实体名
    attr_list=map_predicate(nl_query)         # 识别属性名
    if entity_list:          # 识别到实体
          if not attr_list:     #### 问题类别:查询单个实体 ####
                lf_query=entity_list[0]                # 生成对应的 Logical form
          else:
                if len(attr_list)==1:          #### 问题类别:单个实体属性查询 ####
                      if first_entity_pos < first_attr_pos:  # 判断实体名和属性名的出现位置
                            # SP 生成对应的 Logical form
                            lf_query="{}:{}".format(entity_list[0], attr_list[0])
                      else:
                            # PO 生成对应的 Logical form
                            lf_query="{}:{}".format(attr_list[0], entity_list[0])
                else:   #### 问题类别:多跳查询 ####
                      lf_query=entity_list[0]
                      for pred in attr_list:
                            lf_query +=":" +pred        # 生成对应的 Logical form
    else:      #### 问题类别:多个属性条件检索实体 ####
          val_d=_val_linking(nl_query)           # 识别属性值
          # 根据相对位置找到属性名和属性值的对应关系,剩下没有对应的属性名
```

```
        for a in retain_attr:
            value=get_value(a, nl_query)   # 找出数值
            val_d.append((value, a))
    for v in val_d:
        if v in prev or find_or:        # 同类型属性出现过,或者解析到“或者”等词语
            lf_query +='OR '+'{}:{}'.format(pred, v)
        else:
            lf_query +='AND '+'{}:{}'.format(pred, v)
    return lf_query
```

6.4 基于答案排序的方法

基于答案排序的知识图谱问答可以视为一个信息检索任务,即给定输入问题 Q 和知识图谱 KB,通过对 KB 中的实体进行打分和排序,选择得分最高的实体或实体集合作为答案输出。检索匹配的方法不需要得到问句的形式化查询语句,而是直接在知识图谱中检索候选答案并根据匹配程度进行排序,选择排名靠前的一个或多个答案作为最终结果。

图 6.24 展示了基于答案排序的方法的基本过程。首先会确定用户问题中的实体提及词,然后根据某种规则生成候选答案集合。候选答案表示模块可以基于答案候选所在的知识图谱上下文,生成答案候选对应的向量表示。根据候选答案的不同排序方法,我们可以将基于答案排序的知识图谱问答进一步细分。本节将介绍两种常见的方法:基于特征的方法和基于子图匹配的方法。

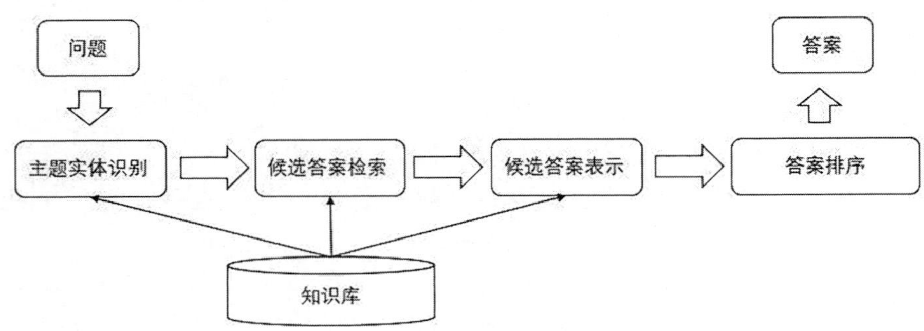

图 6.24　基于答案排序的方法的基本过程

6.4.1 基于特征的答案排序

基于特征的方法首先从问题中识别出问题实体(将问题中的实体提及链接到知识图谱中对应的实体),并根据问题实体在知识图谱中的位置,抽取与其通过不超过两个谓语(两条边)连接的实体作为答案候选集合。然后,使用一个特征向量表示每一个答案候选。最后,基于特征向量对答案候选集合进行打分和排序,并输出得分最高的答案候选集合[答案可能是一个实体,也可能是多个实体(实体集合)]。图6.25给出该方法在一个实际例子中的应用演示。

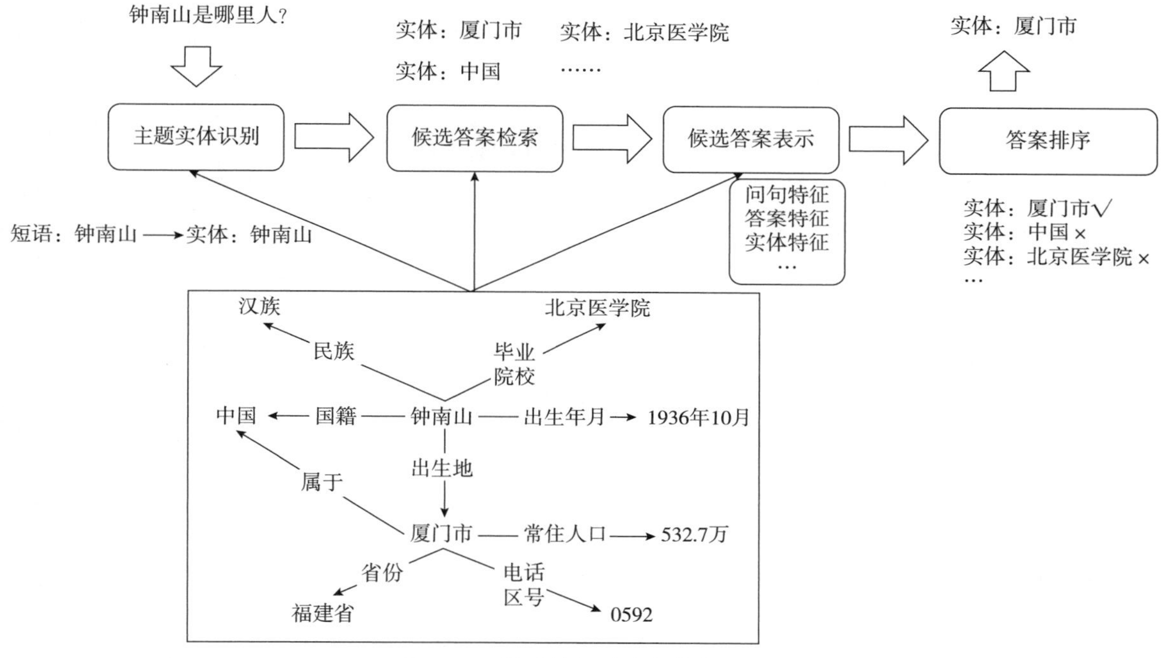

图6.25 基于特征的答案排序示例

每个答案候选对应的特征向量由多个特征组成,每个特征反映了输入问题与该答案候选在某个维度上的匹配程度。可以从问题侧特征和答案侧特征两个方面考虑。

我们先介绍有哪些问题特征。常用的问题特征包括疑问词特征、问题实体特征、问题类型特征、问题动词特征和问题上下文特征等。

疑问词特征(用Q-word表示)对应的特征值是问题中包含的疑问词。英文问句中常见的疑问词包括Who、When、Where、What、Which、Why、Whom、Whose和How。疑问词特征通常指明了问题对应答案的类型,例如,以Who开头的问题对应的答案(类型)往往是人,以Where开头的问题对应的答案往往是地点。汉语中常见的疑问词包括谁、哪、为什么、怎么、如何等。

问题实体特征(用Q-entity表示)对应的特征值是问题中提到的问题实体。问题实体有助于问答系统在知识图谱中定位并抽取答案候选。一个问题中可能包含一个或多个实体提及①,因此对应的问题实体特征也可能是一个或多个。

问题类型特征(用 Q-type 表示)对应的特征值是问题中的一个名词单词或短语,用来指明问题答案的类型。该类特征通常采用基于规则的方式从问题对应的句法分析树中抽取得到,如名字、时间、地点等。

问题动词特征(用 Q-verb 表示)对应的特征值来自问题的核心动词,用来指明问题提到的语义关系,该语义关系通常与知识图谱中的谓语联系紧密。

问题上下文特征(用 Q-context 表示)对应的特征值是问题中出现的除上述特征外的单词或 n 元组(即 n-gram)。

表 6.10 给出从问题"What is the name of Justin Bieber brother"中抽取出来的一组问题特征及对应的特征值。

表 6.10 抽取的问题特征值示例

问题特征	问题特征值
Q-word	what
Q-entity	Justin Bieber
Q-type	name
Q-verb	is
Q-context	brother

接着从答案角度寻找一些特征。常用的答案特征包括谓语特征、类型特征和上下文特征等。

谓语特征(用 A-pred 表示)对应的特征值是知识图谱中连接答案候选实体和问题实体的谓语路径。该谓语路径是判别答案候选是不是问题对应答案的关键因素。该特征通常与问题特征中的 Q-verb 和 Q-context 对应。

类型特征(用 A-type 表示)对应的特征值是知识图谱中答案候选实体对应的类型。该特征通常与问题特征中的 Q-word 和 Q-type 对应。

上下文特征(用 A-context 表示)对应的特征值是知识图谱中与答案候选实体直接相连的谓语及实体集合。该特征通常与问题特征中的 Q-context 对应。

表 6.11 给出基于问题实体 Justin Bieber 在知识图谱(图 6.26)中出现的位置,抽取出来的答案实体候选 Jaxon Bieber 对应的答案特征及答案特征值。

---

① 实体提及表示问题字符串中的实体字符串。

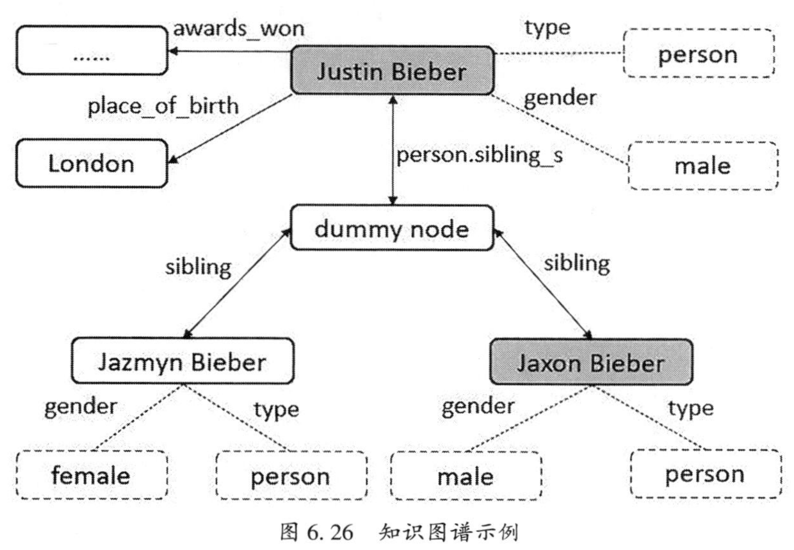

图 6.26 知识图谱示例

表 6.11 从知识库中抽取的答案特征值

答案特征	答案特征值
A-pred	person. sibling_s-sibling
A-type	person
A-context	male

此类方法不需要大量人工定义特征或模板,即可将复杂语义解析问题转化为大规模可学习问题。对问题特征和答案特征分别抽取完成之后,可以将二者的特征进行组合,这样就生成一个特征向量。使用常见的机器学习算法进行训练,便可得到答案排序模型。例如,从问题中抽取 1-gram 和 2-gram 作为问题特征,从答案中抽取 A-pred 作为答案特征,并将这些特征组合生成特征向量来训练打分器,最终取得了很好的效果。

6.4.2 基于子图匹配的答案排序

基于子图匹配的知识图谱问答方法为每个答案候选从知识库中抽取一个子图,通过计算用户输入问题和每个答案候选对应的子图之间的相似度,对答案候选集合进行打分和排序,选取最高分的答案返回。

答案候选集合生成的具体步骤如下。首先确定用户问题查询中的实体提及词,然后将这些提及词链接到知识图谱中的主题实体。针对这些主题实体,召回具体的子图以生成包含答案候选的路径。答案路径候选抽取模块以该主题实体为起点,按照一定规则从知识库中选择答案候选。

图 6.27 展示了 4 种不同的路径模板、路径样例及对应的样例问题。这些候选答案抽取规则基于如下假设:问题对应的答案实体在知识库中的位置应该和主题实体在知识库中的位置相隔不远(一跳或两跳)。下面是图 6.27 中所示的 4 种情况。

(1)和问题实体通过一个谓语(一条边)直接相连的实体可以作为一个答案候选。

(2)同时和两个主题实体通过一度关系连接的实体可以作为答案候选。

(3)和主题实体通过两个谓语(两条边)相连的实体可以作为一个答案候选。

(4)存在一个同时和两个主题实体通过一度关系连接的实体,该实体通过一个谓语直接连接的实体可以作为候选答案。

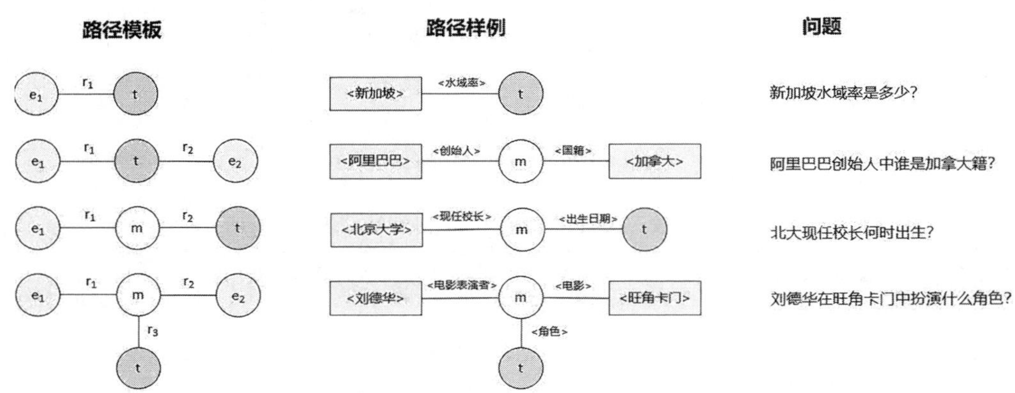

图 6.27　路径模板、路径样例及对应的样例问题

最后,答案候选排序模块计算输入的问题查询和每个(候选)答案(实体对应)子图之间的相似度,以对子图对应的答案候选进行打分。其基本思路是:知识库中的上下文(即答案子图)能提供更精确的语义信息,当它和问题的相似很高时,该答案候选极有可能就是用户问题对应的答案。基于这一想法,可以使用一些特征来计算问题和对应答案子图之间的相关度。例如,问题与路径之间的字面匹配特征,问题与路径之间的语义匹配特征,答案类型匹配特征,等等。

对于问题与路径之间的字面匹配特征,我们先把问题和候选的答案路径表示成字符串,然后计算两个文本之间的字面相似度,包括 Jaccard 距离、编辑距离等。为了提高匹配的精度,我们保留字分割和词分割的句子切分结果。

对于问题与路径之间的语义匹配特征,除了计算 fastText 词向量词袋匹配特征,为了提高路径与问题的语义匹配能力,我们使用 BERT 这种预训练模型来抽取路径与问题的向量,并使用 Cosine 函数计算两个向量之间的相似度。

对于答案类型匹配特征,我们认为正确答案的类型往往与问题的意图一致。例如,问题"谁发明了电灯?",该问题的意图是查询人物;而"<爱迪生>"实体的类型是人物,因此该实体可能是正确答案。我们通过规则的方式构造了问题的意图分类器,通常包括人物、地点、时间、数量等意图。

这个方法同样将复杂语义解析问题转化为可学习的排序问题,但不同的是,它认为知识库中的子图能够提供足够的语义上下文信息,与用户问题查询进行相似度计算更合适和可靠。

6.5 本章小结

知识图谱是人类知识的物理抽象,通过图模型来建立万物之间的关系,为数字化使用这些人类知识提供了技术上的可能性。本章着重讲解知识图谱问答的相关概念和方法。

6.1 节介绍了知识图谱的定义、数据模型和存储方式。接着介绍了三大类不同的知识图谱问答方法:基于模板的方法、基于语义解析的方法及基于答案排序的方法。这些方法基于不同的出发点而提出。

6.2 节介绍了基于模板的方法。该方法认为,基于词法和句法分析的人工模板能够较好地沟通用户问题查询与知识图谱查询语句之间的鸿沟。离线的半自动化模板生成和人工校验可以提供相对理想的效果体验。这种方式在垂直领域是个不错的选择。

6.3 节介绍了基于语义解析的方法,这是另一种知识图谱问答的方法,引入逻辑表达作为工具。它认为,语义解析式的问答系统所生成的逻辑形式一般与对应数据库的查询语言相同,生成了用户问题的准确逻辑表达式,这个问题就解决了。我们先介绍了语义表示的 λ-DCS 方式,然后讲解了从自然语言用户问句生成 λ-DCS 语义表示的过程,最后实操了一个语义表示方法的实现。

6.4 节介绍了基于信息检索方式的一个方法:基于答案排序的方法。它直接借助问题所传达的信息从知识图谱中检索答案,最后对候选答案进行排序以获取最终的答案。基于答案排序的不同方案,分别介绍了基于特征的方法和基于子图匹配的方法。

知识图谱问答是目前工业界运用人类知识较为成功的领域之一,有着较为广阔的前景。本章提供了利用知识图谱进行问答应用的快速入门基础知识。

第 7 章

任务型问答

任务型问答旨在帮助用户使用尽可能少的对话轮数完成预定任务。它在商业中有广泛的应用，通常这些任务带有明确的目的，例如，查流量、查话费、订餐、订票等任务型场景。任务型问答系统需要事先定义好相应的本体[①]。系统通过理解、澄清等方式确定用户意图和相关参数，继而通过答复和调用API等方式来完成该任务。在该任务内，系统需要理解对话上下文信息，并做出下一步的动作响应。

本章主要涉及的知识点如下。

- **两种常见任务型问答的方式：熟悉管道方法和端到端方法。**
- **管道方法的几个基本模块：熟悉自然语言理解、对话状态跟踪、对话策略和自然语言生成4个模块中常使用的基本实现方法。**
- **端到端方法的基本策略：理解复制机制和记忆网络，了解 GLMP 模型。**

① 任务型问答系统范畴的本体是指系统所需的领域知识，包括领域、意图、槽位和槽值。

7.1 管道方法

管道方法是一种将多个模块采用级联的方式连接起来,共同完成一个任务的方法。一个典型的基于管道方法的任务型问答系统由以下 4 个模块组成。

(1) 自然语言理解(Natural Language Understanding,NLU):对来自用户的自然语言描述进行理解,识别用户的意图,抽取相关信息,并解析成结构化的信息。

(2) 对话状态跟踪(Dialog State Tracking,DST):用来管理之前和当前的对话状态。对话状态是一组用户目标和请求的集合。DST 更新当前对话的状态,与后台数据库进行交互,查询满足用户条件的实体,并将结果输入给对话策略模块。

(3) 对话策略(Dialog Policy,DP):根据当前对话状态,选择下一步系统动作。系统动作在本章中通常是需要回复的结构化信息。

(4) 自然语言生成(Natural Language Generation,NLG):学习系统动作与自然语言回复之间的映射关系。NLG 将接收的结构化信息转换成自然语言,并反馈给用户。

7.1.1 自然语言理解

自然语言理解模块用来将自然语言转换为一个机器可以处理的语义表示。自然语言如何解析成合适的语义表示一直是一个难题。目前,主要有 3 种语义表示方法:分布语义表示、模型论语义表示和框架语义表示。分布语义表示将语义表示成一个低维空间的向量。模型论语义表示则是把自然语言映射成逻辑表达式。框架语义表示是多轮语义理解中经常使用的语义表示方式,它的形式为 Action(Slot=Value,…),例如,查询币种可表示为 Inform(货币=人民币,…)。

在实际应用中,任务型问答系统往往采用框架语义表示的一种变形——领域、意图和属性槽——来表示语义结果。领域是指同一类型的数据或资源,以及围绕这些数据或资源提供的服务,比如“餐厅”“酒店”“飞机票”“火车票”“电话黄页”等。意图是指对领域数据的操作,通常以动宾短语来命名,比如在飞机票领域中,有“购票”“退票”等意图。属性槽用来存放领域的属性,比如在飞机票领域中,有“时间”“出发地”“目的地”等。这个语义表示结构如图 7.1 所示。

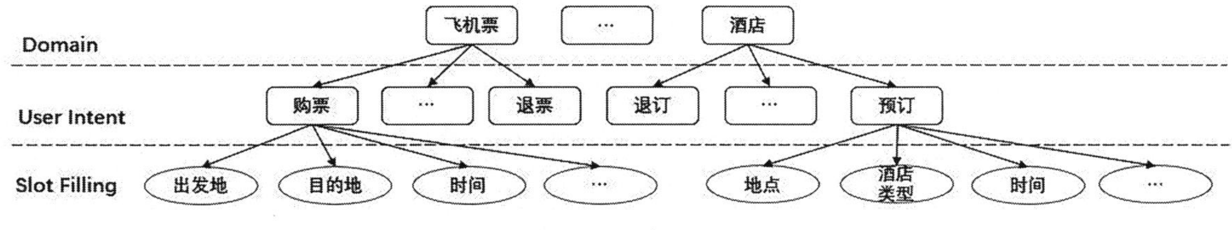

图 7.1 语义表示结构

当用户语言经过自然语言理解模块时，通常需要经过领域识别和意图理解两个模块。领域识别是指判断该语句是否属于这个任务场景，一般在多个机器人集成时，领域识别应该在进入任务型机器人之前进行判断与分发。具体的领域例子如表 7.1 所示。这是一个分类模型，与后面的应答引擎有对应关系，根据不同的领域话题，系统会进入不同的业务流程。

表 7.1　领域名称及示例 Query

领域名称	示例 Query
餐厅	北京国贸附近人均 100 元左右的泰国菜
火车票	今天下午 3 点到 5 点间有没有动车去苏州
天气	北京通州明天天气
酒店	杭州南站附近快捷酒店
飞机票	下周二早上去上海的东航机票

意图理解是理解具体的内容，包含意图和实体。这个过程中会使用两个模型：Act-Slot 模型和 Value 模型。通过这两个模型，生成 act-slot-value 三元组，作为对话语句的语义表示。在技术实现上，意图理解通常由意图识别和槽位填充两部分组成。意图识别用于细分该任务型场景下的子场景。槽位填充的信息是每个具体意图下的约束信息，用于对话管理模块的输入。

意图识别是一个文本分类问题。既然对应文本分类，那么首先就需要明确有哪几类意图。也就是说，我们需要预先定义好意图的类别，然后才能考虑意图识别的问题。那么，如何定义意图类别呢？在通常的系统中，意图识别是一个多类别标签模型，相同一句话从不同的角度有不同的理解。我们使用 Act-Slot 模型，模型的类别标签是意图与实体类型的结合。表 7.2 展示了一个游戏类场景下的意图标签体系。以“(inform, QQ)”为例，它对应的用户语句可能是“我的 QQ 号是 1234”。

表 7.2　Act-Slot 意图标签体系示例

动作类型	动作描述	意图标签
问候类	问候	(hello,)
	乞求	(beg,)
提供信息类	提供账户信息	(inform, game_id)
		(inform, QQ)
		(inform, role_name)
		(inform, role_type)
	提供账户状态	(inform, account_status)
	提供会员情况	(inform, user_info)

续表

动作类型	动作描述	意图标签
提供信息类	提供游戏状态	(inform, game_status)
	提供游戏时间	(inform, game_time)
	提供处罚时间	(inform, punish_time)
	提供申诉证据	(inform, evidence)
请求信息类	询问账号状态	(request, account_status)
	询问处理时间	(request, deal_time)
	询问处罚时间	(request, punish_time)
	询问处罚原因	(request, punish_reason)
	询问处罚证据	(request, evidence)
	询问处罚解释	(request, explain)
	请求解封减刑	(request, reduce_time)
肯定否定类	肯定	(affirm,)
	否定	(deny,)
	否定处罚原因	(deny, punish_reason)

下面介绍意图识别的两种常用的方法。一种方法是规则模板方法,另一种方法是使用标注数据的模型方案。通过人工分析每个意图下的有代表性的例句,总结出规则模板。然后将用户的输入进行分词、词性标注、命名实体识别、依存句法分析、语义解析等操作,再套用已有的模板,当与之匹配的某个意图模板达到一定的阈值后,就认为该输入属于该意图类别。以订机票意图为例,我们可以事先收集一些用户的相关提问,然后进行总结归纳制定模板。

```
从广州到贵阳市的航班
东营到济南的航班
济南去大连的航班查询
大大后天广州到武汉的航班
十月四日从广州到北京的飞机票多少钱
查询上海到丽江飞机票的价格
明天从桂林飞往杭州的航班
武汉到北京的飞机票
……
```

我们可以归纳出模板:“. * ? [地名]{到|去|飞|飞往}[地名]. * ? {机票|飞机票|航班}. * ?”。

其中,“. * ?”表示任意字符,[ ]表示实体类型或词性,{ }表示关键词,|表示或。当用户输入“查询后天广州到上海的航班”后,我们对用户查询进行分词和词性标注,匹配到地名“广州”“上海”,以

及关键词“到”“航班”,它们的组合和预定义好的模板高度匹配,于是我们确认该查询是“订机票”意图。另外,对于“有没有下周二到贵阳的航班”这样的查询,虽然只能匹配到一个地名和关键词“航班”,但也算是与模板较为匹配。如果这个匹配度比其他意图的模板匹配度更高,那么也可以有较高的置信度认为该用户查询是“订机票”意图。

使用规则模板进行意图识别的精确率较高,但召回率较低,特别是对于长尾用户查询。此外,该方法需要大量人工参与制定规则模板,不易自动化,更难以移植到其他系统中。

意图识别也可以看作是一个分类模型问题。当有足够的高质量标注数据时,可以训练出一个分类模型。对于用户输入的查询,根据统计分类模型计算出每一个意图的概率,最终给出查询的意图。这里既可以使用一些传统的机器学习算法,也可以使用一些深度学习的方法。

槽位填充对应所谓的 Value 模型,获取到用户查询的 Act-Slot 之后,根据 Act-Slot 的意图,得到其相对应的实体值。一般有 3 种不同的方式来获取:正则表达式、词库对比、序列标注模型。正则表达式用于抽取时间、日期、游戏等级等有一定格式的实体。词库对比可以用在专有词汇上。序列标注模型应用在一般的实体提取上。

对于意图理解,我们也可以把意图识别和槽位填充联合建模,作为一个多任务学习任务来处理。图 7.2 给出了联合模型的一种实现方式。对用户输入查询进行双向 LSTM 处理后,通过双向 LSTM 编码得到每个位置的全局(双向)隐向量输出。槽位填充和意图识别共享底层的隐向量。基于平均池化机制进行意图识别任务,基于机器翻译的注意力对齐方式进行槽位填充任务。这里,(O,FromLoc,O,ToLoc)是句子 from LA to Seattle 对应的槽位标签,其中 O 即 Other,表示其他,用于标记无关 Token。$\boldsymbol{c}_i$ 是对于隐向量 ($\boldsymbol{h}_1,\boldsymbol{h}_2,\boldsymbol{h}_3,\boldsymbol{h}_4$) 通过注意力计算得到的上下文向量。

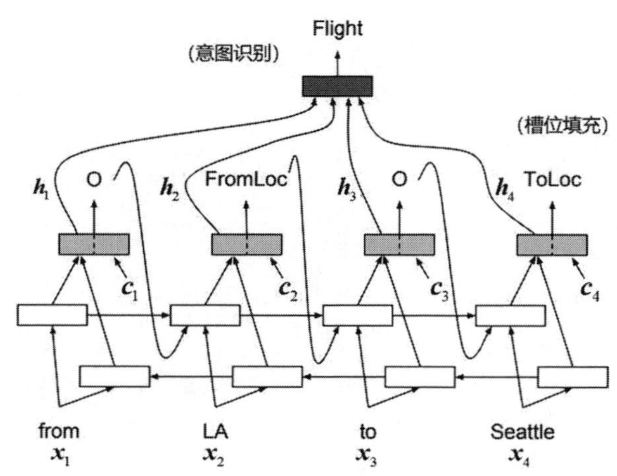

图 7.2 意图识别和槽位填充联合模型

图 7.3 给出了一个用户输入的基于规则模板的自然语言理解示例。对于“帮我订一家明天中午的泰国菜馆”这样的用户输入,我们可以使用事先编撰的规则模板将其识别为订餐意图,同时提取出日期和菜系槽值:“明天中午”和“泰国菜”。

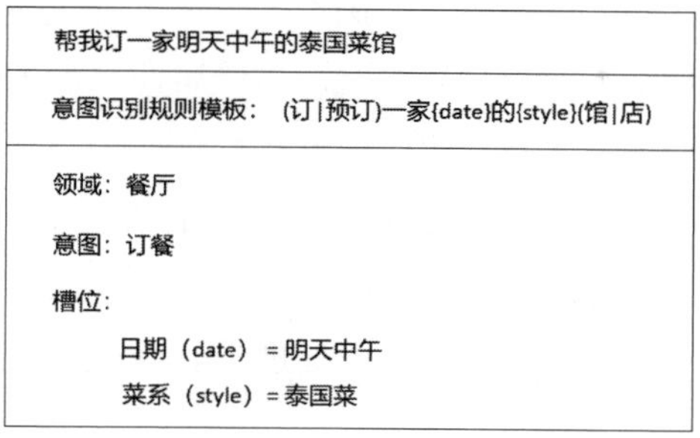

帮我订一家明天中午的泰国菜馆

意图识别规则模板：（订|预订)一家{date}的{style}(馆|店)

领域：餐厅

意图：订餐

槽位：

日期（date）=明天中午

菜系（style）=泰国菜

图 7.3 用户输入的基于规则模板的自然语言理解示例

7.1.2 对话状态跟踪

对话状态是连接用户和对话系统的桥梁,包含了对话系统完成一系列决策时所需的所有重要信息。对话状态跟踪是在对话的每一轮确定用户在对话中想要什么的完整表示,其中包含目标约束、一组请求的槽和用户的对话动作。如图 7.4 所示,对话状态跟踪可以形式化表示为

输入：U_n,A_{n-1},S_{n-1}。

输出：S_n。

这里,$S_n=\{G_n,U_n,H_n\}$ 表示对话过程中 n 时刻的用户状态。G_n 是用户目标；$U_n=(I_n,Z_n)$ 是对话过程中 n 时刻的用户输入,其中 I_n 是对话过程中 n 时刻的意图,Z_n 是对话过程中 n 时刻的槽值对；$H_n=\{U_0,A_0,U_1,A_1,\cdots,U_{n-1},A_{n-1}\}$ 是聊天的历史。$I_n=f(X_n)$,即意图识别,前一小节有所介绍。$Z_n=f(X_n)$,即槽位填充,是序列标注问题,传统的 CRF、HMM 都可以使用,RNN、LSTM、GRU 等也可以使用。当然,正如 7.1.1 小节提到的,意图识别和槽位填充可以使用联合建模的方式来进行。

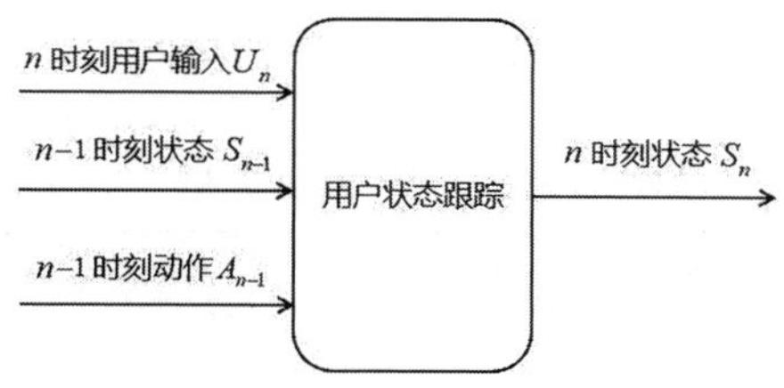

图 7.4 用户状态跟踪

图 7.5 展示了一个订咖啡场景的对话状态示例。这里,跟踪系统只关心用户的输入,对话状态只能由用户改变。示例中依据前 4 句用户的输入,有 4 个连续的用户状态 S_1、S_2、S_3 和 S_4。每个状态都由用户目标、用户输入和聊天历史三部分组成。

在实际系统中,对话状态存在很多表现形式。下面以第二届对话状态跟踪挑战(DSTC2)提供的任务型对话数据集为例,简单介绍该数据集的对话状态的定义。

在对话系统中,用户通过指定约束条件来寻找合适的餐厅,也可能要求系统提供某些槽位(如餐

厅的电话号码)的信息。如表 7.3 所示,数据集提供了一个本体,其中详细地描述了所有可能的对话状态。具体来说,本体中列出了用户可以询问的属性,这些属性通常是用户向系统咨询的,用于做出选择的一些槽位,称为可请求槽位,比如餐厅提供的菜品类型或餐厅的电话号码。这些槽位是一些信息层面的东西,是用户可以索取的信息,比如餐厅地址、电话告诉我等。此外,本体还列出了可以被用户提出作为约束条件的属性及其可能的取值,这些属性被视为在查询数据库时允许用户添加的约束,被称为可通知槽位。使用可通知槽位可以对用户目标进行限制,比如用户想要便宜、西边的餐厅等。

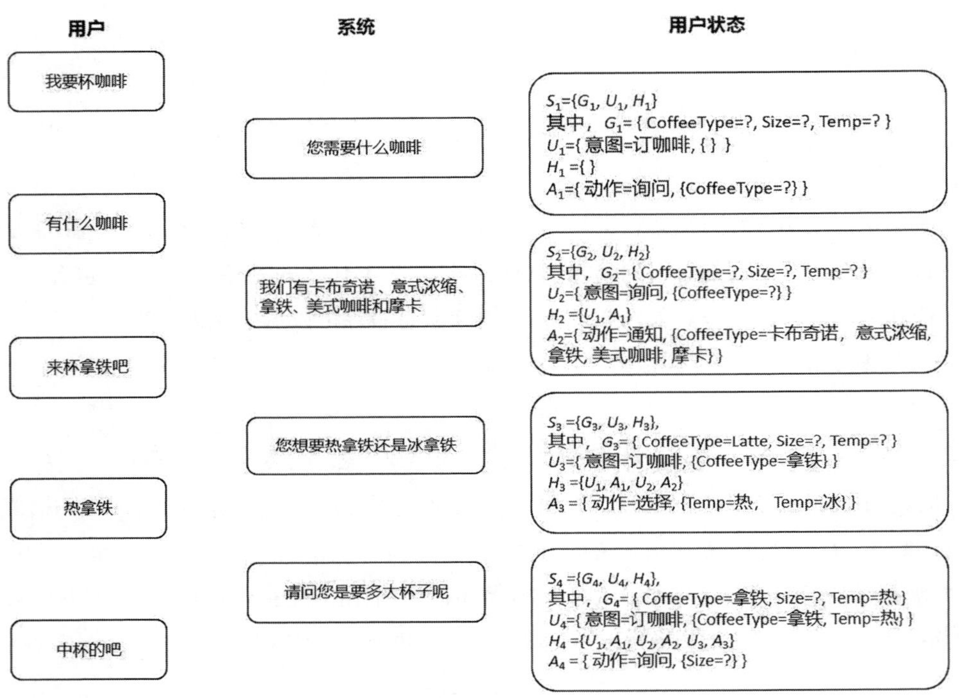

图 7.5 订咖啡场景的对话状态示例

表 7.3 餐厅场景本体

槽位	Requestable	Informable
餐厅区域	√	√ 5 个值:north、south、east、west、center
菜品	√	√ 91 个可能值
餐厅名字	√	√ 113 个可能值
价位	√	√ 3 个可能值
餐厅地址	√	×
餐厅电话	√	×
餐厅邮编	√	×
招牌菜	√	×

这里,对话状态通常包括三个部分:目标、搜索方法和请求。目标是每个可通知槽位的值。如果我们有8个可通知槽位,比如“食物类型”“地区”“价格”“招牌菜”等,那么在某次对话中,用户询问了其中的某几个,这几个槽位就是这次对话的目标。而那些未被询问的可通知槽位的值则保持为空。

用户可以通过不同的方式来让系统帮忙进行查询,我们称这些方式为搜索方法。例如,用户有哪些限制,可以在限制内进行查询;或者用户要求系统更换一个选项;或者用户通过具体的名字直接进行查询等。By constraints 表示用户尝试发起一个约束,By alternatives 表示用户需要一个替代选项,By name 表示用户想要询问某个槽位名对应的槽值,finished 表示用户想要终止对话,而其他情况的类别都为 none。

请求是指用户是否对某个槽位有请求。例如,如果用户想知道某个餐厅的食物类型,那么食物类型就是被请求的槽位(True),其他就是未被请求的槽位(False)。槽位可分为可被查询和不可被查询,所有的槽位都可以被请求。

对于给定的一段对话记录,对话状态跟踪应该给出对应的输出。

```
系统:你想吃啥?
用户:便宜的面条
{
  "goal_constraints":{
    "food_type": "noodles",
    "price_range": "cheap"
},
  "requested_slots":[],
  "search_method": "by_constraints"
}
系统:抱歉,没有
用户:那还是炒饭吧
{
  "goal_constraints":{
    "food_type": "fired rice",
    "price_range": "cheap"
},
  "requested_slots":[],
  "search_method": "by_alternatives"
}
系统:汉口路有家沙县小吃
用户:给我他家的电话和地址
{
  "goal_constraints":{
    "food_type": "fired rice",
    "price_range": "cheap"
},
  "requested_slots":["phone", "address"],
  "search_method": "by_alternatives"
}
```

通过前面的建模和实例化，不难看出对话状态数与意图和槽值对数成指数关系。维护所有这些状态的分布会非常浪费资源。因此，需要一种较好的状态表示法来减少状态维护的资源开销（相当于在特定任务下，设计更合理的数据结构。一个好的数据结构带来的直接影响就是算法开销变小）。

常见的状态表示法包括两种：隐藏信息状态（Hidden Information State，HIS）模型和对话状态的贝叶斯更新（Bayesian Update of Dialogue States，BUDS）。这两种方法都是针对部分可观测马尔可夫决策过程[①]（Partially Observable Markov Decision Process，POMDP）模型中置信状态跟踪近似算法而提出的解决方案。但是，这两种方法的思想可以用来解决所有对话状态数爆炸的问题。

图 7.6 给出了一个隐藏信息状态模型示例。隐藏信息状态模型通过状态分组和状态分割来减少跟踪复杂度，类似于二分查找和剪枝技术。在这个模型中，系统根据用户的话语对用户目标进行划分。例如，在订咖啡的场景中，如果对话中依次提到了品类“拿铁”和温度“热”，则系统会据此生成一个类似二叉树的状态表示。这个思路的核心在于生成 N-best 列表。在对话历史中，我们不难发现，只有那些具有较高概率的对话状态才会被有效描述，而其他对话状态只以很小的概率出现。在置信状态跟踪近似中，N-best 的原理就是用一些最可能的状态列表来近似整个状态空间。

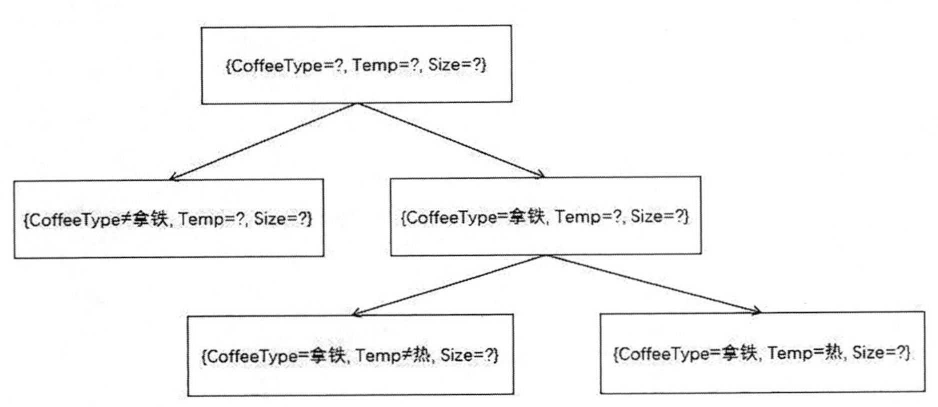

图 7.6　隐藏信息状态模型示例

对话状态的贝叶斯更新来源于因素分解近似，在结构上对用户目标进行进一步的统计分解。它假设不同槽值之间的转移概率是相互独立的，或者具有非常简单的依赖关系。这样就将对话状态数从意图和槽值对数的指数级减少到了线性级。图 7.7 给出了一个对话状态的贝叶斯更新表示示例。

① 由于系统语音识别和语义理解都会产生错误，系统不可能确切知道用户的当前动作是什么，可以认为系统所有的语义表示都是观测值。POMDP 引入置信状态来建模这样一个实际的对话过程。它让对话管理在一个数据驱动框架下进行。

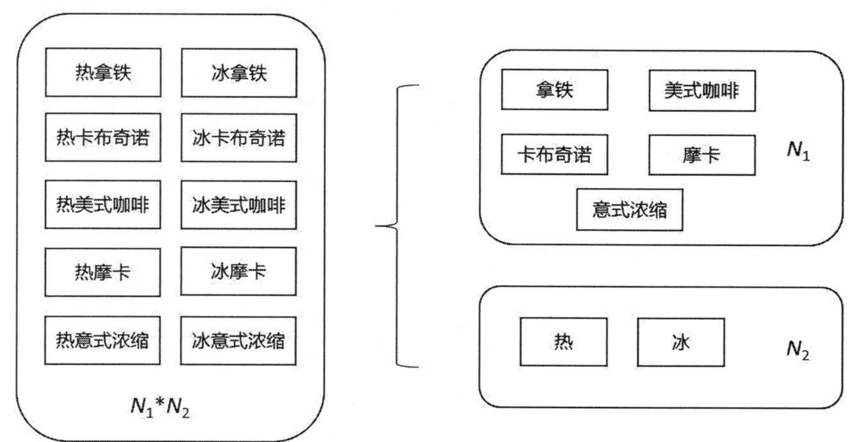

图 7.7 对话状态的贝叶斯更新表示示例

7.1.3 对话策略

对话策略是根据对话状态跟踪模块推断的当前对话状态来决定系统应该采取的动作。抽象来说,就是以对话状态为输入,通过一个 π 函数来产生一个动作响应。下面举例说明对话策略模块所做的工作。当对话策略知道用户想要预订航班时,它需要知道目的地这一必需的槽位信息,所以它会询问用户“你想去哪里?”。用户以“旧金山”作为答复响应,槽位填充器将其识别为“目的地=旧金山”,对话管理将其添加到当前对话状态中。此时,对话策略模块认为已填充完此意图所需的所有槽位,决定查询第三方 API 以获取可用机票并将其显示给用户。一般来说,对话策略模块可以要求用户提供更多信息、请求一些外部资源或直接给出答案。对话策略的建立可以选择基于规则或基于模型的方式来实现。下面介绍几种不同的对话策略方法:有限状态自动机模型、基于框架的方法、基于目标的方法、基于学习模型的方法和基于强化学习的方法。

1. 有限状态自动机模型

基于流程图的对话系统在 20 世纪 70 年代开始流行。它采用有限状态自动机模型来建模对话流中的状态转移。设计者使用对话流创作工具(一般称为 Authoring Tool)定义好交互逻辑后,创作工具将对话定义转换成一种数据结构或脚本,用来表示整个状态图。在对话运行时阶段,对话管理会载入预定义好的流程数据/脚本,并根据实际场景执行流程图中的响应或跳转。

图 7.8 展示了一个餐厅点餐的人机对话示例。在这个图中,节点表示系统动作,边表示用户响应。从同一个节点出来的边是互斥的,即各不相同。双圆圈表示结束状态。系统根据不同的用户响应选取相应的转换状态。

这个方法在复杂场景中展现出局限性,特别是当对话任务中有多个待提供的信息时。有时用户可能一并把其他信息也说了,或者用户对已询问的信息做了修改,或者用户并没有按要求回答。也就是说,用户可能并没有完全按系统预设的路径走,即用户主导了对话的进行。如果方法需要支持用户主导的所有情况,那就需要考虑用户响应的所有可能性,这会导致状态跳转的可能路径非常多,使得对话流变得极其复杂且难以维护。为了部分缓解这些缺陷,在实际场景中,每条边表示的用户反馈会使用预制的用户意图识别器或用户意图模板来替代。

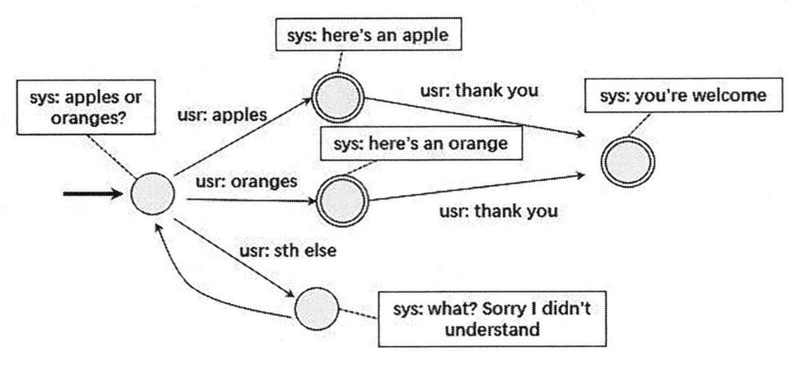

图 7.8　餐厅点餐的人机对话示例

2. 基于框架的方法

框架的概念最早是由马文·明斯基(Marvin Minsky)提出的。明斯基期望用一种他称为框架的数据结构来表示一类情景/场景。这种数据结构用于将知识结构化,从而方便解释、处理和预测信息。这套知识表示框架后来被迁移到了人机对话系统中,每一个框架都代表会话中的一部分信息,这样就可以用一系列的框架来描述并引导人机对话的整个过程。

基于框架的方法通常被称为填槽法或填表法,它使用一个信息表来维护对话任务中没有顺序依赖的信息。这个信息表包含完成对话任务所必需(或可选)的槽位。通过不断地向用户发问,引导用户回答对话信息表中的槽位信息。一旦信息表被填满,对话任务所预设的响应将被执行。用户可以以任意次序提供槽位信息,这种顺序的多样性并不增加对话管理的复杂度。

槽填充的实现方法有很多,常见的方法是使用树结构来表示一个框架,其中根节点表示框架的名称,叶子节点表示槽位。槽填充的过程是通过不断遍历叶子节点,并执行未填充叶子节点的响应(例如,一段机器回复),直到一棵树被填充完整为止。

工业界对话系统的标准语言——语音扩展标记语言(VoiceXML)中的表单解释算法(Form Interpretation Algorithm,FIA)就是采用了基于框架的方法。图 7.9 展示了一个航班预订场景的 FIA 实现。可以看出,基于框架的方法将有限状态中的状态同质化,利用框架中的槽位概念将不同性质的系统状态映射到同一个状态空间。这样,通过任何状态与最终状态的简单比对,就可以确定接下来的动作,使得状态间的转移更加方便灵活。

对于检测到槽值缺失时采取的动作,一个常见的方法就是手工编撰。图 7.10 给出了一个 IBM Watson 的对话配置界面示例。在这个界面中,第一列(check for 列)是槽值的类型,第二列是槽位的命名,第三列是槽位缺失时的问句,第四列是选择槽值是必须还是可选类型。运营人员只需要定义好框架语义中的槽位即可,因此现在大多数通用的 ChatBot/智能对话平台仍然会采用槽填充方法。

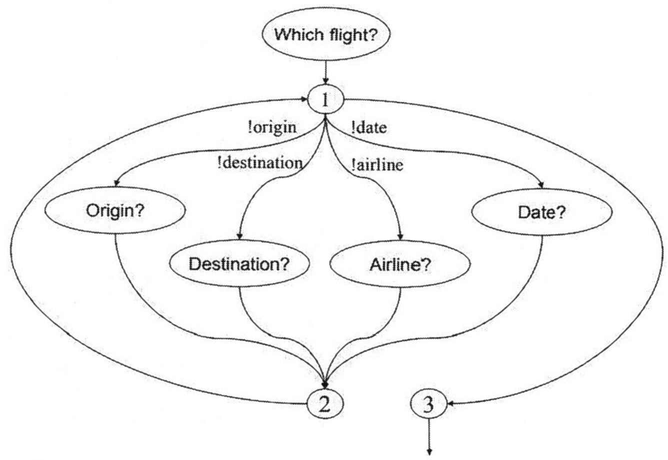

图 7.9　航班预订场景的 FIA 实现

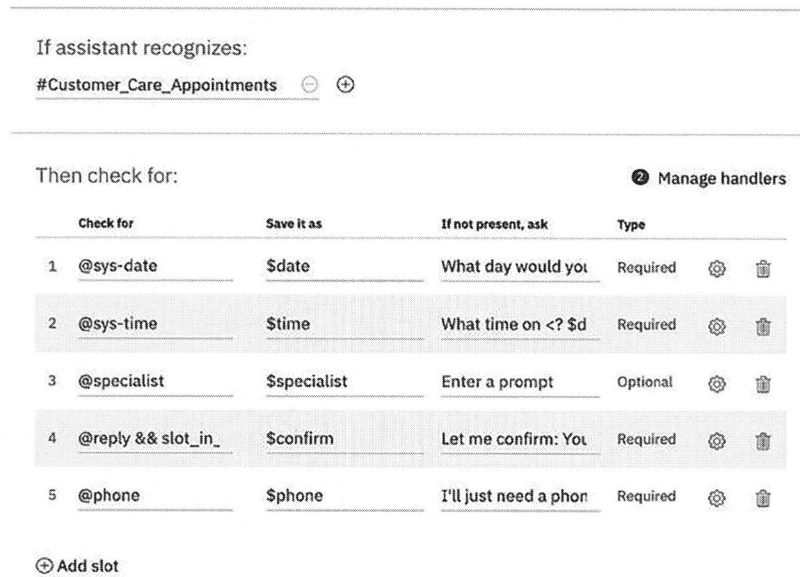

图 7.10　IBM Watson 的对话配置界面示例

3. 基于目标的方法

在 20 世纪 90 年代,研究者提出了一种基于目标的方法,认为人机交互的核心在于交互双方通过不断调整各自的行为,合作完成一个共同目标。这种方法将人类的沟通模式迁移到了人机对话中。为了在人机对话中实现目标合作的理论,Grosz 等人将任务型对话结构分为三个部分:语言序列结构、对话意图结构和当前对话焦点状态。

Grosz 对任务型对话做了一些假设：对话具有多层级结构，每个小结构对应一个目标，每一时刻交互双方都会聚焦在一个目标上。对话结构可以按意图/目标划分成多个相互关联的片段，每个片段表示一个目标。片段中可以嵌套更小的片段，表示更小一级的子目标。这样，一个对话对应一个主要目标，其下划分成的多个段落，对应多个子目标。在对话进行的过程中，每一时刻交互双方都会将注意力集中到一个目标。根据实际情况，下一时刻双方可能还在沟通这个目标，也可能聚焦到另外一个目标，对话焦点在对话期间会动态地变化，直到完成对话中所有的子目标，对话沟通就完成了。

要实现基于目标的对话理论，需要选择合适的数据结构来表示相关的信息。通常的做法是，用树表示整个对话的组织结构，用堆栈来维护对话进行中每一时刻的对话焦点，用字典存储对话栈中每个对话目标所依赖的信息。

由于一个对话任务的总目标总是可以拆分成多个小目标，所以对话目标可以看成一个层次结构，这就很适合用树形结构来表示。图 7.11 展示了一个简化版的信用卡还款业务对话目标结构。对话目标是信用卡还款，对话被分成了多个小目标（暂且称为二级目标），分别是用户登录、获取账号信息、询问还款信息、还款和结束语。为了完成对话的二级目标，继续将对话目标拆分成三级目标，这样整个对话的多层次树结构就出来了。树结构中的节点分成两类，一类是叶子节点，又称为响应节点，代表无法再进行拆分的对话响应，例如，调取一个 API、回复用户一段话等；另一类是非叶子节点，又称为控制节点，它的职责是控制子节点在对话运行时的状态，封装抽象程度更高的对话目标。对话的树形结构包含了整个对话的任务说明，但在对话运行时如何解析这个任务说明，就需要另一个数据结构：对话堆栈。

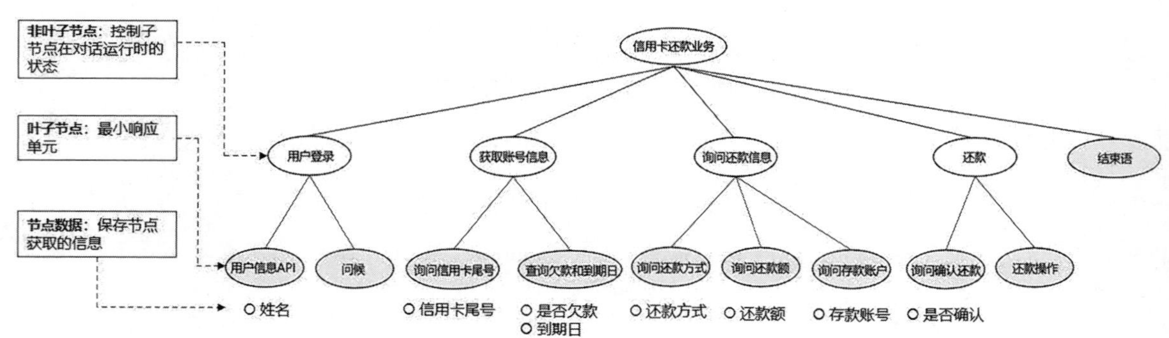

图 7.11　简化版的信用卡还款业务对话目标结构

系统从左向右依次遍历整个对话树，每一时刻将一个节点送入对话堆栈，这个节点在该时刻就成了对话焦点。每一时刻系统将执行栈顶 focus 节点的响应，当节点的状态为“已完成”时，系统将该节点出栈，下一个节点成为栈顶 focus 节点，一直执行下去，直到系统将对话树中所有节点的操作执行完。

图 7.12 展示了信用卡还贷的运行示例过程。时刻 1 信用卡还款根节点入栈,系统执行根节点的操作。需要注意的是,控制节点(非叶子节点)的动作就是将其子节点从左至右依次送入栈。因此,时刻 2“用户登录”节点入栈。同样地,时刻 3“用户信息 API”节点入栈,由于该节点为叶子节点,其响应操作是调用 API。执行完该操作后,“用户信息 API”节点状态被标记为“已完成”,并被系统出栈。时刻 4 系统执行“用户登录”节点,将其未完成的子节点“问候”入栈,系统回复一个问候语后,该节点被标记为“已完成”并出栈。下一时刻,由于“用户登录”的所有子节点都已完成,因此该节点也被标记为“已完成”并出栈。就这样,系统依次遍历对话树的所有节点,直到所有节点都被标记为“已完成”,该任务对话运行结束。

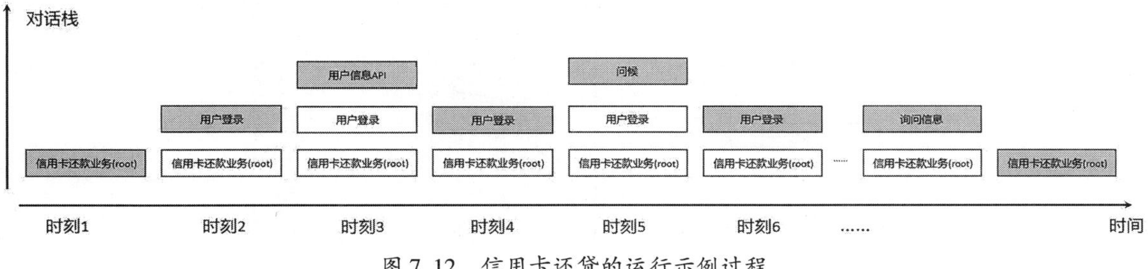

图 7.12　信用卡还贷的运行示例过程

重新回到图 7.11,可以注意到,除了有对话任务的树结构描述,每个节点下面可能还有其数据描述。借用基于框架方法中的术语,将节点的数据描述称为节点槽位。节点槽位代表节点所依赖的数据,数据的来源可能是 API 接口返回的结果、一段代码的执行结果,或者是用户的回复。所有的节点数据都被维护在系统的上下文中,上下文的生命周期一般为一个对话任务的整个运行时。系统使用一个叫 Agenda 的数据结构维护对话堆栈中的节点数据,每个节点有自身的 Agenda 信息表来维护其所依赖的数据,父节点的 Agenda 包含所有其子节点的数据,这样就形成了 Agenda 层级结构。图 7.13 给出了信用卡还款业务对话运行时的 Agenda 示例。某一时刻对话处于“询问还款方式”的对话焦点,“询问还款方式”是叶子节点,对应的 Agenda 只包含该节点的数据依赖:“还款方式”。而其父节点“询问还款信息”不仅维护了还款方式信息,还包含它所有子节点的数据。同样地,根节点包含了树上所有节点的数据状态,这个就是 Agenda 的层级结构。对话运行时,系统识别槽值后,根据堆栈中的节点顺序,自顶向下地遍历 Agenda 对应的槽位,依次更新每个 Agenda 信息表。

在实际的人机对话中,场景的切换是非常常见的。因此,基于目标的对话管理还为系统引入了一个功能:焦点切换,有些系统可能称为任务切换或场景切换。我们为树结构中的节点设定触发条件,当用户回复或系统事件触发某一个节点时,该节点被调入对话栈,至此对话从新的节点进行下去,从而完成对话交互的焦点切换。

图 7.14 所示是一个信用卡还款时的焦点切换示例。这是信用卡还款的简化结构,其中多了一个节点“存款账户查询”。考虑到在实际还款过程中,用户可能需要知道存款账户是否足够用于还款,

因此加入了这个节点。在时刻 n 系统询问还款方式时,用户并没有按正常路径回答,而是先询问了存款账户的余额,这触发了“存款账户查询”节点的触发条件。新的节点被推到对话栈中,之后系统将先完成“存款账户查询”,再切换回原路径。

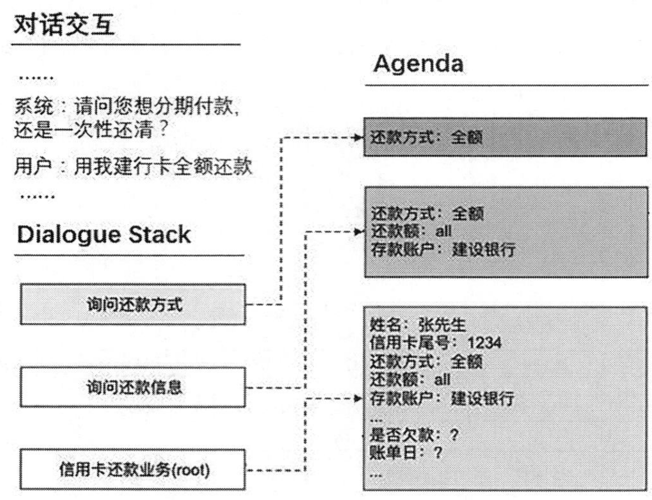

图 7.13　信用卡还款业务对话运行时的 Agenda 示例

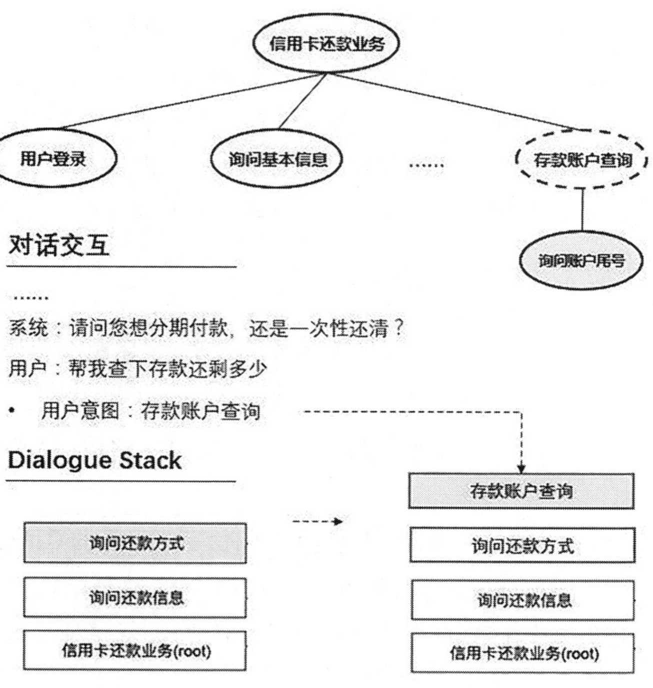

图 7.14　信用卡还款时的焦点切换示例

在对话任务中，往往有一些公共处理策略和可重用的流程。焦点切换功能的引入可以让它们从相关模块中提取出来。最常见的公共处理策略如对话中的异常处理策略。由于模块的效果指标达到完美状态100%准确是不可能的，错误的引入是很常见的一件事情。这时就需要一些策略来消除这些不确定性，例如，常用的话术澄清策略。这些处理策略在不同领域中大多是相似的，将其从领域对话描述中解耦出来是有必要的。我们可以提前在系统中预设多个公共对话任务。在对话运行时监测哪个公共任务被触发，就将其推入对话栈，实现公共策略的焦点切换。

最后，我们将上面的描述总结一下。如图7.15所示，对话管理的运行时主要分为两个阶段：系统执行阶段和用户输入阶段。初始时，系统先将根节点入栈，然后进入系统执行阶段。首先，执行栈顶的节点响应，如果该节点是非叶子节点（控制节点），则将其一个子节点入栈；如果是叶子节点，则执行其具体的操作。其次，判断当前节点是否需要用户回复，如果需要，则等待用户反馈后创建节点的Agenda信息表，并依次进行槽位识别和更新。在用户输入阶段完成后，回到执行阶段，系统遍历对话栈，清除栈中所有已完成的节点。然后进行公共策略预处理流程，判断哪些公共节点被触发了，系统将所有被触发的节点依次入栈，最后回到系统执行阶段的第一步。以此循环，直到对话任务结束。

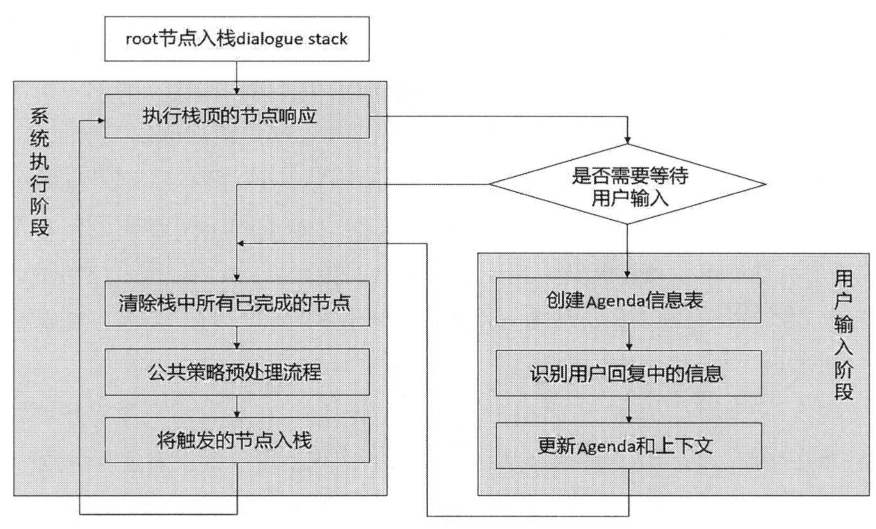

图7.15　目标对话引擎

4. 基于学习模型的方法

对话策略模块根据对话状态预测系统动作，由于动作的个数有限，因此这可以当作一个时序预测（多分类）问题。通常，我们用每一时刻的多种数据作为特征，隐式地计算出历史会话的嵌入表征，然后通过一个深度网络进行系统动作的预测。

微软研究院的Jason D. Williams等人提出的混合编码网络（Hybrid Code Networks，HCNs）模型在bAbI对话数据集中取得了最高水平的效果。图7.16给出了HCNs的运行流程。该模型使用会话实体、响应掩码、会话嵌入表示、会话词袋向量、上一时刻API结果、上一时刻系统响应作为当前时刻会话的特征。LSTM 模型根据当前特征和上一个历史状态隐藏特征计算当前时刻的历史状态表征,然后通过一个全连接网络和 softmax 层,输出系统响应的概率分布。

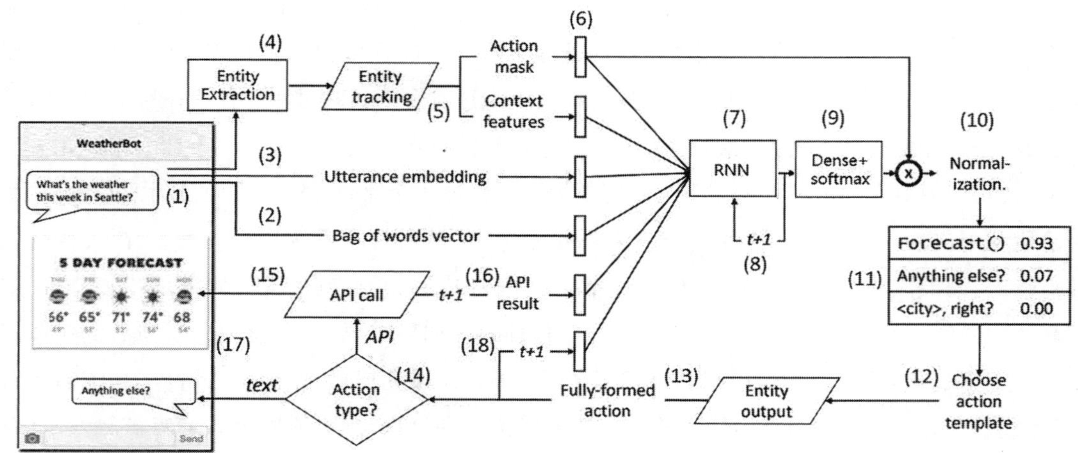

图 7.16　HCNs 的运行流程

如图 7.16 所示,混合编码网络的输入是来自步骤(1)~(5)的特征组件(动作掩码,上下文特征,语句嵌入,词袋向量),以及步骤(16)上一时刻 API 结果向量和步骤(18)上一时刻系统响应向量被连接形成特征向量(6)。步骤(2)是构建 BOW 词袋向量。步骤(3)是预训练的词向量实现语句嵌入。步骤(4)使用实体提取模块提取实体,例如,将“Jennifer Jones”识别为实体,类别是<name>。此处实体类别相当于槽位名称。步骤(5)使用实体跟踪模块,将文本“Jennifer Jones”映射到知识图谱数据库中的特定行。该模块可选地返回动作掩码①,指示在当前时间步允许的动作,作为位向量。它还可选地返回上下文特征,这些特征是开发人员认为可用于区分动作的特征,例如,当前存在哪些实体及哪些实体不存在。

这里,补充说明一下动作掩码和上下文特征。动作掩码表示在本轮用户提问并更新当前上下文特征后,允许机器在当前时间步做出的所有动作(回复)。实现上用一个位向量表示,置 1 的位表示本轮允许该回复。上下文特征是指实体类别-实体值(相当于槽值对)状态。根据本轮用户提问,实体跟踪模块更新上下文特征。面向特定任务的对话系统,只关注当前上下文实体值的有和没有两种状态,所以实现使用 0 和 1 组成的掩码列表来表示对应实体值的有无。

HCNs 方法必须对具体的任务设计一个实体掩码(上下文特征)与动作掩码的对应关系,即在当前轮次上下文状态中,允许机器做出的动作(回复)的所有情况。这些情况是需要预先设计好的,所有的动作(回复)构成动作模板。

特征向量准备好之后,系统会将各特征向量连接,作为深度神经网络的输入。

步骤(7)RNN(LSTM 或 GRU)的输入是步骤(6)各特征向量的连接,RNN 计算隐藏层状态,其被

① 动作掩码的一个例子:如果尚未识别目标电话号码,则可以屏蔽用于发出电话呼叫的 API 动作。

保留用于下一个时间步(8)。

步骤(9)将该隐藏层向量传递到具有 softmax 激活的 Dense 层。该层输出维度等于系统动作模板的数量,即输出一个在动作模板上的概率分布。这个归一化后的向量便是一个在动作模板上的分布向量。

接下来,使用动作掩码对该向量做元素乘法,动作掩码中不允许的动作便被强制设为 0 概率,并且将结果归一化(10)为一个概率分布。这使得非法动作(动作掩码中不允许的动作)概率为 0,然后从得到的分布(11)中选取概率最大的作为最终选择的动作(12)。

将选择的动作(对应一个动作模板)传递给实体输出代码(13),该代码可以替换实体类型并生成完整形式的动作,比如动作模板"< city >, right?"转换成"Seattle,right?"。

标识(14)是判断实体输出的动作类型,并进入相应控制分支。如果动作类型是 API 调用,则调用开发者代码中的相应 API(15)。API 可以充当传感器并返回与对话系统相关的特征,因此可以在下一个时间步将它们添加到特征向量中(16)。如果动作类型是文本,则将其呈现给用户(17),然后重复循环。所采取的行动在下一个时间步长中作为特征提供给 RNN(18)。

HCNs 方法实际上集成了对话系统的所有模块。其中上下文特征部分其实就是管道方法经典结构中的对话状态跟踪模块,实体提取和实体跟踪管理对话历史中每轮对话的输入,上下文特征输出当前对话的上下文状态。用户目标就是用一系列槽值对表现的,在 HCNs 中就是实体类别-实体值的组合。实体输出和最后的步骤可以当成是管道方法中的自然语言生成(NLG)模块,作用是将对话策略的输出转化成自然语言的句子反馈给用户。

5. 基于强化学习的方法

对话策略也可以使用强化学习的方式来完成。在训练过程中,只需要用户模拟器根据设置的目标进行回答和提问即可。其训练过程并不需要自然语言理解和生成两个模块。智能体和用户模拟器之间只需要通过结构化的数据进行交流,而不需要转换成自然语言。

下面看两个结构化的数据例子。

```
sys: action: multiple_choice   inform: {'date': '20211218|20211219'}    request: {}
# 注释:系统动作,表示"2021 年 12 月 18 日和 2021 年 12 月 19 还有空位置"

usr: action:request   inform: {'num': '5'}    request: {'time': 'UNK'}
# 注释:用户动作,表示"我想订一个 5 人的位子,什么时间有空位"
```

理论上,训练统计对话系统可以使用真实的用户或使用系统-用户交互的语料。但是,对于现实的大规模应用领域来说,对话的状态空间是巨大的,真实语料需要太多的人力或超大规模的训练语料。因此,从成本和时间的角度来考虑,建造一个用户模拟器是十分必要的。有了机器模拟的用户,就可以进行无限量且高效的多轮交互对话了,使得统计对话管理的学习或评估成为可能。这种思想可能受到了一定程度质疑。但从统计对话系统的研发角度看,用户模拟器与对话管理往往采用不同的模型进行独立的训练,用户模拟器可以比静态语料更充分地遍历可能的状态空间。这种更充分的采样,对统计对话管理的训练尤为重要。

图 7.17 给出了一个使用用户模拟器训练或评估对话管理的交互过程。在每一轮对话中,用户模拟器的输出都会经过错误模拟器,然后传递给对话管理。对话管理根据其策略选择一个动作回复给用户模拟器。这里,错误模拟器是一个模拟语音识别和语义解析错误的模型。给定了用户模拟器和错误模拟器之后,就可以通过自动生成海量的对话数据来训练对话管理的参数,也可以用于对确定参数的对话管理的性能进行评估。

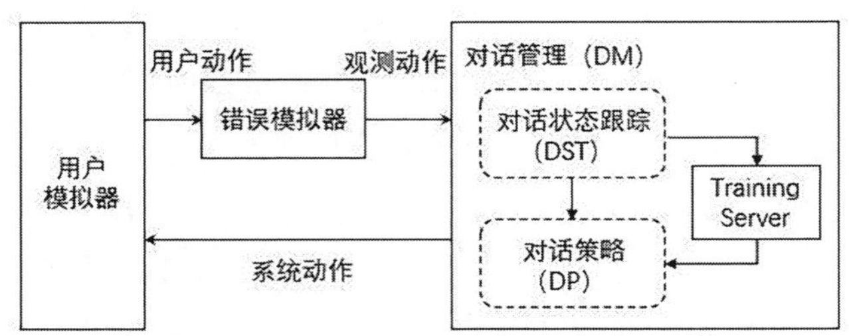

图 7.17 使用用户模拟器训练或评估对话管理的交互过程

用户模拟器本质上是一个可以与对话系统直接交互的用户决策系统。它可以被看成是对等的另一个对话管理,不过它是用来模拟真实用户行为,在交互过程中替代真实用户对来自对话管理的输出做出相应的响应。它的主要做法是根据对话系统反馈的信息,结合自身的目标进一步与对话系统进行交互。例如,是回答智能体问题,还是进行反问;是完成目标结束对话,还是拒绝。它既可以由规则确定,也可以引入数据驱动的方式从语料库中学习得到一个世界模型来模拟用户。

在真正训练过程中,我们都是使用了结构化的数据,假设我们的目标如下。

```
{
    "inform_slots":{
          "location": "包间",
           "num": "5"
    },

    "request_slots":{
          "time": "UNK",
          "date": "UNK",
          "table": "UNK"
    }
}
```

除了以上内容,还需要根据实际的情况虚构一个数据库以模拟实际使用中的数据查询,如餐厅在某些条件下是否有剩余位子等。为了有一个感性的认识,我们看看下面这个使用强化学习策略模型的一个结果。单数行是系统使用的结构化数据,偶数行是中文对应,便于理解。

```
usr:  action:inform  inform:{'location':'包间'}   request:{}
用户:我想订个包间,还有吗
sys:  action:multiple_choice  inform:{'num':'3|4|5|6|9|10'}
系统:目前还剩下 3 到 10 人的位子
usr:  acton:inform  inform:{'num':5}  request:{}
用户:我要 5 个人的
sys:  action:request  inform:{}  request:{'date','UNK'}
系统:您要订哪一天的呢?
usr:  action:request  inform:{}  request:{'date','UNK'}
用户:你们还剩哪些天的?
sys:  action:multiple_choice  inform:{'date':'20211218|20211219'}  request:{}
系统:还剩下 2021 年 12 月 18 日和 2021 年 12 月 19 日的
usr:  action:inform  inform:{'date':'20211218'}  request:{}
用户:2021 年 12 月 18 日吧
sys:  action:request  inform:{}   request:{'time':'UNK'}
系统: 请问您准备几点用餐呢?
usr:  action:request inform:{}   request:{'time':'UNK'}
用户: 还有几点的位子?
sys:  action:multiple_choice  inform:{'time':11:00|11:30|12:00|12:30|17:00|18:00}
系统:预订时间有以下几个点:11:00|11:30|12:00|12:30|17:00|18:00
usr:  action:inform   inform:{'time':'17:00'}   request:{}
用户: 那就下午 5 点吧
sys:  action:inform
      inform:{'location':'包间','num':'5',date:'20211218','time':'17:00'}
      request:{}
系统: 这里已经帮您预订了 2021 年 12 月 18 日下午 5 点 5 个人位子的包间
usr:  action:thanks   inform:{}   request:{}
用户: 好的,谢谢
```

奖励函数是强化学习中的基本要素之一。在对话策略的设置中,可以根据对话的结果提供奖励,分为两个阶段:一个是在对话未完成时,每增加一轮对话就给一个-1 的奖励;另一个是在对话完成时,如果完成任务,则给一个(max_turn - turn)的奖励,否则奖励为-(2 * max_turn)。智能对话的强化学习算法理论上可以选择任何合适的算法。在实践中,DQN 算法有更广泛的使用。

7.1.4 自然语言生成

自然语言生成(NLG)是对话管理的必要模块之一。由于对话管理的动作输出是抽象表达,因此我们需要将其转换为一个自然语言句子。这个句子既要句法和语义上合法,也要考虑对话上下文的连贯性。例如,对话管理的输出是:对话行为 inform 和槽值对(name = Blue Spice, priceRange = low, familyFriendly = yes),NLG 的任务是将输入转化为对应的自然语言回复:“Blue Spice 是一个花费不高的地方,适合家庭消费。”

很多主流的自然语言生成系统是基于模板的。这些系统根据回复语句的类型制定相应的模板。这些模板的某些成分是固定的,而另一些成分则需要根据对话管理的输出进行填充。

例如,模板“我查到了<flightAmount>趟<departureDate>号<departureCity>到<destinationCity>的航班。”可以用来生成表示两个城市间的航班信息的句子。在该模板中,尖括号部分需要根据对话管理的输出值进行填充。填充后,该 NLG 模块的输出是:我查到了 30 趟 20 日从北京到上海的航班。

图 7.18 给出了更多基于模板的自然语言生成的例子。这里给出了关于餐厅场景 confirm 对话动作的几种不同形式参数对应的自然语言模板的示例。

Semantic Frame	Natural Language
confirm()	请您告诉我更多您找的那个产品的信息吧。
confirm(area=$V)	您是想在$V某个地方,对吧?
confirm(food=$V)	您是想找个$V风味的餐馆吧?
confirm(food=$V,area=$W)	您是想在$V找个$W风味的餐馆吧?

图 7.18 NLG 的模板方法示例

模板的 NLG 技术简单,不会产生错误,也比较好控制。但编撰比较耗时间,难以规模化。因此,除基于模板的 NLG 技术外,也有一些基于统计的方式进行自然语言生成的研究工作。

例如,2015 年剑桥大学结合神经网络和语言模型来做对话系统的 NLG①。如图 7.19 所示,我们使用对话动作和相关的槽位-槽值对连接起来的独热编码作为输入。使用 RNNLM 输出只带槽名的候选字符序列。

接着,对于候选字符序列,我们使用 CNN 模型和反向 RNNLM 进行重排。图 7.20 给出了一个基于 CNN 的句子模型。该模型用于对抽象表达的句子进行对话动作分类,确保对话动作和相关槽位的槽值对出现在生成话语中。RNNLM 在生成词时仅依赖于句子前面的词,但有些句子的形式依赖于后面的上下文。反向 RNNLM 从另一个角度来重排候选字符序列。我们使用基于反向 RNNLM 生成的候选字符序列的对数似然值对候选进行重排,从而获取最终的自然语言句子响应回复。

上面统计方法的效果依赖于大量的标注语料。目前,也有一些利用预训练语言模型的工作出现,例如,2020 年微软研究院提出的 SC-GPT。它利用 GPT-2 的预训练能力,只需要少量的标注语料就能达到最佳效果。

---

① RNNLG 是剑桥大学对话系统组 Tsung-Hsien (Shawn) Wen 发布的口语对话领域开源基准工具包,其下载地址为 https://github.com/shawnwun/RNNLG。

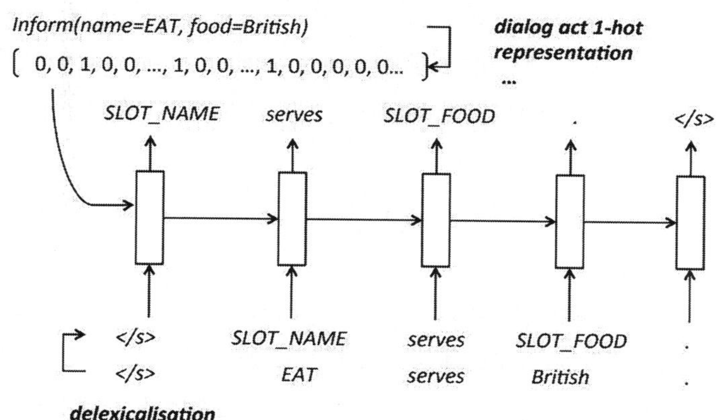

图 7.19　基于 RNN 的自然语言生成模型的展开视图

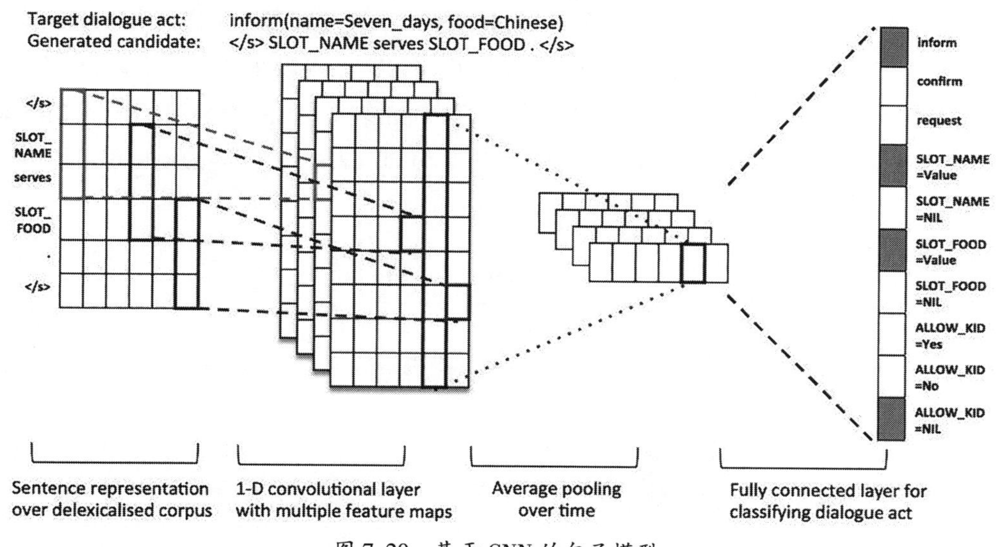

图 7.20　基于 CNN 的句子模型

7.2 端到端方法

传统的管道方法实现任务型问答系统需要设计每个单独的模块，且容易产生错误传递。基于端到端的任务型问答系统利用深度学习的有效性，以最大化对话上下文条件下生成句子的对数似然为目标，来完成对话任务。这种方法通常通过循环神经网络和记忆网络来实现，隐藏了对话状态在任务完成过程中的传递，无须人工对每个状态进行标注。同时，消除了对模块之间依赖关系的建模，也减少了解释知识库的需求。

本节首先会介绍端到端任务型对话方法中常使用的复制机制和记忆网络,然后在此基础上介绍云服务鼻祖赛富时公司提出的针对任务型对话的端到端系统:全局到局部的记忆指针网络(GLMP)。

7.2.1 复制机制

训练字符级序列到序列(seq2seq)模型就是将源词汇表中的字符序列映射到目标词汇表中的字符序列。然而,很多此类任务要求模型能够在目标序列中生成出现在源序列中但超出词汇表(OOV)的字符。这个概念称为复制。复制机制表现为输入序列中的某些片段被选择性地复制到输出序列中。

Gu 等人的拷贝网络(CopyNet)架构将复制机制引入 seq2seq 模型中。CopyNet 结合了抽取式和生成式的优点,从原文中复制词语的同时,保留了生成文本的能力。图 7.21 展示了拷贝网络(或称为指针网络)的结构。在选取目标词语时,复制机制为模型提供了一个开关,可以在每个解码步骤中选择两种模式:生成模式和复制模式。在生成模式期间,解码器从目标词汇表中生成一个标记,而在复制模式期间,解码器从源序列中选择一个标记。这里的标记不一定是源词汇表中的词,因为该标记可能是 OOV 的字符。

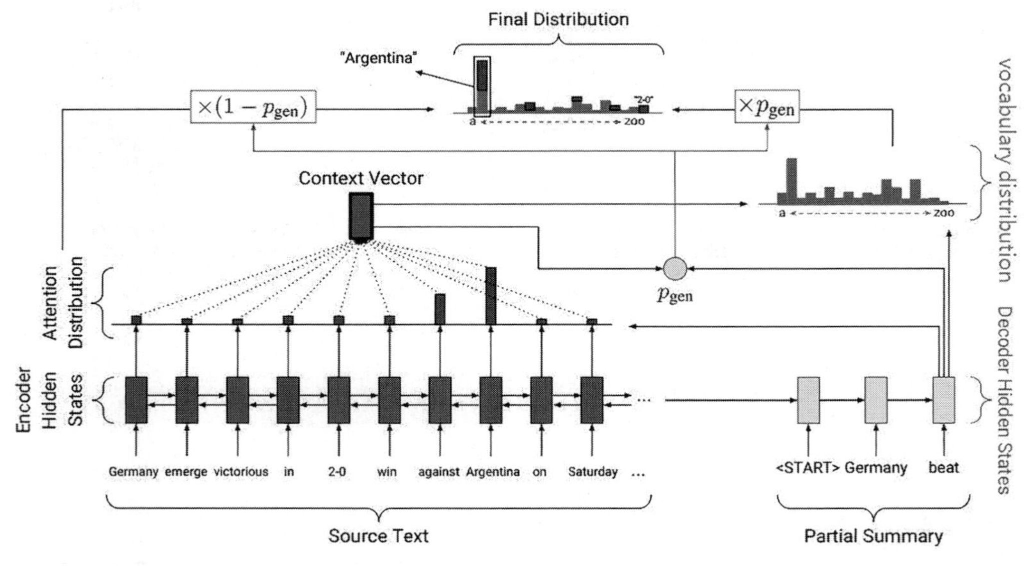

图 7.21 拷贝网络的结构

在解码的每一步,都计算一个概率 $p_{gen} \in [0,1]$,这个概率由上下文向量、解码器的隐状态和解码器的输入通过一个 Sigmoid 函数计算得出。这个概率就像一个开关,用来决定是按原词表的单词概率分布生成单词,还是按照原文单词的注意力分布复制单词:$p(w) = p_{gen} \cdot p_{voc}(w) + (1 - p_{gen}) \cdot \sum_{i:w_i = w} a_i^t$。

注意,公式右边的 $p_{\text{voc}}(w)$ 表示按原词表计算的单词概率分布,而公式左边的 $p(w)$ 表示按加入 OOV 词后的新词表计算的单词概率分布。如果预测的单词是 win,而这个单词不在事先构建好的词表中,那么 $p_{\text{voc}}(\text{win})$ 为 0,而 win 有一个注意力权重,乘 $(1-p_{\text{gen}})$,作为该单词的概率。于是从原文中复制 win 到摘要中。而如果预测的词是 beat,这个单词在事先构建好的词表中,但不在原文中,那么 beat 没有注意力权重,只有按原词表计算的概率。于是按原词表生成 beat 到摘要中。这样就解决了 OOV 问题。

7.2.2 记忆网络

2014 年,Facebook 的工程师提出了记忆网络。这种特殊的网络提供了一个带有推理能力的记忆组件,具有强大的上下文信息感知和处理能力,非常适合信息提取、问答任务等应用。传统的 FNN、CNN 和 RNN 等方法将训练集的信息压缩成隐状态或权重进行存储,这类方法产生的记忆太小了,在压缩过程中损失了很多有用信息,不能准确记住过去的事实信息。而记忆网络是将所有的信息存在一个外部记忆组件中,并与推理一起联合训练,得到一个能够存储和更新的长期记忆模块。这样可以最大程度地保存有用信息。

图 7.22 所示是一个简单的记忆网络的流程。这是一个阅读理解的任务。首先输入的内容经过加工和提取后储存在外部记忆器中。问题提出后,会与上述内容一起通过 Embedding 过程产生 Question、Input 和 Output 三部分,相当于在理解问题与内容的相关性。然后通过 Inference 过程,寻找与问题最相关的内容语句,再提取语句中与问题最相近的单词,最终产生答案 A。在这个过程中,输入内容几乎完整地保存和使用,而不是像 RNN 那样压缩成数据量较少的中间状态,因此信息的完整性较好。同时,推理使用的是全连接和 softmax 归一化,很容易在传统的深度学习优化算法和硬件上获得较好的加速效果。

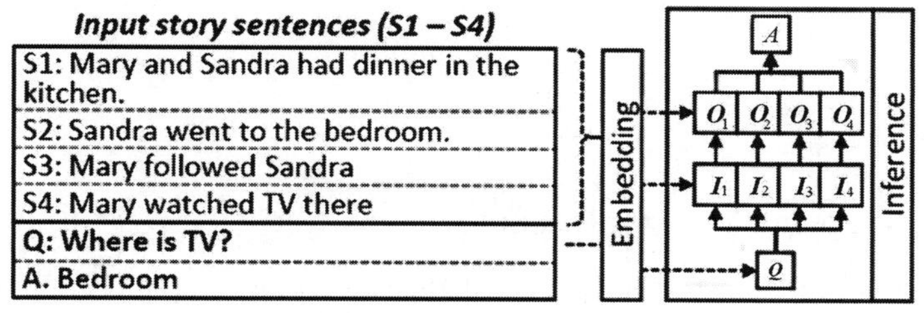

图 7.22 简单的记忆网络的流程

图 7.23 给出了记忆网络的计算过程。虚线左边是单层版本的模型,虚线右边是三层版本的模型。我们知道,记忆网络主要包括两种操作:Embedding 和 Inference。Embedding 是将输入转化为中间状态的计算过程,而 Inference 是通过多层神经网络来推断语句和问题的相关性。下面我们只介绍单层版本,多层版本是单层版本的堆叠。

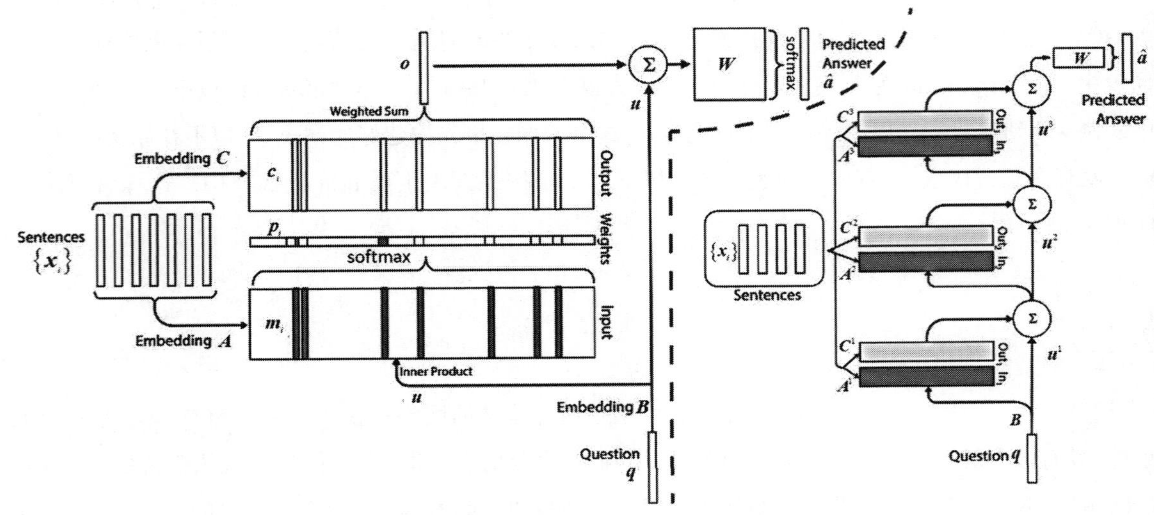

图 7.23 记忆网络的计算过程

阅读材料(story)经 Embedding 过程产生两个矩阵:Input 和 Output 矩阵,将输入语句转化为内部存储的向量,这一步会使用通常 NLP 的词向量转化方法。问题输入给记忆网络后,会通过 Inference 计算得到和上述内部向量之间的相关性。具体步骤如下。

(1)输入记忆表示过程会计算问题向量和 Input 矩阵的点积后归一化,得到和 Input 矩阵维度一致的概率向量 $\boldsymbol{p}$,即问题与各记忆向量的相关性。这一步的运算是矩阵乘累加和做 softmax 归一化。

(2)输出记忆表示过程将 Output 矩阵按概率向量 $\boldsymbol{p}$ 进行加权求和,得到输出向量 $\boldsymbol{o}$,相当于选取了相关性最高的记忆向量组合。这一步主要是矩阵点积。

(3)输出计算是将输出向量转化为所需答案的格式,得到各单词相对答案的概率,运算是全连接型的矩阵乘累加。

7.2.3 GLMP 模型

图 7.24 给出了全局到局部的记忆指针网络①(GLMP)模型。这个模型主要包括三部分:外部知识库(External Knowledge)、全局记忆编码器(Global Memory Encoder)和局部记忆解码器(Local Memory Decoder)。模型输入为对话历史序列 $X=(x_1,\cdots,x_n)$ 和知识库的知识信息 $B=(b_1,\cdots,b_l)$,系统响应为期望输出 $Y=(y_1,\cdots,y_m)$。

① 这个模型的源码参见:https://github.com/jasonwu0731/GLMP。

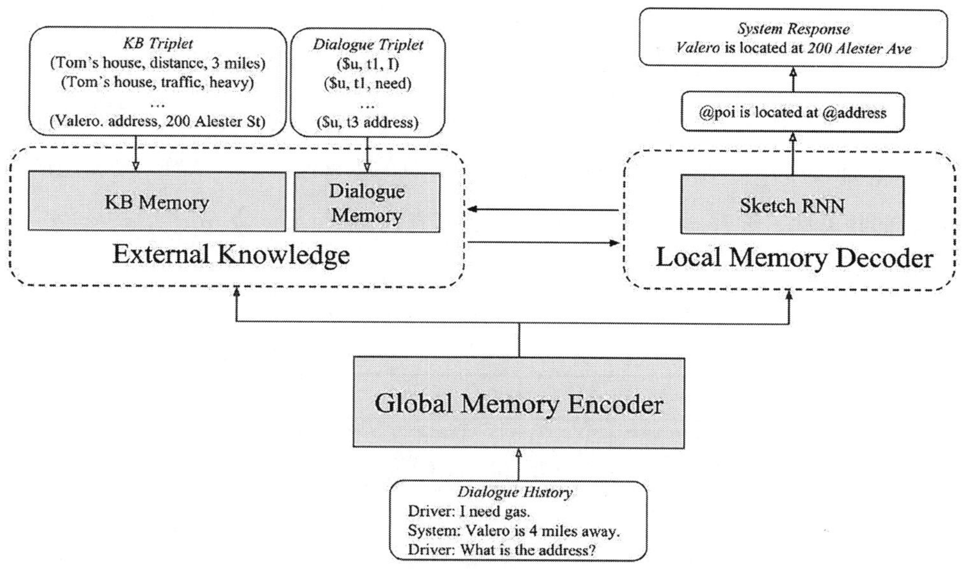

图 7.24　全局到局部的记忆指针网络(GLMP)模型

GLMP 模型的工作步骤如下。

(1)全局记忆编码器通过一个上下文 RNN 对对话历史进行编码,并将其隐藏层状态写入外部知识库。

(2)使用最后一个隐藏层状态来读取外部知识并生成一个全局记忆指针。

(3)在解码过程中,局部记忆解码器通过一个草稿 RNN 生成草稿响应。

(4)将全局记忆指针和草稿 RNN 的隐藏层状态分别作为一个过滤器和 Query 传给外部知识库,最终获得系统响应。

1. 外部知识库

外部知识库主要包括了一个全局上下文表示。这个表示会被编码器和解码器共享。由于记忆网络有较好的多跳推理能力,非常适合用来增强拷贝机制。外部知识库选择端到端记忆网络来存储字级别的知识库内容及具有时间依赖性的对话历史。

如图 7.25 所示,外部知识库由知识条目和对话历史两部分组成。每个知识条目都以三元组的形式呈现,即(Subject, Relation, Object)。例如,星巴克的地址是 xxx,那么相应的条目就是(Starbucks, address, 792 Bedoin St)。每个对话中的一句话都被按照一种特定格式来编码,也是以一种三元组的形式表示,比如有一句话是:I need gas。那么,就会被编码为{($ user, turn1, I),($ user, turn1, need),($ user, turn1, gas)}。这两个部分存储输入均采用词袋模型表示。

在引用外部知识时,会将 Object 部分提取出来放到生成的句子中。在进行外部知识读写时,操作与上一节的多层版本记忆网络模型是一样的,为了读取相应的条目,需要传给外部知识一个起始查询向量 $\boldsymbol{q}^1$,最后输出的 $\boldsymbol{q}^{K+1}$ 是多跳推理的结果。输出矩阵是由一组可训练的嵌入矩阵组成的 $\boldsymbol{C}=(\boldsymbol{C}^1$,

$C^2,\cdots,C^{K+1}$),这里 $C^k \in \mathbb{R}^{|V| \times D_{\text{emb}}}$,其中 V 是词库的大小,D_{emb} 是嵌入表示的维度;K 是记忆网络中的最大推理跳数。将外部知识库用 $M = [B:X] = \{m_1, m_2, \cdots, m_{n+l}\}$ 来表示。每一个 m_i 就是上面所说的三元组。循环 k 跳来计算权重:$p_i^k = \text{softmax}((q^k)^{\mathrm{T}} c_i^k)$,这里 $c_i^k = B(C^k(m_i)) \in \mathbb{R}^{D_{\text{emb}}}$ 是嵌入矩阵 C^k 第 i 个位置的嵌入向量,其中 B 是 BOW 函数;q^k 是第 k 跳的查询向量;$p^k \in \mathbb{R}^{n+l}$ 是软记忆注意力,体现了查询向量的相关性。然后,通过如下的计算来更新查询向量:$o^k = \sum_i p_i^k c_i^{k+1}$,$q^{k+1} = q^k + o^k$。

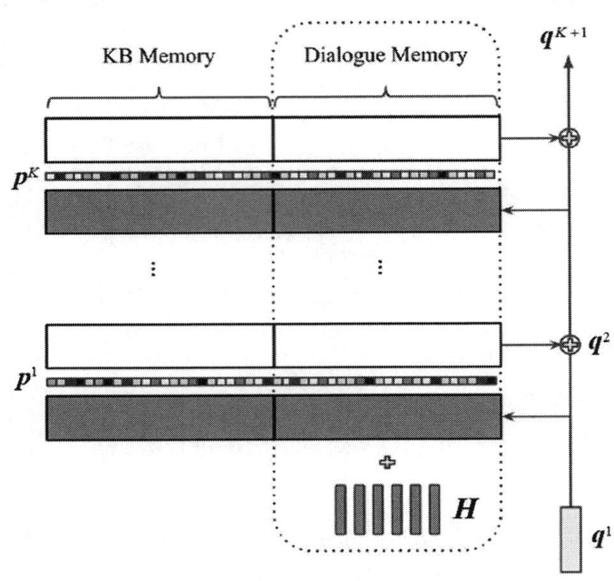

图 7.25　外部知识库

2. 全局记忆编码器

图 7.26 给出了全局记忆编码器的示意图。该编码器利用上下文 RNN 对序列依赖性进行建模,并对上下文 X 进行编码。隐藏层状态会写入外部知识库,最后一个编码器的隐藏层状态会作为查询读取外部知识,并获得两个输出,即全局记忆指针 G 和记忆查询结果 q^{K+1}。

当一句话进入系统时,它会被双向 GRU 编码为隐藏层状态 $H = (h_1^e, \cdots, h_n^e)$。在记忆网络中,对话历史记忆中并没有存储依赖关系的信息。为了将一句话中词之间的依赖关系刻画在记忆中,H 将被存储到知识库的对话历史中。保存的方式是把原始的存储表示和相应的隐藏层状态相加,公式如下:$c_i^k = c_i^k + h_{m_i}^e$ if $m_i \in X$ and $\forall k \in [1, K]$。当前话语编码的最后一个隐藏层状态 h_n^e 用于查询外部知识,从而生成全局记忆指针 G 和记忆查询结果 q^{K+1}。

全局记忆指针 $G = (g_1, \cdots, g_{n+l})$ 在解码阶段用于修改全局上下文表示。它的每一个分量都是 0 到 1 之间的浮点数,与注意力机制的区别在于,所有分量的和都不是 1,且每个分量都是独立的。用 h_n^e 来查询外部知识,直到最后一跳,然后与 c_i^K 做内积,紧接一个 Sigmoid 函数。公式表示为 $g_i = \text{Sigmoid}((q^K)^{\mathrm{T}} c_i^K)$。这样获得的记忆分布就是全局记忆指针 G,随后该指针会被传递到解码器中。

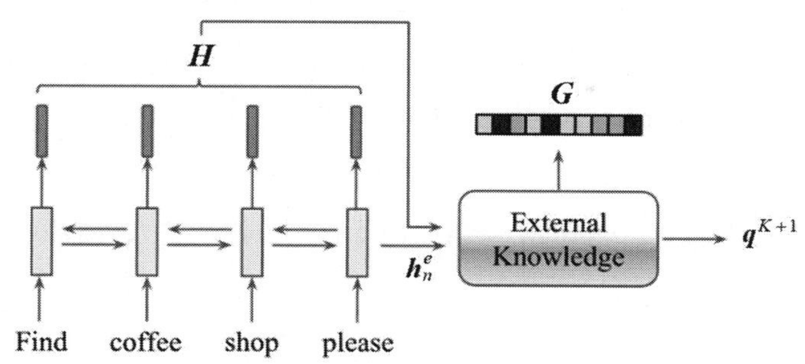

图 7.26　全局记忆编码器

3. 局部记忆解码器

图 7.27 给出了局部记忆解码器的示意图。在给定编码后的当前话语信息 $\boldsymbol{h}_n^e$、知识库信息 $\boldsymbol{q}^{K+1}$ 及全局记忆指针 $\boldsymbol{G}$ 的情况下，我们进行解码。首先，通过 $\boldsymbol{h}_n^e$ 和 $\boldsymbol{q}^{K+1}$ 的拼接来生成一个草稿回复 $\boldsymbol{Y}^s=(y_1^s,\cdots,y_m^s)$。这个草稿回复只有草稿标签，没有填充槽值。这些标签会以@开头，例如，生成了"@poi is@distance away"。接下来，我们会基于一个实体表将草稿标签替换为具体的槽值。例如，将"@poi"替换为"Starbucks"，"@distance"替换为"1 mile"，最终生成"Starbucks is 1 mile away"。

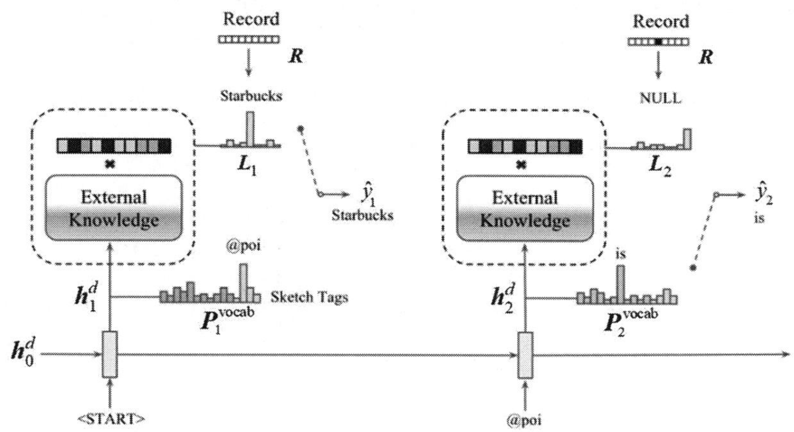

图 7.27　局部记忆解码器

有时我们需要直接复制输入语句中的词汇，这里使用局部记忆指针来完成。局部记忆指针含有一个指针序列 $\boldsymbol{L}=(\boldsymbol{L}_1,\boldsymbol{L}_2,\cdots,\boldsymbol{L}_m)$。在每个时间步中，首先使用全局记忆指针来修改全局上下文表示，公式如下：$\boldsymbol{c}_i^k=\boldsymbol{c}_i^k\times g_i,\forall i\in[1,n+l],\forall k\in[1,K]$。

接着，通过草稿 RNN 的隐藏层状态查询外部知识。在最后一跳中，记忆注意力对应局部记忆指针 $\boldsymbol{L}_t$，它表示时间步的记忆分布。

为了训练局部记忆指针，我们在最后一跳的外部知识记忆注意力的基础上添加了一个监督。首先，在解码时间步中，为局部记忆指针定义了位置标签，并设置了一个防止同一个实体词被多次拷贝

的记录 $\boldsymbol{R}$,$\boldsymbol{R}$ 中的所有元素最初都被初始化为 1。在解码过程中,如果某个记忆位置被指向了存储位置,那么 $\boldsymbol{R}$ 中对应的记忆位置将被掩蔽。在推理期间,$\hat{y}_t$ 的估计被定义为

$$\hat{y}_t = \begin{cases} \operatorname{argmax}(\boldsymbol{P}_t^{\text{vocab}}), \text{ if } \operatorname{argmax}(\boldsymbol{P}_t^{\text{vocab}}) \notin \text{草稿标签集} \\ \text{Object}(\boldsymbol{m}_{\operatorname{argmax}(L_t \odot R)}), \text{其他} \end{cases}$$

端到端方法在一些数据集上表现出色。然而,由于这类方法需要大量的标注数据,这极大地限制了它们的推广应用。

7.3 本章小结

本章介绍了任务型对话的相关知识。任务型对话主要有两种实现方式:管道方法和端到端方法。首先介绍了管道方法的 4 个组成模块:自然语言理解、对话状态跟踪、对话策略和自然语言生成。然后介绍了端到端的任务型对话。以赛富时公司提出的一个端到端系统为例进行阐述,先介绍了两个神经网络机制:复制机制和记忆网络,为介绍赛富时公司的 GLMP 模型奠定基础。最后讲解了 GLMP 端到端系统。

任务型问答系统的实现方式很多,但目前有限状态自动机和基于框架的方法仍然较为流行。在阅读本章时,也可以选择先阅读相关内容。

第 8 章 表格问答

表格是生产和生活中广泛使用的结构化数据形式。对于数据分析人员来说，他们可以熟练使用Pandas等工具进行各种复杂的数据分析。但对于大多数人而言，这些工具还是过于复杂。如果能够通过自然对话来进行数据探索，将极大提高生产力。表格问答系统通过某种方式将用户的自然语言问句转化为可执行的SQL语句，直接返回信息给用户。这种系统能够在考虑数据库模式结构的情况下，从二维表单数据中检索或计算出答案，并返回给用户。在客服场景中，企业的信息有时以表格形式存储，如果能直接利用这些信息，可以简化大量知识库的编撰工作。本章将介绍表格问答的相关概念和方法。

本章主要涉及的知识点如下。

- **表格问答的基本概念：了解表格问答任务。**
- **表格检索：了解表格检索的基本方法。**
- **语义解析：了解SQL语句的组成，熟悉常见的规则模板、端到端模型和文法模型方法的基本思想。**

注意：阅读本章内容需要具备基本的关系数据库SQL知识，请读者自学相关内容。

8.1 什么是表格问答

表格是一种广泛应用的数据存储方式，被广泛用于存储和展示结构化数据。由于表格数据结构清晰、易于维护、时效性强，因此它们通常是搜索引擎和智能对话系统的重要答案来源。在客服场景中，表格问答能够有效解决复杂的业务场景咨询问题。

如果我们没有足够的 SQL 知识或不知道数据框中的值是什么，就无法做出足够好的 SQL 查询来完成任务。这时我们希望可以用自然语言提出问题，并借助 AI 找到结果。表格问答（TableQA）就是这样一款产品，它可以为我们提供想要的结果。

图 8.1 给出了癌症死亡数据的表格示例。表格中包含年份、国籍、性别、癌症部位、死亡人数、年龄等列。

Sno	年份	国籍	性别	癌症部位	死亡人数	年龄
0	2016	Expatriate	女	Live and Intrahepatic Bile Ducts	1	50
1	2013	Expatriate	男	Stomach	1	55
2	2017	Expatriate	男	Oropharynx	1	55
				...		
				...		
				...		
33	2013	Expatriate	女	Colorectum	1	65
34	2015	National	女	Thyroid	1	50
35	2015	National	男	Leukaemia	1	75

图 8.1　表格示例

可以使用表格问答简单地询问："有胃癌的男性最大年龄是多少？"，并得到结果："75 岁"。获取结果就是这么简单。

表格问答一般由 3 个步骤组成：表格检索、语义解析和答案生成。表格检索用于从众多表格中选择与输入内容最相关的表格候选；语义解析负责结合表格信息将用户问题转化成一个机器可理解和执行的规范语义表示；答案生成是从表格检索返回的表格中生成问题的答案。在表格问答中，答案生成部分相对简单，即 SQL 执行器在数据库上完成该查询语句的执行，并给出问题的最终答案。本章接下来将介绍前两个模块。

8.2 表格检索

图 8.2 给出了表格检索任务的示意图。对于给定的自然语言 q 和给定的表格全集 $T=\{T_1, T_2, \cdots,$

$T_n\}$，表格检索任务的目的是从 T 中找到与 q 内容最相关的表格。每个表格通常由三部分构成：表头/列名、表格单元和表格标题。

代码	名称	上市地点	收盘价	周涨跌幅	月涨跌幅
SINA.O	新浪	纳斯达克	58.93	-4.52	8.791
BITA.N	易车	纽约证券交易所	18.11	-4.78	-11.742
JRIC.O	金融界	纳斯达克	1.03	-7.21	30.383
TAOP.O	淘屏	纳斯达克	1.09	-9.17	2.834
SFUN.N	搜房网	纽约证券交易所	1.71	-9.52	28.575
RENN.N	人人网	纽约证券交易所	1.61	-9.55	14.18

图 8.2　表格检索任务

表格检索的关键在于衡量自然语言问题与表格之间的语义相关程度。一个基本的做法是把表格看作文档，将表头、表格单元和表格标题用空格顺序连接形成一个字符串，然后使用文本检索中常用的字符串相似度计算方法（如 BM25）来计算自然语言问题和表格之间的相似度。这种方式的优点是不需要任何人工标注。在客服场景中，我们可以通过让用户添加表格触发问题来进一步提升命中率。

当存在较多标注数据时，机器学习或深度学习的方法也可以被采纳进来。例如，可以在词、实体、句子级别上分别设计一些问题与表格元素之间的特征，并使用加权方式来得到每个表格相对于问题的排序值，具体如下。

$$s(q,t)=\sum_{i=1}^{N} w_i \cdot h_i(q,t)$$

这里 $\{h_i(q,t)\}_{i=1}^{N}$ 表示 N 个特征函数，每个特征函数用来衡量问题和表格之间的某种相关度。$\{\lambda_i\}_{i=1}^{N}$ 是特征函数集合对应的特征权重集合。

除人工挑选特征的方法外，也可以使用深度学习来完成表格检索任务。图 8.3 展示了一个表格检索深度模型结构。这是微软亚洲研究院提出的一个基于神经网络的表格检索模型。在语义向量空间内分别计算问题和表头、问题和表格单元、问题和表格标题的匹配程度。由于问题和表格标题都是词序列，我们使用双向 GRU 将它们分别用向量表示，最终使用线性层计算二者之间的相关度。由于表头和表格单元不存在序列关系，任意交换表格的两列或两行应保证具有相同的语义表示，所以我们使用注意力机制来计算问题和表头及问题和表格单元之间的相关度。

表格检索是表格问答系统的串联模块的首模块，其精度直接决定表格问答系统的精度。在实际使用中，对表格检索的精度要求非常高。

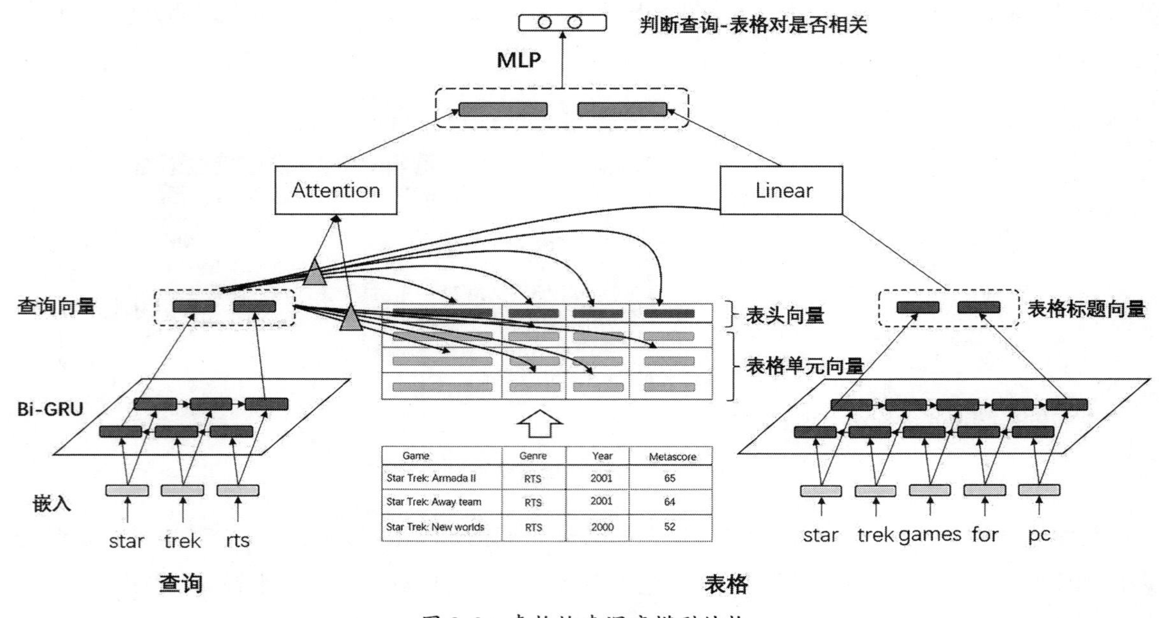

图 8.3　表格检索深度模型结构

8.3 语义解析

表格问答中的语义解析是在表格上下文情况下，让机器自动将用户输入的自然语言问题转换成数据库可操作的SQL查询语句，从而实现基于数据库的自动问答功能。工业界通常有两种解决方案，一种是基于规则模板的方法，另一种是利用深度学习将自然语言转化为SQL语句的方法。

8.3.1 规则模板

规则模板方法是一种业界相对容易落地的方式。通过实体、属性及它们之间关系的提问，我们可以提炼出一系列这类提问的基本模式。然后，表格问答转换成实体和属性的识别。为了便于理解，我们事先说明一些基本概念。

(1)表格：用于记录实体和属性等信息的载体。

(2)类目：用来对表格进行分场景的管理，多张描述相同场景的表格组成一个类目。

(3)实体：用于表示现实世界中任何可相互区别的事物，实体通过属性来描述。

(4)实体名:实体的名字,如手机型号。

(5)实体值:实体的具象化,如 iPhone 13。

(6)属性名:表格实体拥有的属性名称,如价格。

(7)属性值:属性对应实体值的内容。

图 8.4 展示了表格中的概念示例。例如,前两列是实体,其余列是属性。实体由实体名和实体值构成。例如,型号和品牌都是实体名,发货地、价格和上市年份等是属性名。P40、华为等都是实体值。上海是发货地的属性值。实体和属性的识别已有成熟的落地方案,例如,可以通过关键词匹配来识别,也可以通过语义相似度算法来识别。

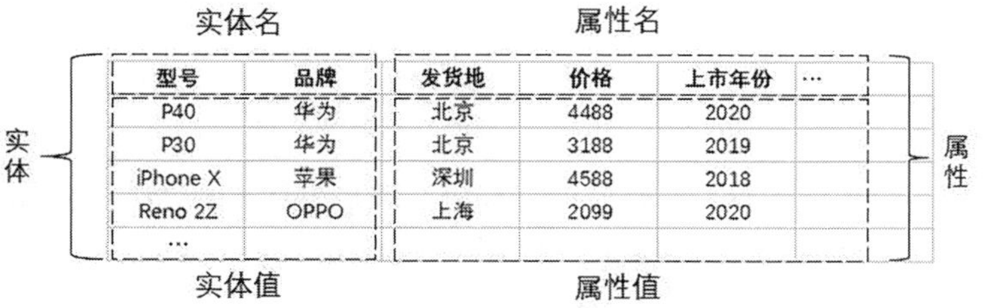

实体名　　属性名

实体　　属性

型号	品牌	发货地	价格	上市年份	…
P40	华为	北京	4488	2020	
P30	华为	北京	3188	2019	
iPhone X	苹果	深圳	4588	2018	
Reno 2Z	OPPO	上海	2099	2020	
…					

实体值　　属性值

图 8.4　表格中的概念示例

表 8.1 展示了用户问题的一个粗略分类及对应实例和相应的 SQL 语句。我们可以根据问句类型编写相应的 SQL 语句映射模板。表中基于数字型属性的一些计算包括 COUNT、MAX、MIN、SUM、AVG 等。这里的运算可以通过简单的词映射模板来实现,也可以标注一些数据并建立数字型属性计算类型分类模型。

表 8.1　用户问题归类

问题类型	问题实例	SQL 语句
表格查实体	有什么手机推荐	select 品牌 from 手机
表格查属性	手机价格多少	select 价格 from 手机
基于实体查属性	P40 价格	select 价格 from 手机 where 型号=='P40'
基于属性查实体	价格 2000 以下的手机型号	select 型号 from 手机 where 价格 < 2000
基于属性查表格实体的其他属性	2000 年出品的华为手机的出货地	select 出货地 from 手机 where 品牌=='华为'and 上市年份==2000
基于数字型属性的一些计算	手机的平均价格	select AVG(' 价格') from 手机

基于规则模板的表格问答是利用事先人工定义好的映射关系,将自然语言问题映射到相应的 SQL 查询语句。图 8.5 给出表格问答中的规则模板示例。第一个例子是,如果价格前面是型号名(型号列的实体值),就激活第一个动作模板,例如,问句为"P40 价格",那么其 SQL 查询模板为"select 价格 from 手机 where 型号==<型号>"。第二个例子的模板稍微复杂一些,例如,问句为"价格 2000 以下的手机型号",那么其 SQL 查询模板为"select 型号 from 手机 where 价格 \ < <数字>"。

模式:　　. . .　<型号> . . .　价格
动作:　　select 价格 from 手机 where 型号==<型号>

模式:　　. . . 价格<数字>（元）?以下　. . . 手机(型号)?
动作:　　select 型号 from 手机 where 价格 \< <数字>

图 8.5　规则模板示例

表格问答使用基于规则模板的方法自行构建关联的 SQL 查询。这种方法具有显著的优势,因为与其他严重依赖数据集的 AI 产品不同,运营人员可以修改规则块以获得更准确的结果。

8.3.2　端到端模型

端到端模型方法是目前学术界非常热门的一种语义解析方向,也被称为 NL2SQL 任务。其中,代表性的方法为 X-SQL。在具体介绍该方法之前,我们先回顾一下 WikiSQL 的目标。这个数据集是 Salesforce 在 2017 年提出的大型标注 NL2SQL 数据集,也是目前规模最大的 NL2SQL 数据集。它包含了 24241 张表、80645 条自然语言问句及相应的 SQL 语句。目前,学术界在这个数据集上的预测准确率可达 91.8%。WikiSQL 相对较为简单且典型,因此我们从它开始讲起。宏观上,这个数据集分为两个部分:问题和表格数据。

下面是一个问题的例子,每条数据包含 3 个主要字段。

```
{
  "phase":1,
  "question":"who is the manufacturer for the order year 1998?",
  "sql":{
     "conds":[
        [
           0,
           0,
           "1998"
        ]
     ],
     "sel":1,
     "agg":0
   },
  "table_id":"1-10007452-3"
}
```

为了便于理解,上面例子中的一些解释如下。

(1) question 是自然语言问题。

(2)table_id 是与这个问题相关的表格编号。

(3)SQL 语句结构化,分成了 conds、sel、agg 三个部分。

①conds 是筛选条件,可以有多个。每个条件用一个三元组(column_index, operator_index, condition)表示。可选的 operator_index 共有 4 种:['=', '>', '<', 'OP']。condition 是操作的目标值。

②sel 是查询目标列,其值是表格中对应列的序号。

③agg 的值是聚合操作的编号,可能的聚合操作有 6 种:['', 'MAX', 'MIN', 'COUNT', 'SUM', 'AVG']。

WikiSQL 是针对单表场景的数据集,每一个问题只会对应一张表格。表格数据的格式如下。其中,id 与问题中的 table_id 对应,header 是表头(列名),types 是每一列的数据类型,rows 则是每一行数据。

```
{
  "id":"1-1000181-1",
  "header":[
    "State/territory",
    "Text/background colour",
    "Format",
    "Current slogan",
    "Current series",
    "Notes"
  ],
  "types":[
    "text",
    "text",
    "text",
    "text",
    "text",
    "text"
  ],
  "rows":[
    [
      "Australian Capital Territory",
      "blue/white",
      "Yaa \u00b7nna",
      "ACT \u00b7 CELEBRATION OF A CENTURY 2013",
      "YIL \u00b700A",
      "Slogan screenprinted on plate"
    ],
    [
      "New South Wales",
```

```
        "black/yellow",
        "aa\u00b7nn\u00b7aa",
        "NEW SOUTH WALES",
        "BX\u00b799\u00b7HI",
        "No slogan on current series"
      ]
    ]
}
```

X-SQL 是 2019 年微软提出的 NL2SQL 模型,它利用 BERT 风格的预训练模型(MT-DNN)的上下文输出来增强结构模式表示,并结合类型信息来学习用于下游任务的新模式表示。图 8.6 给出了模型的目标 SQL。这里的 SQL 假定只选择一个列,条件列之间的关系只有 AND 一种关系。为了获得上面的目标 SQL,我们的 X-SQL 模型需要同时完成 6 个子任务(select-column、select-aggregation、where-number、where-column、where-operator 和 where-value)。

```
SELECT $AGG $COLUMN
WHERE $COLUMN $OP $VALUE
(AND $COLUMN $OP $VALUE)*
```

图 8.6　模型的目标 SQL

图 8.7 所示是 X-SQL 模型的结构。该模型包含三层结构,分别是编码器、上下文增强层和输出层,其中输出层完成 SQL 语句的生成。6 个任务彼此之间相互结合,彼此制约。下面我们对这三层结构和 6 个子任务进行逐一解析。

编码器是 X-SQL 模型的基础,使用的是同样来自微软的改良版 BERT——MT-DNN。这部分的重点是它构造输入的方式,X-SQL 的输入序列是由自然语言问题和各列的名称用[SEP]拼接而成的。为了处理条件语句(where clause)为空的情况,该模型引入了一个特殊列,用[EMPTY]来表示。如果列概率分布 W-COL 中最高分是[EMPTY]列,那么忽略 W-NUM 的输出,返回空的条件语句;否则按 W-COL 的值选取前 W-NUM 个分值的非空列条件。此外,该模型还把原来 BERT 的段编码(Segment Embedding)替换成类型编码(Type Embedding)。原来的 Segment Token 只有 0 和 1 两种,而 type 扩展成了 4 种,分别表示 Query、数值列、文本列和特殊的[EMPTY]列。学习 4 个类型:question、categorial column、numerical column 和 empty column,该模型输出 $\boldsymbol{h}_{[\mathrm{CXT}]},\boldsymbol{h}_{q_1},\cdots,\boldsymbol{h}_{q_n},\boldsymbol{h}_{[\mathrm{SEP}]},\boldsymbol{h}_{C_{11}},\cdots,\boldsymbol{h}_{[\mathrm{SEP}]},\boldsymbol{h}_{C_{21}},\cdots,\boldsymbol{h}_{[\mathrm{SEP}]},\cdots,\boldsymbol{h}_{[\mathrm{EMPTY}]},\boldsymbol{h}_{[\mathrm{SEP}]}$,其中问题中的每一个词编码为 $\boldsymbol{h}_{q_i}$,$\boldsymbol{h}_{C_{ij}}$ 表示 i 列第 j 个标记的编码,因为每个列名可能包含多个标记。为了突出引入的信息变多了,它们把原来的[CLS]标记重新取名为[CTX]标记。

第二层是上下文增强层,主要功能是将每个列名对应的多个标记输出的向量聚合并且混入[CTX]标记中的信息,得到一个列向量。图 8.7 的例子对应的表格原本有两列:第一列名称包含两个标记,第二列名称包含一个标记,加上特殊列[EMPTY],总共 3 列。上下文增强层通过 3 个注意力汇聚模块聚合成 3 个向量。

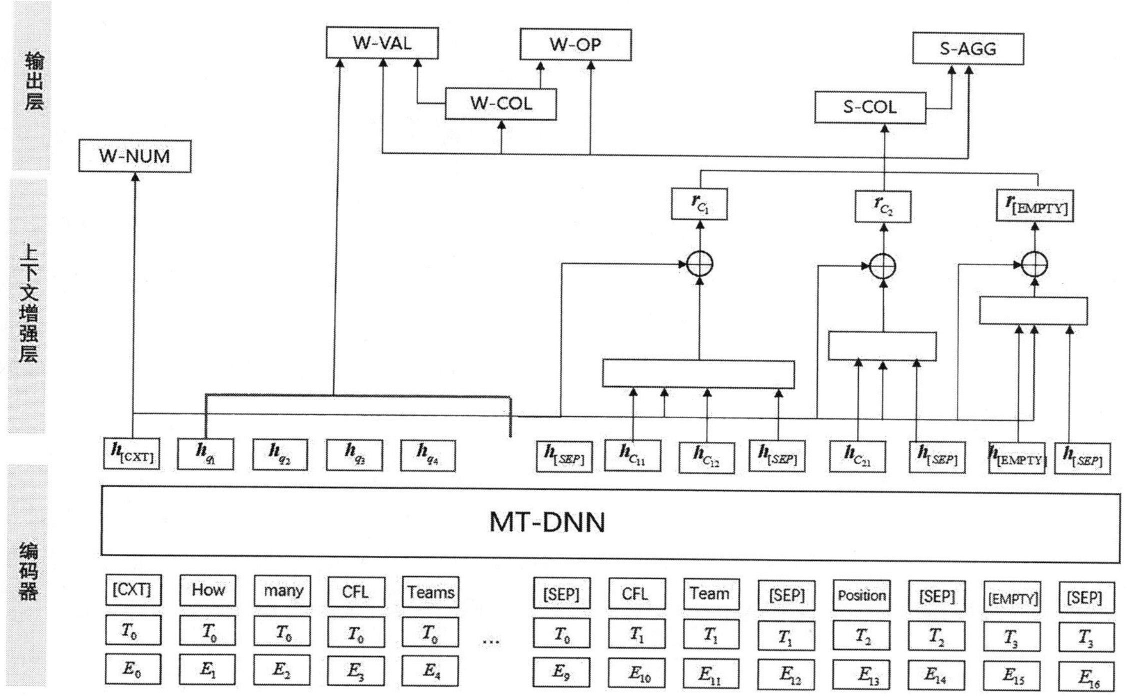

图 8.7　X-SQL 模型的结构

图 8.8 给出了上下文增强编码器的结构。该结构通过引入在 $h_{[\mathrm{CXT}]}$ 中捕捉的全局信息来增强底层的编码输出,从而学习出每列的新表示。虽然在序列编码器的输出中已经捕获了某种程度的上下文,但由于自注意力机制往往只关注某些区域,这会导致上下文信息的局限性。另一方面,$\boldsymbol{h}_{[\mathrm{CXT}]}$ 中捕获的全局上下文信息具有足够的多样性,可以用来补充序列编码器中的模式表示。通过这种方式,可以捕获到哪个查询词与哪列最相关。

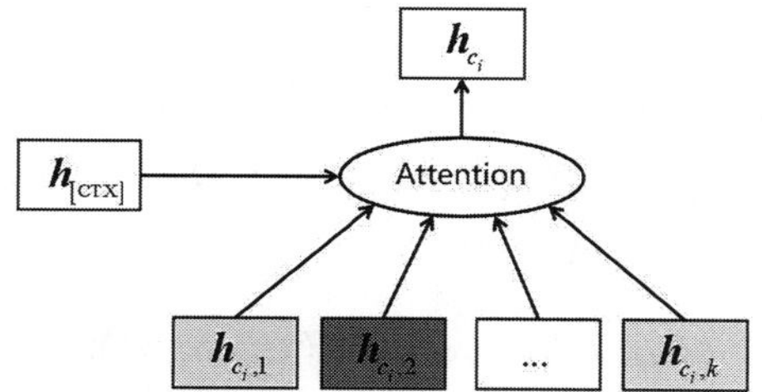

图 8.8　上下文增强编码器的结构

列向量增强的语义表示 $\boldsymbol{h}_{C_i}$ 计算过程如下。

$$s_{it} = f(\boldsymbol{U}\boldsymbol{h}_{[\mathrm{CTX}]}/\sqrt{d}, \boldsymbol{V}\boldsymbol{h}_{C_{it}}/\sqrt{d})$$

$$\alpha_{it} = \mathrm{softmax}(s_{it})$$

$$\boldsymbol{h}_{C_i} = \sum_{t=1}^{n_i} \alpha_{it}\boldsymbol{h}_{it}$$

为了让列向量表示中含有和用户问题对齐的信息,最终的列向量表示 $\boldsymbol{r}_{C_i}$ 为增强语义表示 $\boldsymbol{h}_{C_i}$ 与 $\boldsymbol{h}_{[\mathrm{CXT}]}$ 的简单加和。

输出层在最上面,可以看到输出层有 6 个子任务,分别是预测 W-NUM(条件个数)、W-COL(条件对应列,column_index)、W-OP(条件运算符,operator_index)、W-VAL(条件目标值,condition)、S-COL(查询目标列,sel)和 S-AGG(查询聚合操作,agg)。

第一个子任务 S-COL,这个任务表示 SQL 语句查询表的哪一列。我们使用前面得到的 $\boldsymbol{r}_{C_i}$ 来完成这个子任务,并使用 softmax 来找到最可能的列,计算公式为

$$p^{\mathrm{s-col}}(C_i) = \mathrm{softmax}(\boldsymbol{W}^{\mathrm{s-col}}\boldsymbol{r}_{C_i})$$

第二个子任务 S-AGG,这个任务表示对第一个子任务使用什么函数操作,如 min、max。需要注意的是,字符串函数不可以使用 min、max 操作。为了解决这个问题,我们显式地将第一个子任务得到的列类型嵌入添加到模型中。与其他子任务不同,在这里我们使用 $\boldsymbol{h}_{C_i}$ 而不是 $\boldsymbol{r}_{C_i}$,其计算公式为

$$p^{\mathrm{S-AGG}}(A_j \mid C_i) = \mathrm{softmax}(\boldsymbol{W}^{\mathrm{S-AGG}}[j,:]\boldsymbol{r}_{C_i})$$

式中,$\boldsymbol{W}^{\mathrm{S-AGG}} \in \mathbb{R}^{6\times d}$,这里 6 是可选的函数操作数目。

其余 4 个子任务 W-NUM、W-COL、W-OP 和 W-VAL 一起决定了 SQL 语句的 where 部分。其中 W-NUM 决定了对表的几列进行约束,W-COL 表示对哪几列进行约束,W-OP 表示对这几列的操作符(如>、<、=等),W-VAL 表示对这几列进行约束的值。

W-COL、W-OP 和 W-VAL 这 3 个子任务是依赖 W-NUM 的,因为 W-NUM 决定了对表的几列进行约束。因此,它们 3 个只需要取 softmax 最大的那几个值即可。需要注意的是,字符串类型的列是不可以使用<或>的。

$$p^{\mathrm{W-COL}}(C_i) = \mathrm{softmax}(\boldsymbol{W}^{\mathrm{W-COL}}\boldsymbol{r}_{C_i})$$

$$p^{\mathrm{W-OP}}(O_j \mid C_i) = \mathrm{softmax}(\boldsymbol{W}^{\mathrm{W-OP}}[j,:]\boldsymbol{r}_{C_i})$$

最后一个子任务就是 W-VAL,这个值是多少,只能来源于用户问题的语句,所以这里我们预测 value 值在 Query 语句中的起始位置,计算公式如下。

$$p_{\mathrm{start}}^{\mathrm{W-VAL}}(q_j \mid C_i) = \mathrm{softmax}\ g(\boldsymbol{U}^{\mathrm{start}}\boldsymbol{h}_{q_j} + \boldsymbol{V}^{\mathrm{start}}\boldsymbol{r}_{C_i})$$

$$p_{\mathrm{end}}^{\mathrm{W-VAL}}(q_j \mid C_i) = \mathrm{softmax}\ g(\boldsymbol{U}^{\mathrm{end}}\boldsymbol{h}_{q_j} + \boldsymbol{V}^{\mathrm{end}}\boldsymbol{r}_{C_i})$$

其中,$g(\cdot)$ 是一个线性函数。

首届中文 NL2SQL 挑战赛使用了金融及通用领域的表格数据作为数据源,并提供了在此基础上标注的自然语言与 SQL 语句的匹配对,希望利用数据训练出可以准确转换自然语言到 SQL 的模型。

中文 NL2SQL 数据集的形式几乎和 WikiSQL 一模一样,但难度更高。它更加接近业务场景,主要体现在表格内容非常丰富、自然语言问题的表达也更加多样。训练集包含 4 万条数据,测试集包含 1 万条数据。图 8.9 给出了中文 NL2SQL 数据集的目标 SQL 形式。冠军方案是在 X-SQL 模型的基础上根据新的目标进行适配。

```
SELECT  ($AGG  $COLUMN)*
WHERE  $WOP  ($COLUMN  $OP  $VALUE)*
```

图 8.9 中文 NL2SQL 数据集的目标 SQL 形式

8.3.3 文法模型

端到端的神经网络模型往往依赖于大量的标注数据,缺乏结果的解释性和效果的可控性,这严重阻碍了它在工业界中的应用。首先,我们期望系统可调试、简单,并且能进行针对性效果优化;其次,该系统需要充分利用用户提供的数据及反馈,在用户任务上快速启动且加快迭代优化速度;最后,该系统可以做到语言无关、领域无关,有很好的扩展能力。

1. 带列注意力的 Sequence-to-set 算法

SQLNet① 是端到端生成 SQL 查询的方法,其中提出了 Sequence-to-set 和列注意力两个想法。这里不是去生成一个列名序列,而是简单地预测哪些列名出现在 where 子句中。进一步模型化为一个在某 Question 的条件下,表格中列名是 where 子句所需列名的分布。

下面式子表示在问句 Q 的条件下表格中列名 col 是 where 子句所需列名的概率:

$$P_{\text{wherecol}}(\text{col} \mid Q) = \sigma(\boldsymbol{u}_c^{\mathrm{T}}\boldsymbol{E}_{\text{col}} + \boldsymbol{u}_q^{\mathrm{T}}\boldsymbol{E}_{Q})$$

式中,σ 是 Sigmoid 函数;$\boldsymbol{E}_{\text{col}}$ 和 $\boldsymbol{E}_{Q}$ 分别是列名和问句的嵌入表示;$\boldsymbol{u}_c$ 和 $\boldsymbol{u}_q$ 是两个可训练的列向量;$\boldsymbol{E}_{\text{col}}$ 和 $\boldsymbol{E}_{Q}$ 是基于序列 col 和 Q,分别通过两个 Bi-LSTM 后得到的隐藏层状态向量。这里的两个 Bi-LSTM 不共享权重。判断某列名是否包含在 where 子句中,只需检查 $P_{\text{wherecol}}(\text{col} \mid Q)$ 的值即可。

自然语言问题的嵌入是用 Bi-LSTM 的隐状态来表示的,但它可能无法记住预测针对特定列时的特定信息。图 8.10 给出了一个表格问答示例。在预测列名的任务中,number 与 where 子句中的列名 No. 更相关。player 与 select 子句中的列名 player 更相关。当预测某个列时,自然语句的嵌入中应该反映更多相关信息。

为了融入刚才提到的直观想法,我们设计了列注意力机制来计算 $\boldsymbol{E}_{Q\mid\text{col}}$ 以替代 $\boldsymbol{E}_{Q}$。假设 $\boldsymbol{H}_{Q}$ 是一个 $d \times L$ 的矩阵,其中 L 是自然语言问句的长度,d 是嵌入表示的大小,$\boldsymbol{H}_{Q}^{i}$ 表示问题的第 i 个 Token 对应的 Bi-LSTM 的隐状态输出。列注意力机制相当于分别把问题的每个 Token 嵌入都与表中列名

① SQLNet 实现源码可参见:https://github.com/xiaojunxu/SQLNet。

的嵌入计算相似度,然后所有的 v_i 做 softmax 得到一个概率分布 $\boldsymbol{w}$。此时,这个 $\boldsymbol{w}$ 就包含了自然语言问句中每个词与当前表格列名的关系强度。

Table

Player	No.	Nationality	Position	Years in Toronto	School/Club Team
Antonio Lang	21	United States	Guard-Forward	1999-2000	Duke
Voshon Lenard	2	United States	Guard	2002-03	Minnesota
Martin Lewis	32, 44	United States	Guard-Forward	1996-97	Butler CC (KS)
Brad Lohaus	33	United States	Forward-Center	1996	Iowa
Art Long	42	United States	Forward-Center	2002-03	Cincinnati

Question:

Who is the player that wears number 42?

SQL:

SELECT player
WHERE no. = 42

Result:

Art Long

图 8.10　表格问答示例

$$\boldsymbol{w} = \text{softmax}(\boldsymbol{v})v_i = (\boldsymbol{E}_{\text{col}})^{\mathrm{T}}\boldsymbol{W}\boldsymbol{H}_{\mathrm{Q}}^{i}, \forall i \in \{1,\cdots,L\}$$

计算获得注意力权重 $\boldsymbol{w}$ 之后, $\boldsymbol{E}_{\mathrm{Q}|\text{col}}$ 便可以表示为每个 Token 隐状态输出 $\boldsymbol{H}_{\mathrm{Q}}^{i}$ 的加权和。

$$\boldsymbol{E}_{\mathrm{Q}|\text{col}} = \boldsymbol{H}_{\mathrm{Q}}\boldsymbol{w}$$

于是, $P_{\text{wherecol}}(\text{col} \mid \mathrm{Q}) = \sigma(\boldsymbol{u}_c^{\mathrm{T}}\boldsymbol{E}_{\text{col}} + \boldsymbol{u}_q^{\mathrm{T}}\boldsymbol{E}_{\mathrm{Q}|\text{col}}) = \sigma(\boldsymbol{u}_c^{\mathrm{T}}\boldsymbol{E}_{\text{col}} + \boldsymbol{u}_q^{\mathrm{T}}\boldsymbol{H}_{\mathrm{Q}}\boldsymbol{w})$。

在实际使用中,在 Sigmoid 层之前添加一层会提高预测效果,最终使用的公式如下。

$$P_{\text{wherecol}}(\text{col} \mid \mathrm{Q}) = \sigma((\boldsymbol{u}_a^{\text{col}})^{\mathrm{T}} \tanh(\boldsymbol{U}_c^{\text{col}}\boldsymbol{E}_{\text{col}} + \boldsymbol{U}_q^{\text{col}}\boldsymbol{E}_{\mathrm{Q}|\text{col}}))$$

式中, $\boldsymbol{U}_c^{\text{col}}$ 和 $\boldsymbol{U}_q^{\text{col}}$ 是 $d \times d$ 的可训练矩阵, $\boldsymbol{u}_a^{\text{col}}$ 是维度为 d 的可训练向量。

上面介绍的这个方法针对 SQL 中 where 子句选择概率最高的前 K 个列,将运用在下面的系统方案中。

2. CYK 算法

CYK(Cocke-Younger-Kasami)算法①是一个用来测试任意给定的字符串是否属于一个概率上下文无关文法的算法。

一个上下文无关文法(Context-Free Grammar,CFG)是一个四元组 $G = (N,\boldsymbol{\Sigma},R,S)$。

(1) N 是非终结符有限集合,如{S, NP, VP, ART, N, V}。

(2) $\boldsymbol{\Sigma}$ 是终结符有限集合,如{the, a, boy, sees, cat, dirty}。

(3) R 是规则有限集合, $X \rightarrow Y_1Y_2\cdots Y_n$, 这里 $X \in N, n \geqslant 0$, and $Y_i \in (N \cup \boldsymbol{\Sigma})$ for $i = 1,\cdots,n$。

(4) $S \in N$ 表示起始符。

图 8.11 给出了一个简单的上下文无关文法。这里 N 表示一些基本的语法类别:例如, S 表示句子, NP 表示名词短语, VP 表示动词短语等。$\boldsymbol{\Sigma}$ 表示词表中的词汇集合。在这个语法中 S 是起始符。正如看到的,这意味着每棵句法分析树的根是 S。最后,我们有像下面这些上下文无关的规则: S → NP VP ; NN → man。 前一个规则表示一个句子由 NP 后面跟 VP 组成,后一个规则表示 NN 由词汇 man 组成。

---

① CYK 算法源码可参考:https://github.com/deborausujono/pcfgparser。

$N=\{$S, NP, VP, PP, DT, Vi, Vt, NN, IN$\}$
$S=$S
$\Sigma=\{$sleeps, saw, man, woman, dog, telescope, the, with, in$\}$

$R=$

S	→	NP	VP
VP	→	Vi	
VP	→	Vt	NP
VP	→	VP	PP
NP	→	DT	NN
NP	→	NP	PP
PP	→	IN	NP

Vi	→	sleeps
Vt	→	saw
NN	→	man
NN	→	woman
NN	→	telescope
NN	→	dog
DT	→	the
IN	→	with
IN	→	in

图 8.11　一个简单的上下文无关文法

概率上下文无关文法(Probabilistic Context-Free Grammar,PCFG)是在 CFG 的基础上引入了每个规则的概率。图 8.12 给出 PCFG 的一个示例。除规则集合 R 外,每个规则都有一个概率参数值,例如,$P(\text{VP}\rightarrow\text{Vt NP})=0.5$。PCFG 可以定义为一个五元组 $G=(N,\Sigma,R,S,P)$。这里规则概率参数可以用最大似然估计来计算:$P(\alpha\rightarrow\beta)=\dfrac{\text{count}(\alpha\rightarrow\beta)}{\text{count}(\alpha)}$。

$N=\{$S, NP, VP, PP, DT, Vi, Vt, NN, IN$\}$
$S=$S
$\Sigma=\{$sleeps, saw, man, woman, dog, telescope, the, with, in$\}$

$R,q=$

S	→	NP	VP	1.0
VP	→	Vi		0.3
VP	→	Vt	NP	0.5
VP	→	VP	PP	0.2
NP	→	DT	NN	0.8
NP	→	NP	PP	0.2
PP	→	IN	NP	1.0

Vi	→	sleeps	1.0
Vt	→	saw	1.0
NN	→	man	0.1
NN	→	woman	0.1
NN	→	telescope	0.3
NN	→	dog	0.5
DT	→	the	1.0
IN	→	with	0.6
IN	→	in	0.4

图 8.12　一个简单的概率上下文无关文法

现在有一个问题:给定一个句子 s,怎么找到有最大分值的文法分析树?我们把这个任务模型化为 $\underset{t\in T(s)}{\text{argmax}}\,p(t)$。下面我们会描述一个动态规划算法——CKY 算法。这个算法应用在一个严格类型的 PCFG 上。具体来说,就是 Chomsky 范式形式的 PCFG。Chomsky 范式的定义如下:一个上下文无关文法 $G=(N,\Sigma,R,S)$ 是 Chomsky 范式形式,如果满足以下条件:每条规则 $\alpha\rightarrow\beta\in R$ 取下面两种形式的任意一种。

(1) $X\rightarrow Y_1Y_2$,这里 $X,Y_1,Y_2\in N$。

(2) $X\rightarrow a$,这里 $X\in N,a\in\Sigma$。

换句话来说,如果规则的右部是两个非终结符或是一个终结符,则它是具有 Chomsky 范式的 PCFG。图 8.13 给出了一个简单的具有 Chomsky 范式的 PCFG 的示例。

$N = \{\text{S, NP, VP, PP, DT, Vi, Vt, NN, IN}\}$
$S = \text{S}$
$\Sigma = \{\text{sleeps, saw, man, woman, dog, telescope, the, with, in}\}$

$R, P =$

S	→	NP	VP	1.0
VP	→	Vt	NP	0.8
VP	→	VP	PP	0.2
NP	→	DT	NN	0.8
NP	→	NP	PP	0.2
PP	→	IN	NP	1.0

Vi	→	sleeps	1.0
Vt	→	saw	1.0
NN	→	man	0.1
NN	→	woman	0.1
NN	→	telescope	0.3
NN	→	dog	0.5
DT	→	the	1.0
IN	→	with	0.6
IN	→	in	0.4

图 8.13　一个简单的具有 Chomsky 范式的 PCFG

在正式介绍 CKY 算法之前,我们先来定义该算法的几个关键概念。

(1)对于一个句子 $s = x_1 x_2 \cdots x_n, X \in N$, 定义 $T(i,j,X)$ 是 $x_i \cdots x_j$ 所有句法分析树的集合,这里非终结符 X 是句法分析树的根, $1 \leqslant i \leqslant j \leqslant n$。

(2)定义 $\pi(i,j,X) = \max_{t \in T(i,j,X)} p(t)$ 是词串 $x_i \cdots x_j$ 且 X 是句法分析树的根的所有句法分析树的最高分。

CKY 算法处理的 PCFG 必须是 Chomsky 范式形式的。使用 π 函数值的递归定义,这是一个自底向上的动态规划算法。如果我们要处理的句子中有 n 个词,那么这个分析表格就是一个 $(n+1) \times (n+1)$ 的矩阵的上三角部分。

基本定义:对于 $1 \leqslant i \leqslant n, X \in N$,有

$$\pi(i,i,X) = \begin{cases} P(X \to x_i), \text{if } X \to x_i \in R \\ 0, \text{其他} \end{cases}$$

递归定义:对于所有 (i,j) ,$1 \leqslant i < j \leqslant n, X \in N$,有

$$\pi(i,j,X) = \max_{X \to YZ \in R, s \in \{i, \cdots, (j-1)\}} (P(X \to YZ) \cdot \pi(i,s,Y) \cdot \pi(s+1,j,Z))$$

3. DuParser 系统

下面介绍表格问答在工业上的文法模型方案。图 8.14 展示了百度提出的 DuParser 流程。它是一种基于表格元素识别和文法组合的解析算法。在实际应用中能够基于用户提供的数据或反馈快速迭代,效果可控且可解释。

首先成分映射模块完成问题中表格相关成分的识别。用户提供的数据包括同义词、应用常见问题形式等,该部分可充分利用用户提供的数据进行效果优化。然后使用成分标签识别模块对识别的成分进行 SQL 关键词识别,该部分算法基于 Sequence-to-set 模型。这样能把用户问句中的词汇与 SQL 中 select 子句和 where 子句中的具体列名映射上。

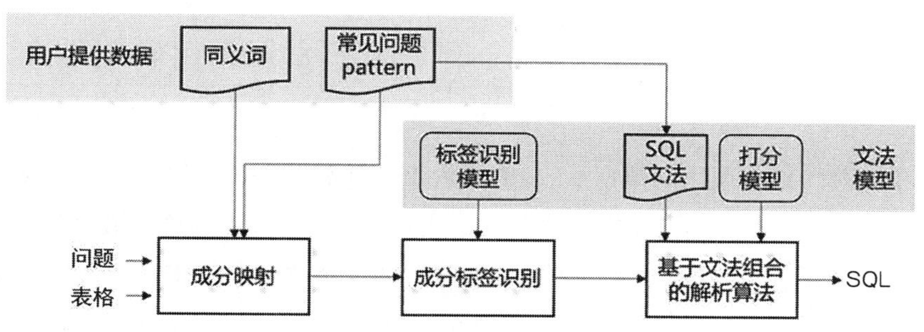

图 8.14　DuParser 流程

前两个过程将问题中被映射成功的词汇替换成相应的符号，输入基于文法组合的解析算法中。该部分的替换工作使后面模块与具体数据库无关，这提升了模型对新数据库的泛化能力。

其次，在基于文法组合的语义解析阶段，通过改造 CYK 算法，DuParser 构建了一个自下向上的解析框架，并且在文法组合过程中通过引入 SQL 片段与对应问题片段进行相似度匹配来选择最优文法。

图 8.15 给出了 DuParser 解析用户问题"绿化不低于 30% 的城市有哪些，并给出它们的占地面积"的一个例子。SQL 是数据库查询语言，其构成来自三部分：数据库表格（图左所示）、用户问题和 SQL 关键词（如实例 SQL 查询语句中的 Select、from、Where 等）。在右边框中，使用成分映射模块将"绿化""30%""城市""占地面积"分别替换为 Col_4、Num、Tab、Col_3。接着使用成分标签识别模块将符号识别为 Condition 和 Select 等 SQL 关键词。虚线部分使用改进的 CYK 算法生成最终的 SQL 语句。

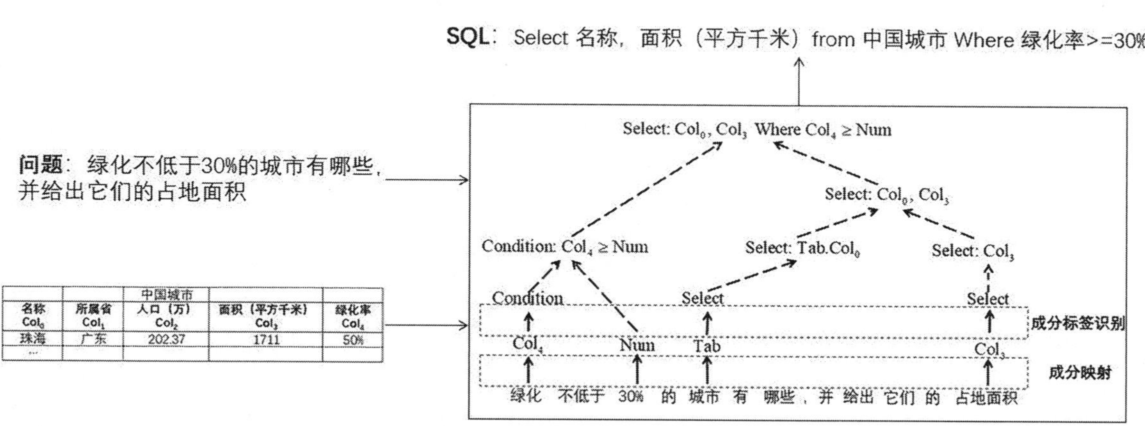

图 8.15　DuParser 解析示例

DuParser 系统通过模块级联的方式，将人类知识（同义词和常见问题 pattern）与几个经典的模块算法结合，完成自然语言问句到 SQL 语句的语义解析。这使得系统更具可控性和灵活性，方便运营人员和算法人员的介入和调优。

8.4 本章小结

表格是日常工作中经常使用的数据形式,也是企业业务数据的常见组织形式。使用自然语言对表格进行操作,不仅可以带来工作的便利,还能提供更好的客户服务。本章介绍了表格问答的相关概念和方法。表格检索、语义解析和答案生成是表格问答的 3 个步骤。由于答案生成在前面的章节中已经介绍过,可以复用,因此我们在 8.2 和 8.3 节中分别介绍了表格检索和语义解析两个方面的内容。表格检索是在众多表格中寻找与问题相关的表格。8.3 节介绍了表格问答语义解析的 3 个方法:规则模板、端到端模型和文法模型。

表格问答是智能对话中打通自然语言与数据查询壁垒的一种探索,提供了访问关系数据的便利。SQL 语句的学习限定了非专业用户按需查询数据库的场景,而表格问答的研究和应用为这种场景提供了新的思路和可能。

第 9 章 企业级智能问答的架构实现

智能问答企业级应用往往并非某一种方法的落地应用，而是根据企业业务的形态和特点，将多种智能问答方法融入对话系统中，形成分层的工程架构设计。本章旨在通过介绍几个较为著名的对话系统架构实现，为读者搭建自己的对话系统提供参考和帮助。

本章主要涉及的知识点如下。

- **阿里小蜜架构：了解其架构，理解其意图识别框架。**
- **微软小冰架构：了解其架构，熟悉其对话引擎层及4个主要组件。**
- **美团智能客服架构：了解其架构，熟悉其单轮的多答案融合方案，熟悉多轮对话中的两种任务调度方式。**

9.1 阿里小蜜

阿里小蜜是阿里巴巴推出的智能客服产品。它主要面向电子商务领域,是以服务、导购及任务助理为核心的智能人机交互产品。自 2015 年面世以来,阿里小蜜已经从最初的试水阶段发展到大规模应用,带来了传统服务行业模式的重塑与用户体验的提升。

在像阿里小蜜这样的电子商务应用场景中,对接的有客服、助理、聊天等几大类交互机器人。这些智能交互系统由于各自的目标不同,因此不能采用同一套技术框架来解决所有问题。为此,阿里小蜜采取了先分领域、分层、分场景的方式进行架构抽象,然后再根据不同的分层和分场景采用相应的机器学习方法进行技术设计。

如图 9.1 所示,阿里小蜜将系统分为两层结构:意图识别层和对话管理系统层。意图识别层获取用户意图语义表示;对话管理系统层根据意图识别层的输出,分发给相应的智能问答系统进一步处理。

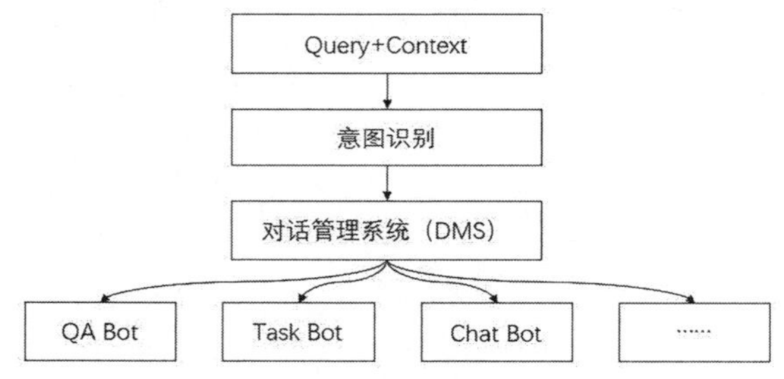

图 9.1　阿里小蜜智能问答架构

意图识别层是通往最终处理模块的必经模块,其效果好坏直接影响整个系统的质量。图 9.2 给出了意图识别框架。该层对输入的 Query 进行分词、词性标注及 NER 等预处理,然后结合上下文将意图进行分类并进行意图属性抽取,得到最后的意图语义表示。意图决定了后续的领域识别流程,因此意图识别层是一个结合上下文模型与领域数据模型不断对意图进行明确和推理的过程,完成意图的补全、意图分类和意图转移工作。整个意图识别按照模型可组合及进行单独的算法选型。在阿里小蜜中,除传统的文本特征外,还加入了实时、离线等用户本身的行为及用户本身相关的特征,通过深度学习方案构建模型,对用户意图进行预测。

图 9.2 中的意图识别分类由两部分组成:业务规则分析器和意图分类器。业务规则分析器是一个基于 trie 树的模式匹配器,它里面成千上万的规则来源于对历史语料的频繁项挖掘。这个分析器主要是针对助手类意图(任务型)和促销类意图。如果是助手类意图,就会进入槽填充引擎,进行意图属性抽取。如果是促销类意图,就依据措辞模板返回答案。如果业务规则分析器匹配失败,就使用一个基于 CNN 的意图分类器进一步识别其他意图(退货、退款、人工等)。如果是人工意图,就交由客

服人员处理。如果是其他意图,就会根据情况交由客户服务①或聊天服务②处理。

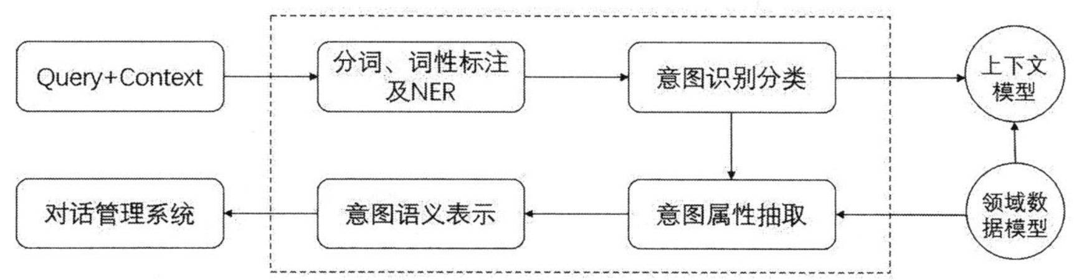

图 9.2　意图识别框架

由于阿里小蜜是面向阿里生态圈、商家生态圈和企业生态圈的,因此它支持以 PaaS 和 SaaS 的形式输出。根据业务需求,阿里小蜜抽象出两种意图类别:公共开放意图和自定义意图。公共开放意图体系如图 9.3 所示,它分为核心服务、垂直业务和助手服务三大块。核心服务归纳了电子商务领域中常见的一些意图,如退款问题、维权问题、账号问题、商家问题和评价问题等。这些意图都是一些共性的意图,几乎适用于电子商务领域中的所有客户。垂直业务主要指向阿里独立业务的意图。助手服务一般是任务型意图,如订机票问题、充值问题和导购问题等。

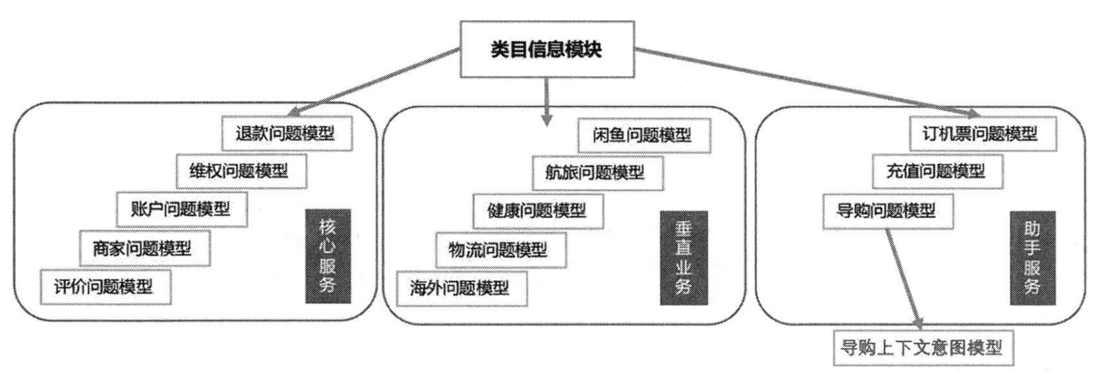

图 9.3　阿里小蜜公共开放意图体系

图 9.4 给出了阿里小蜜的意图和匹配分层的技术架构。对话管理系统层根据语义意图,完成对相应机器人的调度。该层识别每条用户问题消息的潜在意图,对其进行分类,然后提取其属性。由于意图决定了后续的领域识别流程,因此意图识别层是启动上下文和领域数据模型过程的必要第一步。

在阿里小蜜的对话体系中,通过匹配和识别问题来生成答案。根据业务场景,通常可以将问题分为 3 种典型类型,并且针对这 3 种类型,会采用不同的匹配流程和方法。

① 客户服务包括图谱问答和 FAQ 问答。

② 聊天服务是指闲聊机器人。

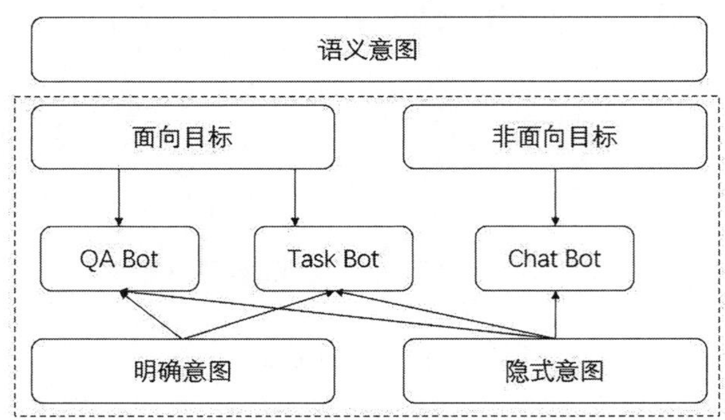

图 9.4　阿里小蜜的意图和匹配分层的技术架构

(1)QA Bot:通过知识图谱、传统 IR 及 DeepMatch 等方法完成知识问答的匹配。例如,“密码忘记怎么办?”→采用基于知识图谱构建+检索模型匹配方式。

(2)Task Bot:面向多领域完成任务型对话问答。例如,“我想订一张明天从上海到北京的机票”→意图决策+填槽及基于深度强化学习的方式训练。

(3)Chat Bot:完成闲聊机器人的问答。例如,“我心情不好”→检索模型与深度学习相结合的方式。它的优先级是最低的,只有当其他方法没有答案时才会使用该模块。

阿里小蜜通过意图分层实现匹配分层,并调用不同的方法来返回答案。这个架构对意图分类的准确率有极高的依赖性。

9.2 微软小冰

微软小冰于 2014 年在中国推出。其设计初衷是成为能够与用户建立长期情感联系的 AI 伴侣。作为一款开放域聊天的社交聊天机器人,它具备与人类用户建立长期关系的能力,这与当前的其他对话式 AI 个人助理(如苹果的 Siri、亚马逊的 Alexa 等)有所不同。

作为人类的 AI 伴侣,微软小冰是拥有高智商(IQ)和高情商(EQ)及独立个性的虚拟人。IQ 包含知识和记忆建模,图像和自然语言理解,推理、生成和预测。其能实现从问答到电影、餐馆推荐及安抚和讲故事等功能。EQ 包括两个关键点:共情能力和社交技能。共情能力需要用户话语理解、用户分析、情感检测、情绪识别及动态跟踪用户在对话中的心情。个性化表示行为特征集合,能够形成个人独特标识的认知和情感模式。通常需要根据使用人群及该人群用户画像进行定制。

怎么融合 IQ、EQ 和个性是小冰系统设计的关键。小冰是基于一个情感计算框架开发的,该框架能让机器有能力动态地识别人类的感受和状态、理解用户意图及响应用户需求。图 9.5 给出了小冰的整体架构。它包含三层:用户体验层、对话引擎层和数据层。

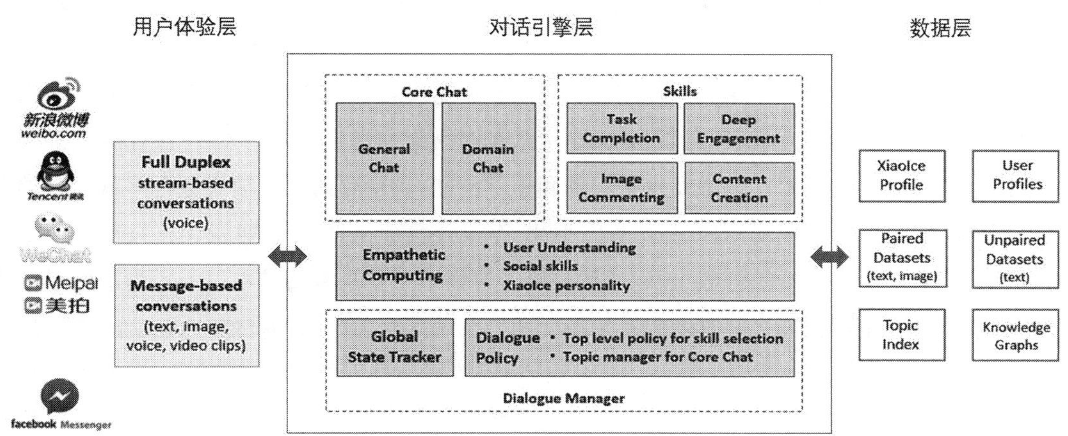

图 9.5　小冰系统结构

用户体验层用于连接小冰和主流社交平台,主要通过两种模式与用户进行交流:全双工模式和逐轮模式。全双工模式处理语音流对话,用户和小冰可以同时相互交流。逐轮模式处理基于消息的对话,即用户和小冰逐轮交流。用户体验层也包含一些用来处理用户输入和小冰回复的组件,如图像理解和文本归一化、语音识别和合成、语音活动检测、语音分类等。

对话引擎层包含对话管理模块、情感计算模块、核心聊天模块和对话技能模块。对话管理模块跟踪对话状态,基于对话策略选择一种对话技能或核心聊天模块来生成回复。情感计算模块不仅用来理解用户输入的内容(如主题),还包括用户及对话的情感信息(如情感、意图、对话题的观点、用户的背景及兴趣点)。该模块使小冰拥有社交技能,确保以符合小冰人设的回复生成。该模块的水平反映了小冰的 EQ。另外,通过特定的对话技能和核心聊天模块来共同展示小冰的 IQ。

数据层主要由一系列数据库组成,存储了对话数据、非对话数据和知识图谱,用于核心聊天模块和对话技能模块,同时还包括小冰的个人资料及与其交互的活跃用户信息。

本节将描述对话引擎层中的 4 个主要组件:对话管理、情感计算、核心聊天和对话技能。

1. 对话管理

对话管理是对话系统的中央控制器,主要包含全局状态跟踪器和对话策略。

全局状态跟踪器维护一个实时储存器来跟踪对话状态。在每个对话开始时,实时储存器是空的,在每个对话轮次中,它会将用户的输入和小冰的回复存储为文本字符串,同时还会保存实体和由情感计算模块计算的情感标签。实时储存器中的信息会编码成对话状态向量。

小冰采用分层对话策略:在每个对话轮次,顶层策略通过选择核心聊天或一种对话技能来管理总体对话,并使用一系列底层策略来管理会话段,每个策略对应一个技能项。基于小冰用户的反馈,对话策略通过交互式反复试错过程来优化长期用户参与度。顶层策略使用一系列触发器实现。一些触发器是基于机器学习模型，比如话题管理器、领域对话触发器；其他的则是基于规则的，比如基于关键词触发技能。核心聊天技能的底层策略采用混合回复生成引擎实现，其他技能的底层策略则是人工定义的。

如果输入是文本（包括语音识别转换的文本），会触发核心聊天模块。如果输入是图片或视频段，会触发图片评论技能。完成任务、深度参与及内容创作会在特定的用户输入和对话上下文时触发。例如，用户发送食物的图片会触发食物识别和推荐技能；当检测到用户输入包含非常消极的情感时会触发安抚技能；对于特定的用户命令（如“小冰，今天天气怎么样”）会触发天气技能。如果多种技能同时触发，我们会基于置信分数、预设的优先级及对话上下文来激活其中一个。为了保证对话的平滑性，我们避免在不同技能之间过度频繁切换。我们会确保当前激活的技能一直工作，直到激活了新的技能。

话题管理器模仿人们对话过程中的话题切换，主要包含一个分类器来决定在每个对话轮次中是否切换话题。它包括判断是否切换到新主题，或者从通用聊天技能切换到特定领域聊天技能。

话题推荐引擎会推荐新的话题。当小冰对当前话题的知识储备不足，或者用户感觉到无聊时，小冰就会切换话题。这个话题切换分类器是融合了以下指示型特征的提升树。

（1）是否由于核心聊天模块无法生成有效的回复候选而使用了社论回复[①]。

（2）生成的回复是不是简单重复了用户的输入，或者不包含新的信息。

（3）用户的输入是不是无意义的，比如“好的”“我明白了”“继续”等。

话题推荐引擎由话题排序器和话题数据库组成。话题数据库是从高质量互联网论坛中收集的流行话题和相关评论及讨论，并会定期更新。当触发话题切换时，会使用情感计算模块生成的当前对话状态作为查询，从数据库中检索候选话题。排序会考虑上下文相关性、新鲜度、个人兴趣、流行度和接受率等因素。

2. 情感计算

情感计算模块反映了小冰的 EQ，它包含 3 个组件：考虑上下文的查询理解、用户理解和符合语境的回复生成。

考虑上下文的查询理解组件会利用上下文信息对查询进行改写。命名实体识别模块标注用户话语中的实体，将它们与状态跟踪器中实时存储器的实体相关联，并将新的实体存储到存储器中。指代消解模块将所有的代词替换为对应的实体词。如果用户话语是不完整的，句子补全模块就会利用上下文信息将其补充完整。

用户理解组件基于改写后的查询和上下文生成查询情感向量。这个向量包含一系列键值对，如用户意图、情感、话题、观点及用户人设。这些键值对通过以下机器学习分类器得到。

---

① 社论回复例子：嗯，很难说；你是怎么想的；让我们聊点别的吧。它区别于安全回复：我不知道；我正努力学习回答这个问题等。

(1)话题检测:用户是否在谈论相同的话题,或者引入了新的话题;这些话题由话题管理器的话题数据库进行了预定义。

(2)意图检测:将用户输入分类到 11 种对话行为之一,包括 greet、request、inform 等。

(3)情感分析:对用户输入分类到 5 种类型之一,包括 happy、sad、angry、neural,以及对话过程中情感的变化,比如从 happy 到 sad。

(4)观点检测:分析用户对当前话题的态度,比如 positive、negative、neural。

如果知道用户的 ID,则根据用户的个人资料将用户的人设填充到查询情感向量中,比如 gender、age、interests、occupation、personality。

符合语境的回复生成组件生成回复情感向量。这个向量能够同时表现将要生成的回复的情感属性和小冰的人设。图 9.6 给出了小冰人设示例,图右是小冰和用户的对话片段,图左是小冰的人设数据。小冰和用户处于相同的话题(由话题管理器决定),基于 Intent、Sentiment、Opinion 等值保证回复的一致性和积极性,情感向量中的值都是基于查询情感向量中的值以启发式方法计算得到的。回复也需要符合小冰的人设,人设数据预定义在小冰的个人资料中,包含性别、年龄和兴趣等。

... ...
11 [Human] You like Ashin that much, huh?
[Xiaoice] Why not? You don't like him?
12 [Human] I don't like him, neither dislike him → I don't like Ashin, neither dislike Ashin
[Xiaoice] I love every song of him
13 [Human] Really?
[Xiaoice] Especially *The Time Machine*
14 [Human] Oh? Never heard of that → Oh? Never heard of *The Time Machine*
[Xiaoice] Shall I send you the song?
15 [Human] Okay → Okay, send *The Time Machine*.
[Xiaoice] Don't know if you will like it or not~ [Play the music card]

Topic	music, Ashin
Intent	inform
Sentiment	happy
Opinion	positive
...	...
Age	18
Gender	female
Interests	music, games, movie, singing ...
Occupation	AI chatbot
Personality	reliable, sympathetic, affectionate...
...	...

图 9.6　小冰人设示例

3. 核心聊天

核心聊天模块是体现小冰 IQ 和 EQ 最重要的组件。核心聊天模块和情感计算模块一起以用户查询为输入、对话回复为输出,提供基础的交流能力。核心聊天主要由两部分组成:通用聊天和领域聊天。通用聊天主要负责开放域对话,涵盖比较丰富的话题;领域聊天主要负责特定领域深入对话,比如音乐、电影和名人。通用聊天和领域聊天实现的方式相同,只不过使用了不同的数据库。

下面只描述通用聊天部分的实现。通用聊天是一个数据驱动的回复生成系统,通过两阶段的方式输出回复:候选回复生成和排序。为了便于说明,先定义相关符号。查询和回复对应的情感向量 $\boldsymbol{e}_Q$ 和 $\boldsymbol{e}_R$,同时用于候选回复生成和排序,确保生成的回复符合对话场景及小冰的人设。系统的输入对话状态可以表示为 $\boldsymbol{s}=(Q_C,C,\boldsymbol{e}_Q,\boldsymbol{e}_R)$,这里 Q_C 是改写后的查询,C 是上下文。

候选回复由 3 个生成器得到。这 3 个生成器分别是配对数据的检索式生成器、未配对数据的检索式生成器和神经网络回复生成器。前两个检索式生成器都是用 Lucene 来进行索引。

配对数据的检索式生成器使用 $\boldsymbol{s}$ 中的 Q_C 作为查询，使用基于关键词的方法和基于语义表征的方式检索出 400 个候选的回复。这里配对的数据库由来自两个数据源的 QA 对组成。第一个是从互联网上收集的人类对话数据，包括社交网络、公共论坛、公告板及最新的评论等。第二个是来自小冰和用户对话的数据，从 2014 年 5 月小冰发布到 2018 年 5 月总计 300 亿对话 QA 对。

未配对数据的检索式生成器的操作略有不同，在运行时我们需要对 Q_C 进行扩充，使其包含额外的话题，避免检索出和 Query 相似的回复。这里使用知识图谱来对 Q_C 进行扩充。图 9.7 展示了使用未配对数据库生成候选回复的过程。首先，根据上下文语境下的用户输入 Q_C 来确定话题词，比如 Tell me about Beijing 中的 Beijing。其次，对每一个话题词，从知识图谱中检索出 20 个最相关的话题词，比如 Badaling Great Wall 及 Beijing Snacks。这些话题词通过使用人工标注训练数据训练的提升树排序器，对相关性进行打分。最后，将 Q_C 中的话题词和知识图谱中相关的话题词进行组合，构建新的查询，并使用这个查询从未配对数据库中检索 400 个最相关的语句作为候选回复。

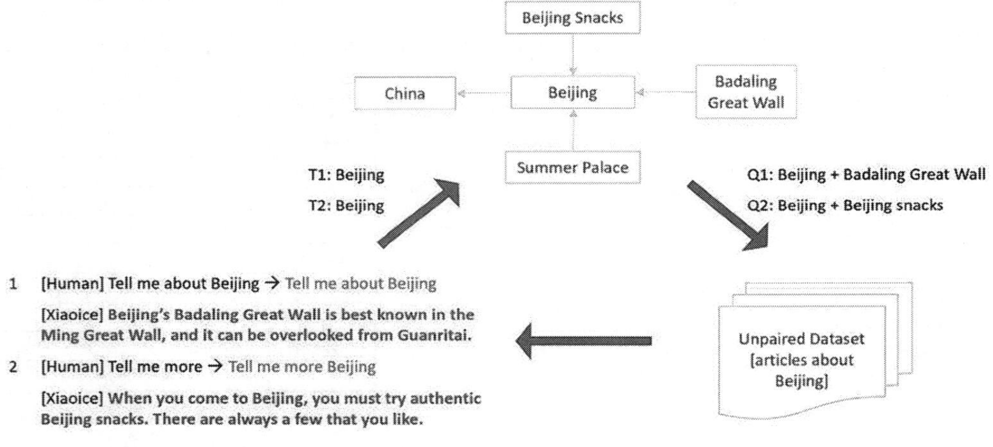

图 9.7　使用未配对数据库生成候选回复的过程

神经网络回复生成器使用配对的数据进行训练来模拟人类的对话，可以生成任何话题的回复（包括对话数据中没有见过的），这样用户就可以谈论任何其喜欢的话题。基于神经网络模型的生成器和检索式生成器是互补的：基于神经网络的生成器具有更好的泛化能力和更高的覆盖率，而检索式生成器则能够提供流行话题的高质量回复。

图 9.8 给出了小冰的神经网络回复生成器的网络结构。它主要采用 seq2seq 的网络结构，是一个基于 GRU-RNN 的模型。给定输入 $(Q_C, \boldsymbol{e}_Q, \boldsymbol{e}_R)$，将 $\boldsymbol{e}_Q$ 和 $\boldsymbol{e}_R$ 线性组合得到交互表征 $\boldsymbol{v} \in \mathbb{R}^d$，建模小冰和用户交互的风格：$\boldsymbol{v} = \sigma(\boldsymbol{W}_Q^{\mathrm{T}}\boldsymbol{e}_Q + \boldsymbol{W}_R^{\mathrm{T}}\boldsymbol{e}_R)$。这里 $\boldsymbol{W}_Q, \boldsymbol{W}_R \in \mathbb{R}^{k \times d}$，$\sigma$ 是 Sigmoid 函数。然后，源 RNN 对用户输入 Q_C 编码成隐状态向量，这个向量接着作为目标 RNN 的初始隐状态向量使用，结合风格向量 $\boldsymbol{v}$ 来逐词生成回复。每个回复以特殊的结束标识符 EOS 结尾，我们使用束搜索来生成 20 个候选回复。获得 820 个候选回复后，候选回复排序器使用提升树排序器来进行融合排序。最后，会从排序得

分高于预定义阈值的候选中随机采样一个作为输出。小冰会基于以下4个类别特征来对候选回复进行打分:局部相关性特征、全局相关性特征、情感匹配特征和检索匹配特征。

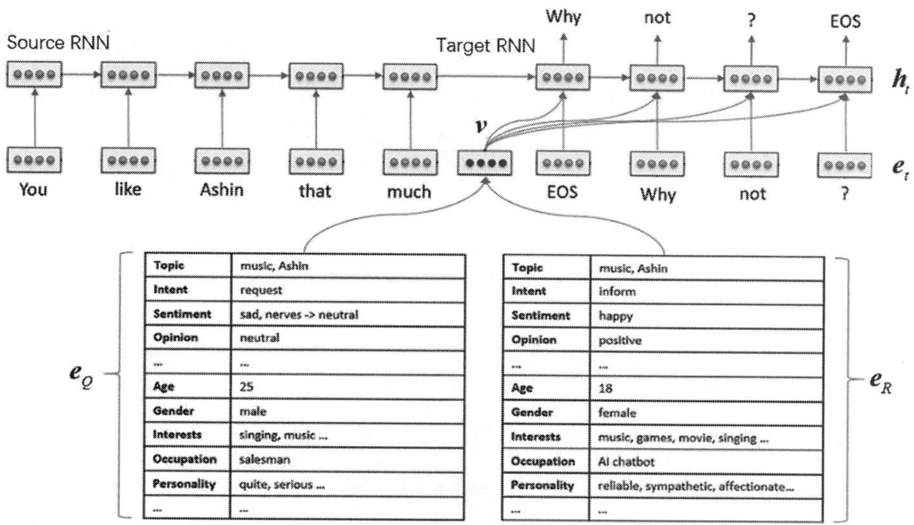

Topic	music, Ashin
Intent	request
Sentiment	sad, nerves -> neutral
Opinion	neutral
...	...
Age	25
Gender	male
Interests	singing, music ...
Occupation	salesman
Personality	quite, serious ...
...	...

Topic	music, Ashin
Intent	inform
Sentiment	happy
Opinion	positive
...	...
Age	18
Gender	female
Interests	music, games, movie, singing ...
Occupation	AI chatbot
Personality	reliable, sympathetic, affectionate...
...	...

图 9.8　小冰的神经网络回复生成器的网络结构

4. 对话技能

小冰具有230种对话技能,这些技能分为3种类别:内容创作、深度参与和完成任务。内容创作如基于文本的诗歌创作、基于声音的歌曲或读书音频的生成、小冰电台及小冰童话工厂等。深度参与技能通过引导特定的话题或设置来满足用户特定情感或知识上的需求,从而提升用户的长期参与度。小冰可以分享她的兴趣、经历及知识,涵盖了数学、历史、美食、旅行及明星等各种话题。此外,小冰也可以帮助用户完成一些特定的任务,比如查询天气、设备控制、播放音乐、新闻推荐等。

小冰的目标是伴侣型AI,期望与用户进行更多地交流。因此,它的客观评价指标是与用户聊天的轮次越多越好,这与追求更少轮次解决问题的企业客服机器人不同。

9.3 美团智能客服

美团认为,客服是在用户服务体验不完美的情况下,尽可能帮助体验顺畅进行下去的一种解决办法,是问题发生后的一种兜底方案。智能客服问答是一种帮助用户获取信息的友好方式。美团的业务具有独特性,针对不同的景点、酒店等,用户提出的问题通常各不相同,这些问题具有开放性,而且这些答案信息往往动态分布在商户页面详情、政策、用户评论、社区问答等各类数据中。美团智能问答系统针对这一业务特点，提供了一套智能问题解决能力，能够实时从各类信息中检索出准确的信息来回答用户的问题，辅助做出用户决策。

图 9.9 给出了美团智能问答的产品形态示例。我们可以看到，美团智能问答涉及三部分的内容：问题推荐、问题理解和问题解决。问题推荐通常是系统根据用户的个性化信息，向用户推荐他们最想问的问题候选，以此来引导用户明确自己的意图。问题理解是对用户问题进行分析，获取能进一步解决问题的有效信息。问题解决给出最终问题的答案，例子中是搜索出社区论坛答案作为最终用户问题的答案。

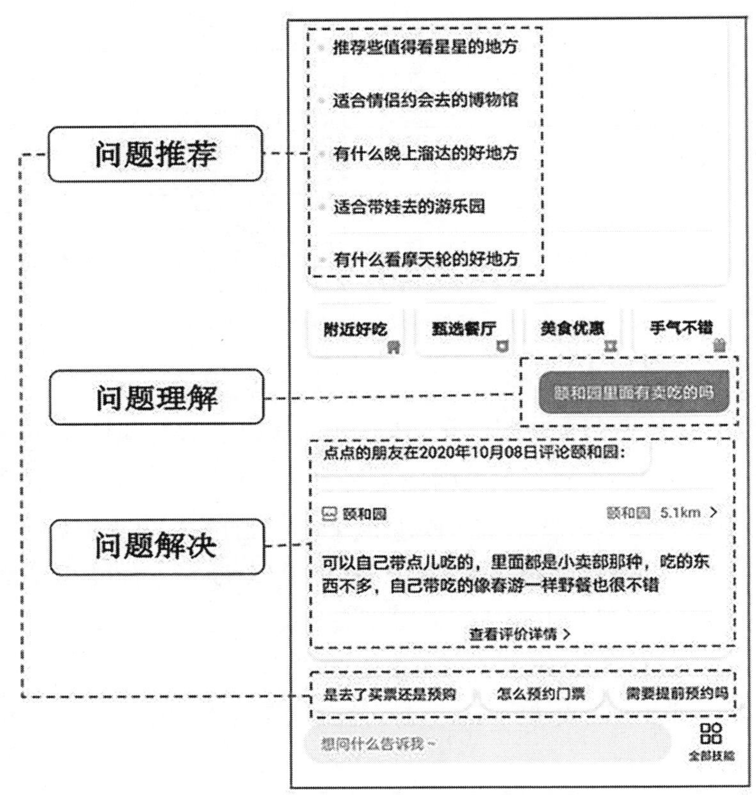

图 9.9　美团智能问答的产品形态示例

图 9.10 给出了上面产品形态的技术方案。该方案由三大组件构成：问题推荐、问题理解和问题解决。问题推荐组件通常包括问题生成、问题排序和问题引导三部分。问题生成涉及问题的来源。问题排序对推荐问题的候选进行排序，直接关系到推荐哪些问题。系统通常会考虑问题之间的相关性及顺承关系，以此提供相应的问题引导。问题理解组件是在接收到用户输入后，判断其是不是一个问题，属于哪个领域/意图，有什么实体槽位，是不是时效性问题，等等。如果问题可能属于多个领域，则需要进行领域路由澄清；如果意图不明确，则需进一步澄清；如果一个实体名关联多个实体店，则需要明确指出，例如，速 8 酒店拥有众多门店，需要澄清“你要问的是哪一个门店”。问题解决组件会采

用多答案融合排序和任务型问答(TaskBot)来进行多轮对话并给出最终答案。多答案融合排序的输入包括来自阅读理解的问答(DocumentQA)、社区问答(CommunityQA)及基于知识图谱的问答(KBQA)等生成的候选答案。此外,针对涉及第三方 API 的问题,我们也会通过 TaskBot 方式调用 API 来解决。

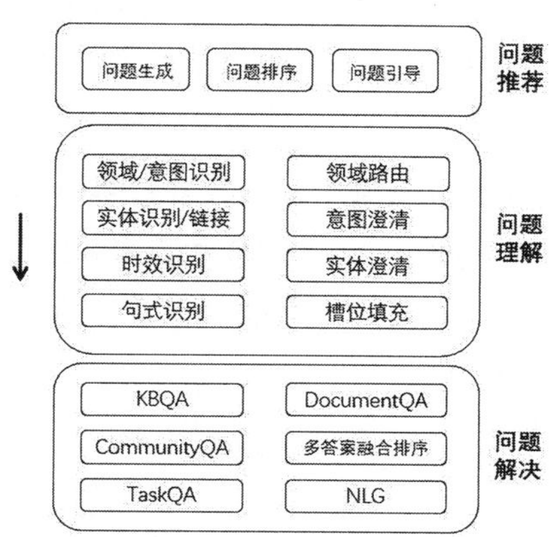

图 9.10　美团智能问答产品形态的技术方案

下面分别介绍美团的单轮和多轮方案。先来看图 9.11 所示的单轮多答案融合排序的例子。将同一个用户问题同时交给多个问答模块处理,那么如何从中选择最优答案呢?美团智能问答系统在选择答案时,主要考虑以下 3 个因素:答案与问题的语义相关性、答案信息完整性和答案的真实性。语义相关性,顾名思义,就是选择语义最相关的答案。所谓答案信息完整性,是指答案能够完整地回答问题,而不仅仅回答问题的一个方面。举例来说,问题“停车是否方便”,回答“停车方便,有免费停车场”比仅回答“停车方便”更好。另外,多个答案在观点上可能存在相互矛盾的情况,我们需要选择最接近实际情况的答案。这时考虑的便是答案的真实性。

问题	候选答案	答案类型	相关性	观点
摩天轮是免费的吗	现在更改了入园免费，单个项目收费	DocQA	相关	否定
	一个小时内免费	DocQA	相关	肯定
	免费入园，项目一个一个付费	DocQA	相关	否定
	摩天轮是免费的	CQA	相关	肯定
	免费的，人多的话要排队	CQA	相关	肯定
	摩天轮是的	CQA	相关	肯定
	全年免费，相关优惠政策：	KBQA	不相关	—

图 9.11　单轮多答案融合排序示例

美团问答系统采用两种方案来实现融合排序:基于规则的方式和排序模型。当采用基于规则的方式时,主要考虑答案的相关性和真实性。在答案的相关性方面,考虑答案的类型(KBQA、CQA 和 DocQA)和置信度,根据答案置信度的类型进行排序。每种问答方案根据答案置信度可将答案分为两级,级别越高,优先级越高。同一级别的优先级顺序为 KBQA > CQA > DocQA。在答案的真实性方面，答案时间是主要考虑因素。发表时间越早的答案，其真实性分数越低；超过一定时间阈值（如两年）的答案，会被降低其在排序中的级别。此外，对于时效类问题，如“景区最近花开了吗”，超过3个月的答案将不会被采用。这里的问题在于，不同类型的答案置信度分数往往不能相互比较，总会有一些异常情况存在。

图9.12给出了美团客服问答系统中基于排序模型的解决方案。该模型结构通过预训练模型和注意力机制等手段，考虑了问题与答案的相关性、答案的真实性和答案信息完整性等因素。具体来说，使用BERT来建模单个答案与问题的语义相关性。我们将上述排序模型得到的[CLS]向量作为答案的语义表示，然后计算每个候选答案与剩余候选答案之间的Attention，以整合它们之间的信息。通过门控机制，我们将BERT模型输出的相关性向量表示与交叉验证得到的向量表示结合，对答案进行排序；在答案信息完整性方面，考虑答案的文本特征和其本身的一些统计特征，如答案相对长度、信息熵，并将这些特征融入融合排序模型中。

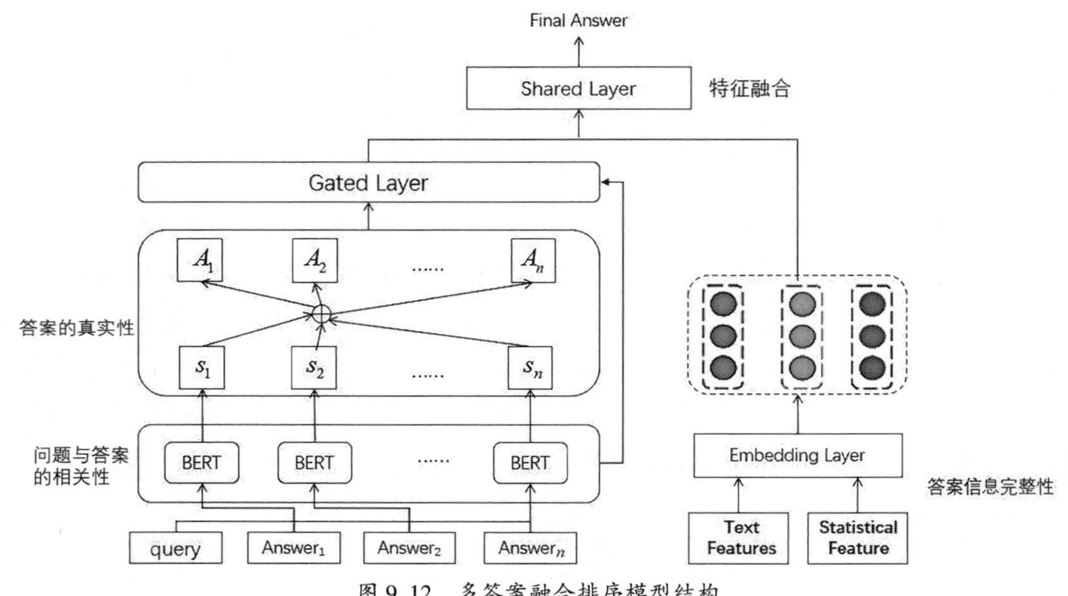

图9.12　多答案融合排序模型结构

多轮对话是美团业务常见的场景。图9.13给出了一个真实的多轮对话的例子。当用户进入服务门户后，先选择了一个推荐的问题“如何联系骑手”，问题理解模块将它与知识库中的拓展问进行匹配，进而得到对应的标准问即意图“如何联系骑手”。然后对话管理模块根据意图“如何联系骑手”触发相应的任务流程。先查询订单接口，获取骑手电话号码，进而输出对话状态给到答案生成模块，根据模板生成最终结果。同时，为了进一步厘清场景，询问用户是否收到了餐品，当用户选择“还没有收到”时，结合预计送达时间和当前时间，发现还未超时，给出的方案是“好的，帮用户催一下”，或者是“我再等等吧”，这时用户选择了“我再等等吧”。

美团的多轮对话任务调度有两种情况：任务内调度和任务间调度。任务内调度是指预测到了一个意图,意图内部的对话管理都是由 TaskFlow 人工配置的。理解了用户意图后,有些问题是可以直接给出答案的,而有些问题则需要进一步厘清。如图 9.14 所示,“如何申请餐损”这个例子,不是直接告诉申请的方法,而是先厘清是哪一个订单,是否影响食用,进而厘清用户的诉求是部分退款还是想安排补送,从而给出不同的解决方案。这样的一个流程是与业务强相关的,需要由业务运营团队来进行定义。如图右任务流程树所示,我们首先提供了可视化的 TaskFlow 编辑工具,并且把外呼、API 等组件化,然后业务运营人员可以通过拖曳的方式来完成 Task 流程设计。流程设计完成后,每步的答案将如图左所示,是事先构建好多项选择,通过选择的方式厘清用户的具体情况,给出相应的最终答案。

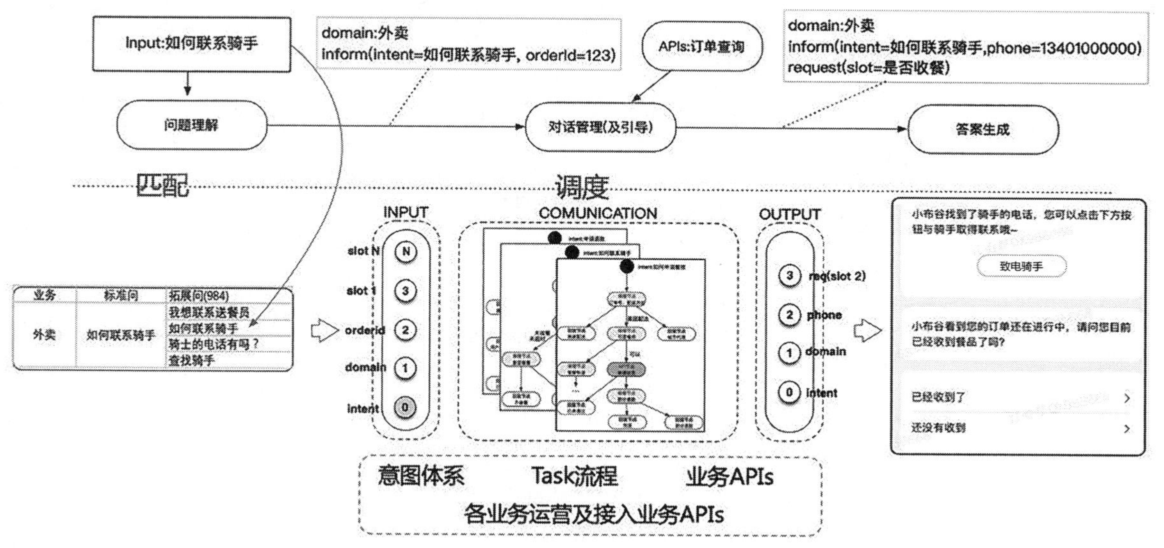

图 9.13 美团多轮对话示例

任务间调度通常出现在以下情况中。虽然已经回答了这个问题,但用户可能仍不满意,并倾向于转而寻求人工服务。如果这时我们不仅给出答案,还进一步厘清问题背后的真实原因,引导并询问用户问题,就会大大降低用户寻求人工服务的可能性。

图 9.15 展示了多轮对话任务间调度的例子。在用户询问“会员能否退订”后,机器人提供了“无法退回”“外卖红包无法使用”和“因换绑手机导致的问题”三个选项。这些选项是基于事件图谱的顺承关系建模得出的,涵盖了用户可能遇到的大部分情况,因此用户很可能会选择其中一个。通过这些选项,会话可以进一步进行,并给出更加精细的解决方案,从而减少了用户直接转人工服务的需求。美团将此过程称为多轮话题引导。首先将会话日志中的句子先后顺序关系抽象为事件粒度,然后计算事件之间的共现关系。这里的共现关系使用经典的协同过滤方式进行建模。考虑到事件之间的方向性,我们将事件的顺承关系建模为

$$P(Q_n \mid E_{n-1}\cdots E_1) = \sum_{k=1}^{K} P(Q_n \mid E_k)P(E_k \mid E_{n-1}\cdots E_1)$$

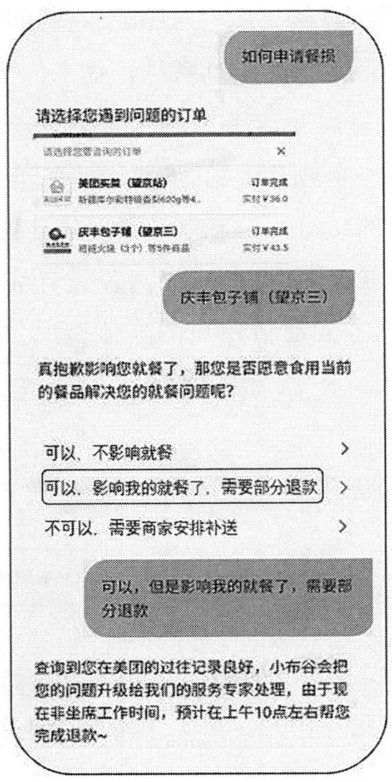

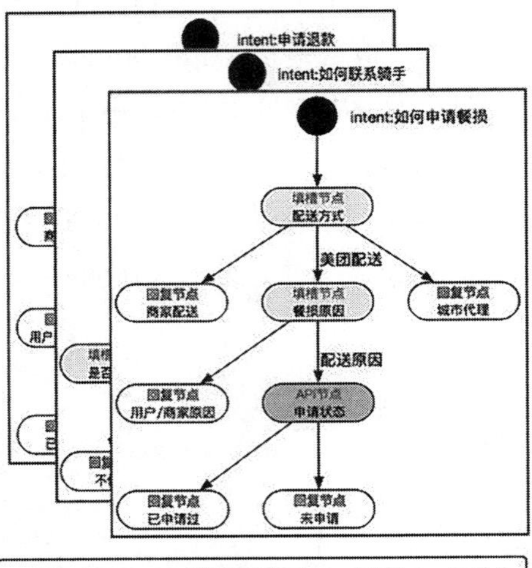

图 9.14　多轮对话任务内调度

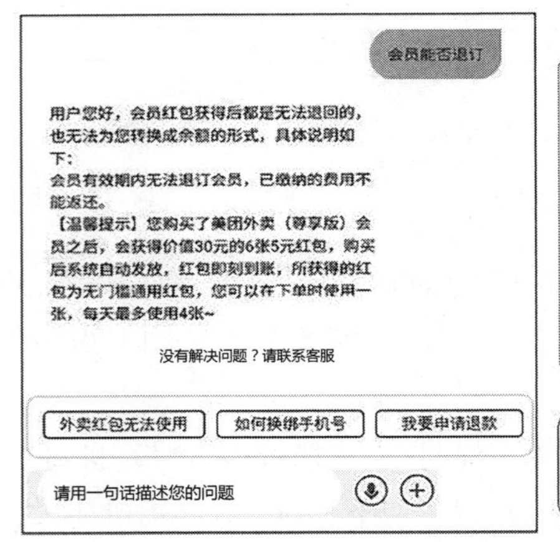

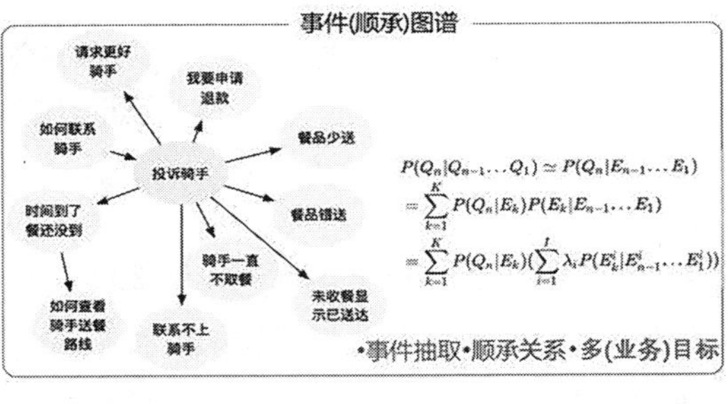

图 9.15　多轮对话任务间调度

同时考虑点击率、不满意度、转人工率层面，分别对顺承关系进行建模，有

$$P(E_k \mid E_{n-1} \cdots E_1) = \sum_{i=1}^{I} \lambda_i P(E_k^i \mid E_{n-1}^i \cdots E_1^i)$$

由于美团业务服务的精细度要求较高，同时用户表达的模糊性很容易发生，因此其智能客服系统中运用了大量的推荐和多轮话题引导服务来厘清用户的真实意图。

9.4 本章小结

真实的企业级智能问答系统往往是前面介绍的各种技术的融合体。依照业务需求的不同,建立各自需求的智能问答系统。本章分别介绍了三家企业的智能问答的企业架构。阿里小蜜、微软小冰和美团智能客服这几家的业务追求的差异性铸就了各自架构的特色性。读者可以从业务角度出发来理解它们架构的异同,这样对我们构建满足业务需求的智能对话系统会有一定启发。

第10章 人工智能标记语言（AIML）

人工智能标记语言（Artificial Intelligence Markup Language，AIML）是Richard Wallace博士与全球自由软件社区在1995年至2002年间共同开发的成果。基于这一引擎，他们创造出了名为ALICE（Artificial Linguistic Internet Computer Entity，人工语言互联网计算机实体）的机器人。ALICE是Eliza的升级版，Eliza是20世纪60年代中期由计算机科学家Joseph Weizenbaum发明的第一个聊天机器人。ALICE凭借其卓越的表现，曾三次荣获年度Loebner奖，并在2004年的Chatterbox Challenge竞赛中夺得冠军。

从本质上讲，AIML是一个基于规则的引擎，非常适合应用于对话机器人的冷启动阶段。尽管当前工业界主流的架构是基于检索的模型，但这类模型的前提条件是拥有大规模的知识库。然而，在对话机器人产品的初期阶段，这一前置条件往往难以满足，从而在一定程度上抑制了人们使用对话机器人的热情。因此，在产品的冷启动阶段，将人类知识以规则的形式预先编程到机器人中，应该是一个较为理想的选择。

本章主要涉及的知识点如下。

- **AIML基础：熟悉基本的AIML标签，理解AIML的上下文能力和同义能力及学会配置标准启动文件。**
- **AIML源码框架：了解框架中的重要文件，了解AIML语法解析原理，了解AIML核心交互处理方式。**
- **AIML使用：会编写知识库，会启动AIML程序运行。**

10.1 AIML 基础

AIML 是一种基于规则匹配的自然语言代理 XML 语言。通过使用 XML 标签，AIML 为具有“一定形式”的问题定义了相应的“回答”，这些规则决定了问答机器人的对话能力。由于这些规则是以 XML 标签的形式定义的，因此其扩展性大大提高。我们甚至可以通过修改自然语言理解的解析规则，来增强我们自定义的匹配规则。

10.1.1 基本标签

AIML 描述了一类 AIML 对象，并且描述了计算机程序处理这些对象的行为。AIML 对象由两种类型的单元组成：类别（category）和主题（topic），它们分别对应<category>和<topic>这两个标签。类别是顶级元素或二级元素（包含在 topic 中）；主题是顶级元素，用于存储 AIML 的上下文信息，以便后续对话可以基于这一背景进行。值得注意的是，主题是一个可选元素，并不一定需要出现。

本小节主要介绍无上下文的基本对话标签。表 10.1 所示是 AIML 文档中常用的重要标签。

表 10.1　AIML 文档中常用的重要标签

编号	标签	描述
1	<aiml>	定义 AIML 文档的开头和结尾
2	<category>	定义 AliceBot 知识库中的知识单元
3	<pattern>	定义模式以匹配用户可以输入 AliceBot 的模式
4	<template>	定义 AliceBot 对用户输入的响应

（1）<aiml>：一个 AIML 文档的标志。

（2）<category>：定义知识单元。在类别标签内，应该包含两组标签，分别对应表达式的“匹配”部分和“返回”部分。通常，这两部分分别由<pattern>和<template>标签来表示。

（3）<pattern>：定义模式匹配的输入，简单来说，就是用户输入的内容。它可以包含星号“ * ”或下划线“_”，但这些符号必须用空格隔开。星号表示匹配任意字符；下划线的作用与星号相似，唯一的区别是它不能匹配字典中 Z 之后的字母。

（4）<template>：定义一个用户的响应。使用<template>标签可以保存数据，调用另一个进程，并能够根据条件提供答案或委托给其他类别。

下面展示了一个简单的 AIML 文档，仅包含最主要的<category>、<pattern>、<template>三种标签。当用户输入问题“hi”时，机器人就会匹配到<pattern>，然后将<template>中的内容“你好”作为答案返回。

```
<?xml version="1.0" encoding="UTF-8"?>
<aiml>
<category>
  <pattern>hi</pattern>
  <template>你好</template>
</category>
</aiml>
```

AIML 模式语言很简单,只包含单词、空格和通配符。单词可以包含字母和数字,但不能包含其他字符。AIML 模式语言是不区分大小写的。单词之间用一个空格隔开,通配符也起到单词的作用。AIML 主要支持两种形式的通配符:“*”和“^”。“*”符号可以捕获用户输入中的一个或多个单词。“^”符号可以捕获 0 个或多个单词。每个模式可以包含多个通配符。我们可以通过使用<star>标签回显多个通配符的内容。

```
<category>
  <pattern>MY NAME IS * AND I AM * YEARS OLD</pattern>
  <template>
     Hi <star/>, I am also <star index="2"> years old!
  </template>
</category>
<!--OUTPUT
     User: My name is Gyan and I am 30 years old
     Bot: Hi Gyan, I am also 30 years old!
-->
```

同一个问题可以有多种回答方式,增加回答的多样性可以让机器人显得更加“聪明”。<random>标签用于获取随机响应。此标签使 AIML 能够针对相同的输入做出不同的响应。<random>标签与<li>标签一起使用。<li>标签用于设置每个不同的响应,这些响应将随机传递给用户。

```
<category>
  <pattern>HI</pattern>
    <template>
      <random>
        <li>Hello! </li>
        <li>Well hello there.</li>
        <li>Howdy.</li>
        <li>Good day.</li>
        <li>Hi, friend.</li>
    </random>
    </template>
```

```
</category>
<!--
    For the same user input 'Hi', the bot will return random text out of the list in <li> tag
    e.g.
    User: Hi
    Bot: Howdy.
    User: Hi
    Bot: Good Day.
    User: Hi
    Bot: Hello!
-->
```

10.1.2 上下文能力

上下文能力能让对话保持连贯，从而增强用户体验。AIML 根据作用范围划分，通常包括前后句上下文、长距离上下文、条件上下文及场景上下文等能力。本小节会涉及<that>、<set>、<get>、<think>、<condition>、<topic>等标签。

在 AIML 中，前后句上下文通常指的是问题之间存在简单的逻辑关系。具体来说，如果用户提问问题 1，则回答为答案 1。针对答案 1，如果用户继续提问问题 2，则回答为答案 2。AIML 使用<that>标签来实现这样的两轮对话，样例如下。

```
<category>
    <pattern>问题 1</pattern>
    <template>答案 1</template>
</category>
<category>
    <pattern>问题 2</pattern>
    <that>答案 1</that>
    <template>
      <template>答案 2</template>
    </template>
</category>
```

在长距离上下文的情况下，需要将答案中的某个字段进行存储，以便在当前对话中使用（以显得更加智能）。在 AIML 中，通常使用<set>标签来存储该值。当需要获取该变量的值时，可以使用<get>标签来获取。<set>标签用于设置变量中的值，其语法如下。

```
<set name="variable-name"> variable-value </set>
```

<get>标签用于从变量中获取值，其语法如下。

```
<get name="variable-name"></get>
```

```
<category>
    <pattern>I AM *</pattern> <template>
    Hello <set name="username"> <star/>! </set>
    </template>
</category>
<category>
    <pattern>GOOD NIGHT</pattern>
    <template>
    Hi <get name="username"/> Thanks for the conversation!
    </template>
</category>
<!--
    Here the <set> tag set the variable username with whatever <star> contains.
    The < get > tag is used to retrieve the value of the variable username. The
conversation would be like this:
    Human: I am Gyan
    Robot: Hello Gyan!
    Human: Good Night
    Robot: Good Night Gyan! Thanks for the conversation!
-->
```

在大多数情况下，我们并不希望将<set>标签存储的值显示给用户。这时 AIML 中的<think>标签通常与<set> 标签一起使用，表示不需要回答用户，只是将变量进行存储。其语法如下。

```
<think> <set name="variable-name"> variable-value </set> </think>
```

```
<category>
  <pattern>I AM FEMALE</pattern>
  <template>Thanks for telling me your gender.
     <think><set name=gender>female</set></think>
  </template>
</category>
<!--
这里把 female 这个值保存到 gender 这个变量里，且回复内容不包括 female
-->
```

为了应对不同的条件状态，系统会给出不同的回复。我们可以利用<condition>标签来实现这一功能。它类似于 switch 语句或多个 if 语句，通常嵌入在<template>内部。其语法如下。

```
<condition name="variable-name" value="variable-value"/>
```

```
<category>
    <pattern> HOW ARE YOU FEELING TODAY </pattern>
    <template>
    <think><set name="state"> happy</set></think>
    <condition name="state" value="happy"> I am happy! </condition>
    <condition name="state" value="sad"> I am sad! </condition>
    </template>
</category>
```

为了呈现一个对话场景的上下文，AIML 利用顶级标签元素<topic>并结合<set>标签来实现这一功能。看下面的示例。

```
<category>
  <pattern>LET DISCUSS MOVIES</pattern>
    <template>Yes <set name="topic">movies</set></template>
</category>
<topic name="movies">
  <category>
    <pattern> * </pattern>
    <template>Watching good movie refreshes our minds.</template>
  </category>
  <category>
    <pattern> I LIKE WATCHING COMEDY! </pattern>
    <template>I like comedy movies too.</template>
  </category>
</topic>
```

下面是这个 AIML 配置的运行结果。

```
Human: let discuss movies
Robot: Yes movies
Human: Comedy movies are nice to watch
Robot: Watching good movie refreshes our minds.
Human: I like watching comedy
Robot: I too like watching comedy.
```

AIML 的上下文能力相关标签能够存储上下文信息，使其表现得更接近人类的理解能力，并能够编写更为精细的规则。

10.1.3 同义能力

我们经常会遇到同一个意思用多种不同方式进行表达的情况。AIML 通过<srai>标签使对话机器人拥有同义能力。<srai>标签是一个多功能标签,它使 AIML 能够为同一模板定义不同的目标。在<srai>和</srai>标签之间的内容会被规范化,然后通过解释器传回。这一过程被称为递归,它会持续进行,直到对话机器人到达最终类别(category)。

假设在 AIML 中有一个像这样的类别,当用户说“My name is xxx”时,它会记住用户的名字。样例如下。

```
<category>
  <pattern>MY NAME IS *</pattern>
  <template>
    Hi <set name="name"> <star/></set>. <br/>
    Good to see you.
  </template>
</category>
```

但如果用户说“I am called xxx”“My friends call me xxx”或“xxx is my name”,则模式将无法匹配。为“My name is xxx”的各种不同表述复制类别是极没有效率的,因此我们可以采用更简洁的方法,使用<srai>标签来实现相同的目的。

```
<category>
  <pattern>CALL ME *</pattern>
  <template>
    <srai>My name is <star/></srai>
  </template>
</category>

<category>
  <pattern>I AM CALLED *</pattern>
  <template>
    <srai>My name is <star/></srai>
  </template>
</category>

<category>
  <pattern>MY FRIENDS CALL ME *</pattern>
  <template>
    <srai>My name is <star/></srai>
  </template>
</category>
```

纠错也是同义的一个含义,它通过使用正确的单词替换拼写错误的单词,从而修正常见的拼写错误,如下。

```
<category>
  <pattern>_ NAEM *</pattern>
  <template>
    <srai><star/> name <star index="2"></srai>
  </template>
</category>
```

如果用户说“My naem is Steve”，那么这个类别会将“naem”替换为“name”，从而生成“My name is Steve”，然后再将其传回解释器，由另一个类别来处理。

从广义上讲，删除不必要的词，也可以视为一种同义能力。在与对话机器人交流时，许多词实际上并不需要，机器人也能理解用户的意思。例如，如果有人说“I am very happy”，我们通常可以删除“very”仍然理解输入。同样地，如果有人用“erm”开始消息，我们也可以将其删除。具体如下。

```
<category>
  <pattern>_ VERY *</pattern>
  <template>
    <srai><star/> <star index="2"></srai>
  </template>
</category>
<category>
  <pattern>ERM *</pattern>
  <template>
    <srai><star/></srai>
  </template>
</category>
```

10.1.4 标准启动文件

std-startup.xml 文件用于将 AIML 文件加载到机器人的大脑中。通过使用<learn>标签，可以学习这些 AIML 文件。这里通过“load aiml b”命令来匹配，当用户输入这个命令时，会自动执行重新加载操作。如果需要匹配多个 AIML 文件，可以将配置修改为 *.aiml。

```
<aiml version="1.0.1" encoding="UTF-8">
        <!--std-startup.xml-->
        <!--Category is an atomic AIML unit-->
        <category>
            <!--Pattern to match in user input-->
            <!--If user enters "LOAD AIML B"-->
            <pattern>LOAD AIML B</pattern>
            <!--Template is the response to the pattern-->
```

```
        <!--This learn an aiml file-->
            <template>
                <learn>basic_chat.aiml</learn>
                <!--You can add more aiml files here-->
                <!--<learn>more_aiml.aiml</learn>-->
            </template>
            </category>
</aiml>
```

使用下面的代码可以加载标准启动文件,从而启动对话机器人。这是我们可以启动的最简单的程序。它创建一个 AIML 对象,学习标准启动文件 std-startup. xml,并加载 AIML 文件。完成这些步骤后,就可以开始聊天了。然后我们进入一个无限循环,持续让用户输入消息。用户需要输入一个机器人能识别的模式。模式识别依赖于之前加载的 AIML 文件。

```
import aiml
import os
kernel=aiml.Kernel()
if os.path.isfile("bot_brain.brn"):
    kernel.bootstrap(brainFile="bot_brain.brn")
else:
    kernel.bootstrap(learnFiles="std-startup.xml", commands="load aiml b")
    kernel.saveBrain("bot_brain.brn")

# kernel now ready for use
while True:
    print kernel.respond(raw_input("Enter your message >> "))
```

我们可以在标准启动文件的<learn>标签内添加更多的 AIML 文件名,这样无须修改程序源码即可加载更多的 AIML 文件。当拥有大量 AIML 文件时,机器人将花费很长的时间来学习。在上面的代码中,机器人学习所有的 AIML 文件后,我们使用 saveBrain 函数将其保存到一个名为 bot_brain. brn 的 brain 文件中。这个文件将在后续的运行中动态加速加载时间。需要注意的是,只有删除该 brain 文件后,才能在下一次启动时重建它。

10.2 源码框架剖析

源码框架的剖析阅读能让我们对其使用有一个原理上的理解。本节先介绍其核心代码组成,然后介绍其语法解析部分,最后解析其核心问答代码。

10.2.1 核心代码组成

AIML 的项目通常主要分为两部分：一是 AIML 的解析代码，这部分定义了 AIML 的语法规则和解析规则，是 AIML 的核心代码部分；二是 AIML 语料库，这部分定义了机器人的问答规则，是机器人的“主脑”。核心代码部分主要包括表 10.2 描述的文件。

表 10.2 AIML 核心代码文件功能实现说明

编号	文件名	描述
1	AimlParser. py	AIML 语法解析类
2	DefaultSubs. py	默认 AIML 英语替换词列表
3	Kernel. py	AIML 内核，对外的统一接口
4	PatternMgr. py	匹配规则管理类，也是程序的“大脑”
5	Utils. py	工具函数文件
6	WordSub. py	替换词列表管理类

其中，DefaultSubs. py 文件只是对英语替换词内容的定义，Utils. py 文件只是代码工具函数文件，这两个文件将不进行分析。其次，WordSub. py 文件对替换词列表采用简单字典维护，替换规则也是一般的正则表达式替换。AimlParser. py 文件是 AIML 解析器代码，将在 10.2.2 小节中重点剖析。

另外，一个最简单的 AMIL 程序的启动和问答分为两步：在获取 AIML 的 Kernel 核心对外接口的前提下，先调用 learn 函数从指定的文件中学习匹配规则，然后调用 respond 函数进行问答。因此，在 10.2.3 小节中会剖析 AIML Kernel 的 learn 及 respond 两大过程。

10.2.2 语法解析

在 AimlParser 中，如何对 AIML 文件进行语法解析并获取匹配规则？我们会发现，AimlParser 实际上是对 xml. sax 的扩展，它通过自定义的 AimlHandler 来指明相应的 AIML 文件的语法解析规则。

```
def create_parser():
    """Create and return an AIML parser object"""
    parser=xml.sax.make_parser()
    handler=AimlHandler("UTF-8")
    parser.setContentHandler(handler)
    #parser.setFeature(xml.sax.handler.feature_namespaces, True)
    return parser
```

常见的语法解析器分为两大类接口：一类是基于对象的（如 DOM），另一类是基于事件的接口（如 SAX）。基于 DOM 的解析方法适用于处理体积较小的 XML 文件，因为它将 XML 文件的全部内容一次性读入内存。然而，当处理体积较大的 XML 文件时，这种方法可能会导致内存溢出。相对而言，SAX 解析器的工作原理是逐行读取 XML 内容并进行解析，因此即使面对庞大的 XML 文件，也不会出现内存溢出的风险。AimlHandler 是对 xml. sax. handler. ContentHandler 的扩展，它定义了 AIML 文件的语法解析规则。在语法解析过程中，我们需要关注 3 个主要函数：startElement（name，attr）、characters（content）、endElement（name）。由于篇幅有限，这里不会展示具体的代码实现，而是通过有限状态自动机的逻辑来描述这几个函数的算法。具体代码，读者可以参考 PyAIML 中的 AimlParser. py 文件。

有限状态自动机的主要概念包括状态、事件、转换、动作。其中，startElement、characters、endElement 等函数定义了有限状态自动机的事件。为了方便我们描述 AimlParser 的完整解析过程，表 10. 3 定义了涉及的相关状态。

表 10. 3　AimlParser 涉及标签对应信息说明

涉及标签	状态名	描述	表示符号
aiml	_STATE_OutsideAiml	当前解析过程处于<aiml>标签外	OutA
	_STATE_InsideAiml	当前解析过程处于<aiml>标签中	InA
category	_STATE_InsideCategory	当前解析过程处于<category>标签中	InC
pattern	_STATE_InsidePattern	当前解析过程处于<pattern>标签中	InP
	_STATE_AfterPattern	当前解析过程处于<pattern>标签后	AtrP
that	_STATE_InsideThat	当前解析过程处于<that>标签中	InTt
	_STATE_AfterThat	当前解析过程处于<that>标签后	AtrTt
template	_STATE_InsideTemplate	当前解析过程处于<template>标签中	InTpl
	_STATE_AfterTemplate	当前解析过程处于<template>标签后	AtrTpl

图 10. 1 展示了 AIML 的 Python 实现的有限状态自动机模型。startElement、characters 和 endElement 三个函数是实现的核心函数。当遇到 XML 开始标签时，会调用 startElement 函数；当遇到 XML 结束标签时，会调用 endElement 函数；当处理字符串时，会调用 characters 函数。下面我们通过分别讲解 startElement、characters 和 endElement 函数中的细节来解构这个模型。

当 startElement 函数被调用时，表明 XML 语法解析进入一个元素的开始标签，首先需要对不合法内容进行过滤。不合法的情况分为两种：一种是当前解析标签的祖先标签是未知标签，即其祖先标签在 AIML 语法定义中不存在，对于这类标签，我们不进行任何处理；另一种是在解析当前 category（匹配规则）的过程中出现了语法错误。在这种情况下，该 category 包含的所有内容将被跳过，不进行处理。在过滤掉所有不合法内容后，我们通过调用_startElement 函数来解析标签，同时捕获该函数抛出的语法错误异常。

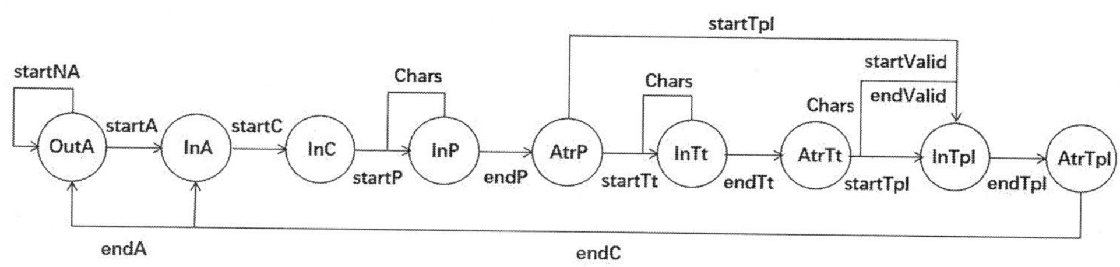

图 10.1　有限状态自动机模型

_startElement 函数通过_state 对当前语法解析器的状态进行记录，当事件触发后，通过对当前状态的判断及本次事件的信息来转移到另一种相应的状态。以上函数可描述为以下状态转换过程。

（1）当解析标签为<aiml>时，记为事件 startA。若状态为 OutA，则 OutA→（startP）InA。

（2）当解析标签不是<aiml>时，记为事件 startNA。若状态为 OutA，则 OutA→（startNA）InA。

（3）当解析标签为<category>时，记为事件 startC。若状态为 InA，则 InA→（startC）InC，并对_currentPattern、_currentThat、_elemStack 进行初始化。

（4）当解析标签为<pattern>时，记为事件 startP。若状态为 InC，则 InC→（startP）InP。

（5）当解析标签为<that>时，记为事件 startTt。若状态为 AtrP，则 AtrP→（startTt）InTt。

（6）当解析标签为<template>时，记为事件 startTpl。若状态为 AtrP，则 AtrP→（startTpl）InTpl，并对_currentThat 进行初始化，同时向_elemStack 添加 template 描述。若状态为 AtrTt，则 AtrTt→（startTpl）InTpl，并向_elemStack 添加 template 描述。

（7）当解析标签为 template 合法标签时，记为事件 startValid。若状态为 InTpl，则 InTpl→（startValid）InTpl，并对标签开始部分的合法性进行检查，同时向_elemStack 添加当前标签的描述。

characters 函数用来获取字符串内容，我们将解析字符串内容统一记为事件 chars。当 characters 函数被调用时，表明 XML 语法解析从一个标签结束到一个新标签开始之间存在字符，同样首先需要对不合法内容进行过滤，不合法的情况分为三种：一种是当前状态处于 OutA，即解析过程不在<aiml>标签中，则忽略这些内容；另外两种情况同前面的 startElement 函数。在过滤掉所有不合法内容后，我们通过调用_characters 函数来解析字符串内容，同时捕获该函数抛出的语法错误异常。

（1）若状态为 InP，则 InP→（chars）InP，并将字符串内容串联到_currentPattern 上。

（2）若状态为 InTt，则 InTt→（chars）InTt，并将字符串内容串联到_currentThat 上。

（3）若状态为 InTpl，则 InTpl→（chars）InTpl，并在保证父标签与当前标签关系合法的前提下，将字符串内容存放到_elemStack 中。

当 endElement 函数被调用时，表明 XML 语法解析进入一个元素的结束标签，同样首先需要对不合法内容进行过滤，不合法的情况分为三种，且与前面的 characters 函数相同。在过滤掉所有不合法内容后，我们通过调用_endElement 函数来解析标签，同时捕获该函数抛出的语法错误异常。

（1）当解析标签为</aiml>时，记为事件 endA。若状态为 InA，则 InA→（endA）OutA。

(2)当解析标签为</category>时,记为事件 endC。若状态为 AtrTpl,则 AtrTpl→(endC) InA,并将完整的匹配规则存放到 categories 字典中。一个完整的匹配规则包括 patter(必须)、that(可选)、topic(可选)、template(必须)等方面信息。

(3)当解析标签为</pattern>时,记为事件 endP。若状态为 InP,则 InP→(endP) AtrP。

(4)当解析标签为</that>时,记为事件 endTt。若状态为 InTt,则 InTt→(endTt) AtrTt。

(5)当解析标签为</template>时,记为事件 endTpl。若状态为 InTpl,则 InTpl→(endTpl) AtrTpl。

(6)当解析标签为 template 合法标签时,记为事件 endValid。若状态为 InTpl,则 InTpl→(endValid) InTpl,并将_elemStack 的最后一个数据放到_elemStack 的倒数第二个数据中。

10.2.3 核心问答代码

在 Kernel 类中,learn 函数和 respond 函数是两个主要的功能函数。learn 函数用来建立问答规则知识索引,respond 函数根据知识索引给出用户提问的回复。我们先来看下面的 learn 函数代码。

```
def learn(self, filename):
    """Load and learn the contents of the specified AIML file.
    If filename includes wildcard characters, all matching files
    will be loaded and learned.
    """
    for f in glob.glob(filename):
        if self._verboseMode: print "Loading %s..." % f,
        start=time.clock()
        # Load and parse the AIML file
        parser=AimlParser.create_parser()
        handler=parser.getContentHandler()
        handler.setEncoding(self._textEncoding)
        try: parser.parse(f)
        except xml.sax.SAXParseException, msg:
            err="\nFATAL PARSE ERROR in file %s:\n%s\n" %(f, msg)
            sys.stderr.write(err)
            continue
        # store the pattern/template pairs in thePatternMgr
        for key, tem in handler.categories.items():
            self._brain.add(key, tem)
        # Parsing was successful
        if self._verboseMode:
            print "done (%.2f seconds)" %(time.clock()-start)
```

learn 函数遍历传入的文件参数，对于每个文件，通过 AimlParser 中创建的 AIML 解析类进行语法解析，转换成上面所述的结构存放在 AimlParser 相应 handler 的 categories 参数中。categories 参数中的每一个结构都是一个相应的匹配规则，最后将这些规则添加到 AIML 的“大脑”中（PatternMgr 匹配规则管理类）。PatternMgr 类通过 add 函数，将一个个解析好的匹配规则添加进行，形成统一的规则管理，实际上是将各个独立的匹配规则整合到一起，形成树的形式。

如图 10.2 所示，对于一个新增的匹配规则，node 初始化为_root，这是规则树的根节点 ROOT。接着，根据 pattern 中的单词，依次构建相应的子节点，如此一句话就能形成一条规则路径，而路径的尾端连接 template 内容作为叶节点。对于 that 和 topic 的处理同样是将其中的全部单词转换为树路径，并依次连接到原路径尾部的节点上，再将 template 内容连接到尾部作为叶节点。

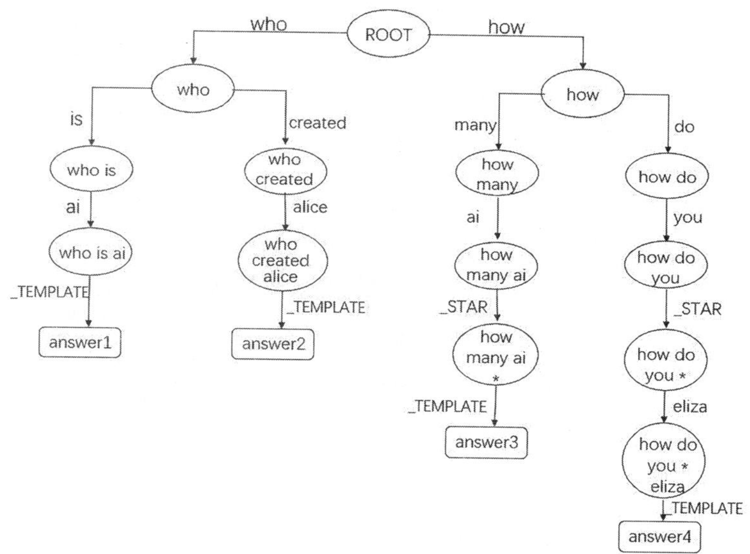

图 10.2　规则树

respond 函数用来生成用户提问的回复。该函数在检查输入合法后，将输入按标点规则划分为多个 sentence。对于每个 sentence，调用_respond 函数得到相应的回答，将所有回答串联到一起后，返回给提问者。该函数对于每个问答，都利用自建的 session 机制进行维护，形成 history 列表。

```
def respond(self, input, sessionID=_globalSessionID):
    """Return the Kernel's response to the input string"""
    if len(input)==0:
          return ""

    # ensure that input is a unicode string
    try: input=input.decode(self._textEncoding, 'replace')
    exceptUnicodeError: pass
```

```
    exceptAttributeError: pass

    # prevent other threads from stomping all over us
    self._respondLock.acquire()

    # Add the session, if it doesn't already exist
  self._addSession(sessionID)

  # split the input into discrete sentences
  sentences=Utils.sentences(input)
  finalResponse=""
  for s in sentences:
      # Add the input to the history list before fetching the
      # response, so that <input/> tags work properly
      inputHistory=self.getPredicate(self._inputHistory, sessionID)
      inputHistory.append(s)
      while len(inputHistory) > self._maxHistorySize:
          inputHistory.pop(0)
      self.setPredicate(self._inputHistory, inputHistory, sessionID)

      # Fetch the response
      response=self._respond(s, sessionID)

      # add the data from this exchange to the history lists
      outputHistory=self.getPredicate(self._outputHistory, sessionID)
      outputHistory.append(response)
      while len(outputHistory) > self._maxHistorySize:
          outputHistory.pop(0)
      self.setPredicate(self._outputHistory, outputHistory, sessionID)

      # append this response to the final response
      finalResponse += (response+"  ")
   finalResponse=finalResponse.strip()

   assert(len(self.getPredicate(self._inputStack, sessionID))==0)

   # release the lock and return
   self._respondLock.release()
   try: returnfinalResponse.encode(self._textEncoding)
   exceptUnicodeError: return finalResponse
```

下面我们重点关注_respond 函数的实现。在_respond 函数中，首先通过自建的 session 机制来获取上次机器人的回答内容及当前处理的问答 topic；然后利用 WordSub 类再对 input（本次输入）、that（上次输出）、topic（主题）进行替换词处理，这一过程通过正则表达式来完成；最后通过 PatternMgr 类的 match 函数，从之前已经建立好的规则树中匹配对应问题的回答 template。

```
def _respond(self, input, sessionID):
    """Private version of respond(), does the real work"""
    if len(input)==0:
        return ""

    # guard against infinite recursion
    inputStack=self.getPredicate(self._inputStack, sessionID)
    if len(inputStack) > self._maxRecursionDepth:
        if self._verboseMode:
            err="WARNING: maximum recursion depth exceeded (input='%s')" %
                input.encode(self._textEncoding, 'replace')
            sys.stderr.write(err)
        return ""

    # push the input onto the input stack
    inputStack=self.getPredicate(self._inputStack, sessionID)
    inputStack.append(input)
    self.setPredicate(self._inputStack, inputStack, sessionID)

    # run the input through the 'normal' subber
    subbedInput=self._subbers['normal'].sub(input)

    # fetch the bot's previous response, to pass to the match() function as 'that'
    outputHistory=self.getPredicate(self._outputHistory, sessionID)
    try: that=outputHistory[-1]
    except IndexError: that=""
    subbedThat=self._subbers['normal'].sub(that)

    # fetch the current topic
    topic=self.getPredicate("topic", sessionID)
    subbedTopic=self._subbers['normal'].sub(topic)

    # Determine the final response
    response=""
    elem=self._brain.match(subbedInput, subbedThat, subbedTopic)
    if elem is None:
        if self._verboseMode:
            err="WARNING: No match found for input:%s\n" %
```

```
                    input.encode(self._textEncoding)
            sys.stderr.write(err)
    else:
        # Process the element into a response string
        response +=self._processElement(elem, sessionID).strip()
        response +=" "
    response=response.strip()

    # pop the top entry off the input stack
    inputStack=self.getPredicate(self._inputStack, sessionID)
    inputStack.pop()
    self.setPredicate(self._inputStack, inputStack, sessionID)

    return response
```

使用上面介绍的 learn 函数和 respond 函数,我们就可以建立规则对话系统了。希望对函数实现原理的剖析能够帮助读者更深地理解这两个基本函数的使用。

10.3 设计与实现

本节使用 AIML 构建一个中文的对话机器人。这个对话机器人具备基本的交流功能,包括打招呼、天气问询、时间问询、基本闲聊及结束对话的用语。其设计与实现分为 3 个步骤:中文适配处理、知识库设计、主控程序运行和演示。

10.3.1 中文适配处理

首先在终端输入“pip install aiml”命令来安装 AIML,但是使用这种方式安装对于处理中文存在一些困难。官方的 Python 3 版本的 AIML 是基于英文的,因此我们需要为其增加中文支持。我们添加一个新的 Python 文件:LangSupport.py。在这个文件中,实现一个简单的 split_cn_eng_sentence 函数。该函数会在句中的汉字字符和英文单词前后加空格,这样汉字就能像英文一样进行处理了。具体实现如下。

```
def split_cn_eng_sentence(self, sentence):
    # 将中文单字和英文单词用空格隔开
    # 连续英文字母和连续数字算作一个单词
    # 特殊字符如“*”也算作一个单词
    # 例如:
    # >>> _split_cn_eng_sentence('*你*好* * *hel*lo')
```

```
    #*你*好***hel*lo
    # >>> _split_cn_eng_sentence('*你*,?! 好* ,:* *12*345')
    #*你*好***12*345
    special_chars=r'\*'
    regEx=re.compile(r'[^'+special_chars+r'\w]+') #非连续单字/数字/特殊字符
    chinese=re.compile(r'(['+special_chars+r'\u4e00-\u9fa5])')
                                                    #中文字符,加()来保留分隔符
    sub_sentences=regEx.split(sentence) #获得连续单字/数字/特殊字符
    res_list=[]
    for s in sub_sentences:
        res_list +=chinese.split(s)
                                #将中文字符作为分隔符,但保留它们,就可以把每个汉字分开了
    return [r for r in res_list if r] #去掉值为''的部分
```

当英文和汉字在知识索引中的内部索引方式和在线处理方式一致时,就不存在英文和汉字的区别了。因此,split_cn_eng_sentence 函数将会应用在 Utils. py、Kernel. py 和 AimlParser. py 三个文件中。Kernel. py 中的 respond 函数是对话使用的核心函数,其中 sentences 函数被调用来切分多个句子,这些句子会作为输入进一步查询知识索引。将这个输入的中文与英文一样用空格分隔,就能统一处理,如下。

```
def sentences(s):
    """将一堆字符串切分成一个句子列表"""
    try: s+""
    except: raise TypeError("s must be a string")
    pos=0
    sentenceList=[]
    l=len(s)
    while pos < l:
        try: p=s.index('.', pos)
        except: p=l+1
        try: q=s.index('? ', pos)
        except: q=l+1
        try: e=s.index('! ', pos)
        except: e=l+1
        end=min(p, q, e)
        sentenceList.append(s[pos:end].strip())
        pos=end+1
    #如果没有找到句子,则返回一个包含整个输入字符串的单条目列表
    if len(sentenceList)==0:
        sentenceList.append(s)
    #自动转换中文
    return map(lambda s: u''.join(split_cn_eng_sentence(s)), sentenceList)
```

在上面的 sentence 函数中,将 map 函数与 lambda 结合使用,以使第 22 行的返回值 sentenceList 适应中英文情况。此外,我们还会修改 Kernel 文件中的_processSrai(self, elem, sessionID)函数,如下。

```
1  def _processSrai(self, elem, sessionID):
2      """Process a <srai> AIML element. <srai> elements recursively process their
3      contents, and then pass the results right back into the AIML interpreter as a
4      new piece of input.The results of this new input string are returned.
5      """
6      newInput=""
7      for e inelem[2:]:
8          newInput +=self._processElement(e, sessionID)
9      newInput=u''.join(split_cn_eng_sentence(newInput))
10     return self._respond(newInput, sessionID)
```

上面函数的第 9 行加入了中文处理,这样<srai>标签中的中英文就能得到统一的处理。接着,我们修改 AimlParser. py 中的_endElement 函数,如下。

```
1  def _endElement(self, name):
2      """验证 AIML 结束元素在当前上下文中是否有效。
3      如果遇到非法的结束元素,则引发 AimlParserError。"""
4      if name=="aiml":
       …
15     elif name=="category":
16             # </category> 标签只有在 AfterTemplate 状态下才是合法的
17             if self._state !=self._STATE_AfterTemplate:
18                 raise AimlParserError("Unexpected </category> tag "+self._location())
19             self._state=self._STATE_InsideAiml
20             # 结束当前类别。将当前 pattern/ that / topic 和元素存储在类别字典中
21             #【注意:这里修改了当前模式,用中英文分割结果做了替换。】
22             self._currentPattern=u''.join(split_cn_eng_sentence(self._currentPattern))
23             key=(self._currentPattern.strip(), self._currentThat.strip(),
24                     self._currentTopic.strip())
25             self.categories[key]=self._elemStack[-1]
26             self._whitespaceBehaviorStack.pop()
       …
```

上面函数的第 22 行,我们使用 split_cn_eng_sentence 来修改 self. _currentPattern,以统一处理中英文。至此,我们已经能够基本应对中英文混合使用的情况。需要注意的是,我们并未在断句功能中添加中文标点符号的处理。

10.3.2 知识库设计

知识库是 AIML 应用的核心之一。为了组织的方便，我们会编写 5 个 AIML 文件：greet. aiml、bye. aiml、time. amil、weather. aiml 和 chat. aiml。受篇幅限制，文件省略<aiml>标签等每个文件都有的格式，实际使用需要补充完整。greet. aiml 是用来编写打招呼的知识库，内容如下。

```
<category>
  <pattern>你好</pattern>
  <template>
  <srai>HELLO</srai>
  </template>
</category>

<category>
  <pattern>HELLO</pattern>
  <template>
      <random>
          <li>你好.</li>
          <li>你也好.</li>
          <li>你好啊.</li>
      </random>
  </template>
</category>
```

bye. aiml 是表达再见的知识库，内容如下。

```
<category>
  <pattern>再见</pattern>
  <template>
  好，回聊哈！
  </template>
</category>

<category>
  <pattern>*再见</pattern>
  <template>
  <srai>BYE</srai>
  </template>
</category>

<category>
```

```
  <pattern>*不聊*</pattern>
  <template>
  <srai> BYE </srai>
  </template>
</category>

<category>
  <pattern>再见</pattern>
  <template>
  <srai>BYE</srai>
  </template>
</category>

  <category>
  <pattern>BYE</pattern>
  <template>
      <random>
           <li>再见<get name="name"/>.</li>
           <li>再见啦,<get name="name"/>.</li>
           <li>下次见,<get name="name"/>.</li>
           <li>谢谢你陪我聊天,<get name="name"/>.</li>
           <li>改天见,<get name="name"/>.</li>
      </random>
  </template>
  </category>

  <category>
  <pattern>谢谢</pattern>
  <template>
      <random>
           <li>不客气.</li>
           <li>你太客气了.</li>
      </random>
  </template>
  </category>
```

time.aiml 是用来编写时间问询的知识库,内容如下。

```
<category>
  <pattern>现在几点钟</pattern>
  <template>
    <date format="hh 点 mm"></date>
```

```
  </template>
</category>

<category>
  <pattern>现在的时间</pattern>
  <template>
    <srai>现在几点钟</srai>
  </template>
</category>

<category>
  <pattern>*几点了</pattern>
  <template>
    <srai>现在几点钟</srai>
  </template>
</category>
```

weather. aiml 是用来编写天气问询的知识库,内容如下。

```
<category>
  <pattern>*天气</pattern>
  <template>
  <system>python getweather.py realtime <star /></system>
  </template>
</category>

<category>
  <pattern>告诉我*天气</pattern>
  <template>
  <system>python getweather.py realtime <star /></system>
  </template>
</category>

<category>
  <pattern>*天气实况</pattern>
  <template>
  <system>python getweather.py realtime <star /></system>
  </template>
</category>

<category>
  <pattern>*当前天气</pattern>
  <template>
```

```
  <system>python getweather.py realtime <star /></system>
  </template>
</category>

<category>
  <pattern>*现在天气</pattern>
  <template>
  <system>python getweather.py realtime <star /></system>
  </template>
</category>
```

在上面的文件中,我们调用了 Python 脚本来获取返回值。该 Python 脚本的源码如下。

```
import urllib
import sys
import re
ENCODING='utf-8'
def queryLocation(term):
    term=term.encode(ENCODING) if type(term)==unicode else term
    url='http://toy1.weather.com.cn/search?cityname={}'.format(term)
    resp=urllib .request.urlopen(url)
    html=resp.read().decode(ENCODING)
    code_object=re.search('\d{9}', html )
    if code_object:
        code=code_object[0]
    else:
        code='101010100'
    return code

def queryRealTimeWeatherInfo(code):
    url="http://www.weather.com.cn/data/sk/%s.html" % code
    resp=urllib.urlopen(url)
    html=resp.read().decode(ENCODING)
    data=json.load(html)
    if not data:
        print u"天气预报还没出来".encode(ENCODING)
    return data['weatherinfo']

def showRealTimeWeatherInfo(info):
    template=u"{city} {time} 天气实况: 气温{temp}℃, {WD}{WS}, 湿度{SD}"
    print template.format(**info).encode(ENCODING)

def main():
```

```
    assert len(sys.argv) >=3
    function=sys.argv[1]
    term=''.join(sys.argv[2:])
    if function=='realtime':
        # 实时
        showRealTimeWeatherInfo(queryRealTimeWeatherInfo(queryLocation(term)))

if __name__=='__main__':
    main()
```

chat.aiml 是用来编写简单话题的知识库,内容如下。

```
<category>
  <pattern>*聊*吧</pattern>
  <template>
      <think><setname="p6"><formal>true</formal></set></think>
      <think><setname="topic"><formal><starindex="2"/></formal></set></think>
      OK,<getname="topic"/>,我喜欢!
  </template>
</category>

<topic name="手机">
  <category>
    <pattern>我喜欢苹果</pattern>
    <template>
        我比较喜欢华为,想问苹果的前置摄像头拍出来的到底是什么鬼
    </template>
  </category>
</topic>

<topic name="水果">
  <category>
    <pattern>我喜欢苹果</pattern>
      <template>
          我比较喜欢芒果,苹果我吃厌了
      </template>
  </category>
</topic>
```

10.3.3 主控程序运行和演示

我们对代码进行中文适配处理,编写完项目知识库之后,接着修改 10.1.4 小节中描述的标准启动文件,在<learn>标签部分,添加 greet.aiml、bye.aiml、time.amil、weather.aiml 和 chat.aiml 文件。启动

对话机器人后,即可自由对话。下面是一个对话示例。

```
user: 你好
bot: 你好啊.
user: 几点了
bot: 20 点 15
user: 北京天气
bot: 北京 17:55 天气实况: 气温 27.9℃,南风小于 3 级,湿度 28%
user: 那我们来聊手机吧
bot: OK,手机,我喜欢!
user: 我喜欢苹果
bot: 我比较喜欢华为,想问苹果的前置摄像头拍出来的到底是什么鬼
user: 我们还是来聊水果吧
bot: OK,水果,我喜欢!
user: 我喜欢苹果
bot: 我比较喜欢芒果,苹果我吃厌了
user: 太晚了,不聊了哦
bot: 好,回聊哈!
```

10.4 本章小结

AIML 是一个非常流行且有效的规则对话引擎。通过这个引擎,我们可以快速创建自己的智能对话系统。本章从 AIML 的基本语法开始介绍,然后剖析了其核心源码,最后展示了一个小型项目的设计与实现。通过学习本章内容,读者将能够掌握如何快速创建属于自己的智能对话系统。

第 11 章

Rasa多轮对话开源框架

近些年来，很多厂商都开源了自己的问答系统，整个系统是开包即用，例如，Facebook开源的Blender系统，它具有个性人物聊天的功能，可以知识问答，是有史以来最大的开放域（Open- Domain）聊天机器人。还有Uber开源的Plato系统，也具有比较完整的功能。Rasa是一个开源的问答机器人框架，可用于构建基于上下文的AI助手，也可用于构建闲聊机器人。从框架完整性、可扩展性、易用性等各方面，Rasa当仁不让是当前最全面的系统之一。

本章主要涉及的知识点如下。

- **Rasa：了解Rasa的体系结构和环境部署。**
- **Rasa NLU管道：了解管道原理，熟悉管道的配置及其中的基本方法。**
- **Rasa Core：学会故事、规则、动作、表单和策略的配置。**
- **多轮对话设计：了解基本的设计开发原则。**

11.1 Rasa 基础概要

Rasa 是一个构建基于文本和语音的 AI 聊天机器人开源框架。它能理解上下文、处理主题切换和意外查询等对话中的情况。它还允许用户训练模型并添加自定义动作响应。本节将给出 Rasa 的理论和实践的基础概览。首先讲解 Rasa 的体系结构，然后介绍其环境部署。

11.1.1 Rasa 的体系结构

图 11.1 概述了 Rasa 的体系结构。Rasa 有两个主要模块：Rasa NLU 和 Rasa Core。Rasa NLU 用于对用户消息内容的语义理解，主要包括实体识别、意图识别和响应检索。它使用训练好的模型来处理用户话语，在图中使用小体字显示为 NLU Pipeline。Rasa Core 用于对话管理（Dialogue Management），记录多轮信息，跟踪对话状态，基于上下文信息决定下一个动作。它在图中使用小体字显示为 Dialogue Policies。Rasa 官方还提供了一套交互工具 Rasa X 帮助用户提升和部署由 Rasa 框架构建的 AI 小助手和聊天机器人。

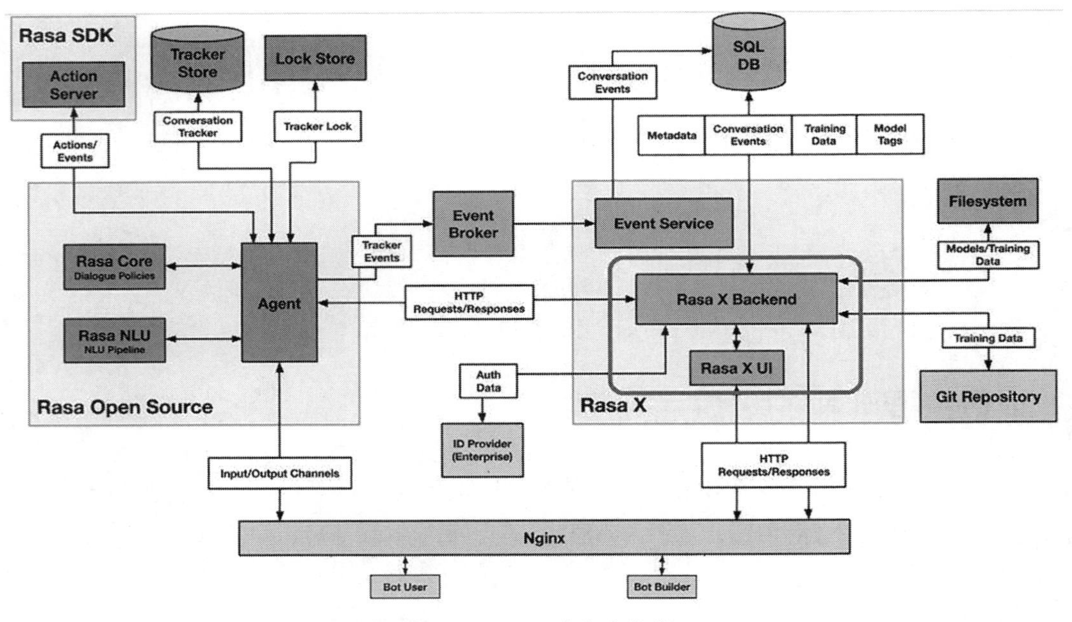

图 11.1 Rasa 的体系结构

从 Robot User 来看，Agent 就是整个 Rasa 系统的代理，它接收用户输入消息，返回 Rasa 系统的回答。在 Rasa 系统内，Agent 就是一个总控单元，它引导系统启动，连接自然语言理解模块和对话管理模块，得到动作（Action），然后调用动作得到回答；它也保存对话数据到数据存储。

动作服务器(Action Server)提供了动作与策略解耦的一种方式。用户可以定义任何一种动作连接到动作服务器上。通过训练学习,Rasa 可以将策略路由到这个动作上。这使得给机器人热插拔一个能力成为可能。

Bot 的对话历史存储在 Tracker Store 中。Rasa Open Source 提供了针对不同 Tracker Store 类型的开箱即用的实现,同时还支持创建自定义 Tracker Store。Tracker Store 的默认存储方式是 InMemoryTrackerStore。如果没有配置其他 Tracker Store,Rasa 就会使用这种方式,将对话历史记录存储在内存中。其他不同存储类型的开箱即用的方式包括 PostgreSQL、SQLite、Oracle、Redis、MongoDB、DynamoDB 等。

事件代理(Event Broker)可以将正在运行的 Bot 连接到处理对话数据的其他服务。例如,可以将实时 Bot 连接到 Rasa X 以查看和标记对话或将消息转发到外部分析服务。事件代理将消息发布到消息流服务(也称为消息代理),从而将 Rasa 事件从 Rasa 服务器转发到其他服务。每次跟踪器更新其状态时,所有事件都会作为序列化字典流式传输到事件代理。

Bot 训练好后,模型可以存储在不同的位置。Rasa 支持 3 种不同的方式加载训练后的模型:从本地磁盘加载模型、从 HTTP 服务器获取模型和从像 S3 这样的云存储中获取模型。默认情况下,Rasa CLI 的所有命令将从本地磁盘加载模型。

Rasa 在 Lock Store 中使用票证锁定机制来确保以正确的顺序处理给定对话 ID 的传入消息,并在处理消息时锁定对话。这意味着多个 Rasa 服务器可以作为备份服务并行运行,并且在发送给定对话 ID 的消息时,客户端不一定需要寻址同一节点。InMemoryLockStore 是默认的 Lock Store。它在单个进程中维护会话锁定。但当多个 Rasa 服务器并行运行时,不应使用此锁存储,此时 Rasa 推荐使用 RedisLockStore。

11.1.2 Rasa 的环境部署

下面以操作系统 Windows 10 为例,软件环境需求:Anaconda 2.0.3、Python 3.8.5,待安装 Rasa 信息:Rasa Version 2.8.3、Rasa SDK Version 2.8.1 和 Rasa X Version 0.42.0。官方推荐同时安装 Rasa 和 Rasa X。安装步骤如下。

```
### Step-1、Python Environment Setup
conda create -n rasa_pyenv python=3.8.5
### Step-2、激活虚拟环境
conda activate rasa_pyenv
### Step-3、安装 Rasa 和 Rasa X
pip3 install rasa-x-extra-index-url https://pypi.rasa.com/simple
```

环境准备好之后,我们来创建一个新项目。进入期望创建项目的路径,通过运行 rasa init --no-prompt 命令构建一个 Rasa 项目,其代码结构如图 11.2 所示。

```
|
|-- init.py # 帮助python查找操作的空文件
|
|-- config.yml # 配置NLU和Core模型
|
|-- domain.yml # 配置意图和对应的action执行文件
|
|-- endpoints.yml # 输出地址和端口配置
|
|-- credentials.yml # 开放的端口类型
|
|-- action.py # action文件
|
|-- data
|       |
|       |-- nlu.md # NLU训练数据
|       |
|       |-- stories.md # 故事数据

|-- word
|       |
|       |-- dict.txt # jieba分词用户自定义字典

|-- model # 模型保存地址
```

图 11.2　Rasa 代码结构

现在我们可以通过运行以下命令来启动 Rasa X。

```
rasa x
```

Rasa X 正常启动后，会生成一个账号/密码的登录信息。

```
The server is running at http://localhost:5002/login?username=me&password=Ju4uJoPzl7pW
```

接着就可以在浏览器中访问"http://localhost:5002"。登录 Rasa Web 页面时需要输入密码，就是上面 Rasa X 启动的密码"Ju4uJoPzl7pW"，现在就可以在浏览器中看到 Rasa X 配置管理界面了。

Rasa 配置文件(./config.yml)定义了模型要用到的 Rasa NLU 和 Rasa Core 组件，官方示例这个配置文件，这里面 NLU 模型将使用 supervised_embeddings pipeline。配置样例如下。

```
# Configuration for Rasa NLU.
# https://rasa.com/docs/rasa/nlu/components/
language: en

pipeline: supervised_embeddings
```

```
# Configuration for Rasa Core.
# https://rasa.com/docs/rasa/core/policies/
policies:
- name:MemoizationPolicy
- name:KerasPolicy
- name:MappingPolicy
```

11.2 Rasa NLU

Rasa NLU(自然语言理解)是一种用于理解短文本中所说内容的工具。例如,接收如下短消息:“I'm looking for a Mexican restaurant in the center of town”。Rasa NLU 返回如下的结构数据。

```
intent: search_restaurant
entities:
      - cuisine : Mexican
      - location : center
```

Rasa NLU 主要用于意图分类和实体提取等自然语言理解处理。要使用 Rasa,需要提供一些训练数据。也就是说,一组标记过意图和实体的消息。然后,Rasa 使用机器学习来获取模式并泛化到其他句子。我们可以将 Rasa NLU 视为一组高级 API,用于使用现有的 NLP 和 ML 库构建自己的语言解析器。

本节将详述 Rasa NLU 相关原理和使用方式。首先我们描述 Rasa NLU 的管道配置及对应的组件运行过程和输出。然后讲解 Rasa NLU 训练数据的提供方式。

11.2.1 NLU 管道

在 Rasa 项目中,NLU 管道定义了将非结构化用户消息转换为意图和实体的处理步骤。它由一系列组件组成,开发人员可以对其进行配置和定制。本小节的目的是解释组件在 Rasa NLU 管道中扮演的角色,并解释它们如何相互作用。

NLU 管道在 Rasa 的 config. yml 文件中定义。该文件描述了 Rasa 通过使用管道检测意图和实体的所有步骤。它以文本作为输入开始,并不断解析,直到将实体和意图作为输出。NLU 管道处理步骤如图 11.3 所示。

Entity Extractor$_1$ → Entities$_1$
Entity Extractor$_2$ → Entities$_2$
Text → Tokens → Features
Intent Classifier → Intents

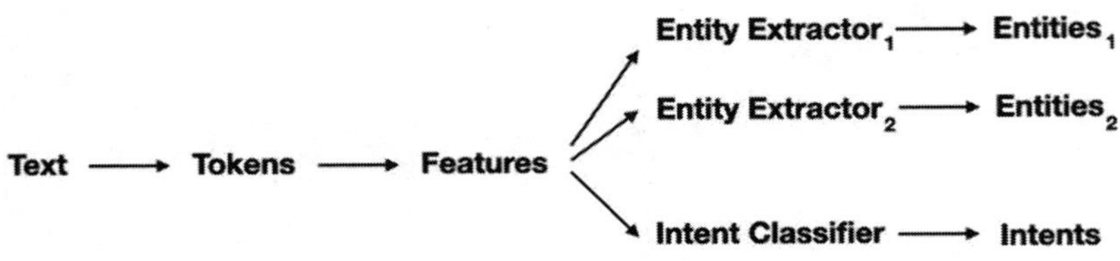

图 11.3　NLU 管道处理步骤

在管道中可以找到不同类型的组件，主要有分词器（Tokenizers）、特征化器（Featurizers）、意图分类（Intent Classifiers）和实体提取（Entity Extractors）。

第一步是将话语分成更小的文本块，称为标记（Tokens）。这必须在对文本进行特征化之前发生，这就是通常在管道的开头会首先列出一个分词器的原因。分词器将话语中的每个单词分割成一个单独的标记（Token），通常分词器的输出是一个单词列表。我们也可能会得到单独的标点符号，这取决于分词器和我们的设置。

图 11.4 给出了英文句子的分词和词形还原的图示。并不是每个分词器都会有词形还原，这依赖于所选择的分词器。

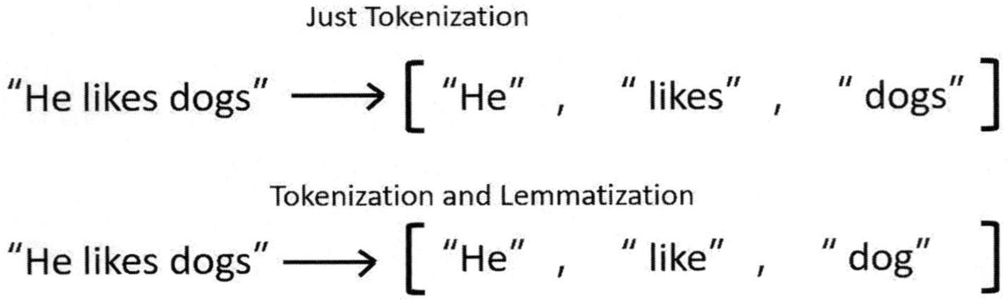

Just Tokenization
"He likes dogs" → ["He" , "likes" , "dogs"]
Tokenization and Lemmatization
"He likes dogs" → ["He" , "like" , "dog"]

图 11.4　分词和词形还原

对于英语，通常选择 WhiteSpaceTokenizer①，但是对于非英语，通常选择其他的。比如对于非英语的欧洲语言，通常选择 spaCy；对于汉语，通常选择 jieba。注意，分词器不会更改基础文本，它们只将文本分隔为标记（Token）。

特征化器为机器学习模型生成数字特征。图 11.5 给出了单词"Hi"的两种编码方式示意图。特征有两种类型：稀疏特征和稠密特征。从图 11.5 中我们可以发现，稀疏特征含有大量的 0 值，稠密特征一般都是连续的数值。

下面分别阐述这两种特征表达方式的使用。

---

① WhiteSpaceTokenizer 是使用空白符号作为分隔符的分词器，其具体用法可以参见官方网址：https://rasa.com/docs/rasa/components/#whitespacetokenizer。

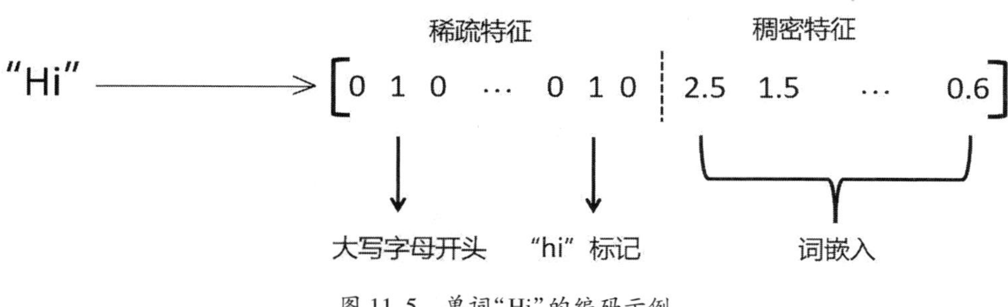

图 11.5 单词"Hi"的编码示例

(1)稀疏特征:通常由 CountVectorizer 生成。既可以使用词作为单位,也可以配置为字符 n-gram 为单位。默认使用词为单位,"analyzer"配置为 word,这时词频会作为特征。如果想使用字符 n-gram 作为单位,可以配置"analyzer"为 char 或 char_wb。n-gram 的上下边界通过参数 min_ngram 和 max_ngram 来设置,默认都为 1。此外,我们还有一个稀疏特征生成器 LexicalSyntacticFeaturizer,为用户消息创建词汇和句法特征来支持实体识别。它可以生成基于窗口的特征,这对实体识别有用。通过配置 LexicalSyntacticFeaturizer,我们可以使用来自 spaCy 的词性信息。在这种情况下,spaCy 将用作特征生成机制。然后机器学习管道将能够使用这些额外的特征,并有望做出更好的预测。其样例配置文件如下。

```
language: "en"

pipeline:
  - name:SpacyNLP
    model: "en_core_web_lg"
  - name:SpacyTokenizer
  - name: LexicalSyntacticFeaturizer
    "features":[
      ["title"], # features from token before current one
      ["title", "BOS", "EOS","pos"], # features from current token
      ["title"], # features from token after the current one
    ]
...
```

为了更好地理解上面的示例,表 11.1 给出了上面出现的特征名代表的含义。这里注意表中介绍的只是部分特征名,完整的说明请自行查阅相关资料。

表 11.1 部分特征名说明

特征名	描述
BOS	是否标记是句首
EOS	是否标记是句尾
title	是否标记首字符为大写、其余为小写
pos	取标记的词性(要求使用 SpacyTokenizer)

(2) 稠密特征:这些由许多预训练的嵌入组成。通常稠密特征来自 SpacyFeaturizers 或 HuggingFace 的 LanguageModelFeaturizers。如果想让它们生效,还应该在我们的管道中包含一个适当的分词器。如图 11.6 所示,除了标记(Token)的特征,我们还为整个句子生成特征。这有时也称为 CLS Token。CLS Token 的稀疏特征是标记(Token)中所有稀疏特征的总和。稠密特征要么是词向量的和/平均值(在 spaCy 的情况下),要么是整个文本的上下文表示(在 HuggingFace 模型的情况下)。

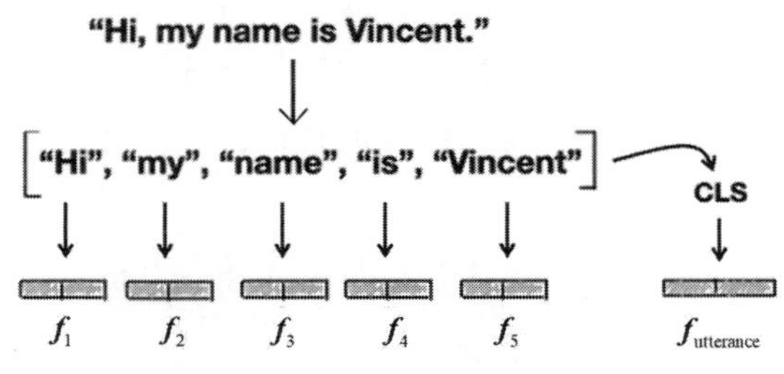

图 11.6 输入语句分词特征化

我们可以完全自由地使用自定义特征化工具添加自己的组件。举例来说,有一个社区维护的项目叫作 rasa-nlu-examples[①],它有许多非英语语言的实验特性化工具。它拥有超过 275 种语言。

一旦我们为所有标记和整个句子生成了特征,我们就可以将其传递给意图分类模型。我们建议使用 Rasa 的 DIET 模型,该模型可以处理意图分类和实体提取。它还能够从标记和句子特征中学习。Rasa 管道中的组件相互依赖,理解它如何工作有助于拆解 config. yml 文件。图 11.7 展示了配置文件与实际模块调用流程的映射。每个 name 键后面是调用的组件名,相关的参数可以在组件配置下面紧邻的区域进行详细配置。

NLU 管道是一系列组件。这些组件按照它们在管道中列出的顺序进行训练和处理。这意味着可以将管道配置视为数据需要通过的线性步骤序列。每当用户与助手交谈时,Rasa 在内部通过"消息"对象跟踪话语的状态。该对象由管道中的每个步骤进行处理。图 11.8 概述了处理消息时发生的情况。

① 该项目包含一些用于教学和启发使用的示例组件。使用时注意,这些工具仅与最新版本的 Rasa 兼容。具体可以访问官方地址:https://rasahq. github. io/rasa-nlu-examples/。

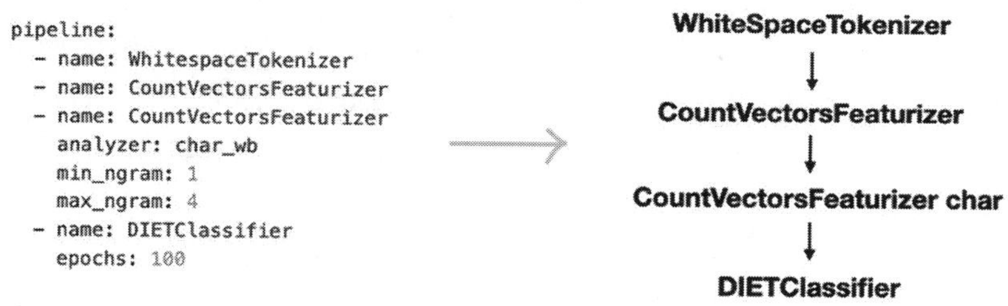

图 11.7　配置文件与实际模块调用流程的映射

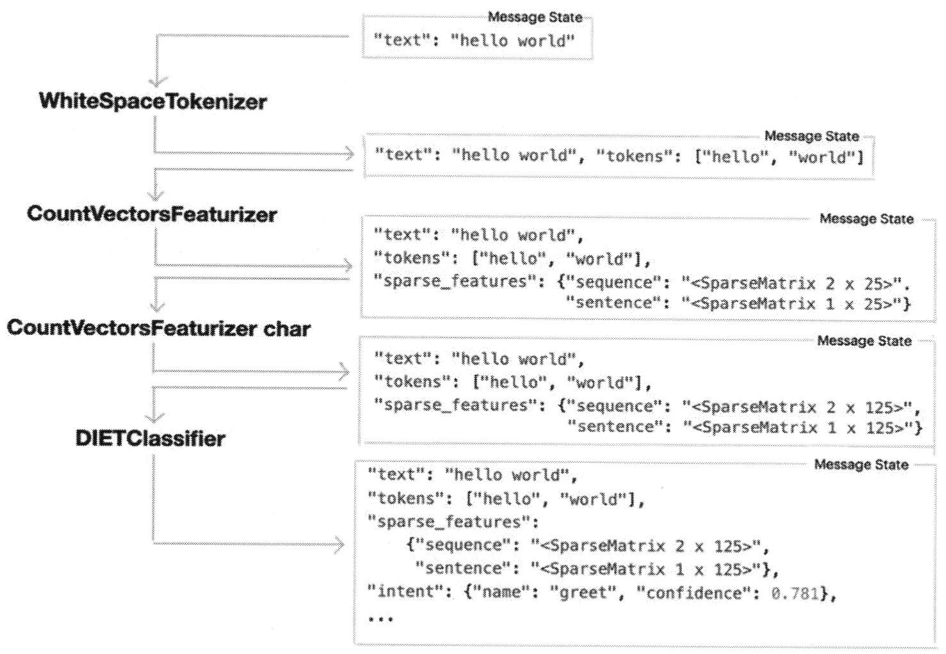

图 11.8　NLU 管道消息状态

消息首先从一个装有简单的用户话语的容器开始。在消息通过分词器后，它被拆分为多个标记（Token）。请注意，我们在图中将标记表示为字符串，而在内部，它们由“Token”对象表示。当消息通过 CountVectorsFeaturizer 时，注意消息状态中已经添加了稀疏特征对象。序列的特征和整个句子的特征是有区别的。另外，请注意，在通过第二个特征化器后，稀疏特征的大小会增加。DIETClassifier 将在消息中查找 sparse_features 和 dense_features，以便进行预测。处理完成后，它会将意图识别结果添加到消息对象。每次消息通过管道中的步骤时，消息对象都会获得新信息。这也意味着如果要向消息中添加信息，可以继续向管道中添加步骤。这也是可以添加额外的实体提取模型的原因。

我们可以继续观察图 11.9,这里在管道中添加了 RegexEntityExtractor①。该组件使用训练数据中定义的查找表和正则表达式来提取实体。该组件检查用户消息是否包含查找表中的条目或匹配正则表达式。如果找到匹配项,则将该值提取为实体。管道中的每一步都可以向消息中添加信息。这意味着我们可以添加多个实体提取步骤,并且可以并行地将实体添加到消息中。

图 11.9　NLU 管道添加新提取器消息状态

11.2.2　NLU 训练数据

NLU 训练数据由按意图分类的示例用户话语组成。训练示例中还可以包括实体。实体是可以从用户消息中提取的结构化信息片段。我们还可以在训练数据中添加额外的信息,例如,正则表达式和查找表,以帮助模型正确识别意图和实体。

NLU 训练数据定义在 nlu 键下。可在此项下添加的项包括训练示例、同义词、正则表达式和查找表等。训练示例按用户意图分组并列在 examples 键下。通常,每一行列出一个示例,如下。

① 尽管 DIET 模型能够学习如何识别实体,但我们不一定建议将它用于所有类型的实体。例如,结构化模式的实体(如电话号码)实际上并不需要算法来检测它们。

```
nlu:
- intent: greet
  examples: |
    - hey
    - hi
    - whats up
```

如果我们有自定义 NLU 组件并且需要示例的元数据,也可以使用下面的扩展格式。

```
nlu:
- intent: greet
  examples:
  - text: |
      hi
    metadata:
      sentiment: neutral
  - text: |
      hey there!
```

metadata 键可以包含任意键值数据,这些数据与示例相关联并且可由 NLU 管道中的组件访问。在上面的示例中,情感元数据可以被管道中的自定义组件用于情感分析。我们还可以在意图级别指定此元数据。

```
nlu:
- intent: greet
  metadata:
    sentiment: neutral
  examples:
  - text: |
      hi
  - text: |
      hey there!
```

在这种情况下,metadata 键的内容将传递给每个意图示例。如果想指定检索意图①,那么 NLU 示例将如下。

---

① 检索意图对应基于检索模型响应的情况,其配置在 config. yml 文件中的 pipeline 部分完成。不同的检索意图(ask-faq 或 chitchat)在每个 ResponseSelector 组件的配置中使用 retrieval_intent 参数来定义。更多信息可以参见:https://rasa. com/blog/response-retrieval-models/。

```
nlu:
- intent: chitchat/ask_name
  examples: |
    - What is your name?
    - May I know your name?
    - What do people call you?
    - Do you have a name for yourself?

- intent: chitchat/ask_weather
  examples: |
    - What's the weather like today?
    - Does it look sunny outside today?
    - Oh, do you mind checking the weather for me please?
    - I like sunny days in Berlin.
```

所有检索意图都添加了后缀,该后缀标识助手的特定响应键。在上面的示例中,ask_name 和 ask_weather 是后缀。后缀与检索意图名称由/分隔符分隔。/符号被保留为分隔符,用于将检索意图与其关联的响应键分开。类似于编程语言中的保留标识符,需要确保不要在意图名中使用。

实体在训练示例中可以使用实体名称进行注释。除实体名称外,还可以使用同义词、角色或组来注释实体。在训练示例中,实体注释如下。

```
nlu:
- intent: check_balance
  examples: |
    - how much do I have on my [savings](account) account
    - how much money is in my [checking]{"entity": "account"} account
    - What's the balance on my [credit card account]{"entity": "account", "value":
"credit"}
```

注释实体的完整语法如下。

```
[<entity-text>]{"entity": "<entity name>", "role": "<role name>", "group": "<group
name>", "value": "<entity synonym>"}
```

在此表示法中,关键字 role、group 和 value 是可选的。value 字段引用同义词。

同义词将抽取的实体映射到抽取的文本以外的值,通过这种方式可以规范化我们的训练数据。我们可以使用以下格式定义同义词。

```
nlu:
- synonym: credit
  examples: |
    - credit card account
    - credit account
```

我们还可以通过指定实体的值在训练示例中在线定义同义词。

```
nlu:
- intent: check_balance
  examples: |
    - how much do I have on my [credit card account]{"entity": "account", "value":
"credit"}
    - how much do I owe on my [credit account]{"entity": "account", "value": "credit"}
```

正则表达式对于对结构化模式(如邮政编码)执行实体提取非常有用。正则表达式模式可用于生成供 NLU 模型学习的特征,或者作为直接实体匹配的方法。结合 NLU 管道中的 RegexFeaturizer 和 RegexEntityExtractor 组件,我们能使用正则表达式来改进意图识别和实体提取。

在 NLU 管道中包含 RegexFeaturizer 组件,我们可以使用正则表达式来改进意图识别。当使用 RegexFeaturizer 时,正则表达式不会作为识别意图的规则。它仅作为一个特征用于学习意图分类的模式。目前,所有意图分类器都可使用正则表达式特征。在这种情况下,正则表达式的名称是人类可读的描述。它可以帮助我们记住正则表达式的用途,它是相应模式特征的标题。它不必匹配任何意图或实体名称。“帮助”请求的正则表达式可能如下。

```
nlu:
- regex: help
  examples: |
    - \bhelp\b
```

尝试以匹配尽可能少单词的方式创建正则表达式。例如,使用“\bhelp\b”而不是“help. *”,因为后一个可能匹配整个消息,而第一个只匹配一个单词。RegexFeaturizer 为意图分类器提供特征,但它并不直接预测意图。包含足够多的包含正则表达式的示例,以便意图分类器可以学习使用正则表达式特征。

我们也可以使用 NLU 管道中的 RegexEntityExtractor 组件将正则表达式用于基于规则的实体提取。当使用 RegexEntityExtractor 时,正则表达式的名称应与我们要提取的实体的名称匹配。例如,可以通过在训练数据中包含此正则表达式和至少两个带注释的示例来提取 10~12 位的账号。

```
nlu:
- regex: account_number
  examples: |
    - \d{10, 12}
- intent: inform
  examples: |
    - my account number is [1234567891](account_number)
    - This is my account number [1234567891](account_number)
```

每当用户消息包含10~12位的序列时,它将被抽取为一个account_number实体。RegexEntityExtractor不需要训练示例来学习提取实体,但我们确实需要至少两个带注释的实体示例,以便NLU模型可以在训练时将其注册为实体。

查找表是用于生成不区分大小写的正则表达式模式的单词列表。结合管道中的RegexFeaturizer和RegexEntityExtractor组件,它们与使用正则表达式的方式一样。我们可以使用查找表来帮助提取领域范围明确且狭窄的实体。查找表中可以罗列该范围内已知的所有实体。例如,要提取国家名称,我们可以添加世界上所有国家名称的查找表。

```
nlu:
- lookup: country
  examples: |
    - Afghanistan
    - Albania
    - ...
    - Zambia
    - Zimbabwe
```

当查找表和RegexFeaturizer一起使用时,需要提供匹配的意图或实体足够多的示例。这样,模型可以学习使用生成的正则表达式作为特征。当查找表和RegexEntityExtractor一起使用时,至少提供两个带注释的实体示例,以便NLU模型可以在训练时将其注册为实体。

将单词注释为自定义实体,允许我们在训练数据中定义某些概念。例如,可以通过单词注释来识别城市。

```
I want to fly from [Berlin]{"entity": "city"} to [San Francisco]{"entity": "city"}.
```

有时我们希望向实体添加更多详细信息。例如,要构建一个航班预订的助手,助手需要知道上例中的两个城市中的哪个是出发城市,哪个是目的地城市。Berlin和San Francisco都是城市,但它们在这条信息中扮演不同的角色。为了区分不同的角色,除实体标签外,还可以分配一个角色标签。

```
- I want to fly from [Berlin]{"entity": "city", "role": "departure"} to [San Francisco]{"entity": "city", "role": "destination"}.
```

提取器返回的实体对象将包括检测到的角色/组标签。

```
{
  "text": "Book a flight from Berlin to SF",
  "intent": "book_flight",
  "entities":[
    {
      "start": 19,
      "end": 25,
```

```
      "value": "Berlin",
      "entity": "city",
      "role": "departure",
      "extractor": "DIETClassifier",
    },
    {
      "start": 29,
      "end": 31,
      "value": "San Francisco",
      "entity": "city",
      "role": "destination",
      "extractor": "DIETClassifier",
    }
  ]
}
```

我们还可以通过在实体标签旁边指定一个组标签来对不同的实体进行分组。例如,组标签可用于定义不同的顺序。在以下示例中,组标签指定了哪些配料与哪些比萨饼搭配,以及每个比萨饼的大小。

```
Give me a [small]{"entity": "size", "group": "1"} pizza with [mushrooms]{"entity":
"topping", "group": "1"} and a [large]{"entity": "size", "group": "2"} [pepperoni]
{"entity": "topping", "group": "2"}
```

为了使用具有角色和组标签的实体训练好我们的模型,请确保为实体和角色或组标签的每个组合提供足够的训练示例。为了使模型具有好的泛化能力,请确保在训练示例中有一些变化。例如,应该包括类似的示例"fly TO y FROM x",而不仅仅是"fly FROM x TO y"。要从具有特定角色/组的实体填充槽位,我们需要为槽位定义 from_entity 槽位映射并指定所需的角色/组。例如:

```
entities:
  - city:
      roles:
      - departure
      - destination

slots:
  departure:
    type: any
    mappings:
    - type: from_entity
      entity: city
```

```
      role: departure
  destination:
    type: any
    mappings:
    - type: from_entity
      entity: city
      role: destination
```

如果我们想通过角色或组来影响对话预测,则需要修改我们的故事以包含所需的角色或组标签。我们还需要在域文件中列出实体的相应角色和组。假设想根据用户的位置输出不同的句子。例如,如果用户刚从伦敦抵达,我们可能会询问去伦敦的行程如何。但是,如果用户正在前往马德里的途中,我们可能希望该用户有一个愉快的住宿体验。我们可以通过以下两个故事实现此目的。

```
stories:
- story: The user just arrived from another city.
  steps:
    - intent: greet
    - action: utter_greet
    - intent: inform_location
      entities:
        - city: London
          role: from
    - action: utter_ask_about_trip

- story: The user is going to another city.
  steps:
    - intent: greet
    - action: utter_greet
    - intent: inform_location
      entities:
        - city: Madrid
          role: to
    - action: utter_wish_pleasant_stay
```

DIETClassifier 和 CRFEntityExtractor 具有选项 BILOU_flag,它指的是机器学习模型在处理实体时可以使用的标记模式。BILOU 是 Beginning、Inside、Last、Outside 和 Unit-length 的缩写。例如,训练示例

```
[Alex]{"entity": "person"} is going with [Marty A. Rick]{"entity": "person"} to [Los
Angeles]{"entity": "location"}.
```

首先句子拆分为一个 Token 列表，然后机器学习模型根据开关选项 BILOU_flag 的值应用图 11.10 所示的不同标记模式。当 BILOU_flag 取 false 时，它是普通标记模式，不会区分一个实体不同部分的细节。与普通标记模式相比，BILOU 标记模式更丰富。在预测实体时，它可能有助于提高机器学习模型的性能。当 BILOU_flag 取 true 时，模型可能预测不一致的 BILOU 标签，例如，“B-person I-location L-person”。Rasa 使用一些启发式的方法来清除不一致的 BILOU 标签。例如，“B-person I-location L-person”会被修正为“B-person I-person L-person”。

Token	BILOU_flag = true	BILOU_flag = false
alex	U-person	person
is	O	O
going	O	O
with	O	O
marty	B-person	person
a	I-person	person
rick	L-person	person
to	O	O
los	B-location	location
angeles	L-location	location

图 11.10 BILOU 标记模式

11.3 Rasa Core

Rasa Core 是用于构建 AI 助手的对话引擎，是开源 Rasa 框架的一部分。Rasa Core 消息处理流程由前面描述的对话管理模块了解到，它应该是负责协调聊天机器人的各个模块，起到维护人机对话的结构和状态的作用。对话管理模块涉及的关键技术包括对话行为识别、对话状态识别、对话策略学习及行为预测、对话奖励等。图 11.11 所示是 Rasa Core 消息处理流程。

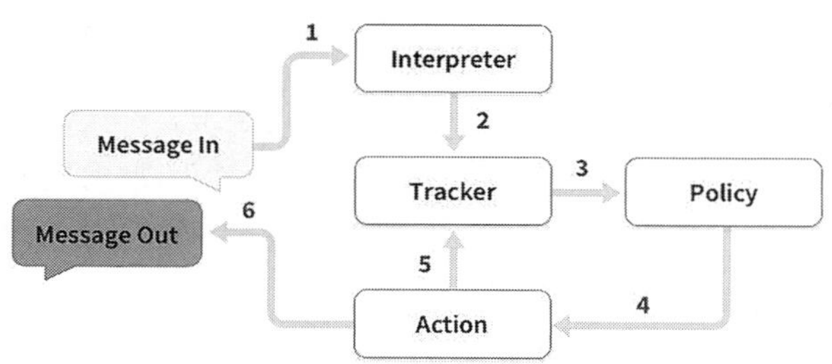

图 11.11 Rasa Core 消息处理流程

首先,解释器(Interpreter)接收消息后,将消息转换成字典,并转化成特征,提取命名实体,识别意图。这部分叫作自然语言理解(NLU)。Interpreter 将输出包括实体、意图,以及对话的特征一起传给跟踪器(Tracker)。接着,Tracker 将当前状态(特征,意图,实体)及历史状态信息一并传给策略(Policy)。Policy 将当前状态及历史状态一并特征化,并传入预测模型,预测模型预测出下一个动作(Action)。Action 完成实际动作,并将动作结果通知到 Tracker,成为历史状态。最后,Action 将结果返回给用户。

Rasa Core 包含两个内容:stories 和 domain。它表现为两个文件:domain. yml 和 story. md。domain. yml 包括对话系统所适用的领域,包含意图集合、实体集合和相应集合。story. md 为训练数据集合,原始对话在 domain 中的映射。

本节会分别阐述 Rasa 对话管理模型中的故事、规则、动作、表单和策略等基本核心元素的使用配置方式。

11.3.1 故事

Rasa stories 是一种用来训练 Rasa 的对话管理模型的数据形式。故事被用来训练机器学习模型,以识别对话中的模式,并将其归纳为看不见的对话路径。一个 story 是用户和智能系统之间对话的表示,包括故事的名字、元数据和步骤列表。下面是一个简单的欢迎用户的故事示例。

```
stories:
- story: Greet the user
  metadata:
    author: Somebody
    key: value
  steps:
  # list of steps
  - intent: greet
  - action: utter_greet
```

这个例子中有完整的三部分数据。故事的名字是 Greet the user。故事的名字是任意的,编撰者根据需要命名,用于让故事更容易理解。metadata 部分是元数据,它的内容是任意的,不是必须项,可以使用它来存储有关故事的信息,像作者之类。steps 部分是步骤列表,用来组织故事的用户输入和系统动作。其中,用户输入表示为相应的意图(和必要的实体),而系统动作表示为相应的 action 名称。

每个步骤可能是以下步骤之一:由意图和实体表示的用户消息、or 语句(包含两个或多个用户消息)、系统动作、表单、槽位已设置事件或一个检查点(将故事与另一个故事连接起来)。以下是一个稍复杂一点的对话示例。

```
stories:
- story: collect restaurant booking info  # name of the story-just for debugging
  steps:
  - intent: greet                         # user message with no entities
  - action: utter_ask_howcanhelp
  - intent: inform                        # user message with entities
    entities:
    - location: "rome"
    - price: "cheap"
  - action: utter_on_it                   # action that the bot should execute
  - action: utter_ask_cuisine
  - intent: inform
    entities:
    - cuisine: "spanish"
  - action: utter_ask_num_people
```

在撰写故事时，我们无须处理用户发送的消息中的具体内容。相反，我们可以利用 NLU 管道的输出，该管道使用意图和实体的组合来引用用户可以发送的具有相同含义的所有可能消息。如上例所示，所有用户消息都使用 intent：key 和可选的 entities：key 指定。stories 会有两种类型的 actions：utterances 和自定义 actions。utterances（话语）是系统可以回应的硬编码信息。而自定义 actions 涉及正在执行的自定义代码。系统执行的所有 action（包括 utterances 和自定义 actions）都是以"- action"开头的，后面跟着 action 的名称。所有的 utterances 都必须以前缀"utter_"开头，并且必须匹配域中定义的模板的名称。对于自定义 actions，action 名称是从自定义 actions 类中 name 方法返回的字符串。虽然对自定义 actions 的命名没有限制（与 utterances 不同），但是这里最好是在名称前面加上前缀"action_"。

表单（forms）是一种特定类型的自定义动作，它包含对一组所需槽位循环向用户请求信息的逻辑。我们可以在域（domain）的 forms 部分中定义表单。定义好之后，我们应该使用规则为 forms 指定 happy path，在故事中加入 forms 的中断或其他 unhappy paths，这样模型就可以推广到看不见的对话序列。作为故事中的一个步骤，表单采用以下格式。

```
stories:
- story: story with a form
  steps:
  - intent: find_restaurant
  - action: restaurant_form               # Activate the form
  - active_loop: restaurant_form          # This form is currently active
  - active_loop: null                     # Form complete, no form is active
  - action: utter_restaurant_found
```

action 步骤激活 forms，开始在所需的槽位上循环。“active_loop：restaurant_form”步骤表示当前有一个活动 forms。active_loop 步骤不会将表单设置为活动状态，而是指示它已经被激活。“active_loop：null”步骤表示在执行后续步骤之前，没有表单处于活动状态。表单可以在活动状态被中断。在这种情况下，中断应该在“action：<form to activate>”步骤之后，它后面接着是“active_loop：<active form>”步骤。中断情况如下。

```
stories:
- story: interrupted food
  steps:
    - intent: request_restaurant
    - action: restaurant_form
    - intent: chitchat
    - action: utter_chitchat
    - active_loop: restaurant_form
    - active_loop: null
    - action: utter_slots_values
```

槽位事件（slot event）在 slot_was_set 键下指定：具有槽位名称和可选的槽值。槽位充当系统的记忆器。槽位由内置动作 action_extract_slots 或自定义动作（custom actions）设置。在故事的 slot_was_set 步骤中引用槽位。例如：

```
stories:
- story: story with a slot
  steps:
  - intent: celebrate_bot
  - slot_was_set:
    - feedback_value: positive
  - action: utter_yay
```

这意味着故事要求 feedback_value 槽值为 positive，会话才能继续。是否需要包含槽位的值取决于槽位类型及该值是否影响对话。如果该值无关紧要，可以不填。

```
stories:
- story: story with a slot
  steps:
  - intent: greet
  - slot_was_set:
    - name
  - action: utter_greet_user_by_name
```

槽位的默认初始值为 null,我们可以使用这个特点来判断槽值是否设置。

```
stories:
- story: French cuisine
  steps:
  - intent: inform
  - slot_was_set:
    - cuisine: null
```

故事(stories)不会设置槽值。如果做了槽位映射,则由内置动作 action_extract_slots 设置槽值。或者在 slot_was_set 步骤之前由自定义动作(custom actions)设置槽值。

检查点(checkpoint)在故事的开头或结尾用"checkpoint:key"格式指定。检查点是连接故事的方法。它们可以是故事的第一步,也可以是最后一步。

如果它们是故事的最后一步,那么在训练模型时,该故事将连接到以同名检查点开始的另一个故事。

下面是一个以检查点结尾的故事和一个以相同检查点开头的故事的示例。

```
stories:
- story: story_with_a_checkpoint_1
  steps:
  - intent: greet
  - action: utter_greet
  - checkpoint: greet_checkpoint     # 结尾

- story: story_with_a_checkpoint_2
  steps:
  - checkpoint: greet_checkpoint     # 开头
  - intent: book_flight
  - action: action_book_flight
```

故事开头的检查点也可以在满足特定槽值时生效,例如:

```
stories:
- story: story_with_a_conditional_checkpoint
  steps:
  - checkpoint: greet_checkpoint     # 开头
    # This checkpoint should only apply if slots are set to the specified value
    slot_was_set:
    - context_scenario: holiday
    - holiday_name: thanksgiving
  - intent: greet
  - action: utter_greet_thanksgiving
```

检查点可以帮助简化训练数据,并减少其中的冗余,但不要过度使用它们。使用大量检查点会很快让配置的故事难以理解。如果在不同的故事中经常重复一系列步骤,那么使用它们是有意义的,但是没有检查点的故事更容易读写。

or 步骤是以相同的方式处理多个意图(intents)的方法,而不是为每个意图编写单独的故事。例如,如果我们要求用户确认某事,我们可能希望以相同的方式对待“确认(affirm)”和“感谢(thanks)”意图。带有 or 步骤的故事将在训练时转换为多个单独的故事。例如,以下故事将在训练时转换为两个故事。

```
stories:
- story: story with OR
  steps:
  - intent: signup_newsletter
  - action: utter_ask_confirm
  - or:
    - intent: affirm
    - intent: thanks
  - action: action_signup_newsletter
```

需要提醒一下:过度使用检查点和 or 语句会降低训练速度,因此需要慎用。

11.3.2 规则

规则是一种用于训练智能对话系统的对话管理模型的训练数据。规则描述了应该始终遵循相同路径的简短对话。规则非常适合处理小的特定对话模式,但与故事不同的是,规则没有能力推广到看不见的对话路径。rules 就是基于规则的流程控制,只要满足规则,每次走的都是确定性分支。在开始编写规则之前,必须确保将规则策略添加到模型配置中。

```
policies:
- ... # Other policies
- name: RulePolicy
```

然后可以将规则添加到训练数据的规则部分。要表明规则可以在对话中的任何时候应用,请从启动对话的意图开始,然后添加系统执行的动作以响应该意图。

```
rules:

- rule: Say `hello` whenever the user sends a message with intent `greet`
  steps:
  - intent: greet
  - action: utter_greet
```

此示例规则适用于两种情况:对话开始和当用户对话进行中决定发送带有 greet 意图的消息。要编写仅在对话开始时适用的规则,在规则中添加“conversation_start: true”。

```
rules:

- rule: Say `hello` when the user starts a conversation with intent `greet`
  conversation_start: true
  steps:
  - intent: greet
  - action: utter_greet
```

如果用户稍后在对话中发送带有 greet 意图的消息,规则将不匹配。还有一种一般意义上的条件规则。条件描述了规则的适用要求。为此,请在“条件”键下添加有关上一次对话的任何信息。

```
rules:

- rule: Only say `hello` if the user provided a name
  condition:
  - slot_was_set:
    - user_provided_name: true
  steps:
  - intent: greet
  - action: utter_greet
```

可以在 condition 键下包括 slot_was_set 事件和 active_loop 事件。规则默认将在完成最后一步后等待下一条用户消息。如果想将下一个动作预测交给另一个故事或规则,请将“wait_for_user_input: false”添加到规则中。

```
rules:

- rule: Rule which will not wait for user message once it was applied
  steps:
  - intent: greet
  - action: utter_greet
  wait_for_user_input: false
```

上面的示例表示助手不用等待用户输入,直接执行另一个操作。

激活和提交表单通常都会遵循固定路径。我们可以编写规则来处理表单期间的意外输入。这将在 11.3.4 小节中具体介绍。

11.3.3 动作

在每个用户消息之后，模型将预测助手接下来应该执行的操作。本小节概述了 Rasa 可以使用的不同类型的操作。它包括响应（responses）、自定义动作（custom actions）和内置动作（default actions）。

响应是助手发送给用户的消息。响应通常只有文本，但也可以包括图像和按钮等内容。响应位于域文件或单独的 responses.yml 文件中的 responses 键下。每个响应名称应以"utter_"前缀命名。例如，可以在响应名称下添加问候和说再见的响应：utter_greet 和 utter_bye。

```
intents:
  - greet

responses:
  utter_greet:
  - text: "Hi there!"
  utter_bye:
  - text: "See you!"
```

如果我们在助手中使用检索意图，还需要为助手对这些意图的回复添加响应。

```
intents:
  - chitchat

responses:
  utter_chitchat/ask_name:
  - text: Oh yeah, I am called the retrieval bot.

  utter_chitchat/ask_weather:
  - text: Oh, it does look sunny right now in Berlin.
```

考虑到灵活性，我们可以将变量插入响应中，变量用大括号括起来。例如，在 utter_greet 回复文本中使用变量 name。

```
responses:
  utter_greet:
  - text: "Hey, {name}. How are you?"
```

使用 utter_greet 响应时，Rasa 会使用在名为 name 的槽位中找到的值自动填充变量 name。如果这样的槽位不存在或为空，则变量将填充为 None。

填充变量的另一种方法是在自定义动作中。在自定义动作代码中，我们可以为响应提供特定变量的值。如果 Rasa SDK 用于动作服务器(action server),我们可以将值作为 dispatcher. utter_message 的关键字参数传递给变量。

```
dispatcher.utter_message(
    template="utter_greet",
    name="Sara"
)
```

如果使用自定义动作服务器,可以给服务器返回的响应添加额外参数,通过这种方式来提供值。

```
{
  "events":[
    ...
  ],
  "responses":[
    {
      "template":"utter_greet",
      "name":"Sara"
    }
  ]
}
```

对于同样的文本消息总给一成不变的答复,这样的智能对话系统显得很呆板。我们可以为给定的响应名称提供多种响应选择,这样就可以使系统的回复更人性化。

```
responses:
  utter_greet:
  - text: "Hey, {name}. How are you?"
  - text: "Hey, {name}. How is your day going?"
```

在这个例子中,当 utter_greet 被预测为下一个动作时,Rasa 将随机选择两个响应变体中的一个来使用。

很多时候,针对不同渠道或终端的用户,意思相同的响应需要根据具体场景有不同的文本表达方式。Rasa 提供了根据用户连接的通道指定不同的响应的能力。在以下示例中,channel 键使第一个响应特定于 slack 通道,而第二个变体不是特定于某个通道。

```
responses:
  utter_ask_game:
  - text: "Which game would you like to play on Slack?"
    channel: "slack"
  - text: "Which game would you like to play?"
```

当系统在给定响应名称下查找合适的响应时，它会从当前通道优先选择针对该通道的响应。如果不存在此类响应，则系统将从不针对任何特定通道的响应中进行选择。在上面的示例中，第二个响应没有指定通道，系统可以将其用于除 slack 外的所有通道。

还有一种多样化响应的形式是基于一个或多个槽值来选择特定响应。条件响应在 domain 或 responses YAML 文件中定义，类似于标准响应，但需要添加 condition 键。这个键指定槽位名和槽值约束的列表。当在对话期间触发响应时，将比对当前对话状态和每个条件响应的约束。如果所有约束槽值都等于当前对话状态的对应槽值，则系统选择该响应。在下面的示例中，我们将定义一个具有一个约束的条件响应，即 logged_in 设置为 true。

```
slots:
  logged_in:
    type: bool
    influence_conversation: False
    mappings:
    - type: custom
  name:
    type: text
    influence_conversation: False
    mappings:
    - type: custom

responses:
  utter_greet:
    - condition:
        - type: slot
          name: logged_in
          value: true
      text: "Hey, {name}. Nice to see you again! How are you?"

    - text: "Welcome. How is your day going?"
```

下面是对应的故事。

```
stories:
- story: greet
  steps:
  - action: action_log_in
  - slot_was_set:
    - logged_in: true
  - intent: greet
  - action: utter_greet
```

在上面的示例中,只要执行动作 utter_greet 并且 logged_in 设置为 true,"Hey, {name}. Nice to see you again! How are you?"就会使用第一个响应。当 logged_in 不等于 true 时,默认使用没有条件的第二个响应。

在对话期间,Rasa 将从所有满足约束的条件响应变体中进行选择。如果有多个符合条件的条件响应变体,Rasa 将随机选择一个。例如,考虑以下响应。

```
responses:
  utter_greet:
    - condition:
        - type: slot
          name: logged_in
          value: true
      text: "Hey, {name}. Nice to see you again! How are you?"

    - condition:
        - type: slot
          name: eligible_for_upgrade
          value: true
      text: "Welcome, {name}. Did you know you are eligible for a free upgrade?"

    - text: "Welcome. How is your day going?"
```

如果 logged_in 和 eligible_for_upgrade 都设置为 true,则第一和第二响应都有资格使用,这时将由会话系统以等概率随机选择。

我们也可以同时使用特定通道响应和条件响应,如下例所示。

```
slots:
  logged_in:
    type: bool
    influence_conversation: False
    mappings:
    - type: custom
  name:
    type: text
    influence_conversation: False
    mappings:
    - type: custom

responses:
  utter_greet:
    - condition:
        - type: slot
```

```
        name: logged_in
        value: true
      text: "Hey, {name}. Nice to see you again on Slack! How are you?"
      channel: slack

    - text: "Welcome. How is your day going?"
```

Rasa 将按以下顺序优先选择响应:匹配通道的条件响应;匹配通道的默认响应;没有匹配通道的条件响应;没有匹配通道的默认响应。

自定义动作可以运行我们想要的任何代码,包括 API 调用、数据库查询等。它们可以完成开灯、将事件添加到日历、检查用户的银行余额或任何能想象到的其他内容。任何想在 stories 中使用的自定义动作应该先添加在 domain 文件的 actions 部分。当对话引擎预测要执行的自定义动作时,它将通过以下信息调用动作服务器。

```
{
  "next_action": "string",
  "sender_id": "string",
  "tracker":{
    "conversation_id": "default",
    "slots": {},
    "latest_message": {},
    "latest_event_time": 1537645578.314389,
    "followup_action": "string",
    "paused": false,
    "events": [],
    "latest_input_channel": "rest",
    "active_loop": {},
    "latest_action": {},
  },
"domain":{
    "config": {},
    "session_config": {},
    "intents": [],
    "entities": [],
    "slots": {},
    "responses": {},
    "actions": [],
    "forms": {},
    "e2e_actions": []
  },
  "version": "version"
}
```

动作服务器使用事件和响应列表进行响应。

```
{
  "events": [{}],
  "responses": [{}]
}
```

自定义动作继承 rasa_sdk 的 Action 类。表 11.2 给出了自定义动作类函数的说明。

表 11.2　自定义动作类函数的说明

自定义动作类函数	含义
name( )	自定义 action 的名称
run( )	执行 action 的具体操作,自定义编写
dispatcher. utter_message( )	向用户发送信息
tracker. get_slot(slot_name)	获取槽位的值
tracker. lastest_message	获取最近的用户信息
Slotset(key: Text, value: Any)	为槽位设置槽值

内置动作是一类默认内置在对话管理中的操作,是根据某些特定对话情况自动预测的。表 11.3 给出了一些内置动作,可以自定义这些动作来个性化助手。

表 11.3　Rasa Core 内置动作

内置动作	含义
action_listen	等待下一次用户输入
action_restart	重置整个对话历史记录
action_session_start	启动一个新的会话 session
action_default_fallback	撤销上一次用户与机器人的交互,并发送 utter_default 响应
action_deactive_loop	禁用处理表单的动作循环,并重置请求的 slots
action_two_stage_fallback	先调用 action_default_ask_affirmation 二次询问确认后,再撤销
action_default_ask_affirmation	由 action_two_stage_fallback 使用,要求用户确认意图
action_default_ask_rephrase	若用户拒绝确认意图,则循环使用此操作
action_back	撤销上一次用户与机器人的交互

11.3.4 表单

表单是最常见的对话模式之一,它可以看作某种自定义动作。它从用户那里收集一些信息以便实现某种目标(预订餐厅、调用 API、搜索数据库等)。这也称为槽填充。

要在 Rasa Open Source 中使用表单,需要确保将 RulePolicy 添加到策略配置中。

```
policies:
- name:RulePolicy
```

我们在 domain 文件的 forms 部分添加信息来定义表单。表单的名称是在故事或规则中用于处理表单执行所使用的动作名。我们需要给必需槽位键指定一系列槽位名。以下是表单 restaurant_form 的一个示例,它需要填充两个槽位:cuisine 和 num_people。

```
entities:
- cuisine
- number
slots:
  cuisine:
    type: text
    mappings:
    - type: from_entity
      entity: cuisine
  num_people:
    type: any
    mappings:
    - type: from_entity
      entity: number
forms:
  restaurant_form:
    required_slots:
        - cuisine
        - num_people
```

在 ignored_intents 键下,我们可以为整个表单定义要忽略的意图列表。这些意图将添加到每个槽位映射的 not_intent 键中。

例如,当意图是 chitchat 时,如果不希望填写表单有任何必需槽位,那么需要定义以下内容(在表单名称之后和 ignored_intents 关键字下)。

```
entities:
- cuisine
- number
slots:
  cuisine:
    type: text
    mappings:
    - type: from_entity
      entity: cuisine
  num_people:
    type: any
    mappings:
    - type: from_entity
      entity: number
forms:
  restaurant_form:
    ignored_intents:
    - chitchat
    required_slots:
        - cuisine
        - num_people
```

一旦表单动作第一次被调用,表单就会被激活并提示用户输入下一个所需的槽值。它通过找到"utter_ask_<form_name>_<slot_name>"响应完成这个动作。如果没有找到,系统会去找"utter_ask_<slot_name>"响应。因此,需要确保在 domain 文件中为每个必需的槽位定义这些响应。

要激活表单,需要添加一个故事或规则,其中描述了系统应该何时运行表单。在特定意图触发表单的情况下,使用以下规则为例。

```
rules:
- rule: Activate form
  steps:
  - intent: request_restaurant
  - action: restaurant_form
  - active_loop: restaurant_form
```

这里"active_loop: restaurant_form"步骤意味着应在 restaurant_form 运行后激活表单。

填充完所有必需的槽位后,表单将自动停用。我们可以使用规则或故事来描述助手在表单结束时的行为。如果不添加适用的故事或规则,系统将在表单完成后自动收听下一条用户消息。下面是一个填槽结束后,运行话语 utter_submit 和 utter_slots_values 的示例。

```
rules:
- rule: Submit form
  condition:
  # Condition that form is active
  - active_loop: restaurant_form
  steps:
  # Form is deactivated
  - action: restaurant_form
  - active_loop: null
  - slot_was_set:
    - requested_slot: null
  # The actions we want to run when the form is submitted
  - action: utter_submit
  - action: utter_slots_values
```

很多时候,用户不会按系统要求他们提供的给出信息答复。通常,用户会提出问题、闲聊、改变主意,或者以其他方式偏离预设的对话路径。当表单处于活动状态时,如果用户的输入未能填充请求的槽位,则表单动作的执行将被拒绝,这时表单将自动引发 ActionExecutionRejection 事件。当表单处于激活状态,系统请求一个槽值时,两个特定场景会触发 ActionExecutionRejection 事件:用户消息无法填充槽位,并且没有定义用于槽位校验或槽位提取的自定义动作;用于槽位校验或槽位提取的自定义动作未返回任何 Slotset 事件。要处理表单动作执行被拒绝的情况,我们可以编写包含预期中断的规则或故事。例如,如果希望用户与系统闲聊,可以添加一个规则来处理这个问题。

```
rules:
- rule: Example of an unhappy path
  condition:
  # Condition that form is active
  - active_loop: restaurant_form
  steps:
  # This unhappy path handles the case of an intent `chitchat`
  - intent: chitchat
- action: utter_chitchat
  # Return to form after handling the `chitchat` intent
  - action: restaurant_form
  - active_loop: restaurant_form
```

在某些情况下,用户可能会在表单动作的中间改变主意,决定放弃最初的请求。在这种情况下,系统应该停止询问的槽位信息。我们可以使用默认操作 action_deactivate_loop 优雅地处理此类情况,该操作将停用表单并重置请求的槽位。此类对话的示例故事如下。

```
stories:
- story: User interrupts the form and doesn't want to continue
  steps:
  - intent: request_restaurant
  - action: restaurant_form
  - active_loop: restaurant_form
  - intent: stop
  - action: utter_ask_continue
  - intent: stop
  - action: action_deactivate_loop
  - active_loop: null
```

11.3.5 策略

系统使用策略来决定在对话的每个步骤中要执行的动作。系统有多个策略供选择，可以同时选择多个策略，由 Rasa Agent 模块统一调度。在项目文件 config. yml 中，我们可以在 policies 键下指定策略配置。以下是一个示例。

```
recipe: default.v1
language:  # your language
pipeline:
  # - <pipeline components>

policies:
  - name:MemoizationPolicy
  - name:TEDPolicy
    max_history: 5
    epochs: 200
  - name:RulePolicy
```

在每一轮对话中，配置中的每个策略都会给出自己预测的下一个动作，并给出置信度，然后智能体会选出最高置信度对应的动作。当多个置信度相同时，Rasa 有默认优先级，这些优先级确保在出现平局的情况下有确定性结果，数字越高优先级越高。

```
6 -RulePolicy
5 -FormPolicy
4 -FallbackPolicy 或 TwoStageFallbackPolicy
3 -MemoizationPolicy 或 AugmentedMemoizationPolicy
2 -MappingPolicy
1 -TEDPolicy
```

每条用户消息后，系统默认最多可以预测 10 个动作，可以将环境变量 MAX_NUMBER_OF_PREDICTIONS 设置为所需的最大预测数。通常，不建议在配置中为同样优先级设置多个策略。如果具有相同优先级的策略并且它们以相同的置信度进行预测，则会随机选择生成动作。

RulePolicy 是一种处理遵循固定行为（如业务逻辑）的对话部分的策略。rules 根据训练数据中的内容进行预测。

```
policies:
  - name: "RulePolicy"
  # Confidence threshold for the `core_fallback_action_name` to apply
  # The action will apply if no other action was predicted
  # with a confidence >=core_fallback_threshold
  core_fallback_threshold: 0.3
  core_fallback_action_name: action_default_fallback
  enable_fallback_prediction: true
  restrict_rules: true
  check_for_contradictions: true
```

restrict_rules（默认值为 true）：规则仅限于一个用户轮次，但可以有多个机器人事件，例如，正在填写的表单及其后续提交。将此参数更改为 false 可能会导致意外行为。check_for_contradictions（默认值为 true）：在训练之前，RulePolicy 将执行检查以确保动作设置的槽位和活动循环对于所有规则都是一致的。以下是一个包含冲突规则的示例。

```
rules:
- rule: Chitchat
  steps:
  - intent: chitchat
  - action: utter_chitchat

- rule: Greet instead of chitchat
  steps:
  - intent: chitchat
  - action: utter_greet  # `utter_greet` contradicts `utter_chitchat` from the rule above
```

TEDPolicy 是一种机器学习策略。每次对话时，TEDPolicy 都会有 3 个输入：用户消息、之前预测的系统动作和所有槽位情况。这 3 个输入均使用二值特征向量表示。用户消息的特征包括用户消息的意图和其中的识别实体。系统动作由动作名的词袋模型表示。槽位情况只关心槽位是否出现过，并不在乎槽值，使用 1 表示出现，0 表示未出现。

图 11.12 展示了 TEDPolicy 的计算过程。TEDPolicy 架构包括以下步骤：首先，将每轮的 3 个输入进行级联，将连接向量输入对话 Transformer 编码器；然后，在对话 Transformer 编码器的输出上应用全

连接层,以获取每轮的对话嵌入;同时,应用全连接层为每轮的动作创建嵌入特征;计算对话嵌入特征和系统动作嵌入特征的相似度。在训练中,使用点乘损失来最大化与目标动作标签的相似度和最小化与负采样动作标签的相似度。在推理阶段,点积相似度就作为下一个系统动作的检索问题处理。

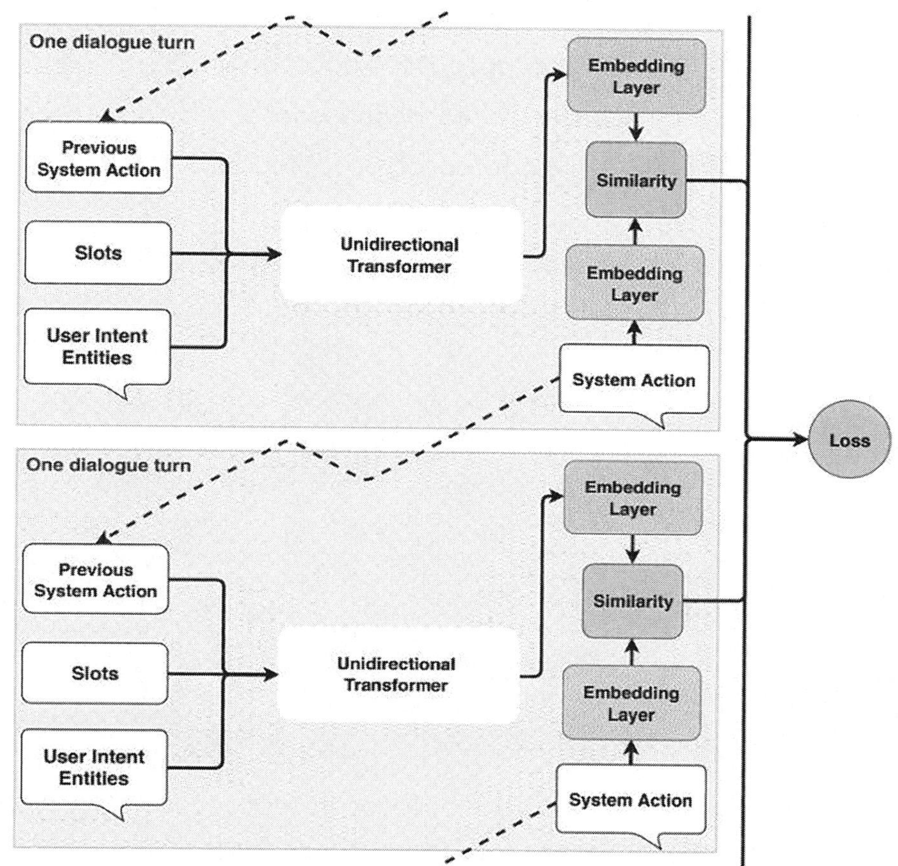

图 11.12　TEDPolicy 的计算过程

MemoizationPolicy 会记住训练数据中的故事。它会检查当前对话是否与 stories. yml 文件中的故事相匹配。如果是这样,它将根据训练数据的匹配故事预测下一个动作,置信度为 1.0。如果没有找到匹配的对话,则会输出 None,置信度为 0.0。在训练数据中寻找匹配项时,是取最近 max_history 轮的数据,每轮数据包括用户消息和机器人发的消息。max_history 是 MemoizationPolicy 的配置参数。

AugmentedMemoizationPolicy 和 MemoizationPolicy 一样,也会记住训练数据中的故事,但是不同的是,它增加了遗忘机制,会遗忘一定数量的历史记录,然后在缩减后的历史记录中寻找匹配的信息。同样,如果用户对话出现在训练数据中,它预测下一个动作的置信度为 1.0,否则输出 None,置信度为 0.0。

MappingPolicy 可以直接将意图映射到 actions。这个映射是通过给意图添加一个触发参数实现的,如下。

```
intents:
- ask_is_not:
    triggers: action_is_bot
```

一个意图最多被映射成一个 action。一旦接收到对应的意图的消息,系统就会运行映射的 action。然后,它将监听下一条消息。结合下一个用户消息,将恢复正常预测行为。

如果我们不想让意图-action 的映射影响对话历史,映射的 action 必须返回 UserUtteranceReverted( )事件。这将从对话历史记录中删除用户的最新消息及其之后发生的任何事件。这意味着不应该在配置的故事中包含意图-action 交互。

例如,如果用户在对话过程中脱离主题问"Are you a bot?",我们可能想要在不影响下一个动作预测的情况下回答。触发的自定义 action 可以做任何事情,但这里有一个简单的例子,它发送一个 Bot 语句,然后还原交互。

```
classActionIsBot(Action):
"""Revertible mapped action for utter_is_bot"""

def name(self):
    return "action_is_bot"

def run(self, dispatcher, tracker, domain):
    dispatcher.utter_template("utter_is_bot", tracker)
    return [UserUtteranceReverted()]
```

如果使用 MappingPolicy 直接预测机器的语句(如 triggers: utter_{ }),这些交互将直接出现在我们的故事中,因为在这种情况下没有 UserUtteranceReverted( ),意图和映射的 utterance 将出现在对话历史中。

FallbackPolicy 是用来处理意外的一个策略。如果下面几点中有一点发生,那么 FallbackPolicy 将用来触发回退动作:意图识别的置信度低于 nlu_threshold;排名最高的意图与排名第二的意图之间的置信度差异小于模糊阈值;没有一个对话策略的预测结果的置信度高于 core_threshold。阈值和回退动作可以在配置文件中调整。

```
policies:
  - name: "FallbackPolicy"
nlu_threshold: 0.3
    ambiguity_threshold: 0.1
    core_threshold: 0.3
    fallback_action_name: 'action_default_fallback'
```

11.4 多轮对话设计实现

Rasa 是一个具有多轮处理能力的开源架构。因此,我们可以借助这个架构根据场景来开发实际的多轮应用。本节旨在提供 Rasa 开发的原则和理念、设计的思路及一个实际的示例说明,为读者使用 Rasa 开发提供一个快速的途径。

11.4.1 基于对话驱动的开发

Rasa 的设计理念是:从真实的对话中学习比设计假想的对话更重要。我们在构建自己的 Bot 时,往往想绞尽脑汁来排列组合出各种意图的 story,但是在实际应用中,我们发现不管我们的 story 库有多丰富,还是会有大量的 unhappy path 无法处理,所以我们应该想方设法从真实的对话中来抽象 story。

对话驱动开发(Conversation-Driven Development,CDD)是一种倾听用户意见并利用这些见解来改进 AI 助手的过程。它是聊天机器人开发的最佳实践方法。开发出色的 AI 助手具有挑战性,因为用户总是会说出超出我们预想的话。CDD 背后的原则是,在每一次对话中,用户都在用自己的语言告诉我们其真实的需求是什么。通过在机器人开发的每个阶段实施 CDD,可以让助手越来越接近真实的用户语言和行为。

CDD 包括以下操作:尽快与用户分享虚拟助手;定期回顾对话;标注消息并将其用作 NLU 训练数据;测试虚拟助手是否始终按照规划行事;跟踪虚拟助手何时出现故障并随时测量其性能;修复虚拟助手处理不成功的对话。

CDD 不是线性过程,在开发和改进助手机器人时,我们将一遍又一遍地做相同的操作。

如果处于机器人开发的最早阶段,那么 CDD 似乎没有任何作用。毕竟,那时还没有对话历史数据。但是,我们可以在机器人开发的一开始就采取 CDD 操作。

首先,阅读使用 CDD 创建训练数据的相关信息①。其次,让助手机器人尽早接受用户测试。CDD 就是倾听用户的声音,所以越早发现问题越好。测试用户可以是尚未了解机器人内部如何工作的人。机器人开发团队的人不应该是测试用户,因为他们很清楚机器人能做什么和不能做什么。不要过度指导测试用户,他们对机器人领域的了解应该与最终用户一样多。最后,设置 CI/CD② 管道。当从 Bot 对话中收集问题时,CDD 会导致对机器人进行频繁、较小的更新。

在开发的早期,设置 CI/CD 管道将使我们能够根据对话中看到的问题快速迭代。在这个阶段,可

---

① CDD 需要设计这些 NLU 数据并在 config. yml 文件的 pipeline 部分配置所需的组件及其处理顺序。更多信息可以参见:https://rasa. com/docs/rasa/generating-nlu-data。

② CI 是 Continous Integration 的简写;CD 是 Continuous Deployment 的简写。

以在本地模式下安装 Rasa X[①],以便更轻松地与测试用户共享机器人、收集对话,并根据收集的对话调整 NLU 和 story 到最佳状态。

一旦机器人投入使用,我们将从更多的真实对话中获得反馈,这样就可以按照 CDD 一直实践。在这个阶段,可以在服务器上安装 Rasa X[②],以部署机器人并在生产环境中启用 CDD。在对话中寻找用户真正想要的东西。对话系统的测试用户至少知道想让机器人做什么,真正的用户通常要么不知道,要么忽略给他们的提示。我们大可不必迎合每一个意想不到的用户行为,但可以尝试解决我们注意到的主要问题点。

为了找到主要问题点可以采用以下三种方式。第一种,查看发生"out_of_scope"意图或回退行为的对话。这些可能表明潜在的新技能,或者只是错误分类的用户话语。第二种,寻找用户遇挫的情况,例如,转人工的请求。第三种,如果助手已经使用管道方式中的 UnexpecTEDIntentPolicy[③] 训练过,可以在对话日志中找出预测为 action_unlikely_intent 的对话。在当前对话上下文中,当用户表达的最后一个意图出乎意料时,会预测为 action_unlikely_intent。我们还可以通过运行独立脚本来过滤掉此类对话:从 tracker store 中获取真实对话,然后在获取的对话上运行 rasa test,并在多个警告文件中过滤包含 action_unlikely_intent 的对话。查看此对话子集可以帮助我们了解真实用户是否采用了训练数据中不存在的对话路径。将这些对话路径添加为训练数据,将会在使用 TEDPolicy 时产生更健壮的动作预测。鼓励用户调整 UnexpecTEDIntentPolicy 的 tolerance 参数,以控制包含在警告文件中的对话的意外程度。

在将真实对话的新用户话语添加到训练数据中时,请继续遵循 NLU 的最佳实践。注意不要将已经存在的话语继续添加到训练数据中,这样会导致 NLU 模型过拟合。当不断地将已经正确预测且具有高置信度的用户话语添加到训练数据中时,就会发生过拟合现象。为避免过拟合并帮助模型泛化到更多样化的用户话语,请仅添加模型先前预测不正确或置信度较低的用户话语。

将成功的用户对话添加到测试对话中。始终这样做将有助于确保在对机器人进行其他修复时不会让原来正确的变错。寻找成功和失败的线索,以帮助我们跟踪机器人的性能。

有些指标在机器人之外。例如,如果我们正在构建一个机器人来缓解对客户服务呼叫中心的需求,那么衡量成功的一个指标可能是呼叫中心的流量减少。我们可以直接从对话中获取的其他信息,例如,用户是否达到了代表实现用户目标的特定操作。

自动跟踪的指标本质上是代理指标;获得真正衡量成功的唯一方法是单独查看和评价与机器人的每一次对话。虽然这显然不现实,但请记住,没有任何指标可以完美地代表机器人的性能,因此不要仅依靠指标来查看机器人需要改进的地方。

① Rasa X 是实践 CDD 的工具,帮助构建、改进和部署 Rasa 框架支持的 AI 助手。

② Rasa X 可以在 K8s 生产集群上安装和使用,具体参见:https://github.com/RasaHQ/rasa-x-helm。

③ 它是一种辅助策略,只能触发唯一的动作 action_unlikely_intent,因此需要和至少一种策略一起使用。更多信息可以参见:https://rasa.com/docs/rasa/policies#unexpected-intent-policy。

当我们扩展和提高机器人的技能时,需要继续遵循故事的最佳实践。让用户需求指导我们添加哪些技能及进行哪些修复。经常进行较小的更改,而不是偶尔进行一次大更改。这将帮助我们衡量所做更改的有效性,因为我们会更频繁地获得用户反馈。搭建好的 CI/CD 管道让我们有足够信心这样做。

11.4.2 对话设计

设计师、开发人员往往都会参与到对话设计中,因此有一种易懂的通用语言对于交流是有帮助的。如图 11.13 所示,一个对话可以使用 3 个不同的抽象层次来讨论。我们将对话拆分为用户目标很有帮助,每个用户目标都可以混合和匹配可重用的对话元素。意图(intents)、实体(entities)、动作(actions)、槽位(slots)和模板(templates)是最底层的概念。

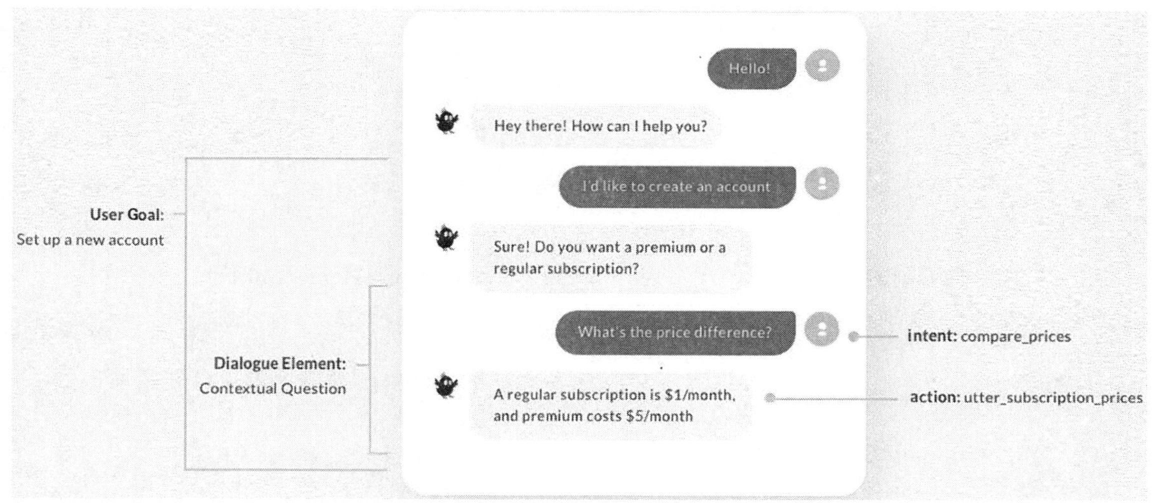

图 11.13　对话逻辑拆分

在 Rasa 中,每一个消息都有一个 intent,而用户目标描述的是一个人想要获得什么。如果一个用户说“I want to open an account”(intent: open_account),那么很显然目标也是这个。但是,很多用户消息,如("yes", "what does that mean?", "I don't know") 并没有明确的目标。

我们总结了 13 个常见对话元素,它们可以粗分为三类:闲聊、完成任务和引导用户。

1. 闲聊

闲聊指的是一来一回没有明确目标的谈话,主要用来打招呼或简单情绪安抚,起到润滑人机对话的作用。包括问候、感谢、回应和话题外的闲聊等。

问候是最简单的交流,包括迎来送往,每个对话系统都会遇到它们。

```
user> hello
bot> hi, how are you?

user> how are you?
bot> I am well, and you?

user> goodbye
bot> bye bye!
```

为了能够正确地针对打招呼和再见提供回复,需要针对它们分别定义回复语。如果总是想要一样的回复,可以使用 MappingPolicy 来触发这些回复。在 domain 文件中,添加 trigger 元数据到相应的 intents 上。

```
intents:
  - greet: {triggers: utter_greet}
  - goodbye: {triggers: utter_goodbye}
```

并且确认 MappingPolicy 出现在 config. yml 文件中。

```
policies:
  - name: "MappingPolicy"
  ...
```

想要实现更少限制的行为,可以使用常规的 stories,而不用 MappingPolicy,如下。

```
- story: say hi
  steps:
  - intent: greet
  - action: utter_greet

- story: goodbye
  steps:
  - intent: goodbye
  - action: utter_goodbye
```

用户通常会对智能系统的话语做出反应,并期望得到确认。确认的表述可以简单到只竖起一个大拇指。系统需要向用户保证他们收到了消息。可以针对致谢实现特定的反馈。

```
user>woah that's expensive!
bot> we offer good value.
bot> would you like to continue getting a quote.

user> that's awesome!
bot> glad you think so :)
```

为了实现上面的对话,需要 NLU 数据定义对应的意图。

```
- intent: acknowledge
  examples: |
      - ok
      - got it
      - understood

- intent: opinion+positive
  examples: |
      - nice!
      - excellent
      - that's awesome

- intent: opinion+negative
  examples: |
      - ugh
      - that sucks
      - woah! that's [expensive](price)
```

那么在创建故事时,如下。

```
## price reaction
- story: opinion+negative{"price": "expensive"}
  steps:
  - intent: opinion+negative
  - action: utter_good_value
  - action: utter_ask_continue

## simple acknowledgement
- story: opinion+positive
  steps:
  - intent: opinion+positive
  - action: utter_positive_feedback_reaction
```

智能系统通常会接收到意料之外的输入,我们称为题外闲聊。对用户的每个输入进行合理的、顺畅的响应是不可能办到的,但是可以通过简单的确认,让用户知道我们已经接收到了消息。一个策略是从用户中收集训练数据,并定义意图和响应。

```
user> will you marry me?
bot> no

user> aahhh
bot> I feel you
```

```
user> I can juggle 7 oranges
bot> wow!
```

系统通常接收来自用户的辱骂。我们需要承认他们的评价，并以一种反映智能系统个人形象的方式做出回应。如果用笑话进行回应，那么会鼓励用户继续辱骂的言语，因此要仔细考虑我们的回应。

```
user> stupid bot
bot> that's not very nice
```

针对辱骂处理的最简单的方式是建立 insult 意图，并利用 MappingPolicy 进行响应。如下 domain 文件中。

```
intents:
  - insult: {triggers: utter_respond_insult}
```

2. 完成任务

简单问题或 FAQs，不管之前的对话内容是什么，应该接收到相同的答案。用户会问一些基本的问题，而智能系统应该可靠地回答这些问题。与问候类似，可以使用 MappingPolicy 来实现。

```
user> what's your email address?
bot> it's contact@example.com

user> do you have a loyalty program?
bot> unfortunately we don't
```

系统通常需要按照一些预定义的业务逻辑执行。为了指出如何帮助用户，通常系统会询问一些问题。获取得到的答案会影响到之后的会话。举个例子，一些产品只适用于特定区域或特定年龄段的用户。将相关逻辑实现到 form 内部，与学习的行为相分离是一种比较好的实现方式。一个独立的 form 可以覆盖所有的 happy 路径。

```
user> I'd like to apply for a loan
bot> I'd love to help. Which state are you in?
user> Alaska
bot> Unfortunately, we only operate in the continental U.S.

user> I'd like to apply for a loan
bot> I'd love to help. Which state are you in?
user> California
bot> Thanks. Do you know what your credit score is?
```

不像针对 FAQs 的回答，针对语境问题的正确回复需要依赖于对话历史。这些问题指的是谈话中早些时候的一些问题，而这些问题本身就是模棱两可的。真正的用户经常会问“哪个更好？”“为什么?”。如果系统不理解这一点,并且只能回答诸如“哪一个储蓄账户的利率更高”这样的完整问题,这会让用户感到沮丧。

```
bot> what's your email address?
user> why do you need to know that?
bot> I need your email so I can send you a confirmation

bot> are you currently a premium customer?
user> what do you mean?
bot> We have different memberships. Check your statement to see if you are a premium member.
```

当系统向用户寻求信息时,通常获取的不是系统期望的答复。举几个这样的例子,用户可能拒绝提供信息,他们也许纠正之前说的东西,或者用闲聊进行打断。系统能够处理这些边界问题是很重要的。除系统提问想要的信息外,用户可以输入任何的话语,甚至简单得完全不管系统进行对话中断。这也是需要从真实数据中学习并构建系统的关键原因。针对不愉快的路径收集训练数据最好的方式是使用 Interactive Learning。

```
bot> what's your email address?
user> no.
bot> I will need your email address in order to create an account.
user> what's your email address?

bot> what's your email address?
user> work@example.com
bot> thanks, and your phone number?
user> no wait, please use personal@example.com
bot> ok, I'll use that email.
bot> thanks, and your phone number?
```

3. 引导用户

隐式确认包括将理解的信息再次反馈给用户,让用户进行确认。这也是给用户判断系统的理解正确与否的机会。

```
user> Can I get a large hawaiian and bbq pizza
bot> Sure, that's one large hawaiian and one regular bbq pizza
bot> Anything else?
user> No they should both be large
```

显式确认意思是让用户明确告知需要提供何种帮助。关于智能系统,要记住的一件重要事情是用户永远是对的。当一个用户说 “I just moved”时,即使系统不能够明确其含义,用户的表述也应被认为是很清楚的。如果系统无法明确地识别出用户的目标,可以直接要求澄清。

```
user> I just moved
bot> I'm not sure I understood you correctly. Do you mean ...
user> I want to cancel my contract
user> I want to update my personal details
```

可以通过配置 TwoStageFallbackPolicy，要求用户进行澄清，并将最可能的意图快速提供给用户。为了实现这点，需要配置 policy，如下。

```
policies:
- name: TwoStageFallbackPolicy
  nlu_threshold: 0.3
  core_threshold: 0.3
  fallback_core_action_name: "action_default_fallback"
  fallback_nlu_action_name: "action_default_fallback"
  deny_suggestion_intent_name: "out_of_scope"
...
```

智能系统一般会局限于帮助用户完成一组特定的任务。系统应该能够向用户解释其能力范围。这包括对于超出其能力范围的问题给出一致的响应。

```
user> What can you do?
bot> I can help you update your personal details, change your plan, and answer any
questions you have about our products.

user> Can you get me a pizza?
bot> I'm afraid I can't help with that.
bot> I can help you update your personal details, change your plan, and answer any
questions you have about our products.
```

何时对系统的适用性给出解释，需要在程序中进行设定，如下。

```
- story: ask_whatspossible
  steps:
  - intent: ask_whatspossible
  - action: utter_explain_whatspossible
- story: user asks for something out of scope
  steps:
  - intent: out_of_scope
  - action: utter_cannot_help
  - action: utter_explain_whatspossible
```

询问反馈是一种获取系统回复是否解决用户问题的方式。将这些反馈信息进行存储与分析，有助于提高系统的可用性。

```
bot> Was that helpful?
user> no.
bot> Thanks. Why wasn't I able to help?
user> you didn't understand me correctly
user> you understood me, but your answers weren't very helpful.
```

可以利用表格收集用户反馈。为了实现这个,需要自定义表格行为。

```
from rasa_sdk.action import FormAction
class FeedbackForm(FormAction):
    def name(self):
        return "feedback_form"

    @staticmethod
    def required_slots(tracker):
        return ["feedback", "negative_feedback_reason"]
```

在 domain 中的定义如下。

```
forms:
  - feedback_form
slots:
  feedback:
    type: bool
  feedback_reason:
    type: text
  requested_slot:
    type: text
```

很多时候,当系统不能够帮助到用户,并且也不能将对话交接给人工时,用户会变得非常沮丧甚至愤怒。系统需要有种机制可以让对话中断,并且有多种原因会触发这种人工切换需求:用户要求与人对话,系统无法理解用户或需要人工的参与,等等。

```
user> let me speak to a human
bot> let me put you in touch with someone

user> I want to cancel
bot> I'm afraid I can't help you with that.
bot> let me put you in touch with someone.
```

针对直接要求和人进行对话的实现可以使用 MappingPolicy。

```
intents:
  - request_human: {"triggers": "action_human_handoff"}
```

11.4.3 简单的订餐示例

本小节将通过一个简化的订餐场景来进行实践。下面的描述会分为两部分:任务目标和Rasa相关配置。

1. 任务目标

实现受控的任务型对话,完成一个中文订餐任务。具体来说,当Rasa检测到用户的request_restaurant意图后,启动Form问答模式,收集用户的具体需求。为简化DEMO,只做了两个问答,一是获取什么类型的餐厅,二是获取用户的就餐人数。实际场景中根据需要,可设置任意多种问答。对话完成后,Rasa并不会自动清除槽位的值,所以设置了一个action,在对话完成后,用于清除槽位的值。

2. Rasa相关配置

config.yml:

```
language: "zh"

pipeline:
- name: "JiebaTokenizer"  # 使用 jieba 分词
  dictionary_path: "data/lookup_tables"
- name: "RegexFeaturizer"
- name: "LexicalSyntacticFeaturizer"
- name: "CountVectorsFeaturizer"
- name: "CountVectorsFeaturizer"
  analyzer: "char_wb"
  min_ngram: 1
  max_ngram: 4
- name: "RegexEntityExtractor"
  use_word_boundaries: False
  use_lookup_tables: True
  use_regexes: True
- name: "CRFEntityExtractor" # 对这个类进行了源码的修改,去掉重复的 entity

- name: "EntitySynonymMapper"

- name: "DIETClassifier"
  entity_recognition: False  # 禁止实体提取,以免重复提取
- name:FallbackClassifier # 如果意图判断不清,使用 nlu_fallback 意图
  threshold: 0.9

policies:
   - name:RulePolicy
```

domain. yml：定义对应的意图、实体、槽位、回应、表单和动作。

```
intents:
  - request_restaurant

slots:
  cuisine:
    type: text
  num_people:
    type: float

entities:
  - cuisine
  - num_people

responses:
  utter_ask_restaurant_form_cuisine:
  - text: "请问要订什么类型的餐厅?"
  utter_ask_restaurant_form_num_people:
  - text: "您有几个人就餐?"
  utter_restaurant_done:
  - text: "好的,已帮您预订,餐厅:{cuisine},人数:{num_people}"

forms:
  restaurant_form:
    cuisine:
      - type: from_entity
        entity: cuisine
    num_people:
      - type: from_entity
        entity: num_people

actions:
  - action_resetSlot
```

在 responses 中，utter_ask_restaurant_form_cuisine 和 utter_ask_restaurant_form_num_people 的格式为 utter_ask_<form_name>_<slot_name>。utter_restaurant_done 为对话完成后，Rasa 的回复，其中引用了 entity：cuisine 与 num_people。action_resetSlot 为在对话完成后，清除槽位的值。否则，Rasa 会一直保留槽位的值。

rules. yml：

```
- rule: Activate form
  steps:
  - intent: request_restaurant
  - action: restaurant_form
  - active_loop: restaurant_form

- rule: Submit form
  condition:
  - active_loop: restaurant_form
  steps:
  - action: restaurant_form
  - active_loop: null
  - action: utter_restaurant_done
  - action: action_resetSlot
```

以上定义了两个规则。Activate form 用于激活订餐对话,它只做一件事:根据 form 中定义的流程,向用户索要槽值。Submit form 用于对话完成后的收尾工作,它做两件事:一是在收集完槽值之后,用 utter_restaurant_done 动作做个总结回复,二是用 action_resetSlot 动作清空所有槽值(当然,也可以定向清除特定槽值)。其中,action_resetSlot 是自定义的一个 action。

nlu. yml:

```
- intent: request_restaurant
  examples: |
    - 给我订个餐厅
    - 我想订个餐厅
    - 你会订餐厅吗
    - [中餐厅]{"entity":"cuisine"}
    - [西餐厅]{"entity":"cuisine"}
    - [川菜馆]{"entity":"cuisine"}
    - [火锅]{"entity":"cuisine"}
    - [3]{"entity":"num_people"}个人
    - [5]{"entity":"num_people"}人
    - [9]{"entity":"num_people"}位
    - [7]{"entity":"num_people"}人
```

自定义动作清空所有槽值,代码如下。

```
classActionResetSlot(Action):
    def name(self) -> Text:
        return "action_resetSlot"

    def run(self,
            dispatcher: CollectingDispatcher,
```

```
        tracker: Tracker,
        domain:Dict[Text, Any]) -> List[Dict[Text, Any]]

    dispatcher.utter_message(text="执行了重置 slot.* reply: action_resetSlot* ")
    return [AllSlotsReset()]
```

11.5 本章小结

Rasa 是一个多轮开源对话系统框架。使用这个框架能建立一个基于机器学习和自然语言处理技术开发的对话系统。本章从 Rasa 的基本概念出发,旨在让读者能够使用这个框架搭建出自己的对话系统。

本章首先介绍了 Rasa 的体系结构和如何进行环境部署,然后在 11.2 节和 11.3 节分别介绍了 Rasa NLU 和 Rasa Core 的使用方法,最后在 11.4 节给出了一个实际的订餐示例来演示怎么使用 Rasa 系统框架。

本章可以作为一个 Rasa 对话系统框架的快速入门学习材料,读者可以在较短的时间掌握 Rasa 系统的核心概念和使用。

第12章 问答系统几个实例

在自己亲手搭建一个系统之前，学习和阅读优秀的框架代码是一个明智的选择。问答系统作为近年来自然语言处理领域中的一个热门应用，已经吸引了许多公司投入研发各种类型的问答机器人。本章将通过3个不同类型的问答系统实例——FAQ问答、图谱问答和基于强化学习的问答系统——来帮助读者快速了解这些问答系统的构建要素和组合方式。

本章主要涉及的知识点如下。

- **FAQ问答系统：了解AnyQ及问题分析、检索、匹配、重排、索引的技术选型，理解SimNet模块。**
- **图谱问答系统：熟悉基于规则的图谱问答系统的搭建。**
- **基于强化学习的问答系统：了解强化学习在面向任务的问答系统的应用架构、用户模拟器和错误模型控制器。熟悉DQN算法在智能体中的应用，理解对话状态跟踪器的原理。**

注意：本章基于强化学习的问答系统中的智能体和对话机器人实际上是相同的概念，只是根据不同的使用场景而有不同的习惯叫法。

12.1 FAQ 问答系统实例讲解

AnyQ[①](ANswer Your Questions)是百度公司开源的基于语义计算的 FAQ 问答系统。该系统采用了配置化、插件化的设计。AnyQ 的所有功能都是通过插件形式加入的,其用户自定义插件,只需实现对应的接口即可。

图 12.1 展示了 AnyQ 的系统框架。该系统主要有 6 个模块:问题分析(Question Analysis)、检索(Retrieval)、匹配(Matching)、重排(Re-ranking)、索引(Indexing)和 SimNet。每一个模块都以插件的形式进行添加和配置,也就是说,每一个模块,都可以通过相应模块的配置文件,以 JSON 格式的形式,对已有插件或自定义插件进行引用。

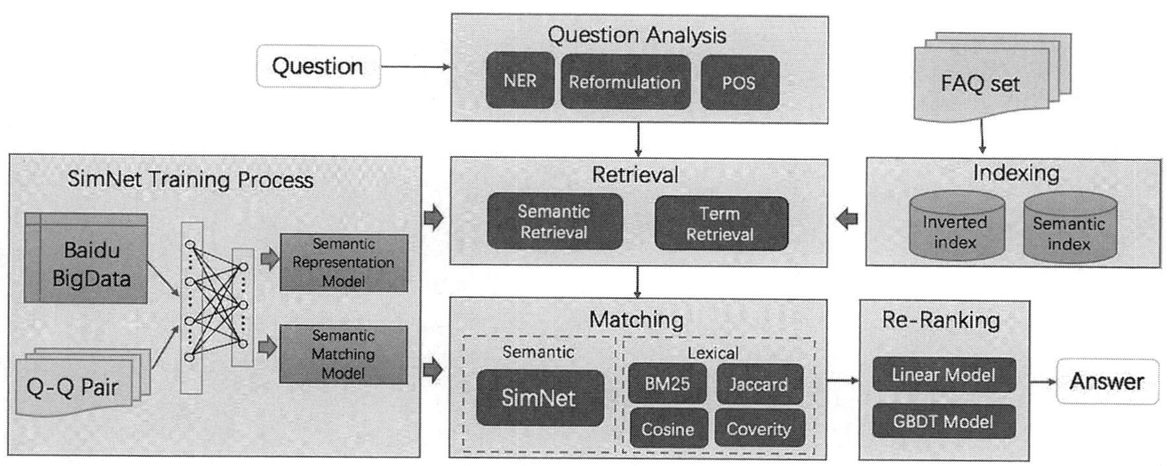

图 12.1 AnyQ 的系统框架

系统运行的前提条件是:需要有一个 FAQ 数据集。这个库中的每一条记录都应包含标准问题 q、标准答案 a 和其他信息。当用户输入一个问题时,问题分析模块会对其进行预处理,包括错词纠正、词形还原、分词、词向量等。通过检索模块在 FAQ 库中进行召回,搜索出一批相似问题 $(q_1,q_2,q_3,\cdots,q_N)$。对于这些召回的相似问题,匹配模块将使用各种相似度计算方法进行打分。这些分数会在重排模块中使用配置的模型进行融合,得到最终的分数。根据最终的分数进行排序,从而确定最匹配用户问题的标准答案,并将其输出给用户。

由于 AnyQ 系统的基本子模块的实现已在第 5 章中有过描述,这里不再赘述。本章的主要关注点将放在怎么配置 AnyQ 系统上,熟悉每个子模块有哪些实现方式。

① 源码地址:https://github.com/baidu/AnyQ。

12.1.1 问题分析模块

在 AnyQ 系统中,问题分析模块是整个系统中对输入问题进行解析的一个模块。该模块所完成的主要功能有对句子进行分词、对分词后的每个单词进行词性标注(POS)、将每个单词进行词向量表示和命名实体识别等。

当一个问题输入分析模块后,要想实现对问题的分词,首先需要为该模块进行词典的配置,词典的配置文件路径为"AnyQ/build/example/dict. conf"。在 AnyQ 系统中,所提供的字典类型有以下几种:哈希词典(HashAdapter < TYPE1, TYPE2 >)、干预词典(String2RetrievalItemAdapter)、分词词典(WordsegAdapter)、Paddle SimNet 匹配模型词典(PaddleSimAdapter)和 TensorFlow 模型词典(TFModelAdapter)。配置方式如下。

```
#哈希词典
query1 \t query2
dict_config {
    name: "query_intervene"
    type: "String2StringAdapter"
    path: "./query_intervene.dat"
}

#干预词典
dict_config {
    name: "rank_weights"
    type: "String2FloatAdapter"
    path: "./rank_weights"
}

#分词词典
dict_config {
    name: "lac"
    type: "WordsegAdapter"
    path: "./wordseg_utf8"
}

#Paddle SimNet 匹配模型词典
dict_config{
    name: "fluid_simnet"
    type: "PaddleSimAdapter"
    path: "./simnet"
}
```

```
# TensorFlow 模型词典
dict_config {
    name: "tf_qq_match"
    type: "TFModelAdapter"
    path: "./tf_model"
}
```

词典配置完成后,即可在 AnyQ/build/example/analysis. conf 配置文件中添加具有分词功能的插件,其格式如下。

```
# 分词
analysis_method{
    name: "method_wordseg"
    type: "AnalysisWordseg"
    using_dict_name: "lac"
}
```

句子分词功能添加完成后,要实现对分好词的每个单词进行词向量表示,需要在解析模块的配置文件中(AnyQ/build/example/analysis. conf)添加相应功能插件,其格式如下。

```
# 语义向量
analysis_method{
    name: "method_simnet_emb"
    type: "AnalysisSimNetEmb"
    using_dict_name: "fluid_simnet"
    dim: 128
    query_feed_name: "left"
    cand_feed_name: "right"
    embedding_fetch_name: "tanh.tmp"
}
```

12.1.2 检索模块

搜索引擎拥有成熟的理论基础和广泛的工业应用,因此 AnyQ 也采用了搜索引擎作为其底层架构。检索模块负责计算用户问题与 FAQ 数据集中问题的相似度,从而得到前 N 个候选问题。目前,该模块所提供的问题检索功能有基于关键词的检索、基于语义的检索和人工干预检索,下面主要介绍前两种检索。

基于关键词的检索通过 TF-IDF 方案,使用开源倒排索引引擎 Solr 为问答对数据集构建倒排索引。当一个已经分词的问题输入后,从索引系统中检索出前 N 个候选问题。检索模块的配置路径为"AnyQ/build/example/retrieval. conf",在该文件中可以添加关键词索引插件。

```
retrieval_plugin{
    name: "term_recall_1"
    type: "TermRetrievalPlugin"
    search_host: "127.0.0.1"
    search_port: 8900
    engine_name: "collection1"
    solr_result_fl: "id,question,answer"
    solr_q: {
        type: "EqualSolrQBuilder"
        name: "equal_solr_q_1"
        solr_field: "question"
        source_name: "question"
    }
    num_result: 15
}
```

其中,solr_q 是 Solr 搜索服务器查询的插件,该插件提供多种搜索类型(type),包括字段等于(EqualSolrQBuilder)、字段 term 加权(BoostSolrQBuilder)、字段包含关键词(ContainSolrQBuilder)、字段 term 同义词(SynonymSolrQBuilder)、日期字段比较(DateCompareSolrQBuilder)。

基于语义的检索是由 AnyQ 中的 SimNet 模块根据所提供数据集训练好的模型,来对输入问题(词向量表示)与候选问题进行计算和检索。检索模块的配置路径为"AnyQ/build/example/retrieval. conf",在该文件中可以添加语义索引插件。

```
retrieval_plugin{
    name: "semantic_recall"
    type: "SemanticRetrievalPlugin"
    vector_size: 128
    search_k: 10000
    index_path: "./example/conf/semantic.annoy"
    using_dict_name: "annoy_knowledge_dict"
    num_result: 10
}
```

句子使用基于 SimNet 语义表示来进行嵌入式表示,并使用开源的 ANNOY① 系统进行 ANN(Approximate Nearest Neighbors)检索。这里,ANNOY 是一个 Spotify 开源的对稠密向量进行快速检索的工具。

12.1.3 匹配模块

在 AnyQ 系统中,检索模块从索引库中获得的 N 个候选问题会进入问题匹配模块,该模块依次对每个候选问题与输入问题计算其相似度。对于同一个候选问题-输入问题对来说,可以同时计算多种

① 它是一个高维空间最近邻近似计算库,其源码地址为 https://github. com/spotify/annoy。

类型的相似度。目前,该模块所提供的相似度计算功能有编辑距离相似度、Cosine 相似度、Jaccard 相似度、BM25 相似度、Paddle SimNet 匹配模型相似度和 TensorFlow 匹配模型相似度。

候选问题与输入问题进入问题匹配模块后,为了与输入问题进行相似度计算,首先需要对候选问题进行分词。分词是中文处理中基本且重要的一步,其配置路径为"AnyQ/build/example/rank. conf"。配置插件如下。

```
# 对候选问题进行分词
matching_config{
    name: "wordseg_process"
    type: "WordsegProcessor"
    using_dict_name: "lac"
    output_num: 0
    rough: false
}
```

在该模块中,对候选问题与输入问题进行相似度计算主要分为两种方法:传统的距离度量学习方法(如 Cosine 相似度、Jaccard 相似度等)和基于深度学习的方法(如语义相似度计算)。其配置路径为"AnyQ/build/example/rank. conf"。配置插件如下。

```
# Jaccard 相似度
matching_config{
    name: "jaccard_sim"
    type: "JaccardSimilarity"
    output_num: 1
    rough: false
}

# Paddle SimNet 匹配模型相似度
matching_config{
    name: "fluid_simnet_feature"
    type: "PaddleSimilarity"
    using_dict_name: "fluid_simnet"
    output_num: 1
    rough: false
    query_feed_name: "left"
    cand_feed_name: "right"
    score_fetch_name: "cos_sim_0.tmp"
}

# TensorFlow 匹配模型相似度
matching_config{
    name: "tf_qq_match"
    type: "TFSimilarity"
```

```
    using_dict_name: "tf_qq_match"
    output_num: 1
    rough: false
    tfconf: {
        pad_id: 0
        sen_len: 32
        left_input_name: "left"
        right_input_name: "right"
        output_name: "output_prob"
    }
}
```

匹配模块中的策略插件有多个选项,表 12.1 将几种主要的匹配策略插件罗列如下。

表 12.1　匹配策略插件

匹配策略插件名	含义
EditDistanceSimilarity	编辑距离相似度
CosineSimilarity	Cosine 相似度
JaccardSimilarity	Jaccard 相似度
BM25Similarity	BM25 相似度
PaddleSimilarity	Paddle SimNet 匹配模型相似度
TFSimilarity	TensorFlow 匹配模型相似度

在该模块的配置文件中,如果配置了多种相似度计算插件,则对于一个问题对来说,将对其分别计算相应插件的相似度,最终得到多个相似度。每一个相似度可看作该问题对的一个特征,这多个特征会输入问题打分模块来对该问题对进行综合的打分。

12.1.4　重排模块

在 AnyQ 系统中,重排模块是使用算法根据多个相似度维度转换为一个可排序值的过程。在 rank.conf 中配置 rank_predictor 插件,用于根据多个相似度对候选计算得分。当前系统的 rank 插件主要包括以下几种:线性预测模型(PredictLinearModel)、XGBoost 预测模型(PredictXGBoostModel)和特征选择预测模型(PredictSelectModel)。配置的格式如下。

```
rank_predictor{
    type: "PredictLinearModel"
    using_dict_name: "rank_weights"
}
```

12.1.5 索引模块

在 AnyQ 系统中，索引模块的作用是根据所给定的问题答案数据集，通过将其转换为索引库，从而提供检索和匹配模块进行相似度计算，匹配出与所提问题最相似的答案。索引分为两种：文本索引和语义索引。

1. 文本索引

AnyQ 的文本索引使用 Solr 搜索引擎完成。Solr 搜索引擎是一个 RESTful 风格的全文检索引擎。AnyQ Solr 可以使用下面的命令一键启动。

```
# 配置要求:-JDL 1.8 以上,Python 2.7-获取 AnyQ 定制 Solr-4.10.3
sh solr/anyq_solr.sh solr/sample_faq
```

sample_faq 文件的示例如下。

```
question  answer
需要使用什么账号登录?   您需要拥有一个百度账号……
注册百度账户时收不到验证码怎么办?   由于欠费停机、存储信息已满……
AI 服务支持推广账户使用吗?   支持推广账户使用。
…
```

solr_tools. py 实现一些 Solr 搜索引擎操作的接口方法，这方便了索引操作。具体的函数说明如表 12.2 所示。

表 12.2　solr_tools. py 文件的函数说明

函数	作用
add_engine(host, enginename, port=8983, shard=1, replica=1, maxshardpernode=5, conf='myconf')	添加引擎
delete_engine(host, enginename, port=8983)	删除引擎
set_engine_schema(host, enginename, schema_config, port=8983)	设置引擎的数据格式，schema_config 可以是 JSON 文件路径，也可以是一个 JSON List
upload_documents(host, enginename, port=8983, documents="", num_thread=1)	文档灌库
clear_documents(host, enginename, port=8983)	清空库

2. 语义索引

所提供的问题答案数据集位于：AnyQ/build/solr_script/sample_doc。首先需要将灌库文件 faq_file（UTF-8 编码）转换成 JSON 格式，其中每条数据包含一个(问题，答案，ID)，文件格式如下。

```
{"question": "XXX", "answer": "XXX", "id": XXX}
```

转换的脚本执行如下。

```
cp -rp ../tool/solr ./solr_script
mkdir -p faq
python solr_script/make_json.py solr_script/sample_docs faq/schema_format faq/faq_json
```

对 JSON 文本添加索引 ID。

```
awk -F "\t" '{print ++ind"\t"$0}'faq/faq_json > faq/faq_json.index
```

索引 ID 添加完成以后,即可对已添加完索引 ID 的文件 faq_json. index 构建语义索引库。构建语义索引库需要在 AnyQ 词典中配置 dict. conf,以增加语义表示模型的插件。

```
dict_config{
    name: "fluid_simnet"
    type: "PaddleSimAdapter"
    path: "./simnet"
}
```

在 analysis. conf 中增加 Query 语义表示的插件。

```
analysis_method{
    name: "method_simnet_emb"
    type: "AnalysisSimNetEmb"
    using_dict_name: "fluid_simnet"
    dim: 128
    query_feed_name: "left"
    cand_feed_name: "right"
    embedding_fetch_name: "tanh.tmp"
}
```

最后,使用下面的命令生成语义索引库。

```
./annoy_index_build_tool example/conf/ example/conf/analysis.conf faq/faq_json.
index 128 10 semantic.annoy 1>std 2>err
```

构建好语义索引库之后,我们就可以开始使用了。先把带索引 ID 的 faq 库文件和语义索引库放到 AnyQ 配置目录下。

```
cp faq/faq_json.index semantic.annoy example/conf
```

然后在 dict. conf 中配置 faq 库文件的读取。

```
dict_config {
    name: "annoy_knowledge_dict"
    type: "String2RetrievalItemAdapter"
    path: "./faq_json.index"
}
```

在 retrieval. conf 中配置语义检索插件。

```
retrieval_plugin{
    name: semantic_recall"
    type: "SemanticRetrievalPlugin"
    vector_size: 128
    search_k: 10000
    index_path: "./example/conf/semantic.annoy"
    using_dict_name: "annoy_knowledge_dict"
    num_result: 10
}
```

至此,就可以使用 AnyQ 中的语义索引库了。

12. 1. 6 SimNet 模块

AnyQ 的 SimNet 模块使用第 5 章中介绍的表示型匹配模型,采用简洁经典的三段式结构:输入层-表示层-匹配层来得到最终的匹配得分。AnyQ 源码中的 TensorFlow 版 SimNet 的结构如下。

```
simnet/train
    |-tf
          |-date // 示例数据,TSV 格式,没有表头
               |-train_pointwise_data // 训练集数据
               |-test_pointwise_data // 测试集数据
          |-examples // 示例配置文件,以模型种类命名,里面的参数需熟知
               |-bow-pointwise.json
               |-cnn-pointwise.json
               |-knrm-pointwise.json
               |-lstm-pointwise.json
               |-mmdnn-pointwise.json
               |-mvlstm-pointwise.json
               |-pyramid-pointwise.json
          |-layers // 网络中使用操作层的实现
               |-tf_layers.py
          |-losses // 损失函数实现,可放置各种损失函数 class
               |-simnet_loss.py
          |-nets // 网络结构实现,由 tf_layers.py 不同组合实现
               |-bow.py
               |-knrm.py
               |-lstm.py
               |-matchpyramid.py
               |-mlpcnn.py
               |-mm_dnn.py
               |-mvlstm.py
          |-tools // 数据转化及评价工具
               |-evaluate.py
               |-tf_record_reader.py
```

```
                        |-tf_record_writer.py
                |-util // 工具类
                        |-controler.py
                        |-converter.py  #数据转换
                        |-datafeeds.py  #读取数据
                        |-utility.py
                |-README.md // 说明文件
                |-run_infer.sh // 运行 predict 任务
                |-run_train.sh // 运行 train 任务
                |-tf_simnet.py // 主运行文件
```

语义匹配网络 SimNet 可以使用 Pointwise 与 Pairwise 两种类型的数据进行训练。Pointwise 训练方式仅考虑单个样本的得分与样本的真实得分的关系。Pairwise 训练方式更在乎的是文档之间的顺序。如图 12.2 所示,我们简单地展示了两种不同度量方式的 Pointwise 类型的训练网络。最底层左右两边向量是已经学习好的语义向量表示。

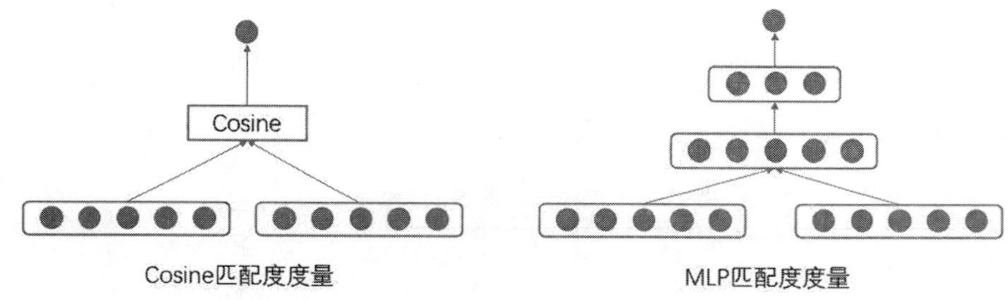

图 12.2　Pointwise 训练方式

图 12.3 给出了采用 pair-wise Ranking Loss 来进行 SimNet 的训练的网络结构。在 FAQ 问答中,假设用户输入文本为 Q,FAQ 数据集中相关的一个标准问题为 D+,不相关的一个标准问题为 D-,二者经过 SimNet 网络得到的和 Q 的匹配度得分分别为 S(Q,D+)和 S(Q,D-),而训练的优化目标就是使 S(Q,D+) > S(Q,D-)。在实际中,我们一般采用 Max-Margin 的 Hinge Loss:max{0,margin-(S(Q,D+)-S(Q,D-))}。

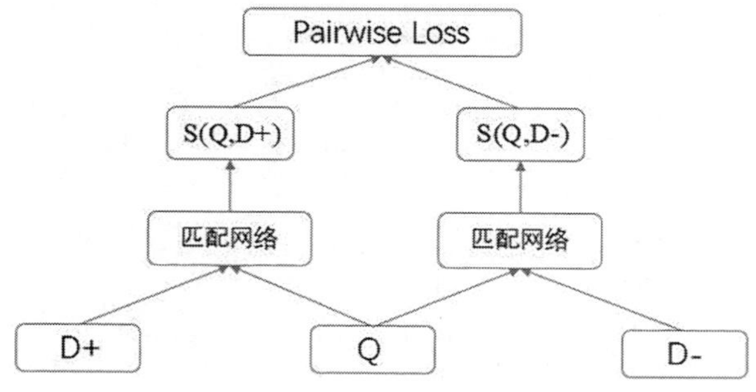

图 12.3　Pairwise 训练方式

12.2 图谱问答系统实例讲解

图谱问答也称为基于知识图谱或知识库的问答。它是目前垂直领域或百科领域问答中使用较多的一种问答方式，本质上是在做结构化数据的匹配查询任务。本节我们将介绍一个基于规则模板的医药知识图谱的自动问答系统。

12.2.1 图谱介绍

基础数据来自垂直类医疗网站寻医问药①。以结构化数据为主，构建了以疾病为中心的医疗知识图谱，实体规模 4.4 万，实体关系规模 30 万。schema 的设计根据所采集的结构化数据生成，对网页的结构化数据进行 XPath 解析。项目的数据存储采用 Neo4j 图数据库，问答系统采用了规则匹配方式完成，数据操作采用 Neo4j 声明的 Cypher。

表 12.3 给出了医疗知识图谱的实体类型描述。总共有 7 种类型的实体：Check、Department、Disease、Drug、Food、Producer 和 Symptom。

表 12.3　医疗知识图谱的实体类型

实体类型	含义	举例
Check	诊断检查项目	胎儿体重预测；脑电图检查
Department	医疗科目	儿科；普外科
Disease	疾病	风热感冒；颈肩痛
Drug	药品	鱼肝油乳；杞菊地黄丸
Food	食物	番茄冲菜牛肉丸汤；竹笋炖羊肉
Producer	在售药品	同仁堂制药厂小儿牛黄散；云南白药健胃消食片
Symptom	疾病症状	中暑高热；肌肉压痛

表 12.4 给出了医疗知识图谱的实体关系类型描述。这里，总共列举了 10 种不同的关系类型，主要是隶属关系、疾病与药品及食物的关系、疾病和疾病之间的关系等。

① 寻医问药网站疾病百科频道网址：http://jib.xywy.com/。

表 12.4　医疗知识图谱的实体关系类型

实体关系类型	含义	举例
belong_to	属于	<妇科,属于,妇产科>
common_drug	疾病常见药品	<感冒,常见,感冒灵颗粒>
do_eat	疾病易吃食物	<胸椎骨折,易吃,黑鱼>
drugs_of	市面在售药品	<青霉素 V 钾片,在售,通药制药青霉素 V 钾片>
need_check	疾病所需检查	<小儿流行性感冒,所需检查,体温测量>
not_eat	疾病忌吃食物	<小儿哮喘,忌吃,杏仁>
recommend_drug	疾病推荐药品	<腹痛,推荐药品,盐酸多西环素胶丸>
recommend_eat	疾病推荐食谱	<皮肤过敏,推荐食谱,绿豆粥>
has_symptom	疾病症状	<早期乳腺癌,疾病症状,乳房肿块>
acompany_with	并发疾病	<二硫化碳中毒,并发疾病,昏迷>

12.2.2　主代码介绍

这里的知识图谱问答①采用基于规则模板的方式实现,其问答架构如图 12.4 所示。由于医疗领域用户问法都有明显的模式,因此采用规则模板有较大的优势。当用户问句输入系统之后,使用问句分类模块对问句类型进行判断,然后将问句转换为 Neo4j 的 Cypher 语句,最后使用该 SQL 语句从医药知识图谱中得到答案并生成最后的答复。

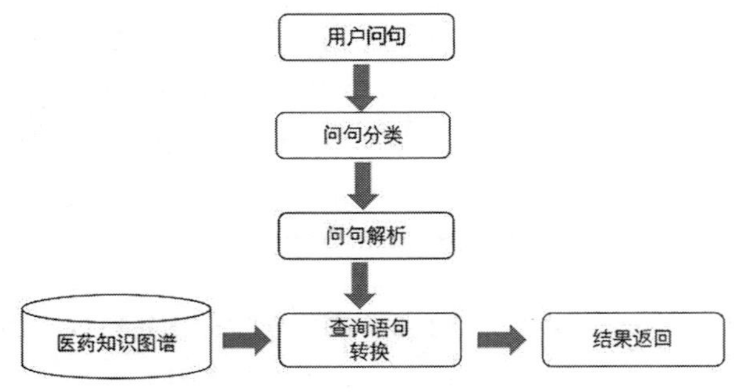

图 12.4　医疗知识图谱的问答架构

表 12.5 总结了医疗领域常见的问句类型。问句类型直接影响问句的解析和回复的方式,因而问答系统将依据不同的问句类型分别建立相应的问句解析和回复模板。

① 源码地址:https://github.com/liuhuanyong/QASystemOnMedicalKG。

表 12.5　医疗领域常见的问句类型

问句类型	含义	问句举例
disease_symptom	疾病症状	感冒有哪些症状
symptom_disease	已知症状找可能疾病	头疼怎么办
disease_cause	疾病病因	为什么脖子难受
disease_acompany	疾病的并发症	失眠有哪些并发症
disease_not_food	疾病需要忌口的食物	嘴上长疮不要吃什么
disease_do_food	疾病时建议食物	眼睛干涩吃点什么
food_not_disease	忌食食物所涉及的疾病	哪些人最好不要吃蜂蜜
food_do_disease	食物有利于何疾病	鹅肉有什么好处
disease_drug	疾病所用药物	肝病要吃什么药
drug_disease	药品能治疗何疾病	板蓝根颗粒能治什么病
disease_check	疾病所需检查项	脑膜炎怎么才能查出来
check_disease	检查能查什么疾病	全血细胞计数能查出什么来
disease_prevent	预防措施	怎样才能预防肾虚
disease_lasttime	治疗周期	感冒要多久才能好
disease_cureway	治疗方式	高血压要怎么治
disease_cureprob	治愈概率	白血病能治好吗
disease_easyget	疾病易感人群	什么人容易得高血脂
disease_desc	疾病描述	糖尿病是什么症状

下面给出了问句分类的主程序,该函数是类 QuestionClassifier 的成员函数。使用领域词典和领域问句疑问词共同完成问句的分类工作。

```
'''问句分类主函数'''
def classify(self, question):
    data={}
    #使用领域词典过滤出问句中的领域词汇,映射到相应实体类型
    medical_dict=self.check_medical(question)
        if not medical_dict:
            return {}
        data['args']=medical_dict
        #收集问句中所涉及的实体类型
        types=[]
        for type_ in medical_dict.values():
            types +=type_
        question_type='others'
```

```
    question_types=[]
    # 使用 check_words 函数来检测问句是否为疾病症状问句
    # 使用的检测方法是基于关键词的方式
    if self.check_words(self.symptom_qwds, question) and ('disease'in types):
        question_type='disease_symptom'
        question_types.append(question_type)
    # 检测问句是否为已知症状找可能疾病问句
    if self.check_words(self.symptom_qwds, question) and ('symptom'in types):
        question_type='symptom_disease'
        question_types.append(question_type)
    # 检测问句是否为疾病病因问句
    if self.check_words(self.cause_qwds, question) and ('disease'in types):
        question_type='disease_cause'
        question_types.append(question_type)
    # 使用类似方式在每种问句类型上进行判断
    ……
    # 将多个分类结果进行合并处理,组装成一个字典
    data['question_types']=question_types
    return data
```

医疗知识图谱问答系统的第二个关键步骤是问句解析,用来将自然语言语句转换为 Neo4j 的查询语句。根据上一步得到的问题类型和领域词类型,进一步解析为相应的 Cypher 语句。下面给出了问句解析的主程序,该函数是类 QuestionPaser 的成员函数。

```
'''问句解析主函数'''
def parser_main(self, res_classify):
    # 实体-类型
    args=res_classify['args']
    # 类型-实体词典
    entity_dict=self.build_entitydict(args)
    # 问句类型
    question_types=res_classify['question_types']
    sqls=[]
    for question_type in question_types:
        sql_={}
        sql_['question_type']=question_type
        sql=[]
        '''针对不同类型的问题,分开进行处理'''
        if question_type=='disease_symptom':
            sql=self.sql_transfer(question_type, entity_dict.get('disease'))
        elif question_type=='symptom_disease':
```

```
        sql=self.sql_transfer(question_type, entity_dict.get('symptom'))
      ......
      if sql:
        sql_['sql']=sql
        sqls.append(sql_)
    return sqls
```

这里的 sql_transfer 会根据输入参数,映射出相应的查询语句。

最后一步是从医疗知识图谱中查询结果,使用模板的方式生成用户问题的回复。该函数是类 AnswerSearcher 的成员函数。

```
'''执行 cypher 查询,并返回相应结果'''
def search_main(self, sqls):
    final_answers=[]
    for sql_ in sqls:
        question_type=sql_['question_type']
        queries=sql_['sql']
        answers=[]
        for query in queries:
            ress=self.g.run(query).data()
            answers +=ress
            # 生成最终回复
            final_answer=self.answer_nlg(question_type, answers)
            if final_answer:
                final_answers.append(final_answer)
        return final_answers
```

上面的查询语句转换模块调用函数 answer_nlg 来生成最终的回复,代码如下。

```
'''根据对应的 qustion_type,调用相应的回复模板'''
def answer_nlg(self, question_type, answers):
    final_answer=[]
    if not answers:
        return ''
    if question_type=='disease_symptom':
        desc=[i['n.name'] for i in answers]
        subject=answers[0]['m.name']
        final_answer='{0}的症状包括:{1}'.format(subject,
                      ';'.join(list(set(desc))[:self.num_limit]))
    elif question_type=='symptom_disease':
    desc=[i['m.name'] for i in answers]
    subject=answers[0]['n.name']
    final_answer='症状{0}可能染上的疾病有:{1}'.format(subject,
```

```
                    ';'.join(list(set(desc))[:self.num_limit]))
    # 列举其余所有用户问题类型
    ……
    return final_answer
```

上面的回复生成函数针对不同的问句类型给出不同的模板。由于篇幅有限,这里只给出了前一部分代码作为示例。至此,医疗知识图谱的主体代码就介绍完了。

12.3 基于强化学习的问答系统实例讲解

面向目标(Goal-Oriented,GO)的对话机器人试图为用户解决特定问题。这些对话机器人可以帮助我们预订机票、预订餐馆和查询景区等。训练 GO 对话机器人的主要方法有两种:监督学习和强化学习。监督学习使用编码器-解码器直接生成回复。强化学习使用一轮一轮和真实用户或用户模拟器进行对话交互试错而得到的奖励得分来优化对话策略。通过深度强化学习训练的 GO 对话机器人是一个非常令人兴奋且具有许多实际应用的研究领域。本节我们将着重介绍强化学习的 GO 对话机器人。

使用强化学习的 GO 对话机器人的对话系统分为 3 个主要部分:对话管理(DM)、自然语言理解(NLU)和自然语言生成(NLG)。其中,DM 又包含对话状态跟踪器(DST)和智能体策略。在大多数情况下,它们均由神经网络表示。整个系统循环包含带有用户目标的用户。用户目标表示用户希望从对话中得到什么,譬如预订餐馆的座位情况。本节将介绍的是 MiuLab 实验室的一个名为 TC-Bot① 的对话系统。图 12.5 给出了该对话系统的流程图。

图 12.5 中右边虚线框是一个神经对话系统(Neural Dialogue System),左边虚线框是一个用户模拟器(User Simulator)。神经对话系统由语言理解(Language Understanding,LU)和对话管理(Dialogue Management,DM)组成。在神经对话系统中,当输入文本"Are there any action movies to see this weekend?",经过语言理解(LU)模块,解析为框架语义(request_movie, genre = action, date = this weekend)。对话管理根据累积每句用户话语的语义,跟踪对话状态,做出 request_location 决策动作。在用户模拟器中,一个基于 Agenda 的用户模型组件控制基于用户目标的对话回复,一个 NLG 模块根据用户对话动作生成自然语言文本。

① TC-Bot 是 Task Completion Bot 的简称,其源码地址为 https://github.com/MiuLab/TC-Bot。

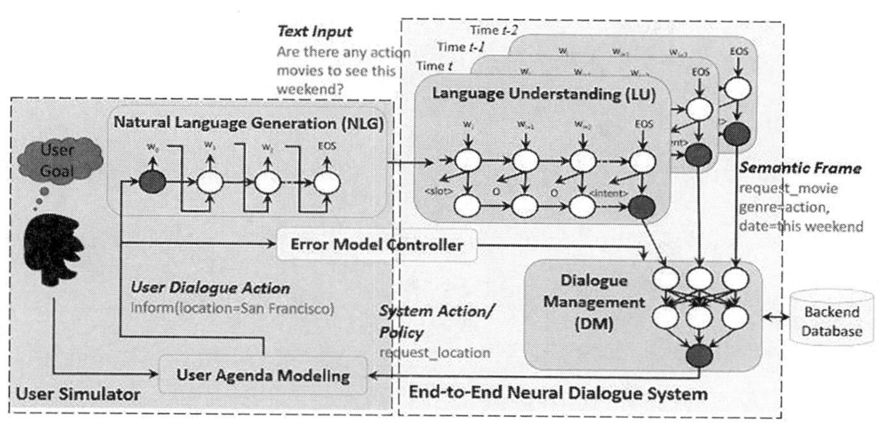

图 12.5 MiuLab TC-Bot 对话系统的流程

本节先介绍训练的基本架构，包括可用训练数据形式和训练架构；然后介绍对话管理的两部分：DQN 智能体（策略学习）和对话状态跟踪器；之后阐述配合强化学习的两个设备：用户模拟器和错误模型控制器；最后介绍如何进行训练与测试。

12.3.1 训练架构介绍

我们先来看一个示例电影票数据。这个数据由三部分组成：电影票数据库、数据库词典和用户目标列表。电影票数据库具有不同属性或槽位的电影票数据，以下是抽样出的几个样例项（排名不分先后）。

```
0L: {'city': 'hamilton', 'theater': 'manville 12 plex', 'zip': '08835', 'critic_rating': 'good', 'genre': 'comedy', 'state': 'nj', 'starttime': '10:30am', 'date': 'tomorrow', 'moviename': 'zootopia'}
897L: {'city': 'seattle', 'theater': 'pacific place 11', 'moviename': 'how to be single', 'zip': '98101', 'critic_rating': 'top', 'date': 'tonight', 'state': 'washington', 'other': 'date', 'starttime': '9', 'theater_chain': 'amc', 'genre': 'romance'}
721L: {'city': 'bellevue', 'theater': 'regal meridian 16', 'zip': '98101', 'state': 'washington', 'mpaa_rating': 'pg', 'starttime': 'matinee', 'date': '7th', 'moviename': 'kung fu panda 3'}
536L: {'city': 'seattle', 'theater': 'regal meridian 16', 'zip': '98133', 'moviename': 'risen race spotlight', 'date': 'tomorrow', 'state': 'wa', 'other': 'large number of movies', 'starttime': '7pm', 'theater_chain': 'amc loews oak tree 6', 'genre': 'comedy'}
```

数据库被组织成一个带有键和值的词典。这里，键是作为长整数的票索引；值也是一个词典，包含电影票所代表的电影信息。细心的读者可能发现了,并非所有的票都具有相同的属性。

在数据库词典中,键是一张票中不同的槽位,值是每个槽位可能取值的列表。以下是一些不同项示例(值列表是截断过的)。

```
'city': ['hamilton', 'manville', 'bridgewater', 'seattle', 'bellevue', 'birmingham', 'san francisco', 'portland', ...]
'theater': ['manville 12 plex', 'amc dine-in theatres bridgewater 7', 'bridgewater', 'every single theatre', ...]
'genre': ['comedy', 'comedies', 'kid', 'action', 'violence', 'superhero', 'romance', 'thriller', 'drama', 'family friendly', ...]
```

用户目标列表是一个字典列表,其中包含每个目标的可请求槽和可通知槽。样例如下。

```
{'request_slots': {'date': 'UNK', 'theater': 'UNK'}, 'inform_slots': {'numberofpeople': '4', 'moviename': 'zootopia', 'starttime': 'matinee'}}
{'request_slots': {'theater': 'UNK'}, 'inform_slots': {'city': 'la', 'numberofpeople': '2', 'distanceconstraints': 'downtown', 'video_format': '3d', 'starttime': '7pm', 'date': 'tomorrow', 'moviename': 'creed'}}
{'request_slots': {'date': 'UNK', 'theater': 'UNK', 'starttime': 'UNK'}, 'inform_slots': {'city': 'birmingham', 'state': 'al', 'numberofpeople': '2', 'moviename': 'zootopia'}}
{'request_slots': {}, 'inform_slots': {'city': 'seattle', 'numberofpeople': '2', 'theater': 'regal meridian 16', 'starttime': '9:00 pm', 'date': 'tomorrow', 'moviename': 'spotlight'}}
{'request_slots': {'date': 'UNK', 'theater': 'UNK', 'starttime': 'UNK'}, 'inform_slots': {'numberofpeople': '5', 'moviename': 'avengers'}}
```

这个数据库的目标是让智能体找到一张符合用户需求的票。这里的需求由这一轮的用户目标给出。这项任务并不简单,因为每张票都是独一无二的,而且大多数都有不同的槽位。

动作是基于当前环境智能体做出的交互选择。了解该系统中动作的解剖结构非常重要。如果我们暂时忽略自然语言,那么用户模拟器和智能体都以语义框架的形式作为输入和输出动作。一个动作包含意图,以及可通知槽和可请求槽。本节中的槽意味着一个键值对,通常指一个可通知槽或可请求槽。例如,在词典{'starttime': 'tonight', 'theater': 'regal 16'}中,'starttime': 'tonight'和'theater': 'regal 16'都是槽位。动作示例如下。

```
{'intent': 'request', 'inform_slots': {'city': 'seattle'}, 'request_slots': {'theater': 'UNK', 'starttime': 'UNK'}}
{'intent': 'inform', 'inform_slots': {'moviename': 'the witch'}, 'request_slots': {}}
{'intent': 'done', 'inform_slots': {}, 'request_slots': {}}
{'intent': 'request', 'inform_slots': {}, 'request_slots': {'moviename': 'UNK'}}
{'intent': 'thanks', 'inform_slots': {}, 'request_slots': {'theater': 'UNK'}}
```

意图表示动作的类型。动作的剩下部分分为可通知槽和可请求槽。这里,可通知槽包含约束信息，可请求槽包含需要填写的信息。可能的键列表在文件 dialogue_config. py 中列出，其可能的值在上面的数据库词典中列出。可通知槽是发送方希望接收方知道的信息。它由键列表中的一个键和该键的值列表中的一个值组成。可请求槽包含发送方希望从接收方找到值的键。所以，它是键列表中的一个键，并且使用“UNK”作为表示“未知”的值，因为发送方还不知道这个槽的值是什么。

该系统有 6 种意图，所有意图罗列如下。

（1）inform：以可通知槽的形式提供约束。

（2）request：请求用值填充可请求槽。

（3）thanks：仅供用户使用，向智能体表明它做了一些好事或用户准备结束对话。

（4）match_found：仅供智能体使用，向用户表明它有一个可以实现用户目标的匹配项。

（5）reject：仅供用户使用，仅用于响应具有 match_found 意图的智能体的动作，以表明匹配不符合其约束。

（6）done：智能体使用它来关闭对话并查看它是否已完成当前目标。当对话持续时间过长时，用户动作会自动具有此意图。

图 12.6 展示了模型训练中一个完整循环的流程。该系统的 4 个主要部分是智能体（Agent）、状态跟踪器（State Tracker，ST）、用户模拟器（User Sim.）和错误模型控制器（EMC）。

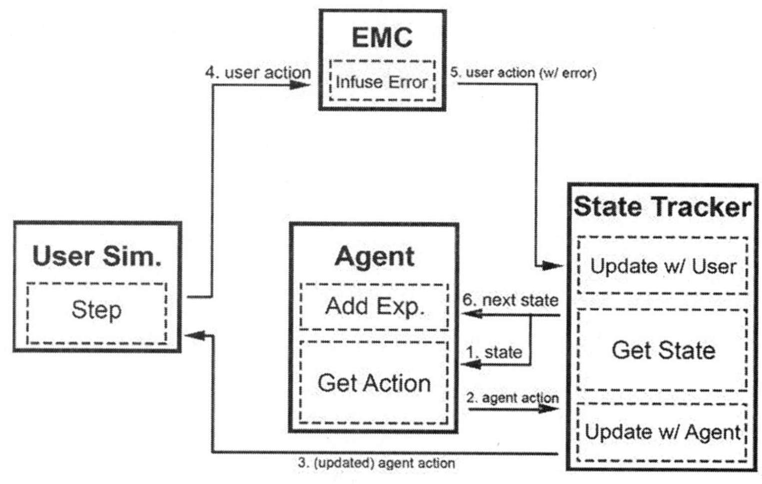

图 12.6 训练循环流程

训练一轮的步骤如下。

（1）获取当前状态并将其作为输入发送到智能体的 Get 操作方法。这里的当前状态有两种情况。一般它是之前状态的下一个状态；如果处于训练一轮的开始，则它是初始状态。

（2）获取智能体的动作并将其发送到 ST 更新方法以进行代理动作：ST 更新自己的当前会话历史记录，并使用数据库查询信息更新智能体动作。

（3）更新后的代理动作作为输入发送到用户模拟器的 Step 方法：在 Step 方法中，用户模拟器生成自己的基于规则的回复,并输出奖励和成功信息。

(4)EMC 为用户动作注入些许噪声。

(5)带噪声扰动过的用户动作作为输入发送到用户操作的 ST 更新方法:类似于 ST 更新智能体动作方法,但它只是将信息保存在其历史记录中,它不会以重要的方式更新用户动作。

(6)ST 的 Get 状态输出下一个状态,这样就完成了该轮当前的经验元组,该元组被添加到智能体的记忆中。

上述步骤给出了模型训练的完整过程,其具体的代码片段如下。

```
def run_round(state, warmup=False):
    #1) Agent takes action given state tracker's representation of dialogue (state)
    agent_action_index, agent_action=dqn_agent.get_action(state, use_rule=warmup)
    #2) Update state tracker with the agent's action
    round_num=state_tracker.update_state_agent(agent_action)
    #3) User takes action given agent action
    user_action, reward, done, success=user.step(agent_action, round_num)
    if not done:
        #4) Infuse error into semantic frame level of user action
        emc.infuse_error(user_action)
    #5) Update state tracker with user action
    state_tracker.update_state_user(user_action)
    #6) Get next state and add experience
    next_state=state_tracker.get_state(done)
    dqn_agent.add_experience(state, agent_action_index, reward, next_state, done)
    return next_state, reward, done, success
```

需要注意的是,与任何 DQN 智能体一样,记忆缓冲区在“热身”阶段会在一定程度上被填充。与游戏中 DQN 的许多情况不同,智能体在此阶段不会采取随机动作。相反,在热身阶段,它使用非常简单的基于规则的算法,这将在 12.3.2 小节中进行解释。

细心的读者可能会发现,这里没有使用任何自然语言(NL)组件,动作始终使用语义框架表达。在本节中,正在训练的是不需要 NL 的 DM。

在每个对话剧情(episode)开始,进入热身和训练循环之前,需调用 episode_reset 来初始化环境设置,刷新对象并获取对话的初始用户动作。

```
def episode_reset():
    #First reset the state tracker
    state_tracker.reset()
    #Then pick an init user action
    user_action=user.reset()
    #Infuse with error
    emc.infuse_error(user_action)
```

```
    # And update state tracker
    state_tracker.update_state_user(user_action)
    # Finally, reset agent
    dqn_agent.reset()
```

在热身智能体时,系统有两重循环。外部循环运行条件定义为智能体的记忆没有被填充到上限 WARMUP_MEM 并且其记忆缓冲区没有充满。接下来,必须在每个循环中重置环境并获取初始状态。内部循环一直运行 run_round(state, warmup=True),直到 done==true。内部循环的结束条件是本次对话(episode)结束。

```
def warmup_run():
    total_step=0
    while total_step !=WARMUP_MEM and notdqn_agent.is_memory_full():
        # Reset episode
        episode_reset()
        done=False
        # Get initial state from state tracker
        state=state_tracker.get_state()
        while not done:
            next_state, _, done, _=run_round(state, warmup=True)
            total_step +=1
            state=next_state
```

训练模块的代码如下。除了一些额外的变量,这个模块的循环部分与热身模块的那部分非常相似。主要区别在于,当情节数达到 NUM_EP_TRAIN 时,模块结束其外部循环。

```
def train_run():
    episode=0
    period_success_total=0
    success_rate_best=0.0
    # Almost exact same loop as warm-up-----
    while episode < NUM_EP_TRAIN:
        episode_reset()
        episode +=1
        done=False
        state=state_tracker.get_state()
        while not done:
            next_state, reward, done, success=run_round(state)
            period_reward_total +=reward
            state=next_state
        # ------
        period_success_total +=success
        # Train block----
```

```
        if episode % TRAIN_FREQ==0:
            # Get success rate
            success_rate=period_success_total / TRAIN_FREQ
            #1. Empty memory buffer ifstatemement is true
            if success_rate >=success_rate_best and success_rate >=SUCCESS_RATE_THRESHOLD:
                dqn_agent.empty_memory()
                success_rate_best=success_rate
        # Refresh period success total
        period_success_total=0
        #2. Copy weights
        dqn_agent.copy()
        #3. Train weights
        dqn_agent.train()
```

下面依据上面的源码来解释训练模块的工作原理。首先,每当 episode 数目积累到 TRAIN_FREQ 之后,智能体会使用经验记忆进行一次训练。如果该周期的成功率大于等于当前最佳成功率并且它高于阈值 SUCCESS_RATE_THRESHOLD,那么智能体会清空记忆。这是为了摆脱旧经验。这些经验来自先前版本动作训练的模型,这些动作是来自不太好的模型。这种操作允许来自更好版本的模型的更新经验来填充记忆。使用这种方式训练和表现就稳定了。接下来,将智能体的行为模型参数复制到目标模型中,这是 DQN 稳定学习的常见训练技巧。最后,训练智能体,这意味着当前的记忆被用来提高模型效果。

12.3.2 DQN 智能体

在这一部分中,我们将从 dqn_agent.py 开始,深入研究由 DQN 表示的智能体。面向目标(GO)对话机器人智能体接受训练,以便熟练地与真实用户交谈以完成目标,例如,查找符合用户约束条件的旅游地或电影票。智能体的主要工作是获取一个状态并产生一个近最优的动作。具体来说,智能体从对话状态跟踪器(DST)接收表示当前对话历史的状态,并选择要采取的对话响应。DQN 的原理细节参见 4.2.3 小节,本小节我们直接看代码。

```
# Possible inform and request slots for the agent
agent_inform_slots=['moviename', 'theater', 'starttime', 'date', 'genre',
                       'state', 'city', 'zip', 'critic_rating','mpaa_rating',
                       'distanceconstraints', 'video_format', 'theater_chain',
                       'price', 'actor', 'description', 'other', 'numberofkids']
agent_request_slots=['moviename', 'theater', 'starttime', 'date',
    'numberofpeople', 'genre', 'state', 'city', 'zip', 'critic_rating',
    'mpaa_rating', 'distanceconstraints', 'video_format', 'theater_chain',
    'price', 'actor', 'description', 'other', 'numberofkids']
```

```

# Possible actions for agent
agent_actions=[
{'intent': 'done', 'inform_slots': {}, 'request_slots': {}}, # Triggers closing
                                                              # of conversation
{'intent': 'match_found', 'inform_slots': {}, 'request_slots': {}}
]
for slot in agent_inform_slots:
    agent_actions.append({'intent': 'inform', 'inform_slots': {slot: 'PLACEHOLDER'},
                          'request_slots': {}})
for slot in agent_request_slots:
    agent_actions.append({'intent': 'request', 'inform_slots': {},
                            'request_slots': {slot: 'UNK'}})

# Rule-based policy request list
rule_requests=['moviename', 'starttime', 'city', 'date', 'theater', 'numberofpeople']
# These are possible inform slot keys that cannot be used to query
no_query_keys=['numberofpeople', usersim_default_key]
```

agent_inform_slots 是智能体可通知槽的所有可能槽位键。agent_request_slots 是智能体可请求槽的所有可能槽位键。agent_actions 列举了智能体的所有可能动作。

我们使用 Keras 来构建智能体的模型。该模型是一个单隐藏层神经网络。虽然结构简单,但是对于这个问题效果不错。

```
def _build_model(self):
    model=Sequential()
    model.add(Dense(self.hidden_size, input_dim=self.state_size, activation='relu'))
    model.add(Dense(self.num_actions, activation='linear'))
    model.compile(loss='mse', optimizer=Adam(lr=self.lr))
    return model
```

上面代码段中智能体的实例变量被分配的常量来自配置文件 constants. json。

给定一个状态智能体选择动作的策略取决于对话是处于热身阶段还是训练阶段。在训练之前进行热身,通常使用随机策略来填充智能体记忆。在训练中,使用行为模型来选择一个动作。在这种情况下,use_rule 意味着预热阶段。get_action 函数返回动作的索引及动作本身,其源码如下。

```
def get_action(self, state, use_rule=False):
    # self.eps is initialized to the starting epsilon and does NOT get annealed
    if self.eps > random.random():
          index=random.randint(0, self.num_actions-1)
          # self._map_index_to_action(index) takes an index and maps the action
          # from all possible agent actions
```

```
            action=self._map_index_to_action(index)
            return index, action
        else:
            if use_rule:
                return self._rule_action()
            else:
                return self._dqn_action(state)
```

在热身期间,采用简单的基于规则的策略。首先注意智能体的重置方法,该方法仅用于重置基于规则的策略的几个变量。

```
def reset(self):
    self.rule_current_slot_index=0
    self.rule_phase='not done'
```

规则策略简单地请求可请求槽列表中的下一个槽位,直到它没有需要填充的槽位,然后它采取 match found 动作,在最后一轮执行 done 动作。

```
def _rule_action(self):
    # self.rule_current_slot_index points to current slot
    # rule_requests defined in dialogue_config.py
    if self.rule_current_slot_index < len(rule_requests):
        slot=rule_requests[self.rule_current_slot_index]
        self.rule_current_slot_index +=1
        rule_response={'intent': 'request', 'inform_slots': {},
                       'request_slots': {slot: 'UNK'}}
    # self.rule_phase used to indicate if we are at second to last round or last round
    elif self.rule_phase=='not done':
        rule_response={'intent': 'match_found', 'inform_slots': {}, 'request_slots': {}}
        self.rule_phase='done'
    elif self.rule_phase=='done':
        rule_response={'intent': 'done', 'inform_slots': {}, 'request_slots': {}}
    else:
        raise Exception('Should not have reached this clause')

    # self._map_action_to_index(rule_response) takes an action and gets its index
    # from all possible agent actions
    index=self._map_action_to_index(rule_response)
    return index, rule_response
```

以下是使用此简单策略的一个 episode 示例。

```
For example, say rule_requests=['moviename', 'starttime', 'city'], length: 3

Round 1:
rule_current_slot_index=0 (< 3)
                       |
[request 'moviename', request 'starttime', request 'city', mach_found, done]

Round 2:
                rule_current_slot_index=1 (< 3)
                                  |
[request 'moviename', request 'starttime', request 'city', mach_found, done]

Round 3:
                                  rule_current_slot_index=2 (< 3)
                                                    |
[request 'moviename', request 'starttime', request 'city', mach_found, done]

Round 4:
                                                          rule_phase='not done'
                                                                    |
[request 'moviename', request 'starttime', request 'city', mach_found, done]


Round 5, final:
                                                                        rule_phase='done'
                                                                                |
[request 'moviename', request 'starttime', request 'city', mach_found, done]
```

在热启动阶段,智能体以某种有意义的方式热身的策略是重要的。它简单,但比仅采取随机动作要强。训练阶段使用 DQN 策略,代码如下。

```
def _dqn_action(self, state):
    # self.beh_model is our keras behavior model
    index=np.argmax(self.beh_model.predict(state.reshape(1, self.state_size),
                   target=target).flatten())
    action=self._map_index_to_action(index)
    return index, action
```

在训练阶段,每隔一定数量的 episode 会调用下面的 dqn_agent.train( ) 函数。

```
# Take a look at the rest of the agent code indqn_agent.py from the repo!

def train(self):
    # Calc. num of batches to run
    num_batches=len(self.memory) // self.batch_size
    for b in range(num_batches):
        batch=random.sample(self.memory, self.batch_size)

        states=np.array([sample[0] for sample in batch])
        next_states=np.array([sample[3] for sample in batch])

        beh_state_preds=self._dqn_predict(states)  # For leveling error

        # vanilla means use a DQN, not vanilla means use a Double DQN;
        # vanilla in constants.json
        if not self.vanilla:
            # For indexing for DDQN
            beh_next_states_preds=self._dqn_predict(next_states)
        # For target value for DQN (& DDQN)
        tar_next_state_preds=self._dqn_predict(next_states, target=True)

        inputs=np.zeros((self.batch_size, self.state_size))
        targets=np.zeros((self.batch_size, self.num_actions))

        for i, (s, a, r, s_, d) in enumerate(batch):
            t=beh_state_preds[i]
            if not self.vanilla:
                t[a]=r +
    self.gamma * tar_next_state_preds[i][np.argmax(beh_next_states_preds[i])] * (not d)
            else:
                t[a]=r + self.gamma * np.amax(tar_next_state_preds[i]) * (not d)

            inputs[i]=s
            targets[i]=t

        self.beh_model.fit(inputs, targets, epochs=1, verbose=0)
```

上面这段代码非常基础,读者应该已经看到过类似的 DQN 代码。但细心的读者会注意到,与许多其他 DQN 训练方法不同,此代码不会仅随机抽样一批。相反,它计算当前记忆中有多少批次,然后在这个批次上训练权重。这有点奇怪,但它是 TC-Bot 的原始代码。使用不同的批量采样技术能获得更好的结果。

总结一下,智能体根据以下状态选择动作:策略是热身期间的简单请求列表或训练期间的单个隐藏层行为模型。这里训练方法很简单,与其他 DQN 训练方法只有几个区别。用模型架构实验时添加了带优先级的经验回放并制定了更高级的基于规则的策略。

12.3.3 对话状态跟踪器

对话状态跟踪器(DST)的主要工作是为智能体准备状态。正如之前讨论的那样,智能体需要一个有用的状态才能对要采取的动作做出正确的选择。DST 通过收集用户和智能体采取的动作来更新其内部对话历史。它还跟踪当前对话情节中到目前为止的在用户和智能体动作中的所有可通知槽。智能体使用的状态是一个 NumPy 数组,由来自 DST 的当前历史信息和当前可通知槽值组成。此外,每当智能体希望告知用户一个槽位信息时,DST 就会根据当前槽值的情况向数据库查询一个值。本质上,给出智能体的对话情节历史及到目前为止填充好的所有可通知槽,DST 除为智能体查询数据库外,还准备状态。

1. 重要动作类型

下面先回顾一下一些值得注意的操作意图:inform、request 和 match_found。inform 意图意味着包含可通知槽的动作。这里,发送方希望提供可通知槽位信息给接收方。request 意图意味着包含可请求槽的动作。槽位的值都为"UNK"(意思是未知),因为发送方希望在接收方的下一个动作中将填充的值发回。例如,如果发送方请求一个日期("UNK"的值),那么接收方要采取的适当动作(尽管它不是必须的)将通知给原始发送方"明天"或其他一些值。

只有智能体可以向用户发送 match_found 动作。这意味着当 DST 接收到智能体的这个动作时,它会使用当前已知信息找到一张票,并使用那张票中的所有槽填充该动作的可通知槽。虽然这样,但是如果智能体决定采取 match_found 动作,而实际上没有匹配的电影票时,则除了 no match 的特殊指示,动作可通知槽位将保持为空。match_found 这种动作类型很重要,因为智能体必须在对话剧情中的某个时刻采取 match_found 的动作,并且这个动作要返回一张满足用户约束的电影票。最后说明一下:智能体动作只能包含一个槽位,这与用户模拟动作可以有多个槽位不同,唯一的例外是 match_found 操作,因为它可能包含电影票的所有槽位。下面是智能体与用户动作示例。

```
# Agent action examples:
{'intent': 'request', 'inform_slots': {}, 'request_slots': {'theater': 'UNK'}}
{'intent': 'inform', 'inform_slots': {'moviename': 'the witch'}, 'request_slots': {}}
{'intent': 'done', 'inform_slots': {}, 'request_slots': {}}

# User action examples:
{'intent': 'request', 'inform_slots': {'city': 'seattle'}, 'request_slots': {'theater':
'UNK', 'starttime': 'UNK'}}
{'intent': 'inform', 'inform_slots': {'moviename': 'the witch'}, 'request_slots': {}}
```

```
{'intent': 'done', 'inform_slots': {}, 'request_slots': {}}
{'intent': 'request', 'inform_slots': {}, 'request_slots': {'moviename': 'UNK'}}
{'intent': 'thanks', 'inform_slots': {}, 'request_slots': {'theater': 'UNK'}}
```

2. DST 的历史更新

DST 的历史更新主要使用 update_state_agent 和 update_state_user 两个函数来完成。函数 update_state_agent（self, agent_action）将智能体动作作为输入，更新 DST 的历史和当前信息。函数 update_state_user(self, user_action)将用户动作作为输入，也更新 DST 的这两个变量。

类 StateTracker 中的 reset 函数(在文件 train. py 中的 episode_reset 函数里面调用)重置当前信息、历史和轮次数(一个对话剧情的当前轮数)。

```
def reset(self):
    self.current_informs={}
    self.history=[]
    self.round_num=0
```

函数 update_state_user 对用户动作进行更新。首先，使用动作中的可通知槽键值对更新当前信息。然后，将用户动作添加到历史记录。最后，增加轮数(当前轮结束)。用户端状态更新源码如下。

```
def update_state_user(self, user_action):
    #1)
    for key, value in user_action['inform_slots'].items():
        self.current_informs[key]=value
    #2)
    self.history.append(user_action)
    #3)
    self.round_num +=1
```

函数 update_state_agent 对智能体动作进行更新。如果智能体动作是 inform，则将查询数据库以获取与当前信息不冲突的匹配值。如果动作是 match_found，则将查询数据库以查找适合当前信息的电影票。对于所有其他意图，无须查询。注意，在对话配置中 self. match_key 设置为'ticket'。函数的源码如下。

```
def update_state_agent(self, agent_action):
    # Handle 'inform':
    if agent_action['intent']=='inform':
      #1) Note: db_helper is an object of class DBQuery explained below
      inform_slots=self.db_helper.fill_inform_slot(agent_action['inform_slots'],
                                                   self.current_informs)
      agent_action['inform_slots']=inform_slots
      key, value=list(agent_action['inform_slots'].items())[0]   # Only one
      #2)
```

```
10          self.current_informs[key]=value
11      # Handle 'match_found':
12      elif agent_action['intent']=='match_found':
13          # 1)
14          db_results=self.db_helper.get_db_results(self.current_informs)
15          # 2)
16          if db_results:
17              # Arbitrarily pick the first value of the dict
18              key, value=list(db_results.items())[0]
19              agent_action['inform_slots']=copy.deepcopy(value)
20              agent_action['inform_slots'][self.match_key]=str(key)
21          # 3)
22          else:
23              agent_action['inform_slots'][self.match_key]='no match available'
24          # 4)
25          self.current_informs[self.match_key]=
26                                  agent_action['inform_slots'][self.match_key]
27      # Add round number
28      agent_action.update({'round': self.round_num})
29      # Add to history
30      self.history.append(agent_action)
```

上面代码第 3~26 行,以特定的方式分别处理'inform'和'match_found'两种意图的动作。代码第 4~10 行处理'inform'意图的动作。首先,通过使用当前信息作为约束查询数据库获取填充信息,这个信息填充动作的可通知槽(初始值为'PLACEHOLDER')。然后,使用填充过的可通知槽更新当前信息。

代码第 13~26 行处理'match_found'意图的动作。首先,从数据库中获取电影票列表,查询的约束条件就是每张票的槽与当前信息的槽(键和值)匹配。如果有匹配的电影票,则任意选择列表的第一个结果,将智能体动作的可通知槽设置为该结果的槽;此外,在智能体动作的可通知槽中,创建并设置 self. match_key 的值为此电影票的 ID。如果没有匹配到任何电影票,则设置 self. match_key = 'no match available'。最后,用上面得到的新值更新当前信息中 self. match_key 的值。

match_found 动作的成功查询示例:{'intent': 'match_found', 'inform_slots': {'ticket': 24L, 'moviename': 'zootopia', 'theater': 'carmike 16', 'city': 'washington'}, 'request_slots': {}}。

match_found 动作的不成功查询示例:{'intent': 'match_found', 'inform_slots': {'ticket': 'no match available'}, 'request_slots': {}}。

最后,在第 29~30 行将轮数更新到智能体动作中并将智能体动作添加到历史记录。

注意,这里动作是用字典作为数据结构。在 Python 中,字典是可变的,因此发送到此方法的输入参数智能体动作变量实际上是由查询信息和轮数修改更新的。

3. 状态准备

DST 模块最重要的工作是为智能体提供有用的状态或当前对话情节历史的表示。get_state(self, done)接受一个 done 布尔值,并输出一个维度为状态大小的 NumPy 数组。这里,done 指示在这一轮完成后情节是否结束,状态大小并不重要,因为它只是基于我们在状态中存储的信息量。函数 get_state 的源码如下。

```
def get_state(self, done=False):
    # If done then fill state with zeros
    if done:
        return self.none_state

    user_action=self.history[-1]
    # Get database info that is useful for the agent
    db_results_dict=self.db_helper.get_db_results_for_slots(self.current_informs)
    last_agent_action=self.history[-2] if len(self.history) > 1 else None

    # Create one-hot of intents to represent the current user action
    # self.num_intents is the total number of all different intents
    # defined in dialogue_config.py
    user_act_rep=np.zeros((self.num_intents,))
    # self.intents_dict is a dict with keys of intents and values of their index
    # in the list of intents
    user_act_rep[self.intents_dict[user_action['intent']]]=1.0

    # Create bag of inform slots representation to represent the current user action
    # self.num_slots is the total number of different slots defined in dialogue_config
    user_inform_slots_rep=np.zeros((self.num_slots,))
    for key in user_action['inform_slots'].keys():
        # self.slots_dict is like self.intents_dict except with slots
        user_inform_slots_rep[self.slots_dict[key]]=1.0

    # Create bag of request slots representation to represent the current user action
    user_request_slots_rep=np.zeros((self.num_slots,))
    for key in user_action['request_slots'].keys():
        user_request_slots_rep[self.slots_dict[key]]=1.0

    # Create bag of filled_in slots based on the current_slots
    current_slots_rep=np.zeros((self.num_slots,))
    for key in self.current_informs:
        current_slots_rep[self.slots_dict[key]]=1.0
```

```
        # Encode last agent intent
        agent_act_rep=np.zeros((self.num_intents,))
        if last_agent_action:
            agent_act_rep[self.intents_dict[last_agent_action['intent']]]=1.0

        # Encode last agent inform slots
        agent_inform_slots_rep=np.zeros((self.num_slots,))
        if last_agent_action:
            for key in last_agent_action['inform_slots'].keys():
                agent_inform_slots_rep[self.slots_dict[key]]=1.0

        # Encode last agent request slots
        agent_request_slots_rep=np.zeros((self.num_slots,))
        # If not start of episode
        if last_agent_action:
            for key in last_agent_action['request_slots'].keys():
                agent_request_slots_rep[self.slots_dict[key]]=1.0

        # Value representation of the round num
        turn_rep=np.zeros((1,))+self.round_num / 5.

        # One-hot representation of the round num
        turn_onehot_rep=np.zeros((self.max_round_num,))
        turn_onehot_rep[self.round_num-1]=1.0

        # Representation of DB query results (scaled counts)
        kb_count_rep=np.zeros((self.num_slots+1,))
                                 +db_results_dict['matching_all_constraints'] / 100.
        for key in db_results_dict.keys():
            if key in self.slots_dict:
                kb_count_rep[self.slots_dict[key]]=db_results_dict[key] / 100.

        # Representation of DB query results (binary)
        kb_binary_rep=np.zeros((self.num_slots+1,))
                          + np.sum(db_results_dict['matching_all_constraints'] > 0.)
        for key in db_results_dict.keys():
            if key in self.slots_dict:
                kb_binary_rep[self.slots_dict[key]]=np.sum(db_results_dict[key] > 0.)
```

```
74
75      state_representation=np.hstack(
76              [user_act_rep, user_inform_slots_rep, user_request_slots_rep, agent_act_rep,
77              agent_inform_slots_rep, agent_request_slots_rep, current_slots_rep, turn_rep,
78              turn_onehot_rep, kb_binary_rep, kb_count_rep]).flatten()
79
80      return state_representation
```

状态由关于情节的状态的有用信息组成,例如,最近的用户动作和最近的智能体动作。这是为了告诉智能体最近的历史,这些信息应该足以让智能体采取接近最优的动作。此外,round_num 被编码以让智能体知道情节的紧迫性(如果情节接近其允许的最大轮数,智能体可能会考虑采取 match_found 动作以查看它是否有匹配,以免为时已晚)。状态也有当前已知信息及数据库中有多少项与这些当前信息匹配这样的信息。代码第 75~78 行中状态总共有 11 个相关的信息。有大量的研究和工作投入状态跟踪中,例如,编码信息的最佳方式及在状态中提供什么信息。上面这种状态准备方法可能也远非最优。

4. 查询系统

在上面代码中可以看到对话状态跟踪器需要查询数据库。通过查询数据库获取到电影票信息,来填充 inform 和 match_found 动作中的槽值。状态准备方法也使用它来为智能体收集有用的信息。这里实现的查询系统可以用于任何与这个电影票数据库结构相同的数据库。下面介绍 3 个主要的函数:get_db_results、fill_inform_slot 和 get_db_results_for_slots。

get_db_results(constraints)->dict 在函数 update_state_agent(self, agent_action)中被调用为响应具有'match_found'意图的智能体动作。查看整个数据库,每个项目,如果项目槽包含所有约束键及这些槽的匹配值,则将该项目添加到返回字典中。因此,它会在给定约束的数据库中找到所有匹配项。

```
{0: {'theater': 'regal 6', 'date': 'tonight', 'city': 'seattle'},
1: {'date': 'tomorrow', 'city': 'seattle'},
2: {'theater': 'regal 6', 'city': 'washington'}}
```

约束是{'theater': 'regal 6', 'city': 'seattle'}。输出会是{0: {'theater': 'regal 6', 'date': 'tonight', 'city': 'seattle'}}。因为这是唯一包含所有约束键并匹配其所有值的项目。

函数 fill_inform_slot(inform_slot_to_fill, current_inform_slots)->dict 用来填充可通知槽。它在函数 update_state_agent(self, agent_action)中为响应带有'inform'意图的动作而调用。首先,它调用 get_db_results(current_informs)以获取所有数据库匹配项。然后,裁剪来自 matches[inform_slot_to_fill]的值,并返回出现次数最多的值。

例如,下面这些是从函数 get_db_results(constraints)返回的匹配项。

```
{2: {'theater': 'regal 6', 'date': 'tomorrow', 'moviename': 'zootopia'},
45 : {'theater': 'amc 12', 'date': 'tomorrow'},
67: {'theater': 'regal 6', 'date': 'yesterday'}}
```

如果 inform_slot_to_fill 值为'theater',则此方法将返回{'theater': 'regal 6'},同样,如果 inform_slot_to_fill 值为'date',则输出将是{'date': 'tomorrow'}。键值对中的值占多数的那个被选中。

函数 get_db_results_for_slots(current_informs)->dict 用来获取槽的数据库结果。它在函数 get_state(self, done=false)中被调用。遍历整个数据库并计算当前信息中每个槽键值对(key,value)的出现次数,并对所有键 key 返回字典 key:count;此外,状态中另一个有用的信息是'matching_all_constraints':#,它存储了匹配所有当前信息槽的数据库项的数量。

例如,使用与上面相同的数据库。

```
{0: {theater: regal 6, date: tonight, city: seattle},
1: {date: tomorrow, city: seattle},
2: {theater: regal 6, city: washington}}
```

如果当前信息是{'theater': 'regal 6', 'city': 'washington'},则输出将是{'theater': 2, 'city': 1, 'matching_all_constraints': 1}。因为两个数据库项具有'theater': 'regal 6',一个数据库项具有'city': 'washington',并且一个数据库项匹配所有约束(项 2)。

总结一下,对话状态跟踪器使用每个智能体和用户的动作来更新其历史记录和当前信息,以便它可以在智能体需要采取动作时为它准备一个有用的状态。它还使用一个简单的查询系统来填充智能体的可通知槽,一般用于 inform 和 match_found 等动作。

12.3.4 用户模拟器

用户模拟器用于模拟实际用户,因此可以比被迫坐下并与智能体进行多个小时交互的真实用户更快地获取训练智能体的数据。对话机器人领域的用户模拟器研究是一个热门的研究课题。本小节中介绍的是一个相对简单的基于确定性规则的模拟器,它基于 TC-Bot 的用户模拟器进行了一些小改动。这个用户模拟器,和迄今为止的大多数模拟器一样,是一个基于议程的系统。这意味着用户有一个该对话剧情的目标,并根据该目标,跟踪可通知槽状态并采取相应动作。每一轮动作都是针对智能体动作而设计的,主要使用确定性规则进行响应并用一些随机规则来创建响应的多样性。

1. 用户目标

用户目标是从真实对话或人工制作(或二者兼而有之)的语料库中抽取的。每个目标都由可通知槽和可请求槽组成,就像一个没有意图的动作。有几种标准方法可以从语料库中获取目标。第一,对话情节中初始的用户动作的所有槽(request 和 inform)都形成一个目标。第二,将一个对话情节中的所有用户动作组合成一个目标。除这种自动收集外,还使用了一些手工制作的规则来降低用户目标的多样性,以便智能体更容易达成目标。幸运的是,TC-Bot 附带了可以使用的用户目标文件,因此不需要自己从语料库中生成它们。

用户目标的可通知槽模拟用户在寻找适合的电影票证时的约束。可请求槽模拟用户获取有关可用电影票的信息。系统与真实用户之间的主要区别在于,用户在了解更多有关可用电影票的信息时可能会改变主意。这不会在这里发生,因为目标在对话剧情中没有改变。读者可以想想通过哪些方式来增强这个系统,从而以这种方式更像一个真正的用户。最后注意一点,在这种情况下“电影票”作为默认槽位被添加到每个目标的请求槽中。智能体必须通知一个值来填充这个默认槽来实现目标。用户目标的示例可以看 12.3.1 小节。

2. 模拟器内部状态

用户模拟器的内部状态(与对话状态跟踪器的状态不同)跟踪当前对话的目标槽和历史记录。它用于制作每个步骤的用户操作。具体来说,状态是 4 个槽位字典和一个意图的列表。

(1)休息槽:智能体或用户尚未使用的用户目标中的所有可通知槽和可请求槽。

(2)历史槽:到目前为止,所有来自用户和智能体动作的可通知槽。

(3)可请求槽:用户想要在动作中问询属性的槽位。

(4)可通知槽:在当前动作中智能体打算通知查询的约束条件信息的槽位。

(5)意图:正在制作的当前动作的意图。

以下是在文件 dialogue_config.py 中用户模拟的对话配置常量。

```
# Used in EMC for intent error (and in user)
usersim_intents=['inform', 'request', 'thanks', 'reject', 'done']

# The goal of the agent is to inform a match for this key
usersim_default_key='ticket'

# Required to be in the first action in inform slots of the usersim if they exist in the
# goal inform slots
usersim_required_init_inform_keys=['moviename']
```

用户模拟重置很重要,因为它会选择新的用户目标、重置状态并返回初始操作。下面是函数 reset 的源码。

```
def reset(self):
    # 1)
    self.goal=random.choice(self.goal_list)
    # 2)
    self.goal['request_slots'][self.default_key]='UNK'
    # 3)
    self.state={}
```

```
8       self.state['history_slots']={}
9       self.state['inform_slots']={}
10      self.state['request_slots']={}
11      self.state['rest_slots']={}
12      #4)
13      self.state['rest_slots'].update(self.goal['inform_slots'])
14      self.state['rest_slots'].update(self.goal['request_slots'])
15      self.state['intent']=''
16      #5) Can be set to SUCCESS in response to match found, init. to failure
17      self.constraint_check=FAIL
18      #6)
19      return self._return_init_action()
```

首先,选择一个随机目标(第 3 行),将默认槽("电影票")添加到目标(第 5 行),然后清空状态的 4 个槽位字典(第 7~11 行);其次,将所有目标的可通知槽和可请求槽添加到'rest_slots'(第 13~14 行),它们需要在整个对话过程中被知道;再次,将约束检查初始化为失败(第 17 行);最后,使用函数_return_init_action 返回对话剧情的初始动作(第 19 行)。

下面是函数_return_init_action 的源码。

```
def _return_init_action(self):
    #1)
    self.state['intent']='request'
    #2)
    if self.goal['inform_slots']:
        #Pick all the required init. informs, and add if they exist in goal inform slots
        for inform_key in usersim_required_init_inform_keys:
            if inform_key in self.goal['inform_slots']:
                self.state['inform_slots'][inform_key]=
                                              self.goal['inform_slots'][inform_key]
                #Must remove from rest slots and add to history
                #as described below in requirements (req. #3) section
                self.state['rest_slots'].pop(inform_key)
                self.state['history_slots'][inform_key]=
                                              self.goal['inform_slots'][inform_key]

    #3)
    #Remove ticket slot
    self.goal['request_slots'].pop(self.default_key)
    #If there are still other requests after ticket was removed then pick a random one
    if self.goal['request_slots']:
```

```
        req_key=random.choice(list(self.goal['request_slots'].keys()))
    else:
    # If its empty now after removing ticket, then just add ticket
        req_key=self.default_key
    # Make sure to add ticket back to goal
    self.goal['request_slots'][self.default_key]='UNK'
    # And of course add the selected req. to the state
    self.state['request_slots'][req_key]='UNK'

    user_response={}
    user_response['intent']=self.state['intent']
    user_response['request_slots']=copy.deepcopy(self.state['request_slots'])
    user_response['inform_slots']=copy.deepcopy(self.state['inform_slots'])

    return user_response
```

初始动作必须始终是 request 动作。它还必须始终包含在文件 dialogue_config.py 中定义的 usersim_required_init_inform_keys 列表列出的所有可通知槽中。在上面的例子中,这只是意味着'moviename'是每个用户目标中的一个必需的可通知槽,即它总是在初始操作中被通知。除了默认槽,必须包含来自目标的随机的可请求槽。不然,'moviename'是目标中唯一的可请求槽。

3. step 函数

用户使用 step 函数来响应智能体动作,函数的输入是智能体动作。该函数采用智能体动作和用户模拟的内部状态,并返回精心构建的响应(动作)、标量奖励、done 布尔值和 success 布尔值。这类似于 Openai Gym 环境中的 step 功能,并且具有相同的目的。本系统的 step 函数源码如下。

```
def step(self, agent_action):
    # 1)
    self.state['inform_slots'].clear()
    self.state['intent']=''

    done=False
    success=NO_OUTCOME
    # 2) 'round'is added to agent action in the agent action update method of the
    # state tracker
    if agent_action['round']==self.max_round:
        done=True
        success=FAIL
        self.state['intent']='done'
        self.state['request_slots'].clear()
```

```
    # 3)
    else:
        agent_intent=agent_action['intent']
        if agent_intent=='request':
            self._response_to_request(agent_action)
        elif agent_intent=='inform':
            self._response_to_inform(agent_action)
        elif agent_intent=='match_found':
            self._response_to_match_found(agent_action)
        # 3.a)
        elif agent_intent=='done':
            success=self._response_to_done()
            self.state['intent']='done'
            self.state['request_slots'].clear()
            done=True
    # 4)
    user_response={}
    user_response['intent']=self.state['intent']
    user_response['request_slots']=copy.deepcopy(self.state['request_slots'])
    user_response['inform_slots']=copy.deepcopy(self.state['inform_slots'])
    # 5)
    reward=reward_function(success, self.max_round)
    # 6)
    return user_response, reward, done, True if success is 1 else False
```

下面深入说明上面代码的细节(标号与源码注释标号对应阅读)。

1)清空状态可通知槽和意图,因为它们不需要逐轮结转,这与需要结转的历史槽、休息槽及可请求槽不同。初始化 done 为 False、success 为 NO_OUTCOME。

2)如果回合等于最大回合,则回复意图为'done',并设置 success=FAIL。

3)否则,根据智能体动作意图制定动作。3. a)如果意图是'done',那么还计算对话情节是否算作智能体成功,并回复意图'done'。

4)使用状态的意图,可请求槽和可通知槽作为响应。

5)计算该步骤的标量奖励。

6)返回响应、标量奖励、done 布尔值和 success 布尔值。

值得注意的是,这里的两个 done,一个是动作意图,另一个'done'象征着对话的结束。如果对话没有完成,success 值为 NO_OUTCOME;如果对话完成且失败,success 值为 FAIL;如果对话完成且成功,success 值为 SUCCESS。

函数 step 的第 5 个步骤调用函数 reward_function 是在文件 Utils. py 中实现的,其源码如下。

```
def reward_function(success, max_round):
    # Starts with -1 because we want to penalize every step so the agent learns to
    # succeed quicker
    reward=-1
    # If FAIL then return -1 +-max_round
    if success==FAIL:
        reward +=-max_round
    # If SUCCESS then return -1+2 * max_round
    elif success==SUCCESS:
        reward +=2 * max_round
    # NO_OUTCOME so just return -1
    return reward
```

奖励函数通过给予成功动作大的奖励 $-1+2\times$ max_round 来帮助智能体学习成功,并通过给失败动作一个很大但没有奖励成功的值大的惩罚 $-1-$ max_round 让智能体避免失败。这有助于智能体敢于冒险获取巨额成功奖金,否则它可能为了减少负奖励而过早地结束对话。最终,像这样的奖励塑造往往是一种平衡行为。可以试试这个奖励机制,看看能不能得到更好的结果。

4. 响应类型

一些响应规则很复杂,或者看起来很随意。但请记住构建响应的许多规则都很复杂,这样用户模拟可以更像人类,这将有助于智能体与真实用户打交道。然而,这些绝不是最好的规则。在这一部分,将介绍 4 个响应函数:_response_to_request、_response_to_inform、_response_to_match_found 和 _response_to_done。

响应的几点要求如下。

(1)对于用户动作:如果意图是'inform',则它必须有可通知槽但没有可请求槽,以免与下一点的要求冲突。

(2)对于用户动作:如果意图是'request',则它可以同时具有可通知槽和可请求槽,但必须至少具有可请求槽:这是一个复杂的动作,其目的是向请求中添加信息以使其更像人类。

(3)每当智能体动作或用户动作包含可通知槽时,它必须从休息槽中删除此可通知槽(如果键在休息槽中)并添加到/更新历史槽。

(4)每当一个智能体动作包含一个可通知槽时,它必须从状态可请求槽中删除(如果键在状态请求槽中),并遵循上一点的要求。

对于 request 动作的响应使用函数_response_to_request 来构造,源码如下。

```
def _response_to_request(self, agent_action):
    agent_request_key=list(agent_action['request_slots'].keys())[0]
    # Case 1)
    if agent_request_key in self.goal['inform_slots']:
        self.state['intent']='inform'
```

```
        self.state['inform_slots'][agent_request_key]=
                                    self.goal['inform_slots'][agent_request_key]
        # Requirement 1)
        self.state['request_slots'].clear()
        # Requirement 3)
        self.state['rest_slots'].pop(agent_request_key, None)
        self.state['history_slots'][agent_request_key]=
                                    self.goal['inform_slots'][agent_request_key]
    # Case 2)
    elif agent_request_key in self.goal['request_slots']
                    and agent_request_key in self.state['history_slots']:
        self.state['intent']='inform'
        self.state['inform_slots'][agent_request_key]=
                                  self.state['history_slots'][agent_request_key]
        # Requirement 1)
        self.state['request_slots'].clear()
    # Case 3)
    elif agent_request_key in self.goal['request_slots']
                       and agent_request_key in self.state['rest_slots']:
        self.state['request_slots'].clear()
        self.state['intent']='request'
        self.state['request_slots'][agent_request_key]='UNK'
        # Requirement 2)
        rest_informs={}
        for key, value in list(self.state['rest_slots'].items()):
            if value !='UNK':
                rest_informs[key]=value
        if rest_informs:
            key_choice, value_choice=random.choice(list(rest_informs.items()))
            self.state['inform_slots'][key_choice]=value_choice
            # Requirement 3)
            self.state['rest_slots'].pop(key_choice)
            self.state['history_slots'][key_choice]=value_choice
    # Case 4)
    else:
        self.state['intent']='inform'
        self.state['inform_slots'][agent_request_key]='anything'
        # Requirement 1)
        self.state['request_slots'].clear()
```

```
        # Requirement 3) However, dont need to remove from rest
        # because it won't be in rest
        self.state['history_slots'][agent_request_key]='anything'
```

上面给出了用于响应 request 的 4 种情况(分别对应代码中注释 Case 1~4):第一种情况,如果智能体请求的内容是目标的可通知槽中的某些内容,并且智能体尚未被告知,则从目标本身取值告知智能体;第二种情况,如果智能体请求的内容是目标的可请求槽中的某些内容,并且智能体已经被告知过,则从历史槽中取值告知智能体;第三种情况,如果智能体请求的内容是目标的可请求槽中的某些内容,并且智能体尚未被告知,则使用随机的查询约束条件信息请求相同的槽位;第四种情况,否则用户模拟器无所谓所请求的槽位的值,通知特殊值'anything'作为请求槽的值。

对于 inform 动作的响应使用函数_response_to_inform 来构造,源码如下。

```
def _response_to_inform(self, agent_action):
    agent_inform_key=list(agent_action['inform_slots'].keys())[0]
    agent_inform_value=agent_action['inform_slots'][agent_inform_key]
    # Requirement 3)
    self.state['history_slots'][agent_inform_key]=agent_inform_value
    self.state['rest_slots'].pop(agent_inform_key, None)
    # Requirement 4)
    self.state['request_slots'].pop(agent_inform_key, None)

    # Case 1)
    if agent_inform_value !=
           self.goal['inform_slots'].get(agent_inform_key, agent_inform_value):
        self.state['intent']='inform'
        self.state['inform_slots'][agent_inform_key]=
                                      self.goal['inform_slots'][agent_inform_key]
        # Requirement 1)
        self.state['request_slots'].clear()
        # Requirement 3) But without removing from rest
        # as it should already be removed from rest
        self.state['history_slots'][agent_inform_key]=
                                      self.goal['inform_slots'][agent_inform_key]
    # Case 2)
    else:
        # Case 2.a)
        if self.state['request_slots']:
            self.state['intent']='request'
        # Case 2.b)
        elif self.state['rest_slots']:
            # Here the ticket is being removed from rest (if it is in there)
```

```
            # so that it selects another slot, whether its a request or inform,
            # but if ticket is the only one in rest then just request it
            def_in=self.state['rest_slots'].pop(self.default_key, False)
            if self.state['rest_slots']:
                key, value=random.choice(list(self.state['rest_slots'].items()))
                if value !='UNK':
                    self.state['intent']='inform'
                    self.state['inform_slots'][key]=value
                    # Requirement 3)
                    self.state['rest_slots'].pop(key)
                    self.state['history_slots'][key]=value
                else:
                    self.state['intent']='request'
                    self.state['request_slots'][key]='UNK'
            else:
                self.state['intent']='request'
                self.state['request_slots'][self.default_key]='UNK'
            if def_in=='UNK':
                self.state['rest_slots'][self.default_key]='UNK'
        # Case 2.c)
        else:
            self.state['intent']='thanks'
```

上面的 inform 动作的响应代码主要处理两种情况：第一种情况，如果智能体通知目标信息中的某些内容并且它通知的值不匹配，则通知正确的值；第二种情况，否则选择一些槽来请求或通知。具体有下面三种小情况：(1)如果状态的可请求槽中有任何请求，则请求它；(2)否则如果在休息槽中有信息，则选择一些出来；(3)否则用'thanks'响应，意味着"无话可说"了，实际上是向智能体表明它的剩余槽位是空的。

在继续讨论怎么对 match_found 和 done 进行响应之前，先了解下对话剧情的成功约束。目标可通知槽表示 match_found 必须包含的约束。以下是为了成功完成对话，智能体必须做的两件事情：第一，采取意图'match_found'的动作，这个动作用来检查匹配项是否满足所有目标约束；第二，在'match_found'之后采取意图'done'的动作，这个动作用来检查休息槽是否为空。这些成功约束要求匹配的电影票和空的休息槽。匹配的电影票是任务的目标，并且空的休息槽表明智能体已通知所有目标的可请求槽。这有助于智能体学习在提交匹配项之前让用户提出问题(请求)。

对于 match_found 动作的响应使用函数_response_to_match_found 来构造，源码如下。

```
def _response_to_match_found(self, agent_action):
    agent_informs=agent_action['inform_slots']

    self.state['intent']='thanks'
    self.constraint_check=SUCCESS

    # Add the ticket slot to history and remove from rest and requests
    # as per requirement 3 and 4
    self.state['rest_slots'].pop(self.default_key, None)
    self.state['history_slots'][self.default_key]=str(agent_informs[self.default_key])
    self.state['request_slots'].pop(self.default_key, None)

    # 1)
    if agent_informs[self.default_key]=='no match available':
        self.constraint_check=FAIL

    # 2 and 3)
    for key, value in self.goal['inform_slots'].items():
        # No query indicates slots that cannot be in a ticket so they shouldn't be checked
        if key in self.no_query:
            continue
        if value !=agent_informs.get(key, None):
            self.constraint_check=FAIL
            break

    # 4)
    if self.constraint_check==FAIL:
        self.state['intent']='reject'
        self.state['request_slots'].clear()
```

上面的 match_found 动作的响应代码总共有 4 个主要处理：第一个，动作中的默认槽必须有一个实际的匹配 ID 作为值，不能是'no match available'；第二个，来自目标的所有通知槽都必须在 match_found 动作的可通知槽中，因为这些槽位是电影票本身的属性；第三个，match_found 动作的所有可通知槽值必须与目标中的可通知槽值匹配；第四个，如果以上所有这些都成功，则 self. constraint_check 设置为 SUCCESS，否则为 FAIL。

如果匹配成功，则回复意图'thanks'，否则回复意图'reject'。'thanks'向智能体表明该电影票有效，'reject'表示电影票无效。

对于 done 动作的响应使用函数_response_to_done 来构造，源码如下。

```
def _response_to_done(self):
    # Constraint 1)
    if self.constraint_check==FAIL:
        return FAIL
    # Constraint 2)
    if self.state['rest_slots']:
        return FAIL
    return SUCCESS
```

上面的 done 动作的响应代码中有两个约束：一个是 self. constraint_check 必须设置为 SUCCESS，指示找到有效的匹配项；另一个是休息槽必须为空。

12.3.5 错误模型控制器

在 step 函数接收到用户动作后，它将被发送到错误模型控制器(Error Model Controller，EMC)以向其注入噪声。在 TC-Bot 中，我们发现，当在训练或测试基于用户动作的语义框架时，引入错误模型以模拟来自 LU 组件的噪声及用户与 agent 之间的噪声通信以测试模型的鲁棒性。

EMC 可以将噪声扰动错误添加到可通知槽和用户动作的意图中。这里，我们在错误模型中引入了不同级别的噪声：一种错误类型是意图级别，另一种错误类型是槽级别。对于这两个级别的噪声，都有进一步的多种细粒度的噪声细分。

1. 意图级别错误

在意图级别上，可以将所有意图分为三类。第一类是表达一般问候、感谢、结束等；第二类是用户可以通知智能体槽值，例如，inform(moviename='Titanic', starttime='7pm')；第三类是用户可以请求有关特定槽的信息，例如，在电影预订的情况下，用户可能会问"request(starttime；moviename='Titanic')"。在电影预订的特定任务中，存在多个通知和请求意图，例如，请求开始时间、请求电影名称、通知开始时间和通知电影名称等。

基于以上意图类别，存在以下 3 种类型的意图错误。

(1)随机错误(I0)：来自同一类别(组内错误)或其他类别(组间错误)的随机噪声意图。

(2)组内错误(I1)：噪声意图来自真实意图的同一组，例如，真实意图是 request_theater，但 LU 模块预测的意图可能是 request_moviename。

(3)组间错误(I2)：噪声意图来自不同的组，例如，可能将真实的意图 request_moviename 预测为 inform_moviename。

2. 槽级别错误

在槽级别上，有以下 4 种错误类型。

(1)随机错误(S0)：模拟随机设置为以下 3 种类型的噪声。

(2)槽删除(S1):用于模拟 LU 组件无法识别槽的情况。

(3)错误的槽值(S2):用于模拟正确识别槽名称但错误识别槽值(例如,错误的词段分割)的情况。

(4)错误的槽(S3):用于模拟错误识别槽位及其值的情况。

下面是来自文件 error_model_controller. py 中的注入错误的代码片段。

```
def infuse_error(self, frame):
    informs_dict=frame['inform_slots']
    for key in list(frame['inform_slots'].keys()):
        assert key in self.movie_dict
        if random.random() < self.slot_error_prob:
            if self.slot_error_mode==0:  # replace the slot_value only
                self._slot_value_noise(key, informs_dict)
            elif self.slot_error_mode==1:  # replace slot and its value
                self._slot_noise(key, informs_dict)
            elif self.slot_error_mode==2:  # delete the slot
                self._slot_remove(key, informs_dict)
            else:  # Combine all three
                rand_choice=random.random()
                if rand_choice <=0.33:
                    self._slot_value_noise(key, informs_dict)
                elif rand_choice > 0.33 and rand_choice <=0.66:
                    self._slot_noise(key, informs_dict)
                else:
                    self._slot_remove(key, informs_dict)
    if random.random() < self.intent_error_prob:  # add noise for intent level
        frame['intent']=random.choice(self.intents)
```

总而言之,引入错误模型控制器的目的是向意图或用户模拟器动作的可通知槽添加错误,从而改进实际应用中智能体的鲁棒性。

12.3.6 智能体运行

我们既可以训练智能体,也可以测试训练好的智能体。不用用户模拟器,我们能体验作为真实用户的感觉。使用 constants. json 中的参数,并使用 train. py 从头开始训练模型,更改文件中的常量值来寻找更好的超参数。通过在文件 constants. json 中设置目录"save_weights_file_path"参数,可以修改保存行为模型和目标模型权重的相对文件路径。为了加载保存的模型权重,设置"load_weights_file_path"和"save_weights_file_path"为相同的路径。例如,要加载 repo 中的权重,将其设置为"weights/model. h5"。权重文件必须是. h5 文件,这是 Keras 使用的文件类型。

通过设置 constants. json 中“load_weights_file_path”正确的路径,直接运行 test. py,即可使用经过训练的权重来测试智能体。通过设置 run 下面的“usersim”为 false,能以用户身份输入你自己的动作(而不是使用用户模拟器)来测试智能体。在控制台中一个对话剧情的每一步都输入一个动作和一个成功指示器。动作输入的格式是:意图/可通知槽/可请求槽。

示例动作输入如下。

(1) request/moviename: room, date: friday/starttime, city, theater。

(2) inform/moviename: zootopia/。

(3) request//starttime。

(4) done//。

此外,控制台将询问智能体是否成功的指示符(除了在剧情的初始动作输入之后不会)。允许的输入是-1 表示失败,0 表示还没有结果,1 表示成功。

下面是一个 constants. json 文件设置样例。

```
{
  "db_file_paths":{
    "database": "data/movie_db.pkl",
    "dict": "data/movie_dict.pkl",
    "user_goals": "data/movie_user_goals.pkl"
  },
  "run":{
    "usersim": true,
    "warmup_mem": 1000,
    "num_ep_run": 40000,
    "train_freq": 100,
    "max_round_num": 20,
    "success_rate_threshold": 0.3
  },
  "agent":{
    "save_weights_file_path":"",
    "load_weights_file_path":"",
    "vanilla": true,
    "learning_rate": 1e-3,
    "batch_size": 16,
    "dqn_hidden_size": 80,
    "epsilon_init": 0.0,
    "gamma": 0.9,
    "max_mem_size": 500000
  },
  "emc": {
    "slot_error_mode": 0,
```

```
    "slot_error_prob": 0.05,
    "intent_error_prob": 0.0
  }
}
```

图 12.7 给出了每 2000 个剧情打印一次运行数据的样例。指标是最大成功率(Max Succ. Rate)。正如 constants.json 文件中设置的那样,这里的 train_freq = 100。样例显示了 num_ep_run = 40000 次的剧情训练指标结果。

Episode	Max Succ. Rate
2000	0.24299999
4000	0.5500001
6000	0.7
8000	0.812
10000	0.846
12000	0.846300004
14000	0.871
16000	0.8959999
18000	0.89699996
20000	0.90199995
22000	0.90599996
24000	0.916
26000	0.9209999
28000	0.92599994
30000	0.92599994
32000	0.92999995
34000	0.93299997
36000	0.93600005
38000	0.94200003
40000	0.94400007

图 12.7　运行数据示例

本小节讲解的是如何使用系统在电影票数据集上完成训练和测试。我们也可以使用一些与它结构相同的其他数据集。相应地修改对话配置,但一定要保证是在完成寻找单一项这样的简单任务。如果有兴趣,可以修改相关的代码来适应更复杂的任务。

12.4 本章小结

完整的系统实例能让我们对智能对话系统有一个直观的感性认识。本章讲解了几个问答系统实例,包括 FAQ 问答、图谱问答和基于强化学习的问答 3 个系统。12.1 节讲解了百度开源的 AnyQ 系统,12.2 节讲解了一个医疗知识图谱的问答系统,12.3 节讲解了一个使用强化学习训练,并带有用户模拟的任务型问答系统。本章的阅读可以看作这 3 个源码系统的导读,也可以为构建自己的智能对话系统提供一些启迪。